普通高等教育"十一五"国家级规划教材

国家级一流本科课程配套教材
国家级精品资源共享课程配套教材

高等学校自动化类专业系列教材

工程控制基础

第3版

杨明 翁正新 田作华 ◎ 编著

清华大学出版社
北京

内 容 简 介

本书的主要任务是讲述自动控制系统的基本原理，帮助读者掌握实际控制系统的分析和设计方法，增强科技报国的家国情怀和使命担当。内容包括系统结构图的绘制、数学模型的建立、性能分析与补偿设计，主要包括系统在三域（时域、复域、频域）中的数学模型，系统分析的三要素（稳定性、稳态特性和动态特性），基于根轨迹法和频率法的系统校正设计方法，非线性系统及计算机控制系统的分析与设计，等等。

本书基本概念清晰，工程实例丰富，配有知识点自测题和大量习题（包括一般题、深入题、实际题和MATLAB题），每章末尾还介绍了MATLAB的相关应用。

本书可作为高等学校工科各专业，如电子信息类、机械工程类、电气工程类、仪器仪表类、工程物理类等专业本科生学习控制理论的教材，可作为"自动控制原理"MOOC课程（网址为https://www.icourse163.org/course/SJTU-1461107170）的配套教材，也可供相关领域专业技术人员参考。

版权所有，侵权必究。举报：010-62782989，beiqinquan@tup.tsinghua.edu.cn。

图书在版编目（CIP）数据

工程控制基础/杨明，翁正新，田作华编著. -- 3版. -- 北京：清华大学出版社，2025.4. --（高等学校自动化类专业系列教材）. -- ISBN 978-7-302-68464-0

Ⅰ. TB114.2

中国国家版本馆 CIP 数据核字第 20250772QR 号

责任编辑：曾　珊
封面设计：李召霞
责任校对：王勤勤
责任印制：刘　菲

出版发行：清华大学出版社
网　　址：https://www.tup.com.cn，https://www.wqxuetang.com
地　　址：北京清华大学学研大厦A座　　邮　编：100084
社 总 机：010-83470000　　邮　购：010-62786544
投稿与读者服务：010-62776969，c-service@tup.tsinghua.edu.cn
质量反馈：010-62772015，zhiliang@tup.tsinghua.edu.cn
课件下载：https://www.tup.com.cn,010-83470236

印 装 者：三河市铭诚印务有限公司
经　　销：全国新华书店
开　　本：185mm×260mm　　印　张：21　　字　数：510千字
版　　次：2007年9月第1版　2025年4月第3版　　印　次：2025年4月第1次印刷
印　　数：1～1500
定　　价：59.00元

产品编号：106270-01

出版说明
PUBLISHER'S NOTE

为适应我国对高等学校自动化专业人才培养的需要，配合各高校教学改革的进程，创建一套符合自动化专业培养目标和教学改革要求的新型自动化专业系列教材，"教育部高等学校自动化专业教学指导分委员会"（简称"教指委"）联合"中国自动化学会教育工作委员会""中国电工技术学会高校工业自动化教育专业委员会""中国系统仿真学会教育工作委员会""中国机械工业教育协会电气工程及自动化学科委员会"四个委员会，以教学创新为指导思想，以教材带动教学改革为方针，设立专项资助基金，采用全国公开招标方式，组织编写出版一套自动化专业系列教材——《高等学校自动化类专业系列教材》。

本系列教材主要面向本科生，同时兼顾研究生；覆盖面包括专业基础课、专业核心课、专业选修课、实践环节课和专业综合训练课；重点突出自动化专业基础理论和前沿技术；以文字教材为主，适当包括多媒体教材；以主教材为主，适当包括习题集、实验指导书、教师参考书、多媒体课件、网络课程脚本等辅助教材；力求做到符合自动化专业培养目标、反映自动化专业教育改革方向、满足自动化专业教学需要；努力创造使之成为具有先进性、创新性、适用性和系统性的特色品牌教材。

本系列教材在"教指委"的领导下，从2004年起，通过招标机制，用3~4年时间出版50本左右教材，2006年开始陆续出版问世。为满足多层面、多类型的教学需求，同类教材可能出版多种版本。

本系列教材的主要读者是自动化专业及相关专业的大学生和研究生，以及相关领域和部门的科学工作者和工程技术人员。我们希望本系列教材既能为在校大学生和研究生的学习提供内容先进、论述系统和适于教学的教材或参考书，也能为广大科学工作者和工程技术人员的知识更新与继续学习提供适合的参考资料。感谢使用本系列教材的广大教师、学生和科技工作者的热情支持，并欢迎提出批评和意见。

《高等学校自动化类专业系列教材》编审委员会

2005年10月于北京

《高等学校自动化类专业系列教材》编审委员会

顾　　问(按姓氏笔画)：
　　　　　　　王行愚(华东理工大学)　　　　冯纯伯(东南大学)
　　　　　　　孙优贤(浙江大学)　　　　　　吴启迪(同济大学)
　　　　　　　张嗣瀛(东北大学)　　　　　　陈伯时(上海大学)
　　　　　　　陈翰馥(中国科学院)　　　　　郑大钟(清华大学)
　　　　　　　郑南宁(西安交通大学)　　　　韩崇昭(西安交通大学)

主任委员：　　吴　澄(清华大学)

副主任委员：　赵光宙(浙江大学)　　　　萧德云(清华大学)

委　　员(按姓氏笔画)：
　　　　　　　王　雄(清华大学)　　　　　　方华京(华中科技大学)
　　　　　　　史　震(哈尔滨工程大学)　　　田作华(上海交通大学)
　　　　　　　卢京潮(西北工业大学)　　　　孙鹤旭(河北工业大学)
　　　　　　　刘建昌(东北大学)　　　　　　吴　刚(中国科技大学)
　　　　　　　吴成东(沈阳建筑工程学院)　　吴爱国(天津大学)
　　　　　　　陈庆伟(南京理工大学)　　　　陈兴林(哈尔滨工业大学)
　　　　　　　郑志强(国防科技大学)　　　　赵　曜(四川大学)
　　　　　　　段其昌(重庆大学)　　　　　　程　鹏(北京航空航天大学)
　　　　　　　谢克明(太原理工大学)　　　　韩九强(西安交通大学)
　　　　　　　褚　健(浙江大学)　　　　　　蔡鸿程(清华大学出版社)
　　　　　　　廖晓钟(北京理工大学)　　　　戴先中(东南大学)

工作小组(组长)：　萧德云(清华大学)
　　　　　(成员)：　陈伯时(上海大学)　　　郑大钟(清华大学)
　　　　　　　　　　田作华(上海交通大学)　赵光宙(浙江大学)
　　　　　　　　　　韩九强(西安交通大学)　陈兴林(哈尔滨工业大学)
　　　　　　　　　　陈庆伟(南京理工大学)
　　　　　(助理)：　郭晓华(清华大学)

责任编辑：　王一玲(清华大学出版社)

序一
FOREWORD

自动化学科有着光荣的历史和重要的地位,早在20世纪50年代,我国政府就十分重视自动化学科的发展和自动化专业人才的培养。70多年来,自动化科学技术在众多领域发挥了重大作用,如航空、航天等,"两弹一星"的伟大工程就包含了许多自动化科学技术的成果。自动化科学技术也改变了我国工业的整体面貌,不论是石油化工、电力、钢铁,还是轻工、建材、医药等领域都要用到自动化手段,在国防工业中自动化的作用更是巨大的。现在,世界上有很多非常活跃的领域都离不开自动化技术,比如机器人、月球车等。另外,自动化学科对一些交叉学科的发展同样起到了积极的促进作用,例如网络控制、量子控制、流媒体控制、生物信息学、系统生物学等学科就是在系统论、控制论、信息论的影响下得到不断的发展。在整个世界已经进入信息时代的背景下,中国要完成工业化的任务还很重,或者说我们正处在后工业化的阶段。因此,国家提出走新型工业化的道路和"信息化带动工业化,工业化促进信息化"的科学发展观,这对自动化科学技术的发展是一个前所未有的战略机遇。

机遇难得,人才更难得。要发展自动化学科,人才是基础、是关键。高等学校是人才培养的基地,或者说人才培养是高等学校的根本。高等学校的领导和教师要始终把人才培养放在第一位,对自动化系或自动化学院的领导和教师来说,要时刻想着为国家关键行业和战线培养和输送优秀的自动化技术人才。

影响人才培养的因素很多,涉及教学改革的方方面面,包括如何拓宽专业口径、优化教学计划、增强教学柔性、强化通识教育、提高知识起点、降低专业重心、加强基础知识、强调专业实践等,其中构建融会贯通、紧密配合、有机联系的课程体系,编写有利于促进学生个性发展、培养学生创新能力的教材尤为重要。清华大学吴澄院士领导的《全国高等学校自动化类专业系列教材》编审委员会,根据自动化学科对自动化技术人才素质与能力的需求,充分吸取国外自动化教材的优势与特点,在全国范围内,以招标方式,组织编写了这套自动化专业系列教材,这对推动高等学校自动化专业发展与人才培养具有重要的意义。这套系列教材的建设有新思路、新机制,适应了高等学校教学改革与发展的新形势,立足创建精品教材,重视实践性环节在人才培养中的作用,采用了竞争机制,以激励和推动教材建设。在此,我谨向参与本系列教材规划、组织、编写的老师,致以诚挚的感谢,并希望该系列教材在全国高等学校自动化专业人才培养中发挥应有的作用。

吴启迪 教授

序二
FOREWORD

《高等学校自动化专业系列教材》编审委员会在对国内外部分大学有关自动化专业的教材做深入调研的基础上，广泛听取了各方面的意见，以招标方式，组织编写了一套面向全国本科生（兼顾研究生）、体现自动化专业教材整体规划和课程体系、强调专业基础和理论联系实际的系列教材，自2006年起将陆续面世。全套系列教材共50多本，涵盖了自动化学科的主要知识领域，大部分教材都配置了包括电子教案、多媒体课件、习题辅导、课程实验指导书等立体化教材配件。此外，为强调落实"加强实践教育，培养创新人才"的教学改革思想，还特别规划了一组专业实验教程，包括《自动控制原理实验教程》《运动控制实验教程》《过程控制实验教程》《检测技术实验教程》《计算机控制系统实验教程》等。

自动化科学技术是一门应用性很强的学科，面对的是各种各样错综复杂的系统，控制对象可能是确定性的，也可能是随机性的，控制方法可能是常规控制，也可能需要优化控制。这样的学科专业人才应该具有什么样的知识结构，又应该如何通过专业教材来体现，正是"系列教材编审委员会"规划系列教材时所面临的问题。为此，设立了"自动化专业课程体系结构研究"专项研究课题，成立了由清华大学萧德云教授负责，清华大学、上海交通大学、西安交通大学和东北大学等多所院校参与的联合研究小组，对自动化专业课程体系结构进行深入的研究，提出了按"控制理论与工程、控制系统与技术、系统理论与工程、信息处理与分析、计算机与网络、软件基础与工程、专业课程实验"等知识板块构建的课程体系结构。以此为基础，组织规划了一套涵盖几十门自动化专业基础课程和专业课程的系列教材。从基础理论到控制技术，从系统理论到工程实践，从计算机技术到信号处理，从设计分析到课程实验，涉及的知识单元多达数百个、知识点几千个，介入的学校50多所，参与的教授120多人，是一项庞大的系统工程。从编制招标要求、公布招标公告，到组织投标和评审，最后商定教材大纲，凝聚着全国百余名教授的心血，为的是编写出版一套具有一定规模、富有特色、既考虑研究型大学又考虑应用型大学的自动化专业创新型系列教材。

然而，如何进一步构建完善的自动化专业教材体系结构？如何建设基础知识与最新知识有机融合的教材？如何充分利用现代技术，适应现代大学生的接受习惯，改变教材单一形态，建设数字化、电子化、网络化等多元形态、开放性的"广义教材"？这些都有待我们进行更深入的研究。

本套系列教材的出版，对更新自动化专业的知识体系、改善教学条件、创造个性化的教学环境，一定会起到积极的作用。但是由于受各方面条件所限，本套教材从整体结构到每本书的知识组成都可能存在不当甚至谬误之处，还望使用本套教材的广大教师、学生及各界人士不吝批评指正。

吴澄 院士

第3版前言
PREFACE

  党的十六大报告首次提出新型工业化概念,即"坚持以信息化带动工业化,以工业化促进信息化,走出一条科技含量高、经济效益好、资源消耗低、环境污染少、人力资源优势得到充分发挥的新型工业化路子"。此后历次党的全国代表大会均提到了"新型工业化"。党的二十大报告提出"到2035年基本实现新型工业化"的目标。近日,习近平总书记就推进新型工业化作出重要指示,强调"新时代新征程,以中国式现代化全面推进强国建设、民族复兴伟业,实现新型工业化是关键任务"。持续深化信息化与工业化融合发展,是中国特色新型工业化道路的集中体现,是高质量发展的重要方向和路径,是党中央、国务院作出的重大战略部署。习近平总书记多次强调,要作好信息化和工业化深度融合这篇大文章。信息化与工业化融合是转变经济发展方式、优化经济结构、转换增长动力的重要抓手。通过信息化与工业化融合,可以有效解决资源约束,提高发展平衡性和协调性,推动高质量发展。自动化是承载两化融合的核心,既是工业化发展的技术支撑和根本保障,也是信息化发展的主要载体和发展目标。自动化水平是一个国家和社会现代工业文明的重要标志之一,是综合国力的重要体现。作为自动化技术的重要组成部分,自动控制技术已广泛应用于工业、农业、国防乃至日常生活的众多领域,在改善劳动环境、减小劳动强度、提高产品质量和生产效率,帮助人类改造自然、探知未来、建设高度文明社会等方面都扮演了重要角色。目前,"自动控制原理"是高等院校很多工科专业(例如自动化、机械、航空航天、冶金化工等)的核心基础课,受教育的对象很多。

  教材编写组坚持以党的二十大精神为指导,牢记"为党育人、为国育才"的使命,对2016年出版的《工程控制基础》(第2版)进行了全面修订。这次修订继续保持了"三纵三横"的体系结构。"三纵"指经典控制理论的三大方法,即时域法、复域法和频域法;"三横"指经典控制理论的三大核心内容,即稳定性、稳态特性和动态特性。在内容安排上继续遵循"加强基础、削枝强干、注重应用、逐步更新"的原则,保留了原书的大部分内容,对原书中不准确或不妥的文字与内容进行了仔细的修订。在修订过程中,作者积极响应思想政治教育贯穿人才培养体系的指导精神,在绪论部分专门增设了一节,详细介绍自动控制技术和自动控制理论的发展历史,在各章还增加了与信息和控制相关的重要人物或事件介绍,旨在培养读者精益求精的大国工匠精神,激发科技报国的家国情怀和使命担当。从终身学习的角度出发,并结合MOOC课程的特点,本次修订还在每一章增加了知识点自测部分,此外本书配套出版了《工程控制基础习题解答》(ISBN为9787302384342),便于读者自主学习。

  本书可作为高等学校工科各专业(如电子信息类、机械工程类、电气工程类、仪器仪表类、工程物理类等专业)本科生学习控制理论的教材,也可供相关领域专业技术人员参考。此外,本书还可作为上海交通大学"自动控制原理"MOOC课程(网址为 https://www.

icourse163.org/course/SJTU-1461107170)的配套教材。

  本次修订由翁正新负责,杨明对全书内容进行审阅与定稿,田作华作全面指导。本次修订期间,上海交通大学电子信息与电气工程学院控制理论教学团队就修订原则、全书结构、内容取舍等进行了多次研讨,提出了许多宝贵意见。清华大学出版社的领导与编辑们对本书的出版和推广也给予了很大帮助,在此一并表示感谢;同时向曾参与本书各版编写的教授们表示感谢,他们是施颂椒、韩正之和陈学中。

  尽管编者已竭尽全力提高本书质量,但错误和不妥之处在所难免,恳请广大读者不吝指正。

翁正新

第2版前言
PREFACE

吴澄院士指出,控制理论应该体现优化的意识。此言千真万确。

将优化的思想融入经典控制理论是本书第2版的指导思想之一。其次,本书的第1版问世将近10年,这10年中,自动化技术突飞猛进,自动化应用铺天盖地。纵览这10年中的盛事,2008年的北京奥运会、2010年的上海世博会,直到2014年巴西世界杯,独领风骚的科技展示主角无一不是自动化技术。北京奥运会开幕式上画卷的展开、上海世博会上机器人小提琴独奏"茉莉花"、巴西世界杯上脑瘫少年的开球,这些技术虽然时髦,但是根底还是本书所讲述的理论,我们有必要将这些重要的应用体现在大学生的教材上。

James Watt 常常被称作自动化设计的吃螃蟹者。准确地说,在 Watt 出生的时候,蒸汽机已经问世,并且成功地解决了大能量的供给问题。蒸汽机使人类获得自身无法达到的力量,可是 Watt 不满意,他改造了纽可门蒸汽机,实现了连续作业,蒸汽机做功的品质一下子优化了;尽管已经设计了质量巨大的飞轮使得蒸汽机转速比较均衡,可是 Watt 还是不满意,他设计了离心控制器(governor)使得进入气缸的蒸汽量基本保持恒定,从而做到了对蒸汽机速度的控制;我没有机会到伯明翰中心图书馆去查阅 Watt 的手稿,但是我猜想 Watt 一定还研究过离心控制器的设计:连杆和小球该怎样设计,才能使得进入气缸的蒸汽量完全可调,能够正好提供所需的能量。Watt 的一生与蒸汽机结缘,而这种缘分的体现是他对蒸汽机设计的不断优化,那么,能不能说 Watt 的一生都用来优化蒸汽机了?如果 Watt 与优化结缘,那么控制从它诞生的一刻起就伴生了优化意识,今天讲授经典控制理论怎么可以不讲优化呢?

在自动控制理论的课程里讲授优化设计的思想,很容易让人想起最优控制,将最优控制理论"下放"到经典控制中去。由于要讲授最优控制理论,不可能不提到极大值原理,于是不得不引进一些比较深奥的数学知识;即使只讲授动态规划,真正能够体现动态规划的精华,也必须有深奥的理论,而不是举一个类似最短路径的例子能够完成的。很显然,这些数学知识和经典控制理论如同牛头和马嘴般地不相配。经典控制理论俗称白纸加铅笔的理论,它的最大优点在于可以借助简单的直尺和图纸完成设计,有这种类型的技术可以求得极大值原理要求的最优解吗?

我一直在思考一个问题,在计算技术如此发达的今天,应用经典控制理论进行系统分析和设计的场合越来越少。那么,今天是否还需要在大学的课堂里讲授经典控制理论?如果一定要讲,这个课程应该怎么上呢?例如,有了 MATLAB,还需要用开环的 Nyquist 图判别闭环系统的稳定性吗?直接用 MATLAB 将闭环特征根求出来,是否稳定、稳定裕量多少不就一目了然了吗?或者更直接地将闭环系统的阶跃响应画出来,上升时间、超调、调整时间不是全部都在了吗?确实,国外的经历给我的印象是他们很快地跳过经典控制内容,将重点放在时域分析上。然而,经典控制理论的奠基者在20世纪30年代用"白纸+铅笔"完成了控制系统的分析和设计,这种学科之间的跨越和融合,面向应用的大胆创造,为了简便而做的正确取舍,是不是今天的科学工作者特别需要学习和强化的地方呢?在这种教育理念的指导下,讲授Nyquist稳定判据,必须强调选择虚轴作为边界的精彩一笔,这为频率特性在控制理论中的应用创造了条件。强调这些结论背后的发明动因,总结前人立足于工程实际的高超设计,正是今天的教育所必需的。如此看来,作为控制系统设计的重要思想,优化怎么可以被束之高阁呢?

在这种思想的指导下,这次修订继续保持了第1版"三纵三横"的框架,保留了第1版的大多数内容,但是更强调方法的引出、创新思想的介绍,更突出经典控制理论的应用性、工程性,将反馈的概念、优化意识贯穿全书。在第3章增加了最优工程参数的选择,在第5章专门用一节介绍由稳定裕量反映的优化意识,在第6章突出了PID参数选择中的优化意识。应该说体现在经典控制理论中的优化意识不是强调解析意义上的最优,只是从实际出发强调多项指标间的折中和设计的鲁棒性。这种折中和对鲁棒性的追求体现了在设计中的寻优。

为了本书的修订,上海交通大学电子信息与电气工程学院的控制理论教学团队进行了多次的讨论,就修订原则、全书结构、内容安排、甚至句子和文字都进行了全面的研讨。本书修订由翁正新负责,田作华作全面指导和韩正之执笔完成,施颂椒审读了全书。尽管作者们竭尽全力提高本书的质量,但缺点与错误恐还是存在,希望读者指导,万分感谢。

韩正之

2016年4月

第1版前言
PREFACE

工业现代化的基础是工业自动化。自动控制技术的广泛应用不仅可以大幅度地提高投入产出比,而且在减轻劳动强度、提高产品质量方面有着不可替代的巨大作用。当今世界科学技术突飞猛进,新技术不断涌现,这一方面给自动化学科的发展带来了绝好的机遇,另一方面带来了严峻的挑战。

(1) 信息技术进步所带来的巨大冲击。

我国目前的自动化专业主要由以前的自动控制、工业自动化、工业电气自动化、生产过程自动化等专业组成,主要研究"过程控制""运动控制"的基本原理与实际应用,分析手段基本上是沿用传统的工程求解技术,调节方式则以 PID 为主。经过几十年的深入研究与应用实践,人们已积累了一套完整有效的控制理论与实用技术,并在长期的生产实践中取得了辉煌的业绩。但也应看到,随着科技的进步,生产中对控制的要求越来越高,先后提出多入多出控制、非线性控制、不确定模型控制及优化控制等。它们向传统控制理论的建模方式、分析手段、设计思想提出了挑战。20 世纪 60 年代初,随着现代控制理论的出现,特别是后来 IT 技术的发展突飞猛进,计算机在自动控制领域的应用与普及,突破了长期困扰人们的时空制约,为控制的新思想、新理论、新技术发现、发展与实现提供了广阔的天地。

(2) 国民经济产业结构调整和优化升级所带来的巨大冲击。

随着科技的进步和改革的深入发展,推进产业结构调整和优化升级,转变经济增长方式,是目前提高经济增长质量的重要途径和迫切任务。从目前的形势来看,我国的产业结构调整存在着一个明显的趋势:机械向电子靠,强电向弱电靠,弱电向计算机、信息靠。这既是经济发展的必然,也是自身生存的需要。

当前,各学科如何在保持自身特色的基础上,以信息为龙头,发挥各自优势,赶超世界先进水平,已成为当前一个热门的话题。作为以研究"系统"为主攻方向的"自动化"专业,无论在其内容还是在形式上,都存在一个如何保持专业特点,摒弃陈腐落后,吸纳先进技术的问题,都存在一个如何跟上形势发展,适应社会人才需求,重新审视构建自动化专业人才培养新平台的问题。特别是随着 IT 技术的发展,"自动控制原理"正从传统的专业课向目前的专业基础课演变,成为"电子信息教学平台"的重要组成部分,开设的面越来越广,受教育的对象越来越多。从以前主要面向弱电类专业,现已扩展到面向强电类、机械类、材料类、交通运输类乃至管理类、医学类,实际上已成为现代专业技术人才必须掌握的一门专业基础。

根据我们目前已掌握的教材、教学计划来看,国外对自动控制的教学相当重视,绝大部分的工科专业都设有"控制工程"或与此相类似的课程,并普遍采用计算机辅助设计、虚拟仪器,来完成对控制系统的分析设计。

紧跟科技的进步、适应形势的发展,编制出具有中国特色的《控制工程基础》教材,势在必行。

根据我国目前自动控制教学现状和实际工程的特点,我们在编写过程中,遵循"加强基础,削枝强干,注重应用,逐步更新"的原则,在保持传统教材主要内容特点的基础上,力求做到以下几方面。

(1) 在指导思想上:强调与 IT 技术的结合。

我们认为:自动化专业的基础是"信息"、核心是"控制"、着眼点应立足于"系统"。有人认为 IT 就是指通信、计算机,这是一种狭隘片面的理解。其实自动化也属于 IT 的范畴,而且有着更广、更丰富的内涵,它包括了信息的获取(检测、仪表)、信息的处理(计算机)、信息的传输(通信),它从"系统"的角度,对客观事物进行抽象、建模、分析和设计,是更高层次上的信息集成。目前的"自动控制原理"在内容上自喻是"经典控制理论",采用的分析手段是"经典"的工程求解法。应当承认这种工程求解法,对系统的分析设计发挥了很大的作用,但随着科技的进步,利用现代手段完成运动方程的直接求解和工程计算已不再困难。为此,本教材引入了计算机在控制系统分析、设计和仿真等内容的介绍。

(2) 在体系结构上:理清"三纵三横"。

这里讲的"三纵"指系统在三域(时域、复域、频域)中的数学模型;"三横"指系统特性(稳定性、稳态特性、动态特性)的三分析。

"三纵":结合系统的数学模型,讲清工程求解与理论计算之间的内在联系与区别。具体地说,就是要搞清楚第 1 章图 1-12 所示的几种数学模型之间的相互关系。

这里需指出:对于一个具体的系统,人们可以根据对象的特点、工程的要求、求解的方便及本人的习惯,人为地建立各个不同域中的数学模型,如时域中的数学模型——微分方程,复域中的数学模型——传递函数,或频域中的数学模型——频率特性,这些数学模型之间存在着严格的数学变换关系。学习中,所有问题的分析与求解都是建立在数学模型基础上的。所以,学会建立系统的模型描述,掌握各种模型之间的特点与内在联系,对一个工程控制人员来说是至关重要的。加深对这条线的理解,能使学习者统观全局,树立一个"纵向"的思路。

"三横":掌握系统分析的三要素,即稳定性、稳态特性和动态特性,具体地说,就是要弄清楚第 1 章表 1-1 中所涉及的内容。此表中有关的性能指标是衡量一个系统品质好坏的重要标志,也是对系统进行校正的主要依据,抓住这条线,就是抓住了系统分析设计的关键,有利于学习者建立一个"横向"的思路。

(3) 在内容安排上:坚持"加强基础、削枝强干"。

本书的主要任务:讲清自动控制系统的基本原理,指导学生学会对实际控制系统的抽象,完成结构图的绘制、数学模型的建立和对控制系统的分析与设计。为此:

① 强化计算机的辅助设计,淡化工程求解的过程分析。传统的"自动控制原理"教材中,系统分析几乎占据了全书的一半以上,其中相当一部分是讲述工程求解的方法与技巧,如复域中"根轨迹绘制的规则",频域中"三图"(Bode 图、Nyquist 图及 Nichols 图)的制作方法与技巧等。本书根据实际需求,对相关内容进行了淡化,引入计算机的分析求解技术,紧扣重点,讲深讲透。

② 增加工程实例,讲清物理概念。"自动控制原理"是一门实用背景很强的基础课程,

学习本课程的根本目的是学以致用，联系实际，解决工程实践中的问题。为了加强这一方面的训练，本书在实例分析中，引入机械系统、电气系统、热力系统和液位系统等，以扩大知识面；在习题安排上分为基本题、深入题、实际题和MATLAB题4种类型，由浅入深，逐步展开。

③ 引入计算机控制技术。随着微机可靠性的日益提高和成本的不断下降，计算机已在工控领域得到了广泛的应用。从PLC、单片机、工业PC到嵌入式系统，从单机控制、集散控制、分布式控制到网络监控等，都离不开数字调节技术。从控制的角度来看，人们完全可以利用计算机特有的存储、运算、比较、判断、交互及外围设备的优势，实现"根据不同对象选择不同的控制策略，根据不同的要求采用不同的整定参数"来改善系统的控制质量。再配上多媒体、网络技术，可使系统的控制更加形象活泼，更加人性化，而这些对已有相当计算机科学基础的青年一代来说并不困难。

本书被列入普通高等教育"十一五"国家级规划教材和教育部高等学校自动化专业教学指导分委员会推荐使用教材。全书共分8章。第1～6章为线性经典控制理论，由田作华、陈学中编写。第7、8章分别为非线性控制系统和计算机控制系统，由翁正新编写。全书由田作华统稿。

本书的各部分内容具有相对的独立性。在使用本书作为教材时，可根据不同类型、不同层次的需求进行组合。

本书由上海交通大学施颂椒教授、韩正之教授主审。他们对本书的体系结构，内容取舍提出了许多宝贵意见。该校自动化系的研究生参与了仿真实验、图形绘制和部分题解的工作，对此谨向他们表示衷心的感谢。

由于作者水平有限，经验不足，书中难免存在缺点和错误，恳请广大读者和使用教材的兄弟院校师生批评指正。

作　者
2007年6月于上海交通大学

目 录
CONTENTS

第1章　绪论 …………………………………………………………………………… 1
 1.1　引言 ……………………………………………………………………………… 1
 1.2　自动控制发展概况 ……………………………………………………………… 2
 1.3　自动控制系统的基本原理和组成 ……………………………………………… 4
  1.3.1　自动控制系统 …………………………………………………………… 4
  1.3.2　反馈原理与优化设计 …………………………………………………… 6
  1.3.3　自动控制系统的组成 …………………………………………………… 8
 1.4　自动控制系统的分类 …………………………………………………………… 9
  1.4.1　按信号的传递路径来分 ………………………………………………… 9
  1.4.2　按系统输出信号的变化规律来分 …………………………………… 10
  1.4.3　按系统传输信号的性质来分 ………………………………………… 10
  1.4.4　按系统的输入输出特性来分 ………………………………………… 11
 1.5　控制系统实例 ………………………………………………………………… 11
  1.5.1　内燃机的转速控制系统 ……………………………………………… 12
  1.5.2　角度随动系统 ………………………………………………………… 12
 1.6　本书概貌 ……………………………………………………………………… 13
 人民科学家——钱学森 ……………………………………………………………… 15
 知识点自测 …………………………………………………………………………… 16
 习题 …………………………………………………………………………………… 17

第2章　控制系统的数学模型 ………………………………………………………… 20
 2.1　控制系统的时域数学模型——微分方程 …………………………………… 20
  2.1.1　系统的微分方程举例 ………………………………………………… 21
  2.1.2　非线性系统的线性化 ………………………………………………… 21
 2.2　控制系统的复域数学模型——传递函数 …………………………………… 23
  2.2.1　传递函数定义 ………………………………………………………… 23
  2.2.2　传递函数性质 ………………………………………………………… 24
 2.3　控制系统的频域数学模型——频率特性 …………………………………… 24
 2.4　典型环节及其传递函数 ……………………………………………………… 25
  2.4.1　比例环节 ……………………………………………………………… 25
  2.4.2　微分环节 ……………………………………………………………… 26
  2.4.3　积分环节 ……………………………………………………………… 28
  2.4.4　惯性环节（非周期环节） ……………………………………………… 29
  2.4.5　振荡环节 ……………………………………………………………… 29

2.4.6　时间延迟环节（时滞环节） …………………………………… 30
2.5　控制系统的方框图 …………………………………………………… 30
　　2.5.1　系统方框图 …………………………………………………… 31
　　2.5.2　方框图的基本运算法则 ……………………………………… 32
　　2.5.3　系统常用的传递函数 ………………………………………… 33
　　2.5.4　方框图的简化法则 …………………………………………… 34
2.6　信号流图 ……………………………………………………………… 36
　　2.6.1　几个定义 ……………………………………………………… 36
　　2.6.2　信号流图的性质及运算法则 ………………………………… 37
　　2.6.3　信号流图与方框图之间等效关系 …………………………… 37
　　2.6.4　梅森公式 ……………………………………………………… 39
2.7　物理元件和系统的数学模型 ………………………………………… 40
　　2.7.1　机械系统 ……………………………………………………… 41
　　2.7.2　电气系统 ……………………………………………………… 42
　　2.7.3　热力系统 ……………………………………………………… 44
　　2.7.4　液位系统 ……………………………………………………… 45
　　2.7.5　典型位置随动系统的数学模型 ……………………………… 47
2.8　MATLAB在系统数学模型转换中的应用 …………………………… 49
　　2.8.1　MATLAB中传递函数的分式多项式的表示 ……………… 49
　　2.8.2　传递函数的零极点表示 ……………………………………… 50
　　2.8.3　用MATLAB计算系统的传递函数 ………………………… 50
　　2.8.4　MATLAB中多项式与因式分解形式的互相转换 ………… 52
小结 ……………………………………………………………………………… 53
中国空间站简介 ………………………………………………………………… 53
知识点自测 ……………………………………………………………………… 54
习题 ……………………………………………………………………………… 56

第3章　自动控制系统的时域分析 …………………………………………… 62

3.1　典型测试信号 ………………………………………………………… 62
　　3.1.1　阶跃信号 ……………………………………………………… 62
　　3.1.2　速度（斜坡）信号 …………………………………………… 63
　　3.1.3　加速度（抛物线）信号 ……………………………………… 63
　　3.1.4　脉冲信号 ……………………………………………………… 64
　　3.1.5　正弦信号 ……………………………………………………… 64
3.2　控制系统的稳定性分析 ……………………………………………… 65
　　3.2.1　稳定性的基本概念 …………………………………………… 65
　　3.2.2　线性定常系统稳定的充分必要条件 ………………………… 65
　　3.2.3　劳斯稳定性判据 ……………………………………………… 67
　　3.2.4　用MATLAB分析系统的稳定性 …………………………… 71
3.3　控制系统的稳态特性——稳态误差分析 …………………………… 72
　　3.3.1　稳态误差和控制系统类型 …………………………………… 72
　　3.3.2　稳态误差系数和稳态误差计算 ……………………………… 74
　　3.3.3　几点结论 ……………………………………………………… 77
3.4　控制系统的动态特性——动态响应分析 …………………………… 77

    3.4.1 控制系统动态响应指标 ·· 77
    3.4.2 一阶系统的动态响应 ·· 79
    3.4.3 二阶系统动态响应的描述参数 ··· 80
    3.4.4 二阶系统的单位阶跃响应 ·· 81
    3.4.5 二阶系统的动态响应指标 ·· 82
    3.4.6 二阶系统的参数优化 ·· 84
3.5 高阶系统的动态响应 ·· 85
    3.5.1 高阶系统动态响应的特点 ·· 85
    3.5.2 主导极点和偶极子 ··· 86
3.6 利用 MATLAB 分析系统性能 ··· 88
    3.6.1 step 命令 ·· 89
    3.6.2 impulse 命令 ··· 90
    3.6.3 lsim 命令 ·· 90
小结 ··· 91
数学家——爱德华·约翰·劳斯 ·· 92
知识点自测 ··· 93
习题 ··· 96

第 4 章 根轨迹法 ·· 102
4.1 闭环系统的根轨迹 ··· 102
    4.1.1 根轨迹的定义 ·· 102
    4.1.2 根轨迹的幅值条件和相角条件 ··· 103
4.2 绘制根轨迹的基本规则 ··· 105
    4.2.1 绘制根轨迹的基本规则和步骤 ··· 105
    4.2.2 开环零、极点的变化对根轨迹的影响 ······························· 111
4.3 根轨迹在系统参数优化中的应用 ··· 113
    4.3.1 用根轨迹分析闭环主导极点 ·· 113
    4.3.2 用根轨迹优化系统的主导极点 ··· 115
4.4 用 MATLAB 绘制根轨迹 ··· 116
小结 ··· 117
根轨迹法的创始人——沃尔特·理查德·伊文思 ························· 118
知识点自测 ··· 118
习题 ··· 121

第 5 章 线性系统的频域分析——频率响应法 ·· 127
5.1 频率特性 ··· 127
    5.1.1 线性定常系统对正弦输入信号的响应 ······························· 127
    5.1.2 系统的频率特性 ·· 128
    5.1.3 频率特性的性质 ·· 129
5.2 频率特性图 ··· 129
    5.2.1 频率特性的极坐标图(奈氏图) ··· 129
    5.2.2 典型环节的奈氏图 ··· 130
    5.2.3 对数频率特性图(伯德图) ··· 134
    5.2.4 基本因子的伯德图 ··· 135
    5.2.5 控制系统的伯德图 ··· 140

    5.2.6 最小相位系统和非最小相位系统 ··· 143
    5.2.7 对数幅相特性图 ··· 144
    5.2.8 用 MATLAB 作频率特性图 ··· 145
  5.3 频域中的稳定性判据 ··· 146
    5.3.1 引言 ·· 146
    5.3.2 幅角原理 ·· 147
    5.3.3 奈氏稳定性判据 ··· 148
    5.3.4 伯德图的奈氏判据 ··· 152
  5.4 根据伯德图求系统传递函数 ··· 155
  5.5 基于频率特性的性能分析与优化设计 ··· 156
    5.5.1 开环频率特性的性能指标 ·· 157
    5.5.2 稳定裕量 ·· 157
    5.5.3 开环频域指标与时域性能指标的关系 ··· 159
    5.5.4 基于闭环频率特性的系统性能分析 ·· 161
    5.5.5 从尼科尔斯图求闭环系统的频域指标 ··· 162
    5.5.6 用 MATLAB 分析系统的动态性能 ·· 163
 小结 ··· 165
 现代控制理论与电子通信先驱——亨德里克·韦德·伯德 ·· 166
 知识点自测 ··· 167
 习题 ··· 170

第 6 章　线性控制系统的设计 ··· 177

  6.1 引言 ·· 177
  6.2 不同域中系统动态性能指标的相互关系 ··· 178
  6.3 串联校正 ··· 179
    6.3.1 相位超前校正 ·· 179
    6.3.2 相位滞后校正 ·· 188
    6.3.3 相位超前-滞后校正 ·· 194
    6.3.4 有源校正网络 ·· 201
    6.3.5 不希望极点的抵消 ··· 202
  6.4 局部反馈校正 ··· 203
    6.4.1 局部反馈校正的基本原理 ·· 203
    6.4.2 速度反馈 ·· 204
    6.4.3 速度微分反馈 ·· 205
  6.5 PID 控制器 ··· 206
    6.5.1 比例-积分控制 ·· 207
    6.5.2 比例-微分控制 ·· 208
    6.5.3 比例-积分-微分控制 ··· 209
    6.5.4 PID 的参数优化 ··· 210
    6.5.5 PID 控制的实现 ··· 212
  6.6 前馈补偿与复合控制 ··· 213
    6.6.1 按输入补偿的复合控制系统 ·· 214
    6.6.2 按扰动补偿的复合控制系统 ·· 214
 小结 ··· 214

数字通信时代的引路人——哈里·奈奎斯特 ·· 216
知识点自测 ·· 216
习题 ·· 218

第 7 章　非线性反馈控制系统 ··· 224
7.1　非线性控制系统概述 ··· 224
7.1.1　典型非线性特性 ··· 224
7.1.2　非线性系统的特点 ··· 226
7.2　描述函数法 ··· 226
7.2.1　描述函数的基本概念 ·· 226
7.2.2　典型非线性特性的描述函数 ·· 228
7.2.3　组合非线性特性的描述函数 ·· 230
7.2.4　非线性系统的描述函数分析 ·· 231
7.3　相平面法 ·· 233
7.3.1　相轨迹的基本概念 ··· 233
7.3.2　奇点和极限环 ·· 234
7.3.3　相轨迹的绘制 ·· 237
7.3.4　非线性系统的相平面分析 ·· 238
7.4　利用非线性特性优化系统的性能 ··· 241
7.5　MATLAB 在非线性控制系统中的应用 ··· 242
小结 ·· 244
控制论创始人——诺伯特·维纳 ·· 245
知识点自测 ·· 246
习题 ·· 247

第 8 章　计算机控制系统 ··· 251
8.1　概述 ··· 251
8.2　计算机控制系统的硬件组成 ··· 252
8.3　采样与恢复 ··· 253
8.3.1　采样过程 ·· 254
8.3.2　采样定理 ·· 255
8.3.3　信号恢复 ·· 257
8.4　z 变换 ·· 259
8.4.1　z 变换的定义 ·· 259
8.4.2　z 变换的基本性质 ··· 260
8.4.3　z 变换的求法 ·· 263
8.4.4　z 反变换的求法 ·· 265
8.5　脉冲传递函数 ··· 266
8.5.1　数字部分的脉冲传递函数 ·· 266
8.5.2　连续部分的脉冲传递函数 ·· 267
8.5.3　采样器位置的重要性 ·· 269
8.5.4　闭环脉冲传递函数 ··· 270
8.6　离散控制系统的性能分析 ·· 274
8.6.1　离散控制系统的稳定性分析 ·· 274
8.6.2　离散控制系统的动态性能分析 ··· 276

    8.6.3 离散控制系统的稳态性能分析 ·················· 280
  8.7 数字控制器的设计 ··························· 283
    8.7.1 数字控制器的模拟化设计 ···················· 283
    8.7.2 数字控制器的直接设计 ····················· 289
  8.8 MATLAB 在离散控制系统中的应用 ················· 293
  小结 ······································ 295
  信息论之父——克劳德·艾尔伍德·香农 ················· 295
  知识点自测 ··································· 296
  习题 ······································ 299
附录 1 常见系统的根轨迹 ·························· 303
附录 2 拉氏变换及 z 变换表 ······················· 305
附录 3 常用校正装置 ··························· 306
参考文献 ····································· 309

第 1 章 绪 论

CHAPTER 1

1.1 引言

现代科学技术的众多领域中,自动控制技术发挥了越来越重要的作用。导弹能准确命中目标,人造卫星能按预定的轨道运行并返回地面,天宫二号能与神舟十一号飞船成功交会对接,嫦娥三号探测器能成功实现在月球上软着陆,蛟龙号载人潜水器能成功深潜并收回,这些都是以应用高水平的自动控制技术为前提的。自动控制技术已广泛应用于制造业、农业、交通、航空及航天等众多产业部门,极大地提高了社会劳动生产率,改善了人们的劳动环境,丰富和提高了人民的生活水平。在加快推进中国特色新型工业化的伟大征程中,自动控制技术必将发挥更加重要的作用。

控制的目的是使被控对象按照人类的愿望运动,并给出期望的输出。例如,要使一个圆盘以恒定的速度旋转,那么最简单的方法是采用如图 1-1 所示的控制方式。电机控制与驱动模块根据期望转速产生控制信号,控制信号作用于直流电机,使电机产生预期的转速。这种控制方式的特点是:实际转速受控于控制信号,但是对控制信号无反作用。这种控制方式被称为**开环控制**。

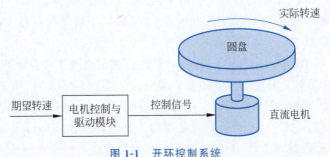

图 1-1 开环控制系统

开环控制系统结构简单,成本低廉,工作稳定,不存在振荡问题。在输入和扰动确定的情况下,开环控制可取得比较满意的结果。但是,由于开环控制不能自动修正系统内部的参数变化,以及外部未知干扰对系统输出的影响,所以为了获得期望的输出,就必须选用高质量的元器件和相对复杂的结构,这必然导致制作成本的提高。因此,当系统的控制精度要求不高、外界未知扰动对系统的影响不大或者扰动的影响可以预计并加以补偿时,可以采用开环控制。假如所要控制的这个圆盘是陶艺制作中使用的转台,那么开环控制足以胜任。但是,如果这个圆盘是传统机械硬盘中的盘片,那么开环控制就无能为力了,这时需要采用如图 1-2 所示的控制方式。

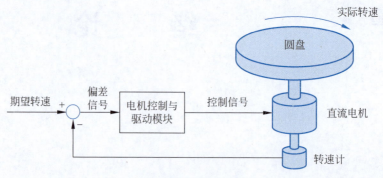

图 1-2 闭环控制系统

与图 1-1 相比,图 1-2 中增加了一个转速计,通过它对实际输出转速进行测量,并将其反馈至输入端与期望转速进行比较,产生偏差信号,然后根据偏差信号产生控制信号对系统进行控制,以达到减少或消除偏差的目的。这种控制方式称为**闭环控制**,也称为**反馈控制**,它能有效抑制系统元件参数的变化,以及外部未知干扰对系统的影响。当然,反馈控制也有潜在的缺点,可能使系统发生动态不稳定,引起振荡甚至出现飞跑现象;也可能引入传感器噪声。因此,本书重点介绍反馈控制的基本原理和分析设计方法。

1.2 自动控制发展概况

控制的思想与技术至少已存在数千年了。"控制"这一概念本身就反映了人们对征服自然与外部环境的渴望,控制理论与技术也自然而然地在人们认识自然与改造自然的历史中发展起来。然而,在 19 世纪之前,自动控制理论并不存在,自动控制最初只是作为一种技艺,由有天赋的工艺工程师精心设计才付诸实践的。早期控制装置的工作原理大都可以凭直觉进行直接解释,尽管有些装置工艺精巧复杂,但都属于自动控制技术问题,还没有上升到理论高度。

公元前 1400 年至公元前 1100 年,埃及和巴比伦相继出现了可自动计时的漏壶,人类产生了最早的控制思想。公元前 300 年古希腊出现了浮球调节装置,用于保持水钟系统的水位恒定。大约在公元前 250 年,菲隆(Philon)发明了采用浮球调节装置来保持油面高度稳定的油灯。公元前 245 年,古希腊发明家和数学家克特西比乌斯(Ktesibios)发明了一种自动水钟,该钟具有表盘和指针,而且计时结束时还能自动敲锣或吹喇叭。

中国有着灿烂的古代文明。中国古代的科学家对水钟也十分重视,并进行了长期的研究,当时称为"漏刻""漏壶"。据《周礼》记载,约在公元前 500 年,中国军队已用漏壶作为计时装置。公元前 300 年左右,李冰父子主持修筑的都江堰水利工程充分体现了自动控制的思想。公元 132 年前后,东汉杰出的天文学家张衡发明了水运浑象仪和候风地动仪,把自动控制思想应用到天文观测仪器和地震观测仪器。公元 235 年,三国时期最负盛名的机械发明家马钧研制出了用齿轮传动的能够自动指示方向的指南车。公元 1086 年至公元 1089 年,苏颂和韩公廉制造了水运仪像台,将用于天文观测的浑天仪和用于天文演示的浑象仪及自动计时装置结为一体。整个系统就是一个按负反馈原理构成的闭环非线性自动控制系统（当时并不知晓）。公元 1637 年，明末科学家宋应星所著的《天工开物》记载了有程序控制思想的提花织机结构图。

近代欧洲最早的反馈系统是荷兰人科内利斯·德雷贝尔（Cornelis Drebbel）在 17 世纪 20 年代发明的温度调节器，用于控制对炼金原材料进行长时间适温加热的迷你熔炉。丹尼斯·帕平（Dennis Papin）在 1681 年发明了第一个锅炉压力调节器，该调节器是一种安全调节装置，与目前压力锅的减压安全阀类似。1765 年俄国著名的科学家、发明家波尔祖诺夫（Ivan Ivanovich Polzunov）发明了蒸汽锅炉浮子阀门式水位调节器。

18 世纪，欧洲出现了工业革命，蒸汽机开始广泛地应用于工业生产。然而，在蒸汽机出现的初期，其动力输出不稳定，导致其工作效率低下。为了解决这一问题，英国发明家瓦特（James Watt）于 1788 年设计了离心式调速器（飞球调节器），用来控制蒸汽机的转速。该装置被公认为第一个成功应用的负反馈调节装置，是将自动控制技术应用到工业的最早代表。然而，人们很快就发现，离心式调速器有时会造成系统的不稳定，使蒸汽机产生剧烈振荡。由于缺乏必要的理论方法作为指导，在很长的一段时间里，人们无法简单地用直觉解释和解决这种不稳定现象，只能采用"试凑法"。因此，从理论上去描述自动控制系统的稳定性问题，进而解决设计过程中出现的瞬态振荡问题就成为那时的"当务之急"。

1826—1835 年，英国剑桥大学数学及天文学教授艾里（G. B. Airy）针对天文望远镜调速系统中的不稳定现象，尝试采用微分方程来进行分析，这是动态控制系统研究的开端。但由于他的论文写得非常简略，不能判断他当时是否得到了稳定性条件。1868 年，英国物理学家詹姆斯·麦克斯韦（J. C. Maxwell）发表论文"论调速器"，建立了调速器的微分方程模型，并采用线性化技术，给出了二阶、三阶系统的稳定性判据。该文是系统研究反馈控制系统稳定性的第一篇论文，开创了控制理论研究的先河。同一时期，俄罗斯学者维什聂格拉斯基（I. A. Vyshnegradskii）也对蒸汽机的稳定性问题进行了研究，并于 1876 年发表了论文"论调节器的一般理论"，对调速器系统进行了全面的阐述。1877 年，英国数学家劳斯（E. J. Routh）提出了著名的劳斯稳定判据，它是一种代数稳定判据，可以根据微分方程的系数来判定控制系统的稳定性。1895 年，德国数学家赫尔维茨（A. Hurwitz）提出著名的赫尔维茨稳定判据，它是另一种形式的代数稳定判据。Hurwitz 的条件同 Routh 的条件在本质上是一致的，因此这一稳定性判据现在也被称为 Routh-Hurwitz 稳定性判据。1892 年，俄罗斯数学家力学家李雅普诺夫（A. M. Lyapunov）发表了具有深远历史意义的博士论文"运动稳定性的一般问题"，提出了当今学术界广为应用且影响巨大的李亚普诺夫第二方法。这一方法不仅可用于线性系统，而且可用于非线性时变系统的分析与设计。20 世纪初，人们需要对舰船进行自动操纵。1911 年，美国发明家斯佩雷（Elmer Sperry）发明了舰船自动驾驶系统，尝试采用 PID 控制思想和自动增益调整来提高系统性能，这被认为是最早的 PID 控制器。1922 年，美国科学家米诺斯基（Nicholas Minorsky）从理论上清晰地分析了船的自动驾驶问题，推导出了 PID 控制规律。PID 控制结构简单、稳定性好、工作可靠，既可应用于已知数学模型的系统，也可应用于无法精确建模或者无法建模的复杂系统，便于现场调试，在实际工程中得到了广泛应用。这些研究工作基本上是在时间域上进行的，因此将这些方法称为控制理论的时间域分析方法，简称**时域法**。

1928 年至 1945 年，以美国电话电报公司和贝尔实验室的工程师和科学家为核心，建立了控制系统分析与设计的**频域方法**。1920年前后，电子放大器失真问题成为开发长距离电话技术的严重阻碍。哈罗德·布莱克(Harold Black)深入研究了这个问题，并于1927年开发出负反馈放大器，其核心思想是：把输出的放大信号反馈回输入端，就可以减小由于噪声和器件参数漂移造成的失真。自此，"**反馈**"一词被正式使用。然而，采用负反馈放大器后，人们发现系统中容易发生"啸鸣"等不稳定现象，因为该系动力学方程比较复杂，Routh-Hurwitz判据很难再有帮助。于是贝尔实验室的通信工程师和科学家开始转向频域分析。1932年，奈奎斯特(Harry Nyquist)发表了关于反馈放大器的经典论文，运用复变函数理论给出了反馈系统的频域稳定性判据(Nyquist判据)。同一时期，伯德(Hendrik W. Bode)也开始对负反馈放大器的设计问题进行研究。1940年，伯德发表"反馈放大器设计中衰减与相位的关系"，引入了对数幅频图和相频图，为简化运算迈出了重要一步。1945年，伯德出版著作《网络分析和反馈放大器设计》，给出了以频率响应法为基础的反馈控制系统分析和设计理论。

20世纪40年代是系统和控制思想空前活跃的年代。1942年，美国Taylor仪器公司的齐格勒(J. G. Zigler)和尼科尔斯(N. B. Nichols)提出了PID控制器的参数整定方法——后来称为Ziegler-Nichols整定法。同年，哈里斯(H. Harris)在拉普拉斯变换的基础上，引入传递函数的概念。1943年，霍尔(A. C. Hall)利用传递函和方框图，把频域响应方法和时域方法统一起来，创建了复域法。1948年，伊文斯(W. Evans)提出了根轨迹法，通过描绘特征方程的根在某个参数改变时的运动轨迹，来分析和设计线性定常控制系统。1948年，美国数学家维纳(Nobert Wiener)出版《控制论》，把反馈的概念推广到生物、神经、经济及社会等复杂系统，为控制论奠定了基础。同年，美国数学家香农发表了论文《通信的数学理论》，为信息论奠定了基础。至此形成了完整的控制理论体系——以传递函数为基础的**经典控制理论**，主要研究单输入单输出、线性定常系统的分析和设计问题。1954年，我国著名的科学家钱学森全面地总结了经典控制理论，并把它进一步提高到更高的理论高度上，他在美国出版《工程控制论》，将控制论的主要思想和方法推广到工程技术领域。

20世纪50年代末到60年代初，人类开始征服太空。随着航天技术的快速发展，传统的经典控制理论难以满足航天任务中多变量线性控制系统的需求，这就促进了现代控制理论的形成与发展。**现代控制理论**以多变量系统为研究对象，以状态空间法为主要研究方法。贝尔曼(Bellman)于1954年提出的动态规划、庞特里亚金(Pontryagin)于1956年提出的极大值原理和卡尔曼(Kalman)于1960年提出的卡尔曼滤波对现代控制理论起到了重要的支撑作用。现代控制理论经过几十年的发展，已形成许多学科分支，如线性系统理论、最优控制、系统辨识、自适应控制、鲁棒控制和非线性控制等。目前控制理论还在继续发展，正向以控制论、信息论和仿生学为基础的智能控制理论深入。随着社会生产和科学技术的进步，控制理论将不断发展和完善，必将有力推动社会生产力的发展和人民生活水平的提高，促进人类社会向前发展。

1.3 自动控制系统的基本原理和组成

1.3.1 自动控制系统

自动控制系统是指离开人的直接干预，利用控制装置(简称控制器)使被控对象(或生产过程等)的工作状态(或被控量),如温度、压力、流量、pH、位置、速度等,按照预定要求运行的系统。下面通过两个例子来说明自动控制系统的基本工作原理。

1. 温度控制系统

图 1-3 是闭环温度控制系统。

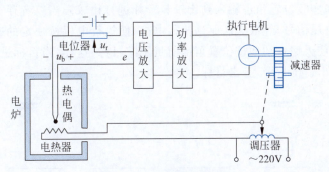

图 1-3　闭环温度控制系统

系统的工作原理如下:将电位器的电压数值设定在对应于期望温度的 u_r 上,热电偶测量炉内温度,其输出是电压 u_b,u_b 与给定电压 u_r 比较,当炉内温度低于期望温度时,比较电路的输出电压(系统的误差信号)$e=u_r-u_b>0$,误差信号 e 经放大器放大,驱动执行电机,通过减速器使调压器向增大电压的方向转动,从而使炉温升高。只有当炉内温度与期望温度相等时,$e=u_r-u_b=0$,电机停转,系统才达到平衡状态。当炉内温度高于期望温度时,$e<0$,执行电机朝相反方向转动,最后也达到平衡状态。

可见,系统由比较电路产生的电压误差信号 e 对系统产生控制作用,在炉内温度达到期望值时,误差信号 $e=0$,控制作用消失;只要 $e\neq 0$,执行电机就转动,控制调压器的移动臂朝减少误差的方向滑动,这样系统就实现了温度的自动控制。

图 1-3 所示系统的原理框图如图 1-4 所示。

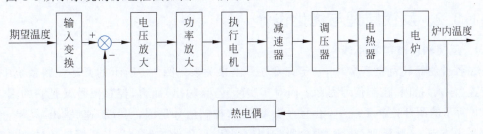

图 1-4　闭环温度控制系统原理框图

图中 ⊗ 是比较元件的符号,在本系统中比较是由比较电路完成的。从以上分析看出:闭环控制系统之所以能保持温度为期望值,是因为系统中引入了负反馈,利用比较元件产生的误差信号进行控制。这样的系统能自动消除如外界扰动和系统参数变化等因素引起的输出误差,所以闭环控制系统是利用系统偏差来消除系统输出误差的。

图 1-4 称为控制系统的原理框图。作原理框图的一般流程如下:先确定输入、输出和被控对象,输出是由被控对象产生的;然后确定系统是开环结构还是闭环结构,确定控制器与检测元件;最后根据系统的结构添加其余部分。

2. 自动火炮角度跟踪系统

图 1-5 是自动火炮角度跟踪系统的原理框图。其工作原理如下：当雷达捕捉到目标（飞行器）后，即将测得的飞行器有关运动数据（如距离、方位角、俯仰角、速度等）送入收信仪进行处理，计算出火炮发射所需的位置角（方位角和俯仰角）提前量等数据。同时，将通过检测装置测得的火炮实际位置角也输入到比较装置并进行比较。当二者存在误差时，比较装置就会输出一个电压信号，经放大后驱动执行电机，使执行电机按一定的速度和方向旋转，再经过减速装置，使火炮自动地按位置角提前量跟踪目标，这样，当目标进入火炮的射击范围时，指挥仪便发出射击指令，打击目标。

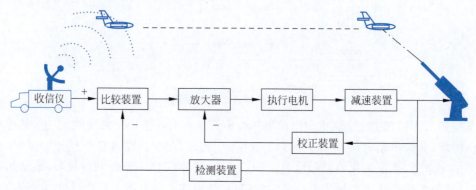

图 1-5　自动火炮角度跟踪系统的原理框图

这是一个闭环控制系统，系统中引入了负反馈信号，收信仪收到信号与火炮输出的角度信号在比较装置进行比对，产生的偏差信号对系统进行控制，从而消除输出误差。它也是利用系统误差来消除系统误差的。

图 1-5 中的校正装置是为改善系统的性能而设计的控制装置，这种形式的补偿称为反馈校正，本书将在第 6 章介绍。

1.3.2　反馈原理与优化设计

1. 反馈和反馈控制原理

在各种纷繁错乱的现象中，一定存在一些因果关系。图 1-1 所示的开环控制系统中，期望转速（输入）是因，控制信号是果；而对于实际转速（输出）而言，控制信号又是它的因。在图 1-2 所示的闭环控制系统中，沿上方箭头方向，控制信号是因，实际转速（输出）是果，而沿下方箭头方向，实际转速（输出）也会影响到控制信号，因此控制信号与实际转速（输出）互为因果关系。在一个系统中，如果有一对信号，它们之间互为因果关系，则称它们之间存在信息反馈，简称**反馈**。反馈是控制论的一个最基本观点，指将系统的输出返回输入端，并以某种方式改变输入，进而影响系统功能的过程。

反馈可以分为正反馈和负反馈两种情况。**正反馈**是指将输出信号加强反馈到输入端，导致输出信号进一步增大的过程。人的认知迭代过程就是一个正反馈回路。**负反馈**是指将输出信号减弱反馈到输入端，从而使得输出信号更加稳定。人体的温度调节系统就是负反馈回路。如果体温过低，大脑就会指使肌肉抖动，加速血液循环，从而刺激温度上升；如果体温过高，则会让你出汗来降低体温。

很久以前，大自然就发现了反馈。它创造了反馈机制并且在各个层次利用这些机制。

达尔文的进化论被认为是反馈的理论。达尔文认为，生物为了生存必然会不断改造自己，以适应客观环境，就是"物竞天择，适者生存"的道理。图1-6为生物进化模型。生物个体遗传信息的输入来自繁殖过程中DNA的复制、重组和突变，从而产生的DNA的多样性，生物个体输出的表现型来自生物根据环境条件，开启或关闭表达某些基因。自然选择是进化模型中的负反馈，只有适应环境的生物才能生存，不适应环境的生物被淘汰甚至物种灭绝。生物竞争是进化中的正反馈，有竞争优势基因型的生物个体能获得更多的资源，繁殖更多的后代。在下一代群体中，DNA经过复制、重组和突变产生新的遗传信息和生物个体，如此循环反复，构成生物进化的模型。

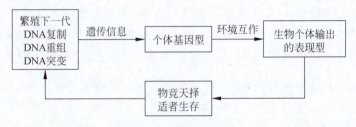

图 1-6 生物进化模型

人体也是一个具有高度复杂控制能力的反馈系统。例如，葡萄糖是体细胞赖以产生能量的物质，身体试图维持其浓度恒定。胰腺通过产生胰岛素和胰高血糖素来调节血液中的葡萄糖。当葡萄糖水平增高时（例如吃饭以后），胰岛素就会被释放，身体就会将过多的葡萄糖保存到肝脏中。当葡萄糖水平变低时，胰腺就会分泌胰高血糖素，产生相反的效果。

在工程控制系统中，大多数的反馈系统是基于期望性能与实际性能之间的偏差来进行调节的，即"检测偏差、利用偏差、消除偏差"，这就是**反馈控制的原理**。闭环控制系统是根据反馈控制原理设计的，它的基本特征是——信号流存在回路，这正是闭环称呼的由来。图1-4描绘的闭环炉温控制系统中，⊗表示比较设备，其输出（偏差信号）是电压，电压的正负反映了炉内实际温度是高于还是低于期望温度，反馈控制的目的就是使炉内实际温度与期望温度一致，也就是消除偏差。

2. 控制系统的优化

优化意识是人类固有的思维模式。当有不止一种方案可以达到控制目的时，人们就会去挑选一个好一点的方案，这就是控制系统的优化。如果从起点到目的地有不止一条路可走，有的人会选择最近的一条，有的人会选择最平坦的一条，也有的人可能会选择沿途景色最好的一条。不管选择哪条路，他都是在做优化。这个例子说明优化有两个前提，一是存在多种方案达到控制目的，二是有一个优化的指标，即选路的标准，这个指标称为目标函数。上述例子说明目标函数不是唯一的，不同的目标函数导致最后的决策也是不相同的。

典型的最优化问题的提法是

$$\begin{aligned}&\max f(x)\\&\text{s.t.}\ g(x,u)=0\end{aligned} \qquad (1\text{-}1)$$

式(1-1)中，标量值函数 $f(x)$ 称为目标函数，通常要求 $f(x)$ 是一阶连续可微的，x 是被控变量，它可以是向量。$g(x,u)=0$ 是一个向量值方程（即方程组），称为约束条件，其中的 u 是一个需要设计的变量，可以是控制输入或者系统参数，这个方程给出了被控变量 x 和设计变量 u 之间的约束关系。因为一般控制系统的模型都是用微分方程描述的，当 $g(x,u)$ 中

含有 x 的导数时，求解式(1-1)就称为最优控制问题。

人类对目标的追求常常不是单一的，例如在上面选路的例子中，人们有可能选择一条不太远且比较平坦的路。这种指标就称为加权平均指标。在控制系统设计中，"稳、准、快"是最基本的指标，这三个指标并不总是相容的，常常快了就不够稳，或者稳了又不够准。因此当一个被控对象可以用多个指标进行衡量的时候，我们常常采用加权平均的方法制定控制系统的目标函数。用 $f_1(x), f_2(x), \cdots, f_p(x)$ 表示 p 个不同的指标；$\mu_1, \mu_2, \cdots, \mu_p$ 是 p 个非负实数，它们满足 $\sum_{i=1}^{p} \mu_i = 1$；那么加权平均指标就是 $f(x) = \sum_{i=1}^{p} \mu_i f_i(x)$。

由于求解优化问题(1-1)常常会涉及偏微分方程，而解这些方程非常困难，显然不在经典控制理论的考虑之中。在经典控制理论中，人们要优化的都是一些工程参数，通常的做法是先对 $f_1(x)$ 求得一个最优参数 u_1，对 $f_2(x)$ 得到一个 u_2……对 $f_p(x)$ 得到一个 u_p。有的时候，这些 u_i 还只是次优解。然后用算术平均 $\sum_{i=1}^{p} \mu_i u_i$，或者几何平均 $u_1^{\mu_1} u_2^{\mu_2} \cdots u_p^{\mu_p}$ 作为最优参数。

尽管得到最优解很难，然而在控制系统设计中总是尽可能地选取一个比较优越的结果，这种结果有时候称为非劣解或者满意解。在经典控制理论中这种优化意识比比皆是，例如第 3 章中选取最佳工程参数，在第 4 章中用根轨迹选择好的闭环极点，在第 5 章中提出稳定裕量等，都是优化意识的体现。至于第 6 章的设计校正更是明确地让系统的性能更好一些。

1.3.3 自动控制系统的组成

概括 1.3.1 节的两个例子，典型的闭环系统组成框图一般具有图 1-7 给出的形式。与图有关的概念解释如下。

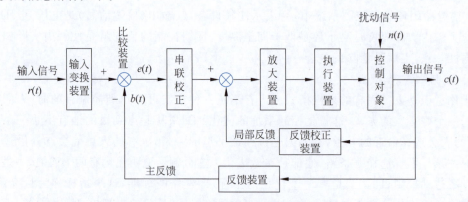

图 1-7 典型闭环控制系统的组成框图

前向通道与反馈通道：信号从输入端沿箭头方向到达输出端的传输通道称为前向通道；系统输出量经测量装置反馈到系统输入端的通道称为主反馈通道。前向通道与主反馈通道一起构成主回路。由局部反馈组成的回路称为局部反馈回路。

输入信号 $r(t)$ 与输入变换装置：输入到系统中控制输出量变化的信号称为输入信号 $r(t)$（又称给定量或控制量），它通过输入变换装置变换成比较装置可以接受的物理量或数字量。

反馈装置与反馈信号 $b(t)$：用来测量被控量并按特定的函数关系反馈到系统的输入端的器件称为反馈(检测)装置，如图 1-3 中的热电偶。反馈装置的输出叫反馈信号。根据极性，把反馈信号与输入信号同极性的反馈叫正反馈，反极性的反馈叫负反馈。为消除系统误差，主反馈一定是负反馈，这是工程中闭环控制系统正常工作的基本条件。

比较装置与误差信号 $e(t)$：比较装置是把输入信号与反馈信号相减，其输出为误差信号，简称为误差。

放大装置：比较装置给出的信号通常很小，必须将它进行放大(包括幅值和功率等)。常用的有电子放大器、液压放大器等。

执行装置：能产生驱动被控对象的信号，它用来改变系统输出，常用的有直流伺服电机等，如图 1-5 中的执行电机。

校正装置：它是为了改善系统的性能而引入的。串联校正装置是串接在系统前向通道中的校正装置，在系统局部反馈回路内接入的反馈装置称为反馈校正装置。简单的校正装置可以是一个阻容网络，复杂的校正装置可以是一个数字信号处理器。

控制对象与输出信号 $c(t)$：控制对象即系统要求控制的对象，其输出量为系统的输出信号，又称为被控制量。如图 1-4 中的控制对象为电炉，被控制量(输出信号)是温度。

扰动信号 $n(t)$：除输入信号外，影响系统输出的其他输入统称为扰动信号。扰动信号的特点是人们无法控制甚至无法量测的。

1.4 自动控制系统的分类

1.4.1 按信号的传递路径来分

1. 开环控制系统

开环控制系统的输出端与输入端间不存在反馈回路，即输出量对系统的控制作用不发生影响。如工业上使用的数控机床，参见图 1-8。

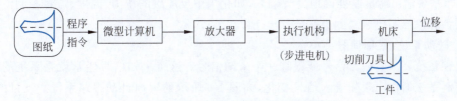

图 1-8 微型计算机开环控制

系统工作过程如下。根据设计图纸的要求，将加工过程编制成程序指令输入到微型计算机，微型计算机完成对控制脉冲的存储、交换和计算，并输出控制脉冲给执行机构(一般是步进电机)，驱动机床运动，完成程序指令的要求。这就是一个开环控制系统，它的特点如下。

(1) 系统的作用信号由输入端到输出端单方向传输，没有反馈通道，不具有修正误差的能力。

(2) 对系统的每一个输入，总有一个与之对应的输出。

(3) 控制精度取决于系统组成部件和元器件参数的精度与稳定性，所以为了获得高质量的输出，必须选用高质量的元件，导致投资大、成本高。

2. 闭环控制系统（反馈控制系统）

闭环控制系统也叫反馈控制系统。它是将输出信号通过测量元件反馈到系统的输入端，通过比较产生偏差信号，系统根据偏差信号来控制执行机构达到减小系统偏差的目的。在上例中引入测量元件和反馈回路，就构成闭环控制系统（见图1-9）。

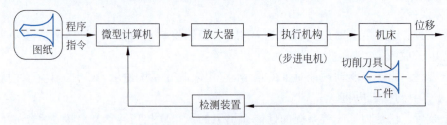

图 1-9　微型计算机闭环控制

系统反馈测量装置把切削刀具的实际位置送给计算机，与程序指令比较，经计算机处理后发出控制信号，再经放大后驱动执行机构，就可以减小由各种原因产生的误差。

闭环控制系统如果系统参数配合不当，就容易产生振荡，使系统不能正常工作，这就是系统的稳定性问题。

1.4.2　按系统输出信号的变化规律来分

1. 恒值控制系统（或称自动调节系统）

这种系统要求系统在任何扰动下，输出量以一定精度接近给定量。工业生产中的恒温、恒压等自动控制系统都属于这一类型。

恒值控制系统主要研究如何克服各种扰动对系统输出的影响。

2. 过程控制系统

这种系统要求其输出按照一个已知的函数变化。系统的控制过程按预定的程序进行，这时要求系统输出能迅速准确地复现输入，如化工中反应罐的压力、温度、流量控制。图1-9中微型计算机控制机床属此类系统。

3. 随动系统（或称伺服系统）

这种系统要求其输出信号能跟踪一个未知信号。这个未知信号通常就是系统的输入，要求控制系统的输出跟随输入信号变化，如图1-5所示的火炮自动跟踪系统。飞机的运动规律对系统来说是随机的，系统要求火炮输出角度能跟随飞机的运行轨迹。

对于随动系统要求跟踪具有很好的快速性和准确性。

1.4.3　按系统传输信号的性质来分

1. 连续系统

这类系统的特点是系统各部分的信号都是连续函数。如图1-3所示的温度控制系统及目前工业中普遍采用的模拟PID调节器控制的系统就属于这一类型。

2. 离散系统

系统中只要有一处信号出现脉冲信号或数字信号，就称为离散系统。如目前广泛使用的计算机控制系统就属于这一类型（见图1-10）。

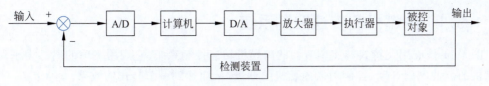

图 1-10 数字控制系统结构图

1.4.4 按系统的输入输出特性来分

1. 线性系统

线性系统由线性元件构成,其运动规律可以用线性微分方程来描述。系统具有叠加性和齐次性。假设系统的输入为 $r_1(t)$ 和 $r_2(t)$,对应的输出分别为 $c_1(t)$ 和 $c_2(t)$,则当输入为 $r(t)=r_1(t)+r_2(t)$ 时,如系统的输出为

$$c(t)=c_1(t)+c_2(t) \tag{1-2}$$

则称系统具有叠加性。若对应输入 $r_1(t)$,系统的输出为 $c_1(t)$,当输入为 $r(t)=\alpha r_1(t)$ 时,如系统的输出为

$$c(t)=\alpha c_1(t) \tag{1-3}$$

则称系统具有齐次性。

同时满足式(1-2)和 式(1-3)的系统就是线性系统。将上述二式合并,如线性系统输入为 $r(t)=\alpha_1 r_1(t)+\alpha_2 r_2(t)$,则系统的输出为

$$c(t)=\alpha_1 c_1(t)+\alpha_2 c_2(t) \tag{1-4}$$

式(1-4)通常称为线性原理。

如果线性系统参数不随时间变化,就是线性定常系统,其运动方程一般形式为

$$a_n \frac{d^n c(t)}{dt^n}+a_{n-1}\frac{d^{n-1}c(t)}{dt^{n-1}}+\cdots+a_1\frac{dc(t)}{dt}+a_0 c(t)$$
$$=b_m\frac{d^m}{dt^m}r(t)+b_{m-1}\frac{d^{m-1}}{dt^{m-1}}r(t)+\cdots+b_1\frac{d}{dt}r(t)+b_0 r(t)$$

式中,$r(t)$ 为系统的输入;$c(t)$ 为系统的输出;$a_i(i=0,1,\cdots,n)$ 和 $b_j(j=0,1,\cdots,m)$ 均为常数。

2. 非线性系统

在构成系统的元件中有一个或一个以上是非线性的,则称此系统为非线性系统。典型的非线性特性有饱和特性、死区特性、间隙特性、继电特性、磁滞特性等。非线性系统不满足线性原理,这是与线性系统的本质区别。非线性特性大大增加了系统分析与设计的复杂性。

严格地说,自然界中任何物理系统的特性都是非线性的。但是,为了研究问题的方便,许多系统在一定的条件下,可以近似为线性系统来研究,其误差往往在工业生产允许的范围之内。

1.5 控制系统实例

下面举两个自动控制系统的实际例子。

1.5.1 内燃机的转速控制系统

图 1-11 是应用瓦特式转速调节器的内燃机转速控制系统,它利用飞球的离心力来调节内燃机的燃油阀门开度,控制喷入内燃机的油量,从而达到调节转速的效果。

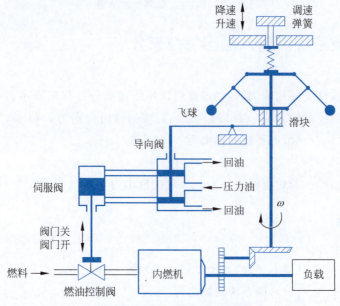

图 1-11　内燃机的转速控制系统

系统的工作原理如下:先设内燃机工作在期望的转速状态。如果由于某种原因,例如负载增大使转速降低,调速器的飞球离心力减小,导致导向阀向上移动,压力油流向伺服阀油缸的上半部,使燃油控制阀开大,于是内燃机加速,直到达到期望转速,控制系统又回到图示的状态。如果要升高期望转速,只要压紧调速弹簧,调速器就将平衡在转速较高的位置上。

1.5.2 角度随动系统

图 1-12 是角度随动系统的原理图。

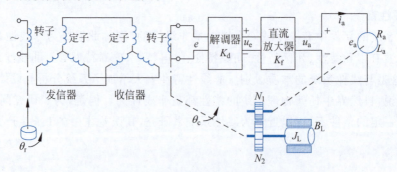

图 1-12　角度随动系统的原理图

系统中采用自整角变压器作为角度的发信器和收信器。其工作原理是:当发信器的转角 θ_r 与收信器的转角 θ_c 相等,即它们的角度差 $\theta = \theta_r - \theta_c = 0$ 时,误差电压 $e = 0$;当 $\theta \neq 0$

时,误差电压 $e\neq 0$,并且,e 的相位反映了 θ 的符号。于是经过解调器解调的直流信号 u_e 的极性也反映了 θ 的符号,即当 $\theta>0$ 时,$u_e>0$,当 $\theta<0$ 时,$u_e<0$,而当 $\theta=0$ 时,则 $u_e=0$。当系统发信器的转角 θ_r 与收信器的转角 θ_c 相等时,$e=0$ 及 $u_e=0$,系统处于平衡状态。当 $\theta\neq 0$ 时,$e\neq 0$,$u_e\neq 0$,经直流放大器放大,$u_a\neq 0$ 驱动直流伺服电机转动,伺服电机带动负载转动的同时,也带动收信器向减小 $|\theta|$ 的方向转动,一直到 $\theta=\theta_r-\theta_c=0$,系统又进入平衡状态。这样,系统的输出转角 θ_c 总能跟踪给定的转角 θ_r。

1.6 本书概貌

本书主要研究自动控制系统的建模、分析和设计。

建立系统的数学模型是系统分析和设计的基础。通常人们所说的数学模型是指描述系统运动状态的微分方程。由于微分方程中的自变量是时间 t,所以将微分方程称为时域数学模型。为了便于系统的分析和设计,经典控制理论中通常将系统的时域数学模型——微分方程映射到复数域(简称复域)或频率域(简称频域)中,得到复域数学模型——传递函数,以及频域数学模型——频率特性。这三种模型之间存在一一对应的映射关系,如图 1-13 所示。

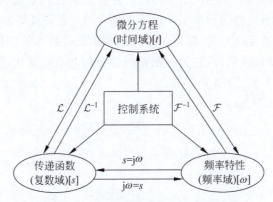

图 1-13 系统三种数学模型之间的关系

图中:$\mathcal{L}$,$\mathcal{L}^{-1}$ 分别表示拉普拉斯变换和拉普拉斯反变换;
$\mathcal{F}$,$\mathcal{F}^{-1}$ 分别表示傅里叶变换和傅里叶反变换

时域的数学模型是基础,传递函数和频率特性是重要的工具。

系统分析包括系统的稳定性分析、稳态特性分析和动态特性分析(简称"三性分析"),在时域、复域和频域中都可进行。时域分析就是求解系统的运动方程(微分方程),通过对系统零输入响应的分析,获得线性定常系统稳定的充分必要条件;通过典型的单位阶跃响应曲线,建立系统的动态性能指标;以二阶系统为例分析了特征根与稳定性,阻尼比 ζ、自然振荡角频率 ω_n 与系统的动态性能的关系。复数域分析方法和频率响应法给出适合于工程应用的方法——作图的方法(根轨迹图和各种频率特性图),给出在这些图上判别系统稳定性和系统性能的指标和方法。本书介绍的控制理论是 20 世纪 40 年代前后提出的,这种理论解决了在没有现代计算设备条件下的工程控制系统的分析与设计问题。尽管时域法可以精确求解系统的运动特性,但它依赖于解析解,因此一般只能解决二阶系统的分析问题,而复域法和频域法则可解决高阶系统的分析问题,并且还解决了在时域中难以解决的系统设计问题,尽管它很多时候采用的是图解的方法,不如时域中解析法来得精确,但它们能满足工程上的要求,尤其对于闭环控制系统而言,反馈可以弥补模型不精确带来的不足。表 1-1 给出了在三种方法中表征系统性能的参数,详细分析将在相应章节中展开。

表 1-1 三种方法中表征系统性能的参数

性能分析	数学模型		
	时域(t) 微分方程——数学求解	复数域(s) 传递函数——根轨迹法	频域(ω) 频率特性——频率法 (以伯德图为例)
	解析法	工程法	
稳定性	特征方程的根具有负实部,则系统稳定	闭环极点在左半 s 平面,则系统是稳定的	$Z=0$,则系统稳定
稳态特性 (稳态误差 e_{ss})	期望输出与系统稳态解之差	开环传递函数的型号与增益	取决于系统开环频率特性的低频段特性:斜率和幅值
动态特性	阶跃响应:调整时间 t_s、超调量 M_p 等	主要取决于主导极点的位置:阻尼比 ζ 和自然振荡角频率 ω_n	主要取决于系统开环频率特性中频段的特性:增益剪切角频率 ω_c 和相位裕度 γ

校正是控制系统设计的主要方法,本书将讲述在经典控制系统设计中采用的优化思想和措施,并详细讨论用根轨迹法和频率法设计系统各种校正装置的方法。

近年来,计算机技术迅速发展,促进了计算机辅助设计技术的应用。MATLAB 是当前一种常用的计算机辅助设计软件,它为控制系统的分析与设计提供了专用的工具包。本书在各章都将介绍 MATLAB 的相关应用。

本书的整体框架如图 1-14 所示。

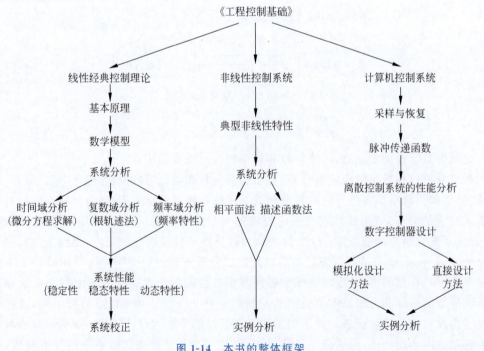

图 1-14 本书的整体框架

本书力求对基本概念的阐述严格清晰,将习题分为基本题、实际题和 MATLAB 题,读者可根据需要选择。

人民科学家——钱学森

钱学森(1911年12月11日—2009年10月31日),生于上海,籍贯为浙江杭州,是中国共产党的优秀党员,忠诚的共产主义战士,享誉海内外的为国家作出杰出贡献的科学家、中国航天事业的奠基人,中国科学院、中国工程院资深院士,中国人民政治协商会议第六届、七届、八届全国委员会副主席,两弹一星功勋奖章获得者。

钱学森于1934年毕业于国立交通大学机械工程系,1935年9月进入美国麻省理工学院航空工程系学习,1936年9月转入美国加州理工学院航空系,在世界著名力学大师冯·卡门(Von Karman)教授指导下,从事航空工程理论和应用力学的学习研究,先后获航空工程硕士学位,航空和数学博士学位。1938年7月—1955年8月,钱学森先后任美国加州理工学院航空系助理研究员、讲师、副教授,麻省理工学院航空系副教授、教授,加州理工学院航空系教授和喷气推进中心主任等职,从事空气动力学、固体力学和火箭、导弹等领域的研究。

在美国学习工作期间,钱学森始终心系祖国,密切关注国内局势变化,决心早日学成报效祖国。1948年,为了准备回国,他退出了美国空军科学顾问团,辞去海军军械研究所顾问职务。中华人民共和国成立后,他回国的心情更加急迫。1950年夏,为返回祖国,他向加州理工学院提出回国探亲,但临行前被以莫须有的罪名拘捕。被软禁期间,他选择控制论作为新的方向,没有资料,没有实验室,自己推导公式,在理论上进行证明。在没有资料、没有助手、没有实验室的情况下,在被软禁四年后的1954年,钱学森独立完成了科学巨著《工程控制论》的英文版,全书共30多万字。虽然此书是为导弹控制系统研发所写,但是为了避开美国的审查,钱学森将其推广到一般的工程控制系统,从而提升了该书的理论层次和应用范围。在撰写的过程中,他超越了维纳对于控制论偏哲学性的思辨,从实际工程出发,广泛摄取当时已经应用的各种时域、频域分析方法,并对最优化设计提出了设想与推演。《工程控制论》的出版标志其在学术成就上已超越了科学巨匠冯·卡门,成为20世纪众多学科领域的科学巨星。

在毛泽东、周恩来等党和国家领导人的关怀下,经过中国政府的严正交涉和国际友人的热心援助,1955年10月8日,钱学森一家终于回到了祖国的怀抱。回国后钱学森投入建设祖国的伟大事业,为我国火箭、导弹和航天事业的创建与发展作出了卓越贡献,在空气动力学、航空工程、喷气推进、工程控制论、物理力学等技术科学领域作出许多开创性贡献,被誉为"中国航天之父""中国导弹之父""火箭之王""中国自动化控制之父"。美国海军次长丹尼·金布尔曾经说了这样一段世界知名的论断:"钱学森无论走到哪里,都抵得上5个师的兵力。"因钱学森同志的回国效力,中国两弹的成功发射至少向前推进了20年。20世纪50年代的中国一穷二白,科技发展更是严重落后,就是在这样艰苦的条件下,钱学森成立了航空工业委员会,建立了中国科学技术大学,并亲自授课,为祖国培养航空航天人才。在钱学森同志一心为国的科学家精神和废寝忘食的工作下,我国的国防科研突飞猛进。

知识点自测

本节通过判断题、单选题和多选题来检测读者对本章知识点的掌握程度,为了便于自我检测,本章末尾给出了参考答案。

判断题(判断下列说法是否正确)

1-1　开环控制系统能自动修正系统元件参数的变化,以及外来未知干扰对系统精度的影响。

1-2　闭环控制系统将输出量通过测量装置反馈至输入端与输入进行比较,利用误差信号对系统进行控制。

1-3　自动控制系统可分为开环控制系统和闭环控制系统,其中闭环控制系统比开环控制系统稳定,且不存在振荡问题。

1-4　开环控制系统的控制精度取决于系统组成部件和元器件参数的精度与稳定性。

1-5　瓦特的飞球调速器被公认为工业过程中使用最早的反馈控制器。

1-6　恒值控制系统分析、设计的重点是研究如何克服各种扰动对系统输出的影响。

1-7　随动系统分析、设计的重点是研究输出量跟随输入的快速性和准确性。

1-8　系统中只要有一处信号出现脉冲信号或数字信号,就可以称为离散系统。

1-9　非线性系统是指系统中包含一个或一个以上的具有非线性特性的环节。

1-10　非线性系统满足叠加性和齐次性。

单项选择题(每小题列出的选项中只有一个选项是符合题目要求的)

1-11　经典控制理论主要以(　　)为基础,研究单输入单输出系统的分析和设计问题。

　　A. 传递函数　　　B. 微分方程　　　C. 状态方程　　　D. 差分方程

1-12　现代控制理论主要以(　　)为基础,研究多输入、多输出、变参数、非线性、高精度等控制系统的分析和设计问题。

　　A. 状态空间法　　B. 时域分析法　　C. 频域分析法　　D. 根轨迹法

1-13　检测装置用来测量(　　),并将其转换为与给定量相同的物理量。

　　A. 被控对象的输出　　　　　　　B. 扰动信号
　　C. 偏差信号　　　　　　　　　　D. 控制信号

1-14　火炮控制系统属于(　　)。

　　A. 恒值控制系统　　　　　　　　B. 随动系统
　　C. 程序控制系统　　　　　　　　D. 自动调节系统

1-15　连续控制系统是指系统中各部分传输的信号都是(　　)的连续函数。

　　A. 时间　　　　　B. 频率　　　　　C. 输入信号　　　D. 误差信号

1-16　负反馈是指将系统的输出量直接或经变换后引入输入端,与输入量相减,利用所得的(　　)去控制被控对象,以达到减小偏差或消除偏差的目的。

　　A. 偏差量　　　　B. 控制量　　　　C. 被控量　　　　D. 反馈量

1-17　随动系统的输入量是预先未知的随时间任意变化的函数,要求输出量以尽可能小的误差跟随(　　)的变化而变化。

A. 输入量   B. 偏差量   C. 控制量   D. 扰动量

多项选择题（每小题列出的选项中有两个或两个以上选项是符合题目要求的）

1-18 优先考虑采用开环控制的场合是（   ）。

    A. 系统的控制精度要求不高

    B. 输出信号很难获取

    C. 设置反馈后系统出现振荡

    D. 系统未设反馈环节

    E. 外界未知扰动对系统的影响不大

    F. 扰动的影响可以预计并加以补偿

1-19 早期的反馈控制应用包括（   ）

    A. Ktesibios 的水钟   B. 瓦特的飞球调速器

    C. Drebbel 的温度调节器   D. Papin 的压力调节器

1-20 系统和控制理论发展的早期先驱包括（   ）

    A. J. C. Maxwell（麦克斯韦）   B. H. Black（布莱克）

    C. H. Nyquist（奈奎斯特）   D. H. W. Bode（伯德）

1-21 自动控制系统按系统输出信号的变化规律可分为（   ）。

    A. 连续控制系统、离散控制系统

    B. 恒值控制系统、伺服系统、程序控制系统

    C. 自动调节系统、随动系统、程序控制系统

    D. 开环控制系统、闭环控制系统

    E. 线性系统、非线性系统

1-22 自动控制系统按系统传输信号的性质可分为（   ）。

    A. 连续系统   B. 线性系统   C. 时变系统   D. 离散系统

    E. 非线性系统

1-23 自动控制系统按信号的传递路径可分为（   ）。

    A. 闭环控制系统、反馈控制系统   B. 前馈控制系统、反馈控制系统

    C. 负反馈系统、正反馈系统   D. 开环控制系统、闭环控制系统

    E. 开环控制系统、反馈控制系统

自测参考答案

判断题：(1) F；(2) T；(3) F；(4) T；(5) T；(6) T；(7) T；(8) T；(9) T；(10) F

单项选择题：(11) A；(12) A；(13) A；(14) B；(15) A；(16) A；(17) A

多项选择题：(18) AEF；(19) ABCD；(20) ABCD；(21) BC；(22) AD；(23) DE

习题

A 基本题

A1-1 什么是反馈？什么是正反馈和负反馈？为消除系统误差，为什么工程上反馈控制必须是负反馈？

A1-2 画出典型控制系统的结构框图，并叙述各部分的功能。

A1-3 人在日常生活中做的许多事情,比如走路、取物、吃食物、阅读、清扫等,都带有反馈控制作用,试举例,并用框图说明其反馈工作原理。

A1-4 现在家电设备在人们日常生活中已经十分普遍。试从家电中举几个开环和闭环控制系统的例子,说明它们的工作原理,并画出其框图。

A1-5 日常生活与工作中有许多由人参与的控制系统。图 A1-1 是一个液位控制系统,其输出管路是一直开启的,控制目标是保持容器中的液位为恒值,液位由仪表中读出。

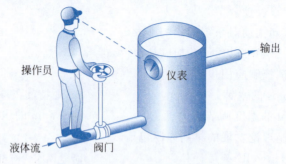

图 A1-1 由人参与的液位控制系统

(1) 说明系统的工作原理,画出其框图,并指出系统的测量装置与执行装置;

(2) 配上适当的元器件,将系统改为自动控制系统,并说明其工作原理,画出系统框图,指出输入量、输出量、被测量和控制器。

A1-6 试绘制图 1-12 随动系统的方框图。如果系统的反馈变成正反馈,会产生什么后果?

A1-7 试绘制图 1-11 离心调速器的方框图,如果将从导向阀通向伺服阀的两根管路对调,将会产生什么后果?改变飞球的旋转方向,会产生相同的结果吗?

B 实际题

B1-1 图 B1-1 是压力调节器的原理图。通过压力调节器的流体由阀门控制,而阀门是由横隔板来操纵的,作用在其上下两边的压力差使横隔板向上或向下运动,弹簧的预期压力可以通过压力调节螺丝设定。这是一个以输出流体压力为控制对象的自动控制系统,试分析其工作原理,并画出系统的方框图。

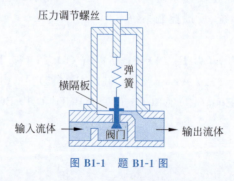

图 B1-1 题 B1-1 图

B1-2 教师的课堂教学过程,是一个让学生根据教学大纲要求掌握知识的过程,实际上是一个使系统误差趋于最小的反馈控制过程。试绘制教学过程的方框图,并对照图 1-7,说明各方框的功能。

B1-3 图 B1-2 是补偿直流电机负载扰动的恒速调节系统。

(1) 试分析系统补偿直流电机负载扰动的工作原理(当由于电机负载增大使转速降低,系统如何使转速恢复)。

(2) 为达到补偿目的,电压放大的输出极性应当是怎样的？为什么？

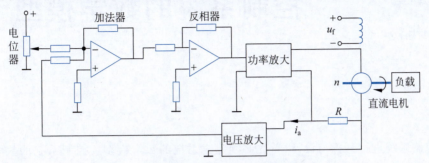

图 B1-2　补偿直流电机负载扰动的恒速调节系统

第 2 章 控制系统的数学模型

CHAPTER 2

对控制系统进行分析与设计,首先必须建立系统的数学模型。控制系统的数学模型是它运动特性的数学抽象。在经典控制理论中,控制系统的数学模型通常是指描述系统输出量与输入量之间关系的数学表达式,其最基本的形式是微分方程。广义地说,凡是表示系统各变量之间内在联系的解析式或图形(图模型)都是系统的数学模型。

在静态条件下,描述变量之间关系的代数方程,称为静态模型;描述系统在动态过程中各变量之间关系的微分方程,称为动态模型。自动控制理论主要研究系统的动态特性,所以动态模型是系统最基本的数学模型。

如果线性系统是由定常、集中参数的元件构成的,则其动态模型是常系数微分方程,这类系统称为线性定常系统。若微分方程的系数是时间的函数,此类系统称为线性时变系统。

经典控制理论中系统的数学模型主要有两种形式:数学解析式和图模型。前者又分为三种:微分方程、传递函数和频率特性,它们分别是系统在时域、复域和频域的数学模型,其自变量分别为时间 t、复数 s 和角频率 ω。利用时域数学模型分析设计系统的方法属解析法,它可以精确求解系统的行为,物理意义清楚,便于理解;利用复域数学模型、频域数学模型分析设计系统的方法属工程法,它们简单清晰,直观形象,可用曲线表示(根轨迹图和各种频率特性图),十分方便,工程中得到广泛的应用。本书介绍的图模型主要有方框图和信号流图。

这些模型各有所长,在系统的建模、分析和设计中,应视系统的具体情况选用适当的数学模型。控制系统的建模和求解是经典控制理论的重要内容。

2.1 控制系统的时域数学模型——微分方程

控制系统的微分方程是系统的运动方程,是系统最基本的数学模型,它是通过系统输入量与输出量之间的关系,来描述系统运动规律的数学表达式。在表达式中时间 t 为自变量,所以是系统时域的数学模型。

控制系统的微分方程可以应用物理学的基本定律来推导求取。如在机电系统中可应用牛顿定律、基尔霍夫定律,液压系统则可应用流体力学的有关定律。由于这些定律给出的都是线性关系,都属于线性系统,但实际的物理系统如机电系统、液压系统、气动系统和热力系统等都是非线性的,例如电磁器件的饱和特性、元件中的死区以及某些元件中存在的平方律关系等,求解非线性系统的问题目前还缺乏普遍有效的方法,好在绝大多数非线性系统在一定范围内呈现线性特性，对于这类系统，可通过非线性系统线性化的方法，将它近似为线性系统，从而使系统的求解问题大大简化。

必须指出，有些元件对任意大小的信号都是非线性的，如开关控制系统只有开和关两种状态，其输入与输出之间就不存在线性关系，对这类系统是不能将它线性化的。

2.1.1 系统的微分方程举例

例 2-1 对图 2-1 所示 RLC 电路，求以电压 $u(t)$ 为输入、$u_C(t)$ 为输出的微分方程。

解 由基尔霍夫定律：

$$u=Ri+L\frac{\mathrm{d}i}{\mathrm{d}t}+u_C \tag{2-1}$$

$$i=C\frac{\mathrm{d}u_C}{\mathrm{d}t} \tag{2-2}$$

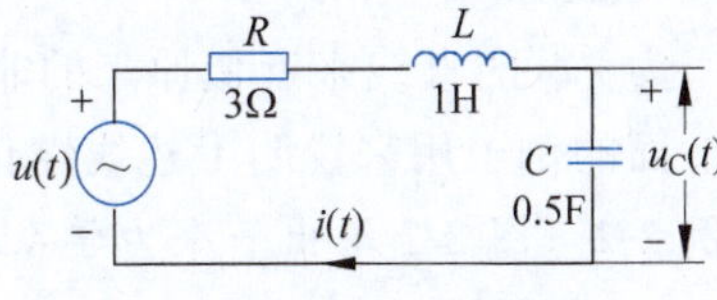

图 2-1 RLC 线性电路

将式(2-2)代入式(2-1)得

$$LC\frac{\mathrm{d}^2u_C}{\mathrm{d}t^2}+RC\frac{\mathrm{d}u_C}{\mathrm{d}t}+u_C=u \tag{2-3}$$

式(2-3)就是图 2-1 电路的时域数学模型——微分方程。 ■

微分方程的阶次取决于系统中独立储能元件的数量。在例 2-1 中，有两个独立的储能元件——电容和电感，所以微分方程是二阶的。

线性定常系统的微分方程一般具有如下形式：

$$\begin{aligned}&a_n\frac{\mathrm{d}^nc(t)}{\mathrm{d}t^n}+a_{n-1}\frac{\mathrm{d}^{n-1}c(t)}{\mathrm{d}t^{n-1}}+\cdots+a_1\frac{\mathrm{d}c(t)}{\mathrm{d}t}+a_0c(t)\\&=b_m\frac{\mathrm{d}^mr(t)}{\mathrm{d}t^m}+b_{m-1}\frac{\mathrm{d}^{m-1}r(t)}{\mathrm{d}t^{m-1}}+\cdots+b_1\frac{\mathrm{d}r(t)}{\mathrm{d}t}+b_0r(t)\end{aligned} \tag{2-4}$$

式中，$a_i(i=0,1,\cdots,n)$ 与 $b_j(j=0,1,\cdots,m)$ 为常数，且 $a_n\neq0,b_m\neq0$。

一般来说，方程的解精确地描述了系统的行为。然而方程阶次高于 2 次的时候，求解变得很困难。而有时为了了解系统的结构参数变化对系统行为的影响，需进行多次反复的计算，因此利用微分方程直接分析和设计系统往往不太方便。

2.1.2 非线性系统的线性化

考虑一个具有输入（激励）$x(t)$ 和输出（响应）$y(t)$ 的非线性系统，输入与输出之间的关系一般可表示为

$$y=f(x) \tag{2-5}$$

设工作点在 x_0 处，如果系统输入只是在 x_0 附近一个很小的邻域内变动，那么非线性系统就可以近似为一个线性系统。对大多数实际系统来说，$f(x)$ 在 x_0 的一个小区间内是连续可微的，可以在 x_0 附近用泰勒(Taylor)级数展开：

$$\begin{aligned}y(t)&=f(x)\\&=f(x_0)+\left.\frac{\mathrm{d}f}{\mathrm{d}x}\right|_{x=x_0}\frac{(x-x_0)}{1!}+\left.\frac{\mathrm{d}^2f}{\mathrm{d}x^2}\right|_{x=x_0}\frac{(x-x_0)^2}{2!}+\cdots\end{aligned} \tag{2-6}$$

如果系统只是在 x_0 附近的一个很小的邻域内运动，即 $(x-x_0)$ 是很小的数值，

式(2-6)中$(x-x_0)$的高次项可以略去,式(2-6)近似为

$$y(t) = f(x_0) + \frac{df}{dx}\bigg|_{x=x_0}(x-x_0) = y_0 + m_0(x-x_0) \tag{2-7}$$

或

$$\Delta y = m_0 \Delta x \tag{2-8}$$

式(2-8)就是$y(t)=f(x(t))$在工作点x_0处的线性化方程。式中,$\Delta x = x - x_0$,$\Delta y = y - y_0$,$m_0 = \frac{df}{dx}\bigg|_{x=x_0}$ 是$y(t)=f(x(t))$的图像在工作点(x_0,y_0)处的斜率,因此线性化就是用斜率为m_0的直线来近似原来的非线性特性。

下面的例子用来说明上述线性化方法在建立时域模型中的应用。

例 2-2 图 2-2 给出一个力学系统,一个质量为M的物体悬挂在非线性弹簧上,弹簧的形变y与弹性力$f(y)$满足$f(y)=y^2$。原先系统平衡,现受到一个很小的力F的作用,试建立质块M的运动方程。

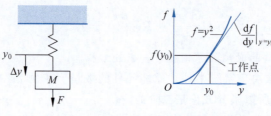

(a) 质量——非线性弹簧系统　　　　(b) 非线性弹簧系统特性

图 2-2　非线性弹簧的线性化

解　设原先平衡时弹簧端点的位移为y_0,那么根据弹簧特性得到$y_0^2 = Mg$,其中g是重力加速度。在力F的作用下,弹簧形变,终端位移设为$y = y_0 + \Delta y$,那么根据力的平衡得到

$$F + Mg = M\frac{d^2}{dt^2}(y_0 + \Delta y) + f(y_0 + \Delta y)$$

$$= M\frac{d^2}{dt^2}(\Delta y) + f(y_0 + \Delta y) \tag{2-9}$$

由于$f(y_0 + \Delta y) = (y_0 + \Delta y)^2$是$\Delta y$的非线性函数,为了得到线性模型,设$F$充分小,这时$\Delta y$也很小,于是利用线性近似得到$f(y_0 + \Delta y) = (y_0 + \Delta y)^2 \approx y_0^2 + 2y_0\Delta y$。将$y_0^2 = Mg$代入,得到线性模型

$$F = M\frac{d^2}{dt^2}(\Delta y) + 2y_0(\Delta y) = M\frac{d^2}{dt^2}(\Delta y) + m(\Delta y) \tag{2-10}$$

其中,F是输入,Δy是输出,y_0是常数,$m = \frac{d}{dt}f(y)\bigg|_{y=y_0}$,$m$就是$f(y)$在$(y_0, f(y_0))$处的切线的斜率(图 2-2(b)),为常数。∎

对式(2-4)直接进行求解往往比较困难,可以用拉氏变换将复杂的微分方程变换成代数方程,经简单的代数运算和拉氏反变换,便可求得系统的输出响应(拉氏变换的运算方法可参考高等数学,此略)。

在控制理论中,拉氏变换另一个重要的用途是求取线性系统的复域数学模型——传递函数。用输出量的拉氏变换与输入量的拉氏变换的比值来描述输入、输出的关系,这就是传递函数——系统的复域模型。传递函数不仅可以直接看出系统的特性,而且计算简单,为系统模型的图形化处理创造了条件。

2.2 控制系统的复域数学模型——传递函数

2.2.1 传递函数定义

传递函数定义:线性定常系统在零初始条件下,系统输出量的拉氏变换与输入量的拉氏变换之比,记为 $G(s)$。

对式(2-4)两边在零初始条件下作拉氏变换得

$$(a_n s^n + a_{n-1} s^{n-1} + \cdots + a_1 s + a_0) C(s)$$
$$= (b_m s^m + b_{m-1} s^{m-1} + \cdots + b_1 s + b_0) R(s) \tag{2-11}$$

式中, $\mathcal{L}[r(t)] = R(s), \mathcal{L}[c(t)] = C(s)$。对式(2-11)整理可得传递函数。线性定常系统传递函数有三种不同形式的表达式。

(1) 一般表达式:

$$G(s) = \frac{C(s)}{R(s)} = \frac{b_m s^m + b_{m-1} s^{m-1} + \cdots + b_1 s + b_0}{a_n s^n + a_{n-1} s^{n-1} + \cdots + a_1 s + a_0} \tag{2-12}$$

(2) 时间常数表达式(又叫典型环节表达式)。s 幂次方为零项的系数为1。

$$G(s) = \frac{C(s)}{R(s)} = \frac{K \prod_{i=1}^{m_1}(\tau_i s + 1) \prod_{k=1}^{m_2}\left[\left(\frac{s}{\omega_{nk}}\right)^2 + 2\zeta_k \frac{s}{\omega_{nk}} + 1\right]}{s^\nu \prod_{j=1}^{n_1}(\tau_j s + 1) \prod_{l=1}^{n_2}\left[\left(\frac{s}{\omega_{nl}}\right)^2 + 2\zeta_l \frac{s}{\omega_{nl}} + 1\right]} \tag{2-13}$$

式中,$K = \dfrac{b_0}{a_0}$ 为系统的稳态增益,简称增益;$m_1 + 2m_2 = m$;$\nu + n_1 + 2n_2 = n$。式(2-13)还可表示为

$$G(s) = \frac{C(s)}{R(s)} = \frac{K \prod_{i=1}^{m_1}(\tau_i s + 1) \prod_{k=1}^{m_2}(T_k^2 s^2 + 2\zeta_k T_k s + 1)}{s^\nu \prod_{j=1}^{n_1}(\tau_j s + 1) \prod_{l=1}^{n_2}(T_l^2 s^2 + 2\zeta_l T_l s + 1)} \tag{2-14}$$

式中,$T_k = \dfrac{1}{\omega_{nk}}, T_l = \dfrac{1}{\omega_{nl}}$。

(3) 零、极点表达式:

$$G(s) = \frac{C(s)}{R(s)} = \frac{K_r(s+z_1)(s+z_2)+\cdots+(s+z_m)}{s^\nu(s+p_1)(s+p_2)+\cdots+(s+p_n)} \tag{2-15}$$

式中,$-z_i (i=1,2,\cdots,m)$ 称为系统的零点,$-p_j (j=1,2,\cdots,n)$ 称为系统的极点。$-z_i$ 和 $-p_j$ 可以是复数或实数,复数必定是成对(共轭)出现的。K_r 为增益因子。K 与 K_r 有如下关系:

$$K = \frac{K_r \prod_{i=1}^{m} z_i}{\prod_{j=1}^{n} p_j} \tag{2-16}$$

例 2-1 中，对式(2-3)两边进行拉氏变换，不难求得其对应的复域数学模型——传递函数：

$$G(s) = \frac{U_C(s)}{U(s)} = \frac{1}{LCs^2 + RCs + 1} \tag{2-17}$$

常用时间函数的拉氏变换式见附录 2。

2.2.2 传递函数性质

控制系统的传递函数具有以下性质。

(1) 传递函数只能作为线性定常系统的数学模型。

(2) 从传递函数的定义看，$G(s) = \frac{C(s)}{R(s)}$，$G(s)$ 是依赖于输入的，但从式(2-11)可知，它与具体的输入无关，而由系统本身的结构参数所唯一确定，因而有资格作为系统的数学模型。

(3) 大多数工程系统的传递函数都是一个实系数的有理分式，其分母次数 n 大于或等于分子次数 m。对于存在时间滞后的系统传递函数中会出现指数项 $e^{-\tau s}$。

(4) 由于单位脉冲函数的拉氏变换是 1，因此传递函数等于单位脉冲响应的拉氏变换，这个性质为用试验方法求取系统的传递函数提供了基础。但是在实际中更多是用系统的频率响应来求取传递函数的，我们在第 5 章给予介绍。

2.3 控制系统的频域数学模型——频率特性

在经典控制理论中，系统的频域数学模型是指系统的频率特性(或频率响应)，控制系统分析和设计的频率特性法(或频率响应法)是一种重要而又实用的方法。

频率特性定义：继续用 $r(t)$ 和 $c(t)$ 表示系统的输入和输出。因为其中自变量 t 代表时间，因此它总是非负的。将 $r(t)$ 和 $c(t)$ 的定义域拓展，成为

$$r_1(t) = \begin{cases} r(t), & t \geqslant 0 \\ 0, & t < 0 \end{cases} \quad \text{和} \quad c_1(t) = \begin{cases} c(t), & t \geqslant 0 \\ 0, & t < 0 \end{cases}$$

如果 $r_1(t)$ 和 $c_1(t)$ 的傅里叶变换都存在，且记

$$R(j\omega) = \int_{-\infty}^{\infty} r_1(t) e^{-j\omega t} dt \quad \text{和} \quad C(j\omega) = \int_{-\infty}^{\infty} c_1(t) e^{-j\omega t} dt \tag{2-18}$$

那么 $C(j\omega)$ 和 $R(j\omega)$ 之比就称为系统的频率特性 $G(j\omega)$，即

$$G(j\omega) = \frac{C(j\omega)}{R(j\omega)} \tag{2-19}$$

由于

$$R(j\omega) = \int_{-\infty}^{\infty} r_1(t) e^{-j\omega t} dt = \int_{0}^{\infty} r(t) e^{-j\omega t} dt \quad \text{和} \quad C(j\omega) = \int_{0}^{\infty} c(t) e^{-j\omega t} dt \tag{2-20}$$

因此只要在传递函数 $G(s)$ 中用 $j\omega$ 代替 s 就可以得到系统的频率特性。例如在例 2-1 中，这

个电路的频率特性 $G(j\omega)$ 就是

$$G(j\omega) = G(s)|_{s=j\omega} = \frac{1}{LC(j\omega)^2 + RC(j\omega) + 1}$$

$$= \frac{(1-LC\omega^2) - jRC\omega}{(1-LC\omega^2)^2 + (RC\omega)^2} \tag{2-21}$$

它与用复阻抗的办法求得的结果完全一致。

频率特性通常是一个复函数,它的自变量为角频率 ω。频率特性是经典控制理论中重要的数学模型,与传递函数一样,尽管它在定义中应用了输入 $r(t)$,但是它是由系统本身的结构和参数唯一确定的。频率特性有图形表示,对于稳定系统而言,频率特性还有它的物理意义,这些我们将在第 5 章详细讨论。

2.4 典型环节及其传递函数

线性定常系统通常都可看成是由一些典型环节组成的。常见的典型环节主要有以下六种:比例环节、微分环节、积分环节、惯性环节、振荡环节和延迟环节。

2.4.1 比例环节

比例环节的特性是输出量与输入量成比例,它能对信号无失真、无延迟地传递。其运动方程为

$$c(t) = Kr(t) \tag{2-22}$$

式中,$r(t)$ 为输入量,$c(t)$ 为输出量,K 是增益,通常都是有量纲的。

比例环节的传递函数是

$$G(s) = \frac{C(s)}{R(s)} = K \tag{2-23}$$

例 2-3 用电位器将角度(或位移)信号转换为电压信号。图 2-3 所示的环状电位器中,在两个端头上接入电压 u,电位器中点接地,设 k 为比例系数,输出电压 $u_c(t)$ 与电刷偏离中点的转角 $\theta(t)$ 成正比,θ 取弧度制,则

$$u_c = k\theta = \frac{u}{2\pi}\theta \tag{2-24}$$

传递函数

$$G(s) = \frac{U_c(s)}{\Theta(s)} = k = \frac{u}{2\pi} \tag{2-25}$$

增益 k 的量纲:V/rad。

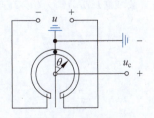

图 2-3 电位器

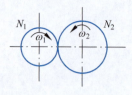

图 2-4　齿轮传动装置

例 2-4　图 2-4 是齿轮传动示意图,用于改变输出轴的转速(通常是减速),假设主动轮的齿数为 N_1,转速为 $\omega_1(t)$,从动轮的齿数为 N_2,转速为 $\omega_2(t)$。齿轮的传动比 i 为

$$i = \frac{\omega_1}{\omega_2} = \frac{N_2}{N_1} \tag{2-26}$$

以 ω_1 为输入,ω_2 为输出时

$$\omega_2 = \frac{\omega_1}{i} \tag{2-27}$$

其传递函数是

$$G(s) = \frac{\Omega_2(s)}{\Omega_1(s)} = \frac{1}{i} \tag{2-28}$$

齿轮传动比 i 是这一环节的增益,它是无量纲的。

还可以举出其他的一些比例环节的例子,如图 2-5 所示。

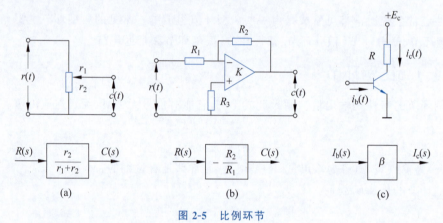

图 2-5　比例环节

2.4.2　微分环节

1. 理想微分环节

理想微分环节的特性是输出信号是输入信号的变化率,其运动方程为

$$c(t) = \frac{\mathrm{d}r(t)}{\mathrm{d}t} \tag{2-29}$$

传递函数为

$$G(s) = \frac{C(s)}{R(s)} = s \tag{2-30}$$

例 2-5　如图 2-6 所示的电路。当以电压 $u_C(t)$ 为输入,流经电容的电流 $i_C(t)$ 为输出时,有

$$i_C(t) = C \frac{\mathrm{d}u_C(t)}{\mathrm{d}t} \tag{2-31}$$

假设 $C=1\mathrm{F}$,则得传递函数

$$G(s) = \frac{I_C(s)}{U_C(s)} = s \tag{2-32}$$

例 2-6 如图 2-7 所示。输入为测速发电机 G(与电动机 M 转子同轴)的转角 $\varphi(t)$,输出为测速发电机的电枢电压 $u_f(t)$,测速发电机 G 的输出电压与其转子的角速度成正比,所以

$$u_f(t) = K_f \frac{\mathrm{d}\varphi(t)}{\mathrm{d}t} \tag{2-33}$$

K_f 为比例系数,即测速发电机的增益,则其传递函数为

$$G(s) = K_f s \tag{2-34}$$

它相当于由一个理想微分环节和一个增益为 K_f 的比例环节串联而成。多数由实际的元器件构成的理想微分环节的增益一般不等于 1,只有在特定的参数下,如例 2-6 中输入为电压 $u_C(t)$,输出为电流 $i_C(t)$,电容容量 $C=1\mathrm{F}$,才构成理想微分环节。

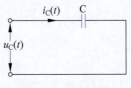

图 2-6　电容回路 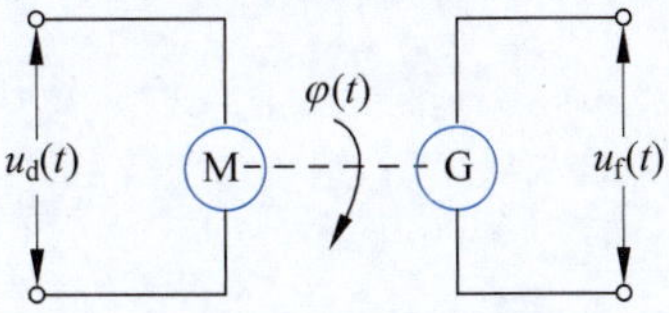　　　　　　图 2-7　测速发电机组

2. 一阶微分环节

一阶微分环节的特性是其输出信号中不仅包含与输入信号的变化速度成比例的分量,而且还包含与输入信号成比例的分量,其运动方程为

$$c(t) = T \frac{\mathrm{d}r(t)}{\mathrm{d}t} + r(t) \tag{2-35}$$

传递函数为

$$G(s) = Ts + 1 \tag{2-36}$$

可见,一阶微分环节是由理想微分环节和增益为 1 的比例环节并联而成的。

例 2-7 如图 2-8 所示的电路,输入信号为电压 $u(t)$,输出信号为电流 $i(t)$,则

$$\begin{aligned} i(t) &= i_1(t) + i_2(t) = C\frac{\mathrm{d}u}{\mathrm{d}t} + \frac{u(t)}{R} \\ &= \frac{1}{R}\left(RC\frac{\mathrm{d}u(t)}{\mathrm{d}t} + u(t)\right) \\ &= k\left(T\frac{\mathrm{d}u(t)}{\mathrm{d}t} + u(t)\right) \end{aligned} \tag{2-37}$$

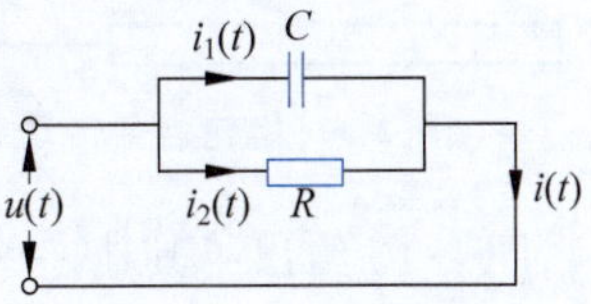

图 2-8　一阶微分电路

式中,$T = RC, k = \frac{1}{R}$,则传递函数为

$$G(s) = \frac{I(s)}{U(s)} = k(Ts + 1) \tag{2-38}$$

可见,它是一个一阶微分环节和增益为 k 的比例环节串联。

3. 二阶微分环节

二阶微分环节的运动方程为

$$c(t) = T^2 \frac{d^2 r(t)}{dt^2} + 2\zeta T \frac{dr(t)}{dt} + r(t) \tag{2-39}$$

传递函数为

$$G(s) = T^2 s^2 + 2\zeta Ts + 1 \tag{2-40}$$

二阶微分环节的输出信号中不仅包含输入信号的比例和速度的成分,而且包含输入量的加速度成分。一阶微分环节和二阶微分环节在 PID 调节和校正电路中会出现。

2.4.3 积分环节

积分环节的特性是:输出信号与输入信号的积分成正比。当输入信号消失后,其输出端仍保留输入信号消失时的输出,即具有记忆功能。其运动方程为

$$c(t) = \int_0^t r(\tau) d\tau \tag{2-41}$$

传递函数为

$$G(s) = \frac{1}{s} \tag{2-42}$$

例 2-8 图 2-6 所示的电路中,若以流经电容的电流 $i_C(t)$ 为输入,电压 $u_C(t)$ 为输出,则得运动方程

$$u_C(t) = \frac{1}{C} \int_0^t i_C(\tau) d\tau \tag{2-43}$$

其传递函数

$$G(s) = \frac{U_C(s)}{I_C(s)} = \frac{1/C}{s} \tag{2-44}$$

它是增益为 $\dfrac{1}{C}$ 的积分环节。

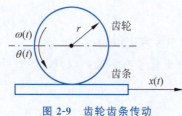

图 2-9 齿轮齿条传动

例 2-9 图 2-9 是齿轮齿条传动示意图,图中 r 为齿轮半径。当以齿轮的角速度 $\omega(t)$ 为输入,齿条的直线位移 $x(t)$ 为输出时,它是积分环节。而当以齿轮的转角 $\theta(t)$ 为输入,齿条的直线位移 $x(t)$ 为输出时,它是比例环节。读者可自行推导它们的传递函数。

图 2-10 给出了其他一些常见的积分环节实例。

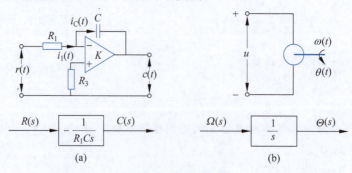

图 2-10 积分环节

2.4.4 惯性环节（非周期环节）

惯性环节含有一个储能元件，由于惯性的作用，输出不能立即复现突变的输入，其运动方程为

$$T\frac{\mathrm{d}c(t)}{\mathrm{d}t} + c(t) = r(t) \tag{2-45}$$

传递函数为

$$G(s) = \frac{1}{Ts+1} \tag{2-46}$$

式中，T 是惯性环节的时间常数。

例 2-10 如图 2-11 所示的 RC 网络。当输入为 $u_r(t)$，输出为 $u_C(t)$ 时，有

$$i(t) = C\frac{\mathrm{d}u_C(t)}{\mathrm{d}t}$$

$$RC\frac{\mathrm{d}u_C(t)}{\mathrm{d}t} + u_C(t) = u_r(t) \tag{2-47}$$

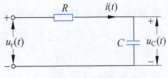

图 2-11 RC 网络

其传递函数为

$$G(s) = \frac{u_C(s)}{u_r(s)} = \frac{1}{Ts+1} \tag{2-48}$$

式中，$T = RC$ 是网络的时间常数，它有量纲。

图 2-12 列出了其他一些惯性环节的例子，图中 M 是质量，J 是转动惯量，B 是黏性摩擦系数，v 是线速度，ω 是角速度，f 是外力，T 是外力矩。

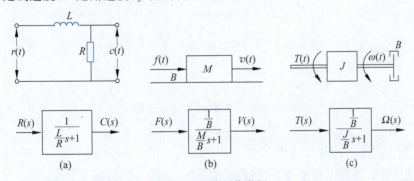

图 2-12 惯性环节举例

2.4.5 振荡环节

振荡环节包含两个储能元件，在动态过程中，两个储能元件的能量会进行相互交换，在一定条件下会出现振荡。其运动方程为

$$T^2\frac{\mathrm{d}^2 c(t)}{\mathrm{d}t^2} + 2\zeta T\frac{\mathrm{d}c(t)}{\mathrm{d}t} + c(t) = r(t) \tag{2-49}$$

传递函数为

$$G(s) = \frac{1}{T^2 s^2 + 2\zeta T s + 1} = \frac{\omega_n^2}{s^2 + 2\zeta\omega_n s + \omega_n^2} \tag{2-50}$$

式中,$\omega_n = \frac{1}{T}$ 称为无阻尼自然振荡角频率;ζ 称为阻尼比,典型振荡环节的阻尼比 ζ 取值为 $0 \leq \zeta < 1$。

例 2-1 所示 RLC 电路就是一个典型的振荡环节,它的传递函数是

$$G(s) = \frac{U_C(s)}{U(s)} = \frac{1}{LCs^2 + RCs + 1} \tag{2-51}$$

可根据 RLC 的参数求得式(2-51)中对应的 ζ 和 T 或 ω_n。

例 2-11 图 2-13 是一种典型的机械平移运动模型,即质量-弹簧-阻尼系统。图中,M 是质量,k 是理想弹簧的弹性系数,b 是黏性摩擦系数,$f(t)$ 是作用在质量上的外力,$x(t)$ 是位移。假定弹簧是理想弹簧,由弹簧变形产生的弹力为 $kx(t)$,方向与位移的方向相反;阻尼是黏性摩擦,则摩擦力为 $b\dot{x}(t)$,方向也与位移的方向相反。由牛顿第二定律可写出质量 M 运动的微分方程

$$M\frac{\mathrm{d}^2 x(t)}{\mathrm{d}t^2} + b\frac{\mathrm{d}x(t)}{\mathrm{d}t} + kx(t) = f(t)$$

其传递函数是

$$\frac{X(s)}{F(s)} = \frac{1}{Ms^2 + bs + k} = \frac{\frac{1}{k}}{\frac{M}{k}s^2 + \frac{b}{k}s + 1} \tag{2-52}$$

这个系统是一个振荡环节。

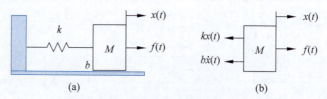

图 2-13 质量-弹簧-阻尼系统

2.4.6 时间延迟环节(时滞环节)

时间延迟环节的输出能准确复现输入,但时间上存在延迟,即

$$c(t) = r(t - \tau) \tag{2-53}$$

式中,τ 为延迟时间。当 τ 为常数时,其传递函数为

$$G(s) = e^{-\tau s} \tag{2-54}$$

例如在化工系统中,管道传输、温度传输等都是时间延迟环节。

2.5 控制系统的方框图

传递函数的引入,不仅使系统计算大为简化,而且为系统数学模型的图形表示——图模型创造了条件。系统的图模型不仅表示系统输入输出之间的关系,而且可以反映系统的拓

扑结构,所以它在控制理论中有着重要的作用。

本书介绍两种系统的图模型:方框图和信号流图。

2.5.1 系统方框图

控制系统方框图是系统各环节特性(结构、参数)和信号流向的图示法。例如传递函数 $G(s)$ 的方框图如图 2-14 所示。

一个完整的系统方框图常由多个元素组成。

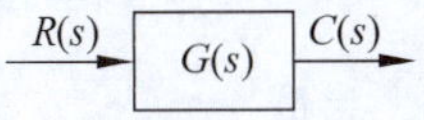

1. 控制系统方框图的元素

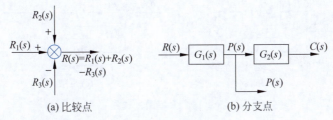

图 2-14 传递函数 $G(s)$ 的方框图

(1) 方框:表示从输入到输出间的传递函数。

(2) 信号线:带有箭头的直线,表示信号及其传递方向。图 2-14 包含了方框和信号线。

(3) 比较点:对两个或两个以上的信号进行叠加的环节,如图 2-15(a)所示。进行叠加的信号必须具有相同的量纲。

(4) 分支点:表示信号引出或测量的位置,如图 2-15(b)所示。同一位置引出的信号的性质、大小是相同的。

图 2-15 方框图的元素

2. 系统方框图举例

例 2-12 图 2-16(a)所示二级阻容网络,按基尔霍夫定律可以画出 R_1、R_2、C_1 和 C_2 各支路的方框图(图 2-16(b))。然后将变量 $i_1(t)$、$i_2(t)$、$u_1(t)$ 和 $c(t)$ 的信号线连在一起,便获得如图 2-17 所示的网络方框图。

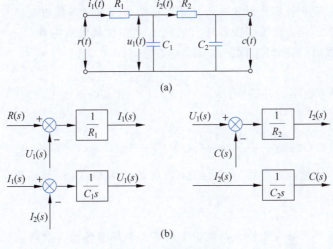

图 2-16 二级阻容网络

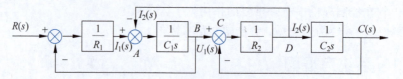

图 2-17 二级阻容网络方框图

2.5.2 方框图的基本运算法则

1. 串联

图 2-18(a)为方框图的串联,此时 $R_1(s)=R(s)$,$C_1(s)=R_2(s)$,$C_2(s)=C(s)$ 以及

$$G_1(s)=\frac{C_1(s)}{R_1(s)}, \quad G_2(s)=\frac{C_2(s)}{R_2(s)}$$

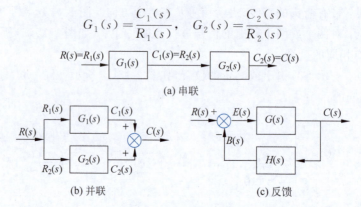

图 2-18 方框图的连接

可得串联的传递函数为

$$G(s)=\frac{C(s)}{R(s)}=\frac{C_2(s)}{R_1(s)}=\frac{C_1(s)}{R_1(s)}\times\frac{C_2(s)}{R_2(s)}=G_1(s)G_2(s) \tag{2-55}$$

推广到一般情况:n 个环节串联,其传递函数分别为 $G_1(s),G_2(s),\cdots,G_n(s)$,则等效传递函数为

$$G(s)=G_1(s)G_2(s)\cdots G_n(s)$$

结论:多个环节串联后总的传递函数等于每个环节传递函数的乘积。

这里需要注意的是:此原则在各环节之间不存在负载效应的前提下才成立,否则环节之间应引入隔离级,以切断环节间的相互影响。

2. 并联

图 2-18(b)是方框图的并联,有 $R(s)=R_1(s)=R_2(s)$ 以及 $C(s)=C_1(s)+C_2(s)$,则并联的传递函数为

$$G(s)=\frac{C(s)}{R(s)}=\frac{C_1(s)+C_2(s)}{R(s)}=G_1(s)+G_2(s) \tag{2-56}$$

推广到一般情况:传递函数分别为 $G_1(s),G_2(s),\cdots,G_n(s)$ 的 n 个环节并联后的等效传递函数为

$$G(s)=G_1(s)+G_2(s)+\cdots+G_n(s)$$

结论:多个环节并联后的传递函数等于所有并联环节传递函数的代数和。

3. 反馈

图 2-18(c)是方框图的反馈连接,此时

$$C(s)=G(s)E(s)=G(s)(R(s)-B(s))=G(s)(R(s)-H(s)C(s))$$

经整理得

$$W(s)=\frac{C(s)}{R(s)}=\frac{G(s)}{1+G(s)H(s)} \tag{2-57}$$

这里用 $W(s)$ 表示闭环的传递函数。

结论：具有负反馈结构环节传递函数等于前向通道的传递函数除以 1 加（若正反馈为减）前向通道与反馈通道传递函数的乘积。

2.5.3 系统常用的传递函数

控制系统的方框图往往是比较复杂的，但总可以简化为图 2-19 的形式。下面介绍控制系统方框图的一些基本术语和常用的几种传递函数。

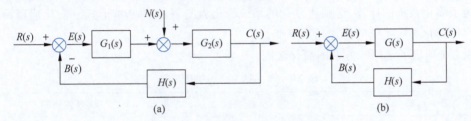

图 2-19 控制系统方框图基本形式

图 2-19 中 $E(s)$ 为系统误差。图 2-19(a)中，当 $R(s)\neq 0$, $N(s)=0$ 时，有

(1) 前向通路传递函数：断开反馈后，输出 $C(s)$ 与输入 $R(s)$ 之比，或 $C(s)$ 与系统误差 $E(s)$ 之比，即

$$\frac{C(s)}{R(s)}=G_1(s)G_2(s)=G(s) \tag{2-58}$$

(2) 反馈通路传递函数：反馈信号 $B(s)$ 与输出信号 $C(s)$ 之比，即

$$H(s)=\frac{B(s)}{C(s)} \tag{2-59}$$

(3) 开环传递函数：断开反馈后，反馈信号 $B(s)$ 与输入信号 $R(s)$ 之比，或 $B(s)$ 与 $E(s)$ 之比，即

$$\frac{B(s)}{R(s)}=G_1(s)G_2(s)H(s)=G(s)H(s) \tag{2-60}$$

(4) 闭环传递函数：输出信号 $C(s)$ 与输入信号 $R(s)$ 之比，即

$$G(s)=\frac{C(s)}{R(s)}=\frac{G_1(s)G_2(s)}{1+G_1(s)G_2(s)H(s)}=\frac{G(s)}{1+G(s)H(s)} \tag{2-61}$$

(5) 误差传递函数：误差信号 $E(s)$ 与输入信号 $R(s)$ 之比，即

$$\frac{E(s)}{R(s)}=\frac{1}{1+G_1(s)G_2(s)H(s)}=\frac{1}{1+G(s)H(s)} \tag{2-62}$$

当 $R(s)=0$, $N(s)\neq 0$ 时，有

(6) 扰动传递函数：输出信号 $C(s)$ 与扰动信号 $N(s)$ 之比，即

$$\frac{C(s)}{N(s)}=\frac{G_2(s)}{1+G(s)H(s)} \tag{2-63}$$

(7) 误差对扰动传递函数：误差信号 $E(s)$ 与扰动信号 $N(s)$ 之比，即

$$\frac{E(s)}{N(s)} = \frac{-G_2(s)H(s)}{1+G_1(s)G_2(s)H(s)} = \frac{-G_2(s)H(s)}{1+G(s)H(s)} \tag{2-64}$$

当 $R(s) \neq 0, N(s) \neq 0$ 时，根据线性系统的叠加原理，系统的输出及误差可表示为

$$C(s) = \frac{G(s)}{1+G(s)H(s)}R(s) + \frac{G_2(s)}{1+G(s)H(s)}N(s)$$

$$E(s) = E_R(s) + E_N(s) = \frac{1}{1+G(s)H(s)}R(s) - \frac{G_2(s)H(s)}{1+G(s)H(s)}N(s)$$

这时不用传递函数表示。

2.5.4 方框图的简化法则

为了简化系统的计算，必须将复杂的系统简化为图 2-19 的基本形式。简化应遵循的原则是保持简化前后系统的传递函数不变。

表 2-1 列出了常用的方框图简化法则。

表 2-1 常用的方框图简化法则

	变 换	原 方 框 图	等效方框图
1	比较点交换		
2	比较点分解		
3	比较点前移		
4	比较点后移		
5	分支点前移		

续表

变　换	原方框图	等效方框图
6 分支点后移	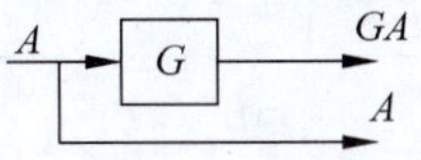	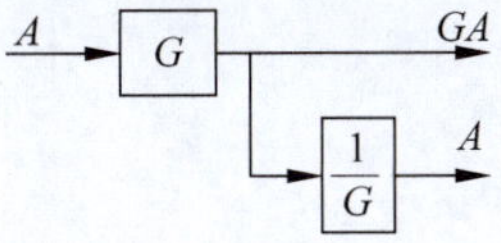
7 比较点与分支点交换	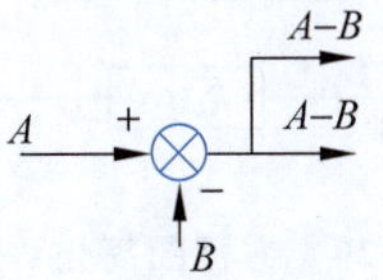	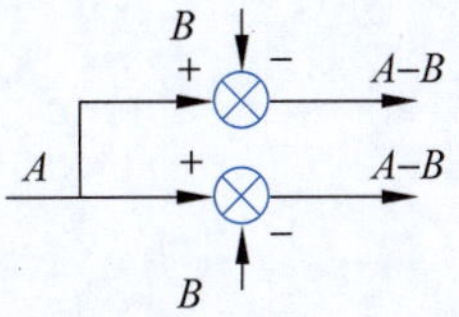
8 化成单位并联	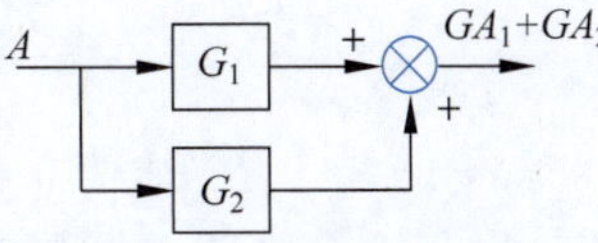	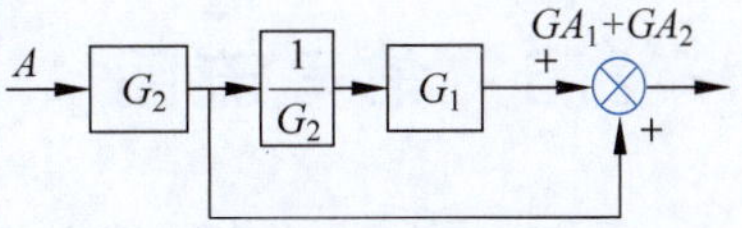
9 化成单位反馈	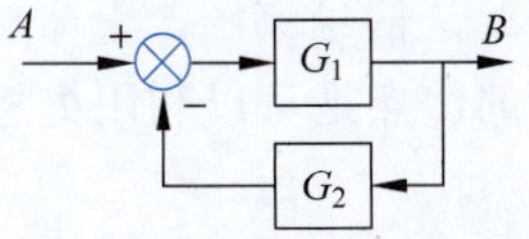	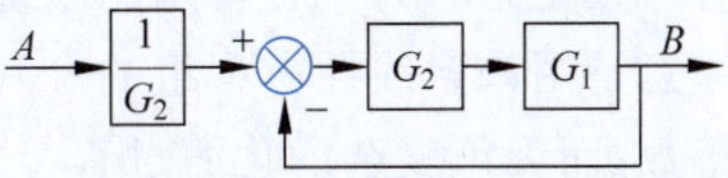
10 分支点交换	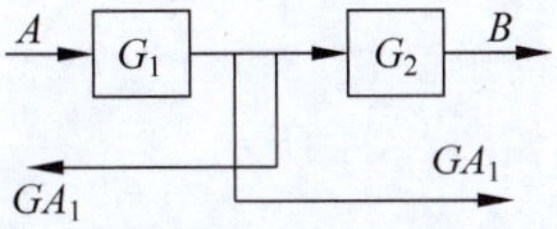	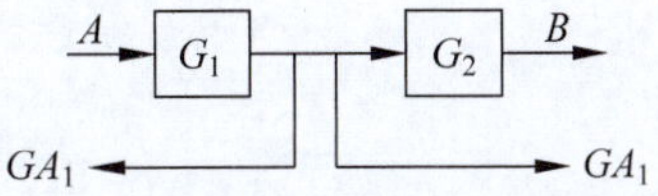

例 2-13 将例 2-12 的方框图（图 2-17）简化。

(1) 比较点 A 前移，分支点 D 后移（图 2-20(a)）；

(2) 消除局部反馈回路（图 2-20(b)）；

(3) 系统的传递函数为

$$G(s) = \frac{C(s)}{R(s)} = \frac{\dfrac{1}{R_1 C_1 s + 1} \times \dfrac{1}{R_2 C_2 s + 1}}{1 + \dfrac{1}{R_1 C_1 s + 1} \times \dfrac{1}{R_2 C_2 s + 1} \times R_1 C_2 s}$$

$$= \frac{1}{R_1 C_1 R_2 C_2 s^2 + (R_1 C_1 + R_2 C_2 + R_1 C_2)s + 1} \tag{2-65}$$

前面介绍了方框图的一些常用变换法则，利用这些基本法则，即使很复杂的系统，也能将其化简成所需要的形式。必须指出，方框图化简方法不是唯一的，人们应充分地利用各种变换技巧，优化变换路径，以达到省力省时的目的。一般来说，方框图的化简中应尽量避免出现比较点与分支点的交换，因为它的使用常常会使化简过程中的回路（或支路）增加，造成更复杂的情况。例如在图 2-17 中 D 点应该朝 $C(s)$ 方向移，而不要朝 C 点移，同样 A 点应该朝 $R(s)$ 方向移而不要朝 B 点移动。

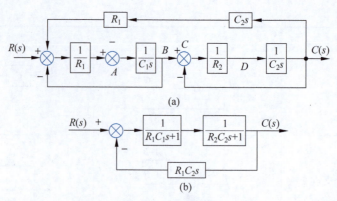

图 2-20　方框图简化

2.6　信号流图

系统方框图可以直观地表示系统输出与输入之间关联复杂的系统,但方框图简化过程有时很复杂。另一种常用的系统图模型是信号流图。信号流图是由梅逊(Mason)提出的,原意是用来解线性方程组的。其最大的优点是可以利用梅逊增益公式直接计算系统的传递函数,而无须复杂的化简过程。

信号流图是线性代数方程组的一种图形表示。它根据一定的规则,可直接求出对应方程组的解。式(2-66)为一线性方程组,其信号流图的表示形式如图 2-21 所示。

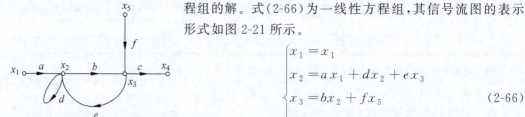

图 2-21　式(2-66)的信号流图

$$\begin{cases} x_1 = x_1 \\ x_2 = ax_1 + dx_2 + ex_3 \\ x_3 = bx_2 + fx_5 \\ x_4 = cx_3 \\ x_5 = x_5 \end{cases} \quad (2\text{-}66)$$

2.6.1　几个定义

与方框图不同,在信号流图中,节点表示信号,箭线表示信号流向,箭线上的数值表示增益(传递函数)。根据图 2-21 解释信号流图的几个定义。

输入节点(或源节点):只有输出支路的节点,如 x_1, x_5。

输出节点(或阱节点):只有输入支路的节点,如 x_4。

混合节点:既有输出支路,又有输入支路的节点,如 x_2, x_3。

传输:两个节点之间的增益,如 x_1 与 x_2 之间的增益为 a,则传输为 a。

前向通路:信号由输入节点向输出节点传递时,每个节点只通过一次的通路称为前向通路。前向通路上各支路增益的乘积称为前向通路总增益。如:前向通路 $x_1 \to x_2 \to x_3 \to x_4$,其总增益 abc。另一条前向通路 $x_5 \to x_3 \to x_4$,其总增益为 fc。

回路：通路的起点也是通路的终点，并且与其他节点相交不多于一次的闭合通路叫简单回路，简称回路。回路中，所有支路增益的乘积叫回路增益。如图 2-21 中有两个回路，一个是 $x_2 \to x_3 \to x_2$，其回路增益为 be，另一个是 $x_2 \to x_2$，又叫自回路，其回路增益为 d。

不接触回路：相互间没有公共节点的回路。信号流图中，可以有多个互不接触回路。在图 2-21 中没有互不接触回路。

2.6.2 信号流图的性质及运算法则

1. 信号流图的性质

（1）节点总是把所有的输入支路信号叠加后再传送到它的每一个输出支路。

（2）混合节点是既有输入又有输出的节点。可以通过增加一个增益为 1 的支路将其变为输出节点，且两节点的变量相同。

2. 信号流图的代数运算法则

与方框图类似，信号流图可以通过简化使计算便捷。图 2-22 给出了信号流图的运算法则。下面仅对图 2-22(d)进行推导，其余的留给读者证明。因为

$$x_2 = ax_1 + cx_3, \quad x_3 = bx_2$$

于是得

$$x_3 = \frac{ab}{1-bc}x_1$$

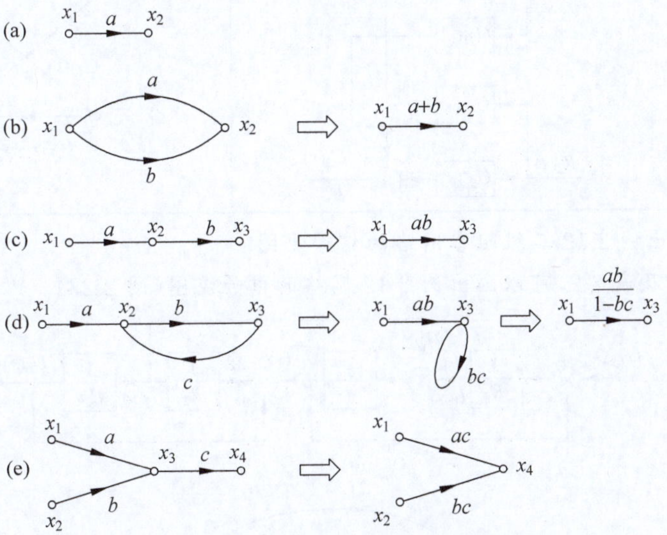

图 2-22 信号流图的运算法则

2.6.3 信号流图与方框图之间等效关系

表 2-2 列出了具有代表性的几种简单方框图以及它们对应的信号流图。据此可以将系统方框图变换为系统信号流图。

表 2-2 方框图与对应的信号流图

序 号	方 框 图	信 号 流 图
1	$R(s) \to G(s) \to C(s)$	$R(s) \quad G(s) \quad C(s)$
2	$R(s), E(s), G(s), C(s), H(s)$ 反馈回路	$R(s)\ 1\ E(s)\ G(s)\ C(s),\ -H(s)$
3	$R(s), E(s), G_1(s), N(s), G_2(s), C(s), H(s)$	$R(s)\ 1\ E(s)\ G_1(s)\ N(s)\ 1\ G_2(s)\ C(s),\ -H(s)$
4	$R(s), E(s), G(s), N(s), C(s), H(s)$	$R(s)\ 1\ E(s)\ G(s)\ N(s)\ 1\ 1\ C(s),\ -H(s)$
5	$R_1(s), G_{11}, G_{21}, G_{12}, G_{22}, R_2(s), C_1(s), C_2(s)$	$R_1(s)\ G_{11}(s)\ C_1(s);\ G_{12}(s), G_{21}(s);\ R_2(s)\ G_{22}(s)\ C_2(s)$

例 2-14 画出例 2-12 二级阻容网络的信号流图。

对照图 2-17 及表 2-2,可以画出例 2-12 网络的信号流图(图 2-23)。

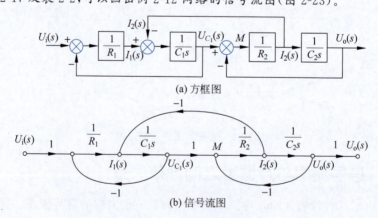

(a) 方框图

(b) 信号流图

图 2-23 二级阻容网络

注意：由例 2-14 可看出，将方框图改成信号流图的关键是设置一些信号。为了方便转换，应该在分支之前和汇合之后设置信号。例如，图 2-23 中的 $\dfrac{1}{R_2}$ 之前要设个信号 M。

2.6.4 梅森公式

梅森（Mason）公式用来计算输入与输出两个节点间的总增益 P，即

$$P = \frac{1}{\Delta} \sum_{i=1}^{l} P_i \Delta_i \tag{2-67}$$

式中，P_i 为第 i 条前向通路的增益；l 为前向通路数；Δ_i 为除去第 i 条前向通路后的 Δ 值。

$$\Delta = 1 - \sum_m L_{m1} + \sum_m L_{m2} - \sum_m L_{m3} + \cdots \tag{2-68}$$

式（2-68）为系统特征多项式，$\Delta = 0$ 是系统的特征方程。

L_{m1} 为各个回路的增益。在图 2-23 中有三个回路，它们的增益分别为 $-\dfrac{1}{R_1 C_1 s}$、$-\dfrac{1}{R_2 C_2 s}$、$-\dfrac{1}{R_2 C_1 s}$。

L_{m2} 为任意两个互不接触回路增益之积。图 2-23 中有一组互不接触的回路，即

$$L_{12} = \left(-\frac{1}{R_1 C_1 s}\right) \times \left(-\frac{1}{R_2 C_2 s}\right)$$

$L_{mn}(n \geqslant 3)$ 为任意 n 个互不接触回路增益之积。在图 2-23 中不存在三个以上互不接触的回路，即

$$L_{mn}(n \geqslant 3) = 0$$

注意：同一个系统，不管输入节点和输出节点如何选择，其特征多项式 Δ 是唯一的。

例 2-15 对图 2-24 所示系统，利用梅森公式，求传递函数 $\dfrac{C(s)}{R(s)}$ 和 $\dfrac{E(s)}{R(s)}$。

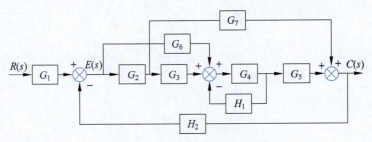

图 2-24 例 2-15 系统的方框图

解 画出该系统的信号流图（图 2-25）。

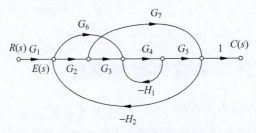

图 2-25 例 2-15 系统的信号流图

该系统中有 4 个回路：
$$L_1 = -G_4H_1, \quad L_2 = -G_2G_7H_2, \quad L_3 = -G_4G_5G_6H_2, \quad L_4 = -G_2G_3G_4G_5H_2$$

只有一组两个互不接触的回路 L_1L_2。所以，本系统的特征多项式为
$$\Delta = 1 - (L_1 + L_2 + L_3 + L_4) + L_1L_2$$

对于输入为 $R(s)$ 输出为 $C(s)$ 来说，系统有三个前向通路：
$$P_1 = G_1G_2G_3G_4G_5, \quad \Delta_1 = 1$$
$$P_2 = G_1G_6G_4G_5, \quad \Delta_2 = 1$$
$$P_3 = G_1G_2G_7, \quad \Delta_3 = 1 - L_1$$

于是，系统的闭环系统传递函数 $C(s)/R(s)$ 为
$$G(s) = \frac{C(s)}{R(s)} = \frac{1}{\Delta}(P_1\Delta_1 + P_2\Delta_2 + P_3\Delta_3)$$
$$= \frac{G_1G_2G_3G_4G_5 + G_1G_6G_4G_3 + G_1G_2G_7(1 + G_4H_1)}{1 + G_4H_1 + G_2G_7H_2 + G_4G_5G_6H_2 + G_2G_3G_4G_5H_2 + G_4H_1G_2G_7H_2}$$

对于输入为 $R(s)$ 输出为 $E(s)$ 来说，系统只有一个前向通路
$$P'_1 = G_1, \quad \Delta'_1 = 1 - L_1$$

于是，系统的误差传递函数 $E(s)/R(s)$ 为
$$G'(s) = \frac{E(s)}{R(s)} = \frac{1}{\Delta}P'_1\Delta'_1$$
$$= \frac{G_1(1 + G_4H_1)}{1 + G_4H_1 + G_2G_7H_2 + G_4G_5G_6H_2 + G_2G_3G_4G_5H_2 + G_4H_1G_2G_7H_2}$$

例 2-16 求例 2-14 的传递函数。

解 这个系统有三个回路 L_1、L_2 和 L_3，有一组两个互不接触回路 L_1L_2：
$$L_1 = -\frac{1}{R_1C_1s}, \quad L_2 = -\frac{1}{R_2C_2s}, \quad L_3 = -\frac{1}{R_2C_1s}, \quad L_1L_2 = \frac{1}{R_1C_1R_2C_2s^2}$$
$$\Delta = 1 - (L_1 + L_2 + L_3) + L_1L_2 = 1 + \frac{1}{R_1C_1s} + \frac{1}{R_2C_2s} + \frac{1}{R_2C_1s} + \frac{1}{R_1C_1R_2C_2s^2}$$

前向通路只有一条：
$$P_1 = \frac{1}{R_1R_2C_1C_2s^2}, \quad \Delta_1 = 1$$

所以，化简后求得
$$G(s) = \frac{C(s)}{R(s)} = \frac{1}{R_1R_2C_1C_2s^2 + (R_1C_1 + R_2C_2 + R_1C_2)s + 1}$$

2.7 物理元件和系统的数学模型

本节主要介绍工程控制中常用的一些元件和系统的数学模型。由于实际系统形式多样，人们难以对其逐一进行研究，而是先将实际工程中常用的典型元件和系统模型化。所谓

模型化是将实际系统的物理本质用一种标准图形(如电路图、机械系统图、机电系统原理图等)表示,以便于建立运动方程。本节选择了一些具有代表性的典型系统,包括电气系统、机械系统、液位系统、热力系统、机电系统等进行分析和建模研究。系统的数学模型主要应用物理学中的基本定律,建立实际系统的运动方程。

2.7.1 机械系统

机械系统主要有两种运动形式——平移运动和旋转运动,它们遵循牛顿定律。在平移运动中,作用在质点(运动物体)上外力的代数和为零,即作用在质点上的外力是平衡的。在旋转运动中,作用在旋转运动物体上力矩的代数和为零,即作用在物体上的外力矩是平衡的。例 2-11 分析了平移运动。下面举一个旋转运动的例子。

例 2-17 倒立摆系统。

图 2-26 是倒立摆系统,它可以看成是火箭起飞时的姿态控制问题的抽象,其目的是要使火箭保持在垂直的状态。倒立摆的垂直(摆直立向上)位置是系统的平衡点,它是不稳定的。倒立摆的控制问题就是如何通过小车的运动保持倒立摆的直立状态。为了讨论问题的方便,我们只考虑二维问题,即认为小车与倒立摆在一个竖直平面内运动。假定小车的质量为 M,倒立摆的质量 m 全部集中在摆的顶端,摆长为 l,$u(t)$ 是作用在小车上的力,$z(t)$ 是小车的位移,摆偏离垂直位置的角度为 $\theta(t)$。同时忽略小车与地面的摩擦。

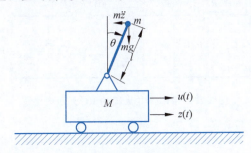

图 2-26 倒立摆系统

小车沿水平方向的力平衡方程如下:

$$M \frac{\mathrm{d}^2 z}{\mathrm{d} t^2} + m \frac{\mathrm{d}^2}{\mathrm{d} t^2}(z + l \sin \theta) = u \tag{2-69}$$

摆绕轴旋转运动的力矩平衡方程为

$$m l \frac{\mathrm{d}^2 z}{\mathrm{d} t^2} \cos \theta + m l^2 \frac{\mathrm{d}^2 \theta}{\mathrm{d} t^2} = m g l \sin \theta \tag{2-70}$$

它们都是非线性方程。考虑在所研究的情况下,$\theta \approx 0$,有 $\sin \theta \approx \theta$,$\cos \theta \approx 1$,故上两式可线性化为

$$(M + m) \frac{\mathrm{d}^2 z}{\mathrm{d} t^2} + m l \frac{\mathrm{d}^2 \theta}{\mathrm{d} t^2} = u \tag{2-71}$$

$$\frac{\mathrm{d}^2 z}{\mathrm{d} t^2} + l \frac{\mathrm{d}^2 \theta}{\mathrm{d} t^2} = g \theta \tag{2-72}$$

从上两式消去 z,可求得

$$\frac{d^2\theta}{dt^2} - \frac{(m+M)g}{Ml}\theta = -\frac{1}{Ml}u \tag{2-73}$$

以 u 为输入，θ 为输出的传递函数为

$$G(s) = \frac{\Theta(s)}{U(s)} = \frac{-\dfrac{1}{Ml}}{s^2 - \dfrac{(m+M)g}{Ml}} \tag{2-74}$$

2.7.2 电气系统

电气系统包括电路系统和控制电机等。分析电气系统主要应用基尔霍夫电流定律和电压定律。基尔霍夫电流定律是指：流入和流出电路某个节点的电流代数和等于零，即节点的电流是平衡的。基尔霍夫电压定律是指：在任意瞬间，沿电路中任意回路的电压的代数和等于零，即回路的电压是平衡的。

例 2-18 如图 2-27 所示，在两个 RC 无源电路之间嵌入一个隔离放大器，假定隔离放大器的输入阻抗为无穷大，而输出阻抗为零，这样就保证前一个电路的输出不会受后一电路的影响，后一电路的输入也不会由于前级的阻抗（不为零）而变化。

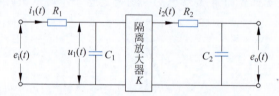

图 2-27 带隔离放大器的 RC 无源电路

两个 RC 电路的传递函数是

$$G_1(s) = \frac{1}{R_1C_1s+1} \quad 和 \quad G_2(s) = \frac{1}{R_2C_2s+1}$$

假设放大器的增益为 K，则全电路的传递函数为

$$G(s) = \frac{E_o(s)}{E_i(s)} = \frac{K}{(R_1C_1s+1)(R_2C_2s+1)} \tag{2-75}$$

一个 RC 无源网络是一个惯性环节，两个 RC 无源网络是振荡环节（读者可自行证明），本例中两个 RC 无源电路之间嵌入一个隔离放大器，就是两个惯性环节的串联。

例 2-19 不同控制方式直流电动机的传递函数。

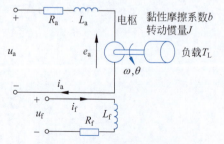

图 2-28 直流电动机控制电路

1. 电枢控制直流电动机

如图 2-28 所示的直流电动机，在电枢控制时，励磁电压 u_f 恒定，通过调节电枢回路的电压实现对电机速度的调节。假设此时气隙磁通等于常数，电机的电磁转矩 T_i 与电枢电流 i_a 成正比：

$$T_i = K_t i_a \tag{2-76}$$

式中，K_t 为电机的转矩常数。电枢电路电压平衡方程为

$$u_a = R_a i_a + L_a \frac{di_a}{dt} + e_a \tag{2-77}$$

式中,R_a 和 L_a 分别是电枢电路的电阻和电感。电机的反电势 e_a 与电机的角速度 ω 成正比:

$$e_a = K_e \omega \tag{2-78}$$

式中,K_e 为电机的反电势常数。电机轴上力矩平衡方程为

$$T_i = J \frac{d\omega}{dt} + b\omega + T_L \tag{2-79}$$

式中,J 为电机轴上总的等效转动惯量,b 为电机轴上的等效黏性摩擦系数,T_L 是负载力矩。若以 u_a 为输入电压,则 ω 为输出转速。在以上四个公式中,消去中间变量 i_a、e_a、T_i,并假定 $T_L = 0$,可得如下微分方程:

$$L_a J \frac{d^2\omega}{dt^2} + (R_a J + bL_a) \frac{d\omega}{dt} + (K_e K_t + R_a b)\omega = K_t u_a \tag{2-80}$$

系统的传递函数为

$$G(s) = \frac{\Omega(s)}{U_a(s)} = \frac{K_t}{L_a J s^2 + (R_a J + bL_a)s + (K_e K_t + R_a b)} \tag{2-81}$$

此时电枢控制的直流电动机可看成一个振荡环节。通常电枢回路中的电感 L_a 较小,若忽略其影响,式(2-81)可近似表示为一阶惯性环节

$$G(s) = \frac{\Omega(s)}{U_a(s)} = \frac{K_m}{T_m s + 1} \tag{2-82}$$

式中,$K_m = K_t / (K_e K_t + R_a b)$ 为电动机增益常数;$T_m = R_a J / (K_e K_t + R_a b)$ 为电动机时间常数。

如果以转角 θ 为输出,则其运动方程可表达为积分环节和一阶惯性环节的串联:

$$\frac{\Theta(s)}{U_a(s)} = \frac{K_m}{s(T_m s + 1)} \tag{2-83}$$

2. 励磁控制直流电动机

继续讨论图 2-28 所示的直流电动机,在励磁控制时,电枢回路电压 u_a 恒定,通过调节励磁电流的大小(即改变励磁回路的电压 u_f)实现对电机速度的调节。假设:电枢电流 $i_a =$ 常数,气隙磁通与励磁电流 i_f 成正比,电机的电磁力矩 T_f 等于

$$T_f = K_f i_f \tag{2-84}$$

K_f 为比例系数。励磁回路的电压平衡方程为

$$u_f = R_f i_f + L_f \frac{di_f}{dt} \tag{2-85}$$

u_f、L_f 分别为励磁回路的电压和电感。电动机力矩平衡方程为

$$T_f = J \frac{d\omega}{dt} + b\omega + T_L \tag{2-86}$$

式中,ω 为输出转速。消去以上三个公式的中间变量 i_f、T_f,并假定负载力矩 $T_L = 0$,则电机的微分方程变成

$$L_f J \frac{d^2\omega}{dt^2} + (R_f J + bL_f) \frac{d\omega}{dt} + R_f b\omega = K_f u_f \tag{2-87}$$

$$L_f J \frac{d^3\theta}{dt^3} + (R_f J + bL_f)\frac{d^2\theta}{dt^2} + R_f b \frac{d\theta}{dt} = K_f u_f \tag{2-88}$$

它们的传递函数分别是

$$G(s) = \frac{\Omega(s)}{U_f(s)} = \frac{K_f}{L_f J s^2 + (R_f J + bL_f)s + R_f b} \tag{2-89}$$

$$G(s) = \frac{\Theta(s)}{U_f(s)} = \frac{K_f}{s(L_f J s^2 + (R_f J + bL_f)s + R_f b)} \tag{2-90}$$

此时励磁控制的直流电动机是一个振荡环节。因为直流电动机不论电枢控制或励磁控制，都存在电感 L 和转动惯量 J 这两个储能元件，所以是振荡环节。

2.7.3 热力系统

将热量从一种物质传递到另一种物质的系统叫热力系统。

例 2-20 图 2-29(a)是一个简单的热力系统。从入口端输入温度为 $\overline{\Theta}_i$ 的液体，在容器中经加热器加热，在出口端输出温度为 $\overline{\Theta}_o$ 的液体。$\overline{H}$ 是加热器输入的常值热流量。搅拌器是使容器中液体的温度均匀。

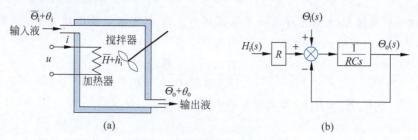

图 2-29 热力系统及其方框图

表征热力系统特征的主要参数是热阻和热容。

热阻：在热量传递过程中，热阻 R 定义为

$$R = \frac{\text{温度差的变化量}(℃)}{\text{热流量的变化量}(kJ/s)} = \frac{d\theta}{dq} \tag{2-91}$$

式中，θ 是传递过程的温度(℃)，q 是热流量(kJ/s)。

热容：热容 C 定义为

$$C = \frac{\text{被储存热量的变化量}(kJ)}{\text{温度的变化量}(℃)} = mc \tag{2-92}$$

式中，m 是传热物质的质量(kg)，c 是物质的比热(kJ/kg·K)。

通常热力系统是分布参数系统，热阻、热容均不是集中参数。热力系统传递热量的方式有三种，即传导、对流和辐射，对于大多数过程控制系统，热力过程中辐射传递较小，并且传导和对流多数是有延迟的。简单起见，假定所讨论的热力系统是集中参数，且不带延迟。

下面，我们来推导图 2-29 热力系统的微分方程。

假设：容器处于完全绝热状态，不向外界散热，容器内液体混合均匀，各点温度相同。

$\overline{\Theta}_i$——流入容器液体的设定温度(℃)；

$\overline{\Theta}_o$——流出容器液体的设定温度(℃)；

M——容器内物质的质量(kg);
$\overline{H}$——稳态输入热流量(kJ/s);
G——稳态液体流量(kg/s);
R、C、c 分别是液体的热阻、热容和比热。

现设输入液体的温度保持不变,输入系统的热流量(由加热器提供)突然变到 $\overline{H}+h_i$,使输出的热流量逐渐变到 $\overline{H}+h_o$,输出温度也将变到 $\overline{\Theta}_o+\theta_o$,则有以下关系:

$$h_i = Gc\theta_i \tag{2-93}$$

$$h_o = Gc\theta_o \tag{2-94}$$

$$R = \frac{\theta_o}{h_o} = \frac{1}{Gc} \tag{2-95}$$

$$C = Mc \tag{2-96}$$

根据热流量平衡方程得到

$$C\frac{d\theta_o}{dt} = h_i - h_o \tag{2-97}$$

将上式两边乘以 R,及 $Rh_o = \theta_o$,得到

$$RC\frac{d\theta_o}{dt} + \theta_o = Rh_i \tag{2-98}$$

则输出温度增量 θ_o 与输入热流量增量 h_i 之间的传递函数为

$$\frac{\Theta_o(s)}{H_i(s)} = \frac{R}{RCs+1} \tag{2-99}$$

同样,如果输入的热流量 $\overline{H}$ 和液体流量 G 保持不变,而输入液体的温度由 $\overline{\Theta}_i$ 变到 $\overline{\Theta}_i+\theta_i$,则输出的热流量将从 $\overline{H}$ 变到 $\overline{H}+h_o$,输出温度也将从 $\overline{\Theta}_o$ 变到 $\overline{\Theta}_o+\theta_o$,考虑到 $h_i=Gc\theta_i$,则式(2-97)可写为

$$C\frac{d\theta_o}{dt} = Gc\theta_i - h_o \tag{2-100}$$

将式(2-95)、式(2-96)及式(2-97)代入上式得

$$RC\frac{d\theta_o}{dt} + \theta_o = \theta_i \tag{2-101}$$

则输出温度 θ_o 与输入温度 θ_i 之间的传递函数为

$$\frac{\Theta_i(s)}{\Theta_o(s)} = \frac{1}{RCs+1} \tag{2-102}$$

可见,图 2-29 所示热力系统是惯性环节。∎

2.7.4 液位系统

以液位为控制对象的系统称为液位系统。液位系统与电气系统相似,液位差(水头)H 与电压相似,流量 Q 与电流相似,液阻 R 与电阻相似。遵循的定律与电路中的欧姆定律相似,即

$$R = \frac{dH(m)}{dQ(m^3/s)} \tag{2-103}$$

式(2-103)是液阻 R 的定义,即液阻是产生单位流量变化所必需的水头变化量。

考虑图 2-30 所示的液位控制系统,如果液流为紊流(无涡流),则其输出的流量 Q 与水头 H 之间的关系是

$$Q = K\sqrt{H} \tag{2-104}$$

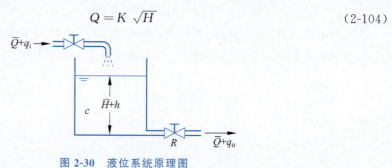

图 2-30 液位系统原理图

式中,K 是常数。假设系统稳态时的输入流量为 $Q_i = \overline{Q}$,水头是 $H = \overline{H}$,输出流量是 $Q_o = \overline{Q}$。如果在 $t=0$,输入流量变到 $Q_i = \overline{Q} + q_i$,使水头从 $\overline{H}$ 变到 $\overline{H} + h$,相应的输出流量从 $Q_o = \overline{Q}$ 变到 $\overline{Q} + q_o$。根据流量平衡方程得到

$$C\frac{\mathrm{d}H}{\mathrm{d}t} = Q_i - Q_o = Q_i - K\sqrt{H}$$

式中,C 是容器的液容(截面积)。这是一个非线性方程。定义

$$f(H, Q_i) \stackrel{\text{def}}{=\!=} \frac{\mathrm{d}H}{\mathrm{d}t} = \frac{1}{C}Q_i - \frac{1}{C}K\sqrt{H} \tag{2-105}$$

利用线性化的方法,对式(2-105)进行泰勒级数展开:

$$\begin{aligned}\frac{\mathrm{d}H}{\mathrm{d}t} &= f(H, Q_i) \\ &= f(\overline{H}, \overline{Q}) + \left.\frac{\partial f}{\partial H}\right|_{H=\overline{H}, Q_i=\overline{Q}}(H-\overline{H}) + \left.\frac{\partial f}{\partial Q_i}\right|_{H=\overline{H}, Q_i=\overline{Q}}(Q_i - \overline{Q})\end{aligned} \tag{2-106}$$

式中

$$f(\overline{H}, \overline{Q}) = \frac{1}{C}\overline{Q} - \frac{1}{C}K\sqrt{\overline{H}} = 0$$

$$\left.\frac{\partial f}{\partial H}\right|_{H=\overline{H}, Q_i=\overline{Q}} = -\frac{K}{2C\sqrt{\overline{H}}} = -\frac{\overline{Q}}{\sqrt{\overline{H}}}\frac{1}{2C\sqrt{\overline{H}}} = -\frac{\overline{Q}}{2C\overline{H}} = -\frac{1}{RC}$$

式中,R 为液阻,且

$$R = \frac{\mathrm{d}H}{\mathrm{d}Q} = \frac{2\sqrt{H}}{K} \tag{2-107}$$

在工作点附近有

$$R = \frac{2\overline{H}}{\overline{Q}}$$

又

$$\left.\frac{\partial f}{\partial Q_i}\right|_{H=\overline{H}, Q_i=\overline{Q}} = \frac{1}{C}$$

于是式(2-106)可写成

$$\frac{dH}{dt} = -\frac{1}{RC}(H-\overline{H}) + \frac{1}{C}(Q_i - \overline{Q})$$

因为 $H-\overline{H}=h$，$Q_i-\overline{Q}=q_i$，故上式可写成

$$\frac{dh}{dt} = -\frac{1}{RC}h + \frac{1}{C}q_i$$

$$\frac{dh}{dt} + \frac{1}{RC}h = \frac{1}{C}q_i \tag{2-108}$$

则系统的传递函数为

$$G(s) = \frac{H(s)}{Q_i(s)} = \frac{\dfrac{1}{C}}{s + \dfrac{1}{RC}} \tag{2-109}$$

式(2-109)说明图 2-30 所示的液位系统是惯性环节，它只有一个储能元件。

例 2-21 如图 2-31 的液位系统。图中 $\overline{Q}$ 是稳态输入流量，$\overline{H}_1$ 和 $\overline{H}_2$ 是稳态水头，R_1 和 R_2 是阀门的液阻，C_1 和 C_2 是液缸的液容。设 q_1、q_2 以及 h_1、h_2 都是很小的偏移量。由以上假设，可得以下方程：

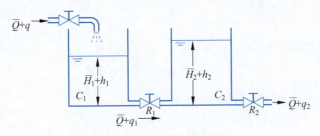

图 2-31 液位系统原理图

$$C_1 \frac{dh_1}{dt} = (q - q_1) \tag{2-110}$$

$$\frac{h_1 - h_2}{R_1} = q_1 \tag{2-111}$$

$$\frac{h_2}{R_2} = q_2 \tag{2-112}$$

$$C_2 \frac{dh_2}{dt} = (q_1 - q_2) \tag{2-113}$$

由式(2-110)～式(2-113)可推得以 q 为输入，q_2 为输出时，系统的传递函数

$$G(s) = \frac{Q_2(s)}{Q(s)} = \frac{1}{R_1 C_1 R_2 C_2 s^2 + (R_1 C_1 + R_2 C_2 + R_2 C_1)s + 1} \tag{2-114}$$

可见，由两个液缸组成的液位系统是一个振荡环节。

2.7.5 典型位置随动系统的数学模型

例 2-22 位置随动系统。位置随动系统是一种基本的控制系统，在陀螺仪、导弹、自动火炮中均有广泛的应用。图 2-32 是一个位置随动系统的原理图，其控制目标是让输出转角 θ_o 跟随输入转角 θ_i 变化。该系统的工作原理如下：电位器(发信电位器和收信电位器)作

为系统误差的测量装置,将角度信号转换成与电压成正比的电信号。发信手轮驱使发信电位器电刷转动一个角度 θ_i,若收信电位器的转角 θ_o 与发信电位器的转角 θ_i 不相等,误差测量装置就会输出一个与角差 $\Delta\theta = \theta_i - \theta_o$ 成正比的电压信号 e(带极性),经放大器放大,输出电压 u_a 加到电动机电枢回路,电动机经减速器,带动收信电位器电刷朝着减小角差 $\Delta\theta$ 的方向运动,直至 $\Delta\theta = \theta_i - \theta_o = 0$,从而实现输出转角 θ_o 对输入转角 θ_i 的跟踪。

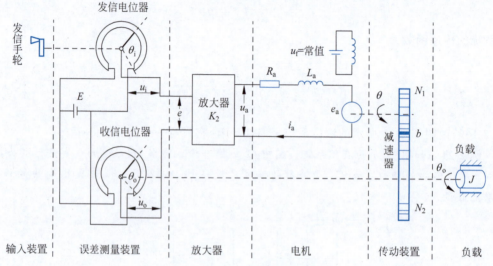

图 2-32 位置随动系统原理图

描述各变量之间关系的数学方程如下:

$$e = u_i - u_o = K_s(\theta_i - \theta_o) \tag{2-115}$$

式中,K_s 是电位器的增益。

$$u_a = K_2 e$$

$$u_a = i_a R_a + L_a \frac{di_a}{dt} + K_e \omega \tag{2-116}$$

$$T_i = K_t i_a \tag{2-117}$$

$$T_i = J \frac{d\omega}{dt} + b\omega \tag{2-118}$$

式中均采用描述直流电动机的方程中的符号。ω 是电动机的角速度,J 与 b 为已折算到电动机轴上的转动惯量和黏性摩擦系数。

$$\omega = \frac{d\theta}{dt} \tag{2-119}$$

式中,θ 是电动机的转角。

$$\theta_o = \frac{N_1}{N_2} \theta = \frac{\theta}{i} \tag{2-120}$$

式中,$i = \dfrac{N_2}{N_1}$ 是减速器的传动比。

根据上述方程,画出系统的方框图和状态信号流图,如图 2-33 所示。

可得系统的传递函数

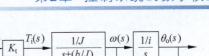

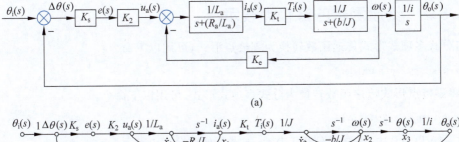

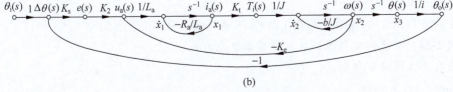

图 2-33 位置随动系统方框图和状态信号流图

$$\frac{\Theta_o(s)}{\Theta_i(s)} = \frac{K_s K_2 K_t / i}{T_a T_m R_a b s^3 + R_a b (T_a + T_m) s^2 + (R_a b + K_e K_t) s + K_s K_2 K_t / i} \tag{2-121}$$

式中，$T_a = L_a / R_a$ 是电枢回路的时间常数，$T_m = J/b$ 是电动机及负载（包括减速装置）的机电时间常数。

2.8 MATLAB 在系统数学模型转换中的应用

2.8.1 MATLAB 中传递函数的分式多项式的表示

已知传递函数

$$G(s) = \frac{b_m s^m + b_{m-1} s^{m-1} + \cdots + b_1 s + b_0}{a_n s^n + a_{n-1} s^{n-1} + \cdots + a_1 s + a_0} \tag{2-122}$$

在 MATLAB 中用以下命令来生成：

```
num=[b_m,b_{m-1},…,b_1,b_0];
den=[a_n,a_{n-1},…,a_1,a_0];
sys=tf(num,den)
```

例 2-23 已知传递函数

$$G(s) = \frac{s^4 + 3s^3 + 9s^2 + 14s + 24}{s^4 + 3s^3 + 9s^2 + 10s + 12}$$

输入并执行以下命令：

```
num=[1,3,9,14,24];
den=[1,3,9,10,12];
sys=tf(num,den)
```

屏幕显示：

Transfer function：

$$\frac{s^4+3s^3+9s^2+14s+24}{s^4+3s^3+9s^2+10s+12}$$

2.8.2 传递函数的零极点表示

将分式多项式形式传递函数转换为零极点形式,可用以下命令:

[z,p,k]=tf2zp(num,den)

反之,将零极点形式传递函数转换为分式多项式形式,可用以下命令:

[num,den]=zp2tf(z,p,k)

在 MATLAB 中,虚数单位用 i 表示,本书其他部分用 j 表示。

例 2-24 将上例之传递函数转换为零极点形式。

输入并执行以下命令:

num=[1,3,9,14,24];
den=[1,3,9,10,12];
[z,p,k]=tf2zp(num,den)

屏幕显示:

z=
 −1.6241+1.5711i
 −1.6241−1.5711i
 0.1241+2.1645i
 0.1241−2.1645i

p=
 −1.0000+1.7321i
 −1.0000−1.7321i
 −0.5000+1.6583i
 −0.5000−1.6583i

k=
 1

若再执行以下命令,又可获得分式多项式形式:

[num,den]=zp2tf(z,p,k)

屏幕显示:

num=
 1.0000 3.0000 9.0000 14.0000 24.0000
den=
 1.0000 3.0000 9.0000 10.0000 12.0000

2.8.3 用 MATLAB 计算系统的传递函数

MATLAB 的 series、parallel、feedback 和 cloop 命令可用来计算给定系统方框图的传递函数。

1. series 命令

series 命令的功能是计算两个串联的传递函数。命令格式如下:

sys=series(sys1,sys2)
[num,den]=series(num1,den1,num2,den2)

例 2-25 求 $G_h(s)$ 与 $G_c(s)$ 串联(图 2-34(c))后的传递函数,已知

$$G_h(s) = \frac{s+1}{s+2}, \quad G_c(s) = \frac{s+1}{s^2+2s+2}$$

执行命令：

numc=[1,1]; denc=[1,2,2]; sysc=tf(numc,denc); numh=[1,1]; denh=[1,2]; sysh=tf(numh,denh);
sys=series(sysc,sysh)

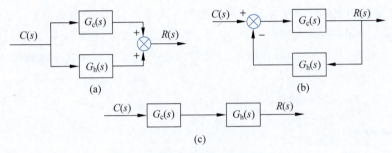

图 2-34　系统的各种连接

屏幕显示：

Transfer function：
   s^2+2 s+1
----
s^3+4 s^2+6 s+4

2. parallel 命令

parallel 命令的功能是计算两个并联的传递函数。命令格式如下：

sys=parallel(sys1,sys2)
[num,den]=parallel(num1,den1,num2,den2)

例 2-26　求例 2-25 $G_c(s)$ 与 $G_h(s)$ 并联（图 2-34(a)）后的传递函数。

解　只要将例 2-25 中的最后一条命令改为

sys=parallel(sysc,sysh)

屏幕显示：

Transfer function：
s^3+4 s^2+7 s+4
----
s^3+4 s^2+6 s+4

3. feedback 命令

feedback 命令的功能是计算两系统按图 2-34(b)连接。命令格式如下：

sys=feedback(sys1,sys2)：必须是负反馈时的传递函数。

[num,den]=feedback(num1,den1,num2,den2,sign)：其中 sign 为反馈极性，正反馈取 1，负反馈取 −1。

例 2-27　求例 2-26 $G_c(s)$ 与 $G_h(s)$ 作反馈连接后的传递函数。

解　只要将例 2-26 中的最后一条命令改为

sys=feedback(sysc,sysh)

屏幕显示：

Transfer function：
    s^2+3 s+2
----
s^3+5 s^2+8 s+5

4. cloop 命令

cloop 命令的功能是计算单位反馈系统的闭环传递函数，命令格式为

[num,den]=cloop(num1,den1,sign)；sign 为反馈极性，正反馈取 1，负反馈取 −1。

例 2-28　例 2-27 中，以 $G_c(s)$ 与 $G_h(s)$ 作前向通道，求其单位反馈系统的闭环传递函数。

解　用以下命令：

[num1,den1]=series(numc,denc,numh,denh)；
[num,den]=cloop(num1,den1,−1)；
sys=tf(num,den)

屏幕显示：

Transfer function：
    s^2+2 s+1
----
s^3+5 s^2+8 s+5

2.8.4　MATLAB 中多项式与因式分解形式的互相转换

1. conv 命令

conv 命令将因式分解形式转换为多项式，其格式为

$$c=\mathrm{conv}(多项式1,多项式2)$$

例 2-29　将下式转换为多项式形式：

$$s(s+1)^2(s^2+2s+2)$$

解　执行以下命令：

c=conv(conv([1,0],[1,1]),conv([1,1],[1,2,2]))

可得

c=
    1   4   7   6   2   0

多项式形式为

$$s^5+4s^4+7s^3+6s^2+2s$$

2. roots 命令

roots 命令求多项式的根，可用于将多项式形式转换为因式分解形式，格式为

roots(c)

例 2-30　求下列方程式的根

$$s^4+2s^3+3s^2+s+1=0$$

解　执行以下命令：

c=[1,2,3,1,1]；roots(c)

可得

```
ans=
  -0.9567+1.2272i
  -0.9567-1.2272i
  -0.0433+0.6412i
  -0.0433-0.6412i
```

∎

小结

在研究控制系统时,首先要建立动态系统的数学模型——系统输出与输入之间关系的数学描述。在经典控制理论中,主要有三种数学模型:时域模型、复域模型和频域模型。系统时域的数学模型是系统的微分方程,它是根据系统的物理机理,应用物理学中的基本定律来建立的,是系统最基本的数学模型。复域的数学模型是系统传递函数,传递函数适用于线性定常系统,是时域模型在复域中的映射,它用简明的数学式子表现出系统内在的结构特征和参数,从而把复杂的微分方程运算转换为代数运算,并为数学模型图形化(方框图和信号流图)创造条件,所以传递函数成为控制系统研究中经常运用的一种工具。系统频域的数学模型是系统的频率响应特性,是系统时域模型在频域中的映射,频域的数学模型提供了一种作图的方法来分析和设计系统,很适合于工程应用(将在第5章详细讨论)。

本章是控制理论的基础内容,主要有系统微分方程的建立、传递函数的概念、典型环节的传递函数、方框图及其简化方法、信号流图及求系统传递函数的梅森公式。

建立系统的微分方程是从事控制工程者必须掌握的基本技能,为此不仅要掌握控制理论,还必须对控制对象的工作原理和特性有充分的了解。本书仅介绍一些基本方法,更多的还必须在实际工作中熟练掌握。

传递函数、方框图和信号流图是学习经典控制理论的基础和工具,对传递函数的求取、方框图的绘制和简化,以及信号流图与方框图之间相互转换,都应当熟练掌握。

中国空间站简介

中国空间站(又称天宫空间站)是我国建成的国家级太空实验室。空间站轨道高度为400~450km,倾角42°~43°,设计寿命为10年,长期驻留3人。初期建造三个舱段,包括一个核心舱和两个实验舱。基本构型为T字形,核心舱居中,实验舱Ⅰ和实验舱Ⅱ分别连接于两侧。核心舱前端设两个对接口,接纳载人太空船对接和停靠;后端设后向对接口,用于

货运飞船停靠补给。最大可扩展为 180 吨级六舱组合体,以进行较大规模的空间应用。

1992 年 9 月 21 日,我国正式决策实施载人航天工程,并确定了我国载人航天"三步走"发展战略,建成空间站是发展战略的重要目标。三十年来,工程相继突破和掌握了天地往返、空间出舱、空间交会对接等载人航天领域关键技术,开展了一系列空间科学实验与技术试验,牢牢占据了世界载人航天的重要一席。

空间站大事记

2020 年 5 月 5 日:长征五号 B 运载火箭首飞成功,我国空间站在轨建造任务拉开序幕。

2021 年 4 月 29 日:长征五号 B 遥二运载火箭成功将空间站首个舱段——天和核心舱送入太空,标志着中国空间站在轨组装建造全面展开,为后续关键技术验证和空间站组装建造顺利实施奠定了坚实基础。

2021 年 5 月 29 日:天舟二号货运飞船发射成功,是空间站关键技术验证阶段发射的首艘货运飞船,也是天舟货运飞船的首次应用性飞行。

2021 年 6 月 17 日:神舟十二号发射成功,聂海胜、刘伯明、汤洪波成为首批入驻中国空间站的航天员。三个月里,三名航天员圆满完成了两次出舱活动以及一系列任务。

2021 年 9 月 20 日:天舟三号货运飞船发射入轨,与天舟二号和天和核心舱形成"一"字构型。

2021 年 10 月 16 日:神舟十三号发射成功,翟志刚、王亚平、叶光富三名航天员开启了为期 6 个月的太空生活,创造中国航天员连续在轨飞行时长新纪录。

2022 年 5 月 10 日:天舟四号货运飞船发射成功,是我国空间站建设从关键技术验证阶段转入在轨建造阶段的首次发射任务。

2022 年 6 月 5 日:神舟十四号发射成功,航天员陈冬、刘洋、蔡旭哲入住空间站,进行为期 6 个月的驻留任务。

2022 年 7 月 24 日:问天实验舱发射成功,问天实验舱是中国空间站首个科学实验舱。

2022 年 10 月 31 日:梦天实验舱发射成功,中国空间站三舱"T"字的基本构型完成。

2022 年 11 月 12 日:天舟五号货运飞船发射成功,与在轨运行的空间站组合体进行自主快速交会对接。

2022 年 11 月 29 日:神舟十五号载人飞船成功对接空间站组合体,航天员费俊龙、邓清明、张陆进入中国空间站。

2023 年 5 月 10 日:天舟六号货运飞船发射成功,与空间站组合体完成交会对接。

2023 年 5 月 30 日:神舟十六号载人飞船发射,成功对接于空间站天和核心舱径向端口。景海鹏、朱杨柱、桂海潮 3 名航天员入住空间站天和核心舱。

2023 年 10 月 26 日:神舟十七号载人飞船发射,成功对接于空间站天和核心舱前向端口。汤洪波、唐胜杰、江新林 3 名航天员进住空间站天和核心舱。

知识点自测

本节通过判断题、单选题和多选题来检测读者对本章知识点的掌握程度,为了便于自我检测,本章末尾给出了解答。

判断题（判断下列说法是否正确）

2-1 控制系统的微分方程是系统最基本的数学模型，其标准形式中与输出量相关的项均位于微分方程的右端。

2-2 控制系统微分方程的阶次与系统中独立储能元件的数量有关。

2-3 系统的传递函数定义为系统输出量的拉氏变换与输入量的拉氏变换之比。

2-4 传递函数概念既可以用于线性系统也可以用于非线性系统。

2-5 线性定常系统的传递函数只与系统的结构和参数有关，与系统的输入无关。

2-6 物理性质截然不同的系统或元件可以有相同的传递函数。

2-7 系统特征方程的根是闭环系统的零点。

2-8 在传递函数的定义中，零初始条件是指当 $t \leq 0$ 时，系统的输入和输出均为零。

2-9 方框图中两个或两个以上的信号进行叠加的环节，称为比较点。

2-10 方框图中分支点是用来表示信号测量或引出的位置。同一位置引出的信号，其性质、大小未必相同。

2-11 方框图简化所遵循的原则是保持信号传递的数学关系不变。

2-12 方框图中如果在一个比较点有多个信号进行叠加，可将其分解成若干个比较点，使信号在不同的比较点进行叠加。

2-13 方框图中同一位置的分支点可以任意交换。

2-14 在信号流图中，混合节点可以通过增加一个增益为 1 的支路变为输入节点。

单项选择题（每小题列出的选项中只有一个选项是符合题目要求的）

2-15 控制系统的时域数学模型是（　　）。
  A. 传递函数　　　　B. 微分方程　　　　C. 频率特性　　　　D. 信号流图

2-16 控制系统的复域数学模型是（　　）。
  A. 传递函数　　　　B. 微分方程　　　　C. 频率特性　　　　D. 信号流图

2-17 在线性定常系统中，当初始条件为零时，系统输出的拉氏变换与输入的拉氏变换之比称为系统的（　　）。
  A. 脉冲响应　　　　B. 传递函数　　　　C. 频率特性　　　　D. 微分方程

2-18 二次振荡环节包含的独立储能元件的个数为（　　）。
  A. 0　　　　　　　　B. 1　　　　　　　　C. 2　　　　　　　　D. 3

2-19 线性定常系统的传递函数取决于系统的（　　）。
  A. 内部结构和参数　　　　　　　　B. 作用量大小
  C. 作用量变化规律　　　　　　　　D. 外部扰动大小

2-20 系统 $G(s) = \dfrac{10(2s+1)(3s+1)}{s(s+5)(10s+1)}$ 的增益因子为（　　）。
  A. 2　　　　　　　　B. 6　　　　　　　　C. 10　　　　　　　D. 20

2-21 系统 $G(s) = \dfrac{20(2s+1)(10s+1)}{s^2(2s+1)(5s+1)}$ 的稳态增益为（　　）。
  A. 10　　　　　　　B. 20　　　　　　　C. 40　　　　　　　D. 80

2-22 控制系统的频域数学模型是（　　）。
  A. 传递函数　　　　B. 微分方程　　　　C. 频率特性　　　　D. 信号流图

2-23 系统的信号流图如图 2-35 所示,其共有( )个回路。
A. 6　　　　　　B. 7　　　　　　C. 8　　　　　　D. 9

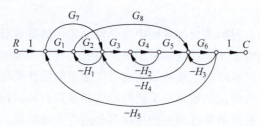

图 2-35　信号流图

2-24 信号流图中,既有信号流出,又有信号流入的节点,称为( )。
A. 输入节点　　　B. 源节点　　　C. 输出节点　　　D. 混合节点

多项选择题（每小题列出的选项中有两个或两个以上选项是符合题目要求的）

2-25 控制系统的图模型包括( )。
A. 传递函数　　　B. 方框图　　　C. 频率特性图　　　D. 信号流图
E. 微分方程

2-26 下列说法中正确的是( )。
A. 传递函数与系统或元件的内部结构参数、外界作用的形式有关
B. 传递函数是对动态系统的内部描述
C. 传递函数不能反映系统或元件的物理组成
D. 系统脉冲响应的拉氏变换是系统的传递函数
E. 系统的传递函数与微分方程可以互相转换

2-27 信号流图中,只有信号流入的节点,称为( )。
A. 输入节点　　　B. 源节点　　　C. 输出节点　　　D. 阱节点
E. 混合节点

自测参考答案

判断题：(1) F；(2) T；(3) F；(4) F；(5) T；(6) T；(7) F；(8) F；(9) T；(10) F；(11) T；(12) T；(13) T；(14) F

单项选择题：(15) B；(16) A；(17) B；(18) C；(19) A；(20) B；(21) B；(22) C；(23) D；(24) D

多项选择题：(25) BCD；(26) CE；(27) CD

习题

A 基本题

A2-1 求下列系统的传递函数。式中 $r(t)$ 为系统输入, $c(t)$ 为系统输出：

(1) $\dfrac{d^3 c(t)}{dt^3} + 3 \dfrac{d^2 c(t)}{dt^2} + 3 \dfrac{dc(t)}{dt} + c(t) = 3 \dfrac{dr(t)}{dt} + r(t)$

(2) $\dfrac{d^3 c(t)}{dt^3} + 3 \dfrac{d^2 c(t)}{dt^2} + 3 \dfrac{dc(t)}{dt} + c(t) = r(t-2)$

A2-2 试绘制下列代数方程的信号流图：

(1) $\begin{cases} x_2 = ax_1 + ix_3 + jx_6 \\ x_3 = bx_2 \\ x_4 = fx_1 + cx_3 - gx_5 \\ x_5 = dx_4 \\ x_6 = ex_5 \end{cases}$
(2) $\begin{cases} x_2 = ax_1 + gx_2 + jx_3 \\ x_3 = bx_2 + x_3 \\ x_4 = fx_1 + cx_2 - gx_3 \\ x_5 = dx_4 \\ x_6 = x_5 \end{cases}$

A2-3 求图 A2-1 信号流图的传递函数 $\dfrac{C(s)}{R(s)}$。

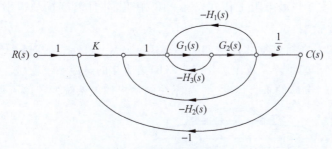

图 A2-1 题 A2-3 信号流图

A2-4 用梅森公式求图 A2-2 中的传递函数 $\dfrac{C(s)}{R(s)}$。

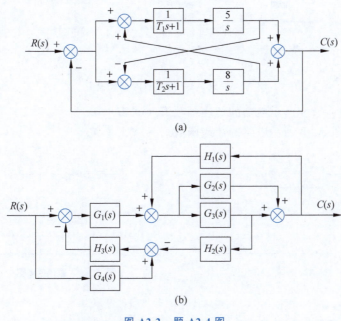

图 A2-2 题 A2-4 图

A2-5 某平台的位置控制系统的微分方程组为

$$\frac{\mathrm{d}^2 p}{\mathrm{d}t^2} + 2\frac{\mathrm{d}p}{\mathrm{d}t} + 4p = \theta$$

$$u_1 = r - p$$

$$u_2 = 7u_1$$
$$\frac{d\theta}{dt} = 0.6u_2$$

式中,$r(t)$ 是平台的预期位置;$p(t)$ 是平台的实际位置;$u_1(t)$ 是放大器的输入电压;$u_2(t)$ 是放大器的输出电压;$\theta(t)$ 是电动机的转角。

试画出该系统的方框图和信号流图,确定各方框的传递函数,并计算系统的传递函数 $P(s)/R(s)$。

A2-6 某热敏电阻的阻值与温度的关系为 $R = R_0 e^{-0.1T}$,式中,$R_0 = 10\text{k}\Omega$,R 为电阻阻值,T 是绝对温度。热敏电阻工作在 $T = 20\text{K}$ 附近,并且温度扰动很小。试求电阻在工作点附近的线性化模型。

A2-7 汽车悬浮系统的简化模型如图 A2-3(a)所示。汽车行驶时轮子的垂直位移作为一个激励作用在汽车的悬浮系统上。图 A2-3(b)是简化的悬浮系统模型。系统的输入是 P 点(车轮)的位移 x_i,车体的垂直运动 x_o 为系统的输出。求系统的传递函数 $X_o(s)/X_i(s)$。

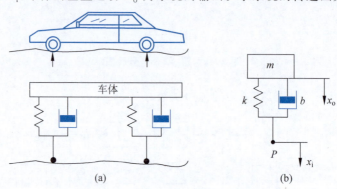

图 A2-3 题 A2-7 汽车悬浮系统模型

A2-8 试求图 A2-4 所示电路的传递函数 $E_o(s)/E_i(s)$。

A2-9 试求图 A2-5 所示电路的传递函数 $E_o(s)/E_i(s)$。

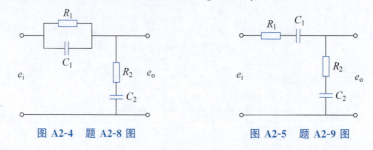

图 A2-4 题 A2-8 图   图 A2-5 题 A2-9 图

B 深入题

B2-1 将图 B2-1 的方框图简化,并计算系统的传递函数 $C(s)/R(s)$。

B2-2 图 B2-2 是某个消除扰动影响的前馈控制系统的方框图。

设 $R(s) = 0$,通过适当选择 K_1 和 K_2,便可使由扰动引起的输出为零。试证明这个结论。

B2-3 试求图 B2-3 所示各系统的传递函数 $X_o(s)/X_i(s)$,x_i 为系统的输入位移,x_o 为系统的输出位移。

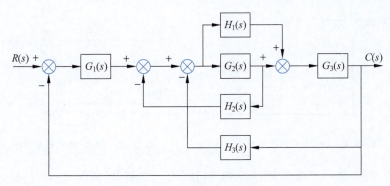

图 B2-1　题 B2-1 方框图

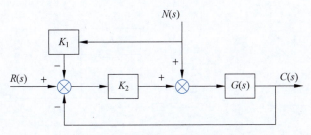

图 B2-2　前馈系统方框图

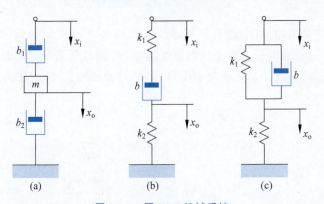

图 B2-3　题 B2-3 机械系统

B2-4　图 B2-4 的液位系统,设系统稳态时,$H_1 = \overline{H} = 5\text{m}, Q_1 = \overline{Q} = 0.04\text{m}^3/\text{s}, C = 5\text{m}^2$,试求系统在工作点的时间常数。

B2-5　求图 B2-5 信号流图所示系统的下列传递函数:

(1) $W_1(s) = \dfrac{C_1(s)}{R_1(s)}$　　　(2) $W_1(s) = \dfrac{C_1(s)}{R_2(s)}$

(3) $W_1(s) = \dfrac{C_2(s)}{R_1(s)}$　　　(4) $W_1(s) = \dfrac{C_2(s)}{R_2(s)}$

C　实际题

C2-1　图 C2-1 所示的运算放大器电路,假定是理想放大器(即运算放大器的开环增益为∞),电路参数为 $R_1 = R_2 = 100\text{k}\Omega, C = 1\mu\text{F}$,试推导电路的传递函数 $U_o(s)/U_i(s)$。

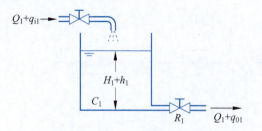
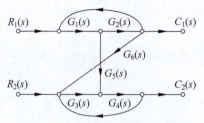

图 B2-4 题 B2-4 的液位系统　　　　图 B2-5 题 B2-5 系统的信号流图

C2-2 图 C2-2 是一个电子 PID（比例-积分-微分）控制器，试推导它的传递函数 $U_o(s)/U_i(s)$。

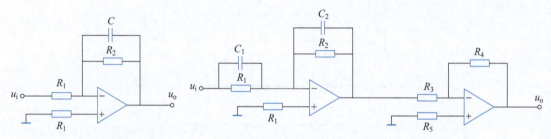

图 C2-1 运算放大器电路　　　　图 C2-2 电子 PID（比例-积分-微分）控制器

C2-3 图 C2-3 是发电机-电动机控制系统，$\theta_d(t)$ 是电动机的转角，$\theta_L(t)$ 是负载的转角，$u_f(t)$ 是发电机的励磁电压。发电机以恒速运转，电动机及负载的总转动惯量为 J_m，电动机轴上的摩擦系数为 b_m。假定发电机的电压 u_g 与励磁电流 i_f 成比例，试推导系统的传递函数 $\Theta_L(s)/U_f(s)$。

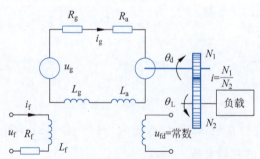

图 C2-3 发电机-电动机控制系统

D MATLAB 题

D2-1 考虑图 D2-1 之系统：
（1）用 MATLAB 的 series、parallel、feedback 和 cloop 命令求系统的传递函数 $C(s)/R(s)$；
（2）用模型转换命令求零、极点形式传递函数；
（3）用 roots 命令求闭环系统的零、极点，并比较(2)、(3)的结果。

D2-2 对题 C2-3，按题 D2-1(1)至(3)项的要求，完成计算。

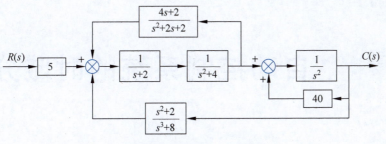

图 D2-1 题 D2-1 方框图

第 3 章 自动控制系统的时域分析

CHAPTER 3

一个工程控制系统首先必须是稳定的,因此稳定性是工程控制系统分析的出发点。系统正常工作的状态称为平衡状态,系统在受到扰动后,原先的平衡状态被破坏,系统围绕原平衡状态来回运动,这种现象称为"振荡"。系统出现振荡后,一种可能是离平衡状态越来越远,这类系统称为不稳定系统,不稳定系统是无法正常工作的。另一种可能是这种振荡逐渐衰减,最终恢复到原先的平衡状态,这类系统叫稳定系统(又叫渐近稳定系统)。稳定是工程系统正常工作的前提。对一个稳定的系统,如果输入一个信号,系统可能达到一个新的稳定状态,这个新的稳定状态与预定的平衡位置的误差称为稳态误差,系统消除稳态误差的能力由系统稳态特性所决定,这种特性称稳态特性。系统达到稳定状态之前的过程称为动态过程,动态过程中振荡过大,或者动态过程时间太长,系统都不能很好工作。在系统动态过程中表现的性质称为动态特性。因此,自动控制系统分析包括三部分内容:稳定性、稳态特性和动态特性。

分析控制系统性能最直接的方法是求解系统的微分方程,这就是系统的时域分析。时域分析可以精确地分析系统的动态特性和稳态特性。但当微分方程的阶次超过三阶,方程的求解就比较困难,不便于工程上应用。但时域分析物理意义清楚,便于建立系统的性能指标,所以它仍然是系统分析的基础。

本章主要讨论:典型测试信号;控制系统的稳定性(稳定性概念、稳定性判据);控制系统的稳态特性(稳态误差概念、稳态误差系数、提高系统稳态精度的方法);控制系统的动态响应(控制系统的动态性能指标、一阶系统的动态响应、二阶系统的动态响应、高阶系统的动态响应、用 MATLAB 求系统的动态响应)。

3.1 典型测试信号

实际系统的输入信号常具有不确定性,因而很难用解析方法表达。分析控制系统要有一个进行比较的基准,为此,需要用统一的典型输入信号来测试系统的性能。对典型的测试信号的要求是:它们是简单的时间函数,便于进行数学分析和实验研究,系统的实际输入信号可以看成是这些测试信号的组合。常用的典型测试信号主要有阶跃信号、速度(斜坡)信号、加速度(抛物线)信号、脉冲信号和正弦信号等。

3.1.1 阶跃信号

阶跃信号是一种广泛存在的瞬变信号,如图 3-1(a)所示,例如电动机突然加载或卸载。

它的数学表达式为

$$r(t) = R \cdot u(t) = \begin{cases} R & t \geqslant 0 \\ 0 & t < 0 \end{cases} \tag{3-1}$$

式中，R 为阶跃信号的幅值。$u(t)$ 称为单位阶跃信号，单位阶跃信号也常表示为 $1(t)$。

图 3-1　阶跃信号

图 3-1(b) 是在 $t = \tau$ 时刻产生的阶跃信号，记为 $R \cdot u(t - \tau)$，具体是

$$r(t) = R \cdot u(t - \tau) = \begin{cases} R & t \geqslant \tau \\ 0 & t < \tau \end{cases} \tag{3-2}$$

单位阶跃信号的拉氏变换为

$$\mathcal{L}[u(t)] = \frac{1}{s} \tag{3-3}$$

而幅值为 R 的阶跃信号的拉氏变换为

$$\mathcal{L}[Ru(t)] = \frac{R}{s} \tag{3-4}$$

3.1.2　速度(斜坡)信号

速度信号也称匀速信号、斜坡信号，它对时间 t 的变化率是常数，如图 3-2 所示。速度信号主要用于测试系统匀速运动的性能，它等于阶跃信号对时间 t 的积分，其数学表达式为

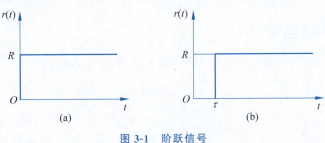

$$r(t) = R \cdot tu(t) = \begin{cases} R \cdot t & t \geqslant 0 \\ 0 & t < 0 \end{cases} \tag{3-5}$$

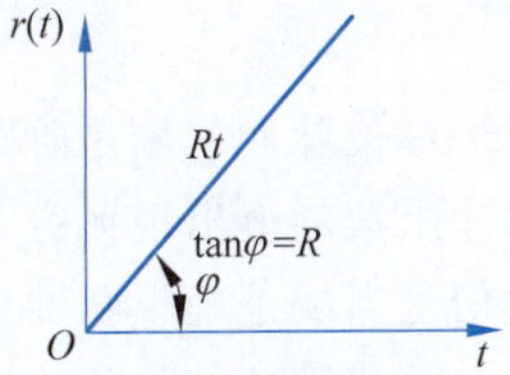

式中，R 为速度信号的斜率；$tu(t)$ 为单位速度信号。

图 3-2　速度信号

单位速度信号的拉氏变换为

$$\mathcal{L}[tu(t)] = \frac{1}{s^2} \tag{3-6}$$

3.1.3　加速度(抛物线)信号

加速度信号(见图 3-3)等于速度信号对时间的积分，主要用于测试系统等加速运动的性能，其数学表达式为

$$r(t) = \frac{1}{2} R \cdot t^2 u(t) = \begin{cases} \frac{1}{2} Rt^2 & t \geqslant 0 \\ 0 & t < 0 \end{cases} \tag{3-7}$$

式中,R 为常数;$\frac{1}{2}t^2 u(t)$ 为单位加速度信号。

单位加速度信号的拉氏变换为

$$\mathcal{L}\left[\frac{1}{2}t^2 u(t)\right] = \frac{1}{s^3} \tag{3-8}$$

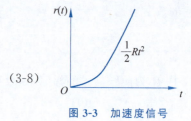

图 3-3　加速度信号

3.1.4　脉冲信号

图 3-4 是脉动信号(也称实际脉冲信号)的图形,其数学表达式为

$$r(t) = \begin{cases} \dfrac{A}{h} & 0 \leqslant t \leqslant h \\ 0 & 0 > t, t > h \end{cases} \tag{3-9}$$

式中,h 为脉动宽度,$A=$常数,是脉动的面积,当 $h \to 0$ 时脉动信号就成为脉冲信号。$A=1$ 的脉冲信号称为单位脉冲信号,或单位脉冲函数。图 3-4 是实际脉冲信号,图 3-5 是单位脉冲信号,其数学表达式为

$$r(t) = \delta(t) = \begin{cases} \infty & t = 0 \\ 0 & t \neq 0 \end{cases} \tag{3-10}$$

$$\int_0^\infty \delta(t)\mathrm{d}t = \int_0^\varepsilon \delta(t)\mathrm{d}t = 1 \tag{3-11}$$

其中,ε 是任意小的正数。

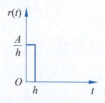　　　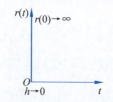

图 3-4　实际脉冲信号　　　图 3-5　单位脉冲信号

单位脉冲信号是阶跃信号的导数。脉冲信号常在研究干扰对系统的影响时应用。由于脉冲函数的值出现无穷大,所以在工程上,常将 $h < 0.1T$(T 为系统的时间常数)的实际脉冲信号当成是理想脉冲信号。

单位脉冲信号的拉氏变换为

$$\mathcal{L}[\delta(t)] = 1 \tag{3-12}$$

当 $r(t) = \delta(t)$ 时,系统的响应叫作单位脉冲响应。系统单位脉冲响应的拉氏变换就是系统的传递函数

$$C(s) = G(s)\delta(s) = G(s) \tag{3-13}$$

3.1.5　正弦信号

正弦信号如图 3-6 所示,其数学表达式为

$$r(t) = A\sin(\omega t + \varphi) \tag{3-14}$$

式中,A 为幅值;ω 为角频率;φ 是初相或称相位移。

正弦信号在实验研究频率响应时是很有用的,常利用它求取系统的频率特性。

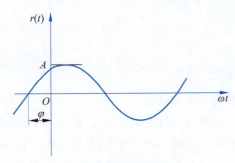

图 3-6 正弦信号

幅值为 1，相位移 $\varphi=0$ 时，正弦信号的拉氏变换为

$$\mathcal{L}(\sin\omega t)=\frac{\omega}{s^2+\omega^2} \tag{3-15}$$

3.2 控制系统的稳定性分析

控制系统能正常工作的前提是系统必须是稳定的。只有稳定的系统，分析它的稳态性能和动态性能才有意义。本节讨论线性定常系统的稳定性问题。

3.2.1 稳定性的基本概念

如果系统在平衡状态（设平衡状态为坐标系统原点）受到扰动，使被控制量 $c(t)$ 偏离平衡状态，扰动消失后，被控制量 $c(t)$ 不会立即回到平衡点。如果经过一段时间，系统又回到原先的平衡状态，则称系统是渐近稳定的，有时简称为稳定的。

若系统围绕原点作等幅振荡，或趋于某一非零值，则称系统是临界稳定。

若系统偏离原点越来越远（或振荡幅值越来越大），则称系统是不稳定的。

例 3-1 如图 3-7 所示的单摆，垂直向下的位置 A 是它的平衡状态。若摆受到一外力作用，它将偏离平衡位置至 A' 的位置，在重力作用下，摆将向平衡位置运动。由于存在各种阻力，摆幅将逐渐减小，经过一段时间，摆必将回到平衡位置。这个系统是稳定的。

如果不存在阻力，那么摆将在平衡位置左右来回摆动，系统就处于等幅振荡，系统为临界稳定。

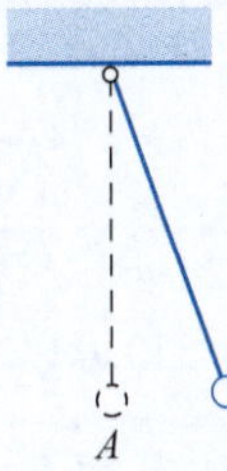

图 3-7 单摆的稳定性

例 3-2 例 2-17 的倒立摆系统，其直立状态是平衡位置。一旦受到外力扰动，摆必定倒下（离平衡位置越来越远）而回不到平衡位置上，所以这个系统是不稳定的。

3.2.2 线性定常系统稳定的充分必要条件

系统的稳定性可以通过求解系统的微分方程来判定。线性定常系统的微分方程具有如下形式

$$a_n \frac{d^n c(t)}{dt^n} + a_{n-1} \frac{d^{n-1} c(t)}{dt^{n-1}} + \cdots + a_1 \frac{dc(t)}{dt} + a_0 c(t)$$

$$= b_m \frac{d^m r(t)}{dt^m} + b_{m-1} \frac{d^{m-1} r(t)}{dt^{m-1}} + \cdots + b_1 \frac{dr(t)}{dt} + b_0 r(t) \tag{3-16}$$

式中,$r(t)$、$c(t)$ 分别为系统的输入和输出。

线性微分方程式(3-16)的解或系统的响应 $c(t)$ 由输入 $r(t)$ 和初始条件决定。方程的初始条件就是系统的初始状态。若输入 $r(t)=0$,系统的响应由系统的初始状态唯一决定,称为系统的零输入响应 $c_{0r}(t)$;若系统处于零初始状态,则系统的响应由系统的输入 $r(t)$ 唯一决定,称为系统的零状态响应 $c_{0z}(t)$。对于线性系统可应用叠加原理,即系统的输出 $c(t)$ 可看成是由零输入响应 $c_{0r}(t)$ 与零状态响应 $c_{0z}(t)$ 的线性叠加,即

$$c(t) = c_{0r}(t) + c_{0z}(t) \tag{3-17}$$

判定系统的稳定性就是判定在零输入条件下,由于扰动或其他原因使系统偏离平衡状态,扰动消失后系统能否恢复到平衡状态。换句话说,系统的稳定性只由零输入响应决定,因此只要研究式(3-16)微分方程的齐次方程的解。齐次微分方程

$$a_n \frac{d^n c(t)}{dt^n} + a_{n-1} \frac{d^{n-1} c(t)}{dt^{n-1}} + \cdots + a_1 \frac{dc(t)}{dt} + a_0 c(t) = 0 \tag{3-18}$$

的解由特征方程决定,其特征方程为

$$a_n s^n + a_{n-1} s^{n-1} + \cdots + a_1 s + a_0 = 0 \tag{3-19}$$

做因式分解,式(3-19)也可写成

$$\prod_{i=1}^{k}(s+\sigma_i) \prod_{j=1}^{l}(s^2 + 2\zeta_j \omega_{nj} s + \omega_{nj}^2) = 0 \tag{3-20}$$

其中,$|\zeta_j|<1, \omega_{nj}>0$。

假设特征方程式(3-19)没有重根,分解式(3-20)说明它有 k 个实根和 l 对复根。于是式(3-18)的解具有如下形式:

$$c(t) = \sum_{i=1}^{k} A_i e^{-\sigma_i t} + \sum_{j=1}^{l} B_j e^{-\zeta_j \omega_{nj} t}(\alpha_j \cos\omega_{dj} t + \beta_j \sin\omega_{dj} t) \tag{3-21}$$

式中,$\omega_{dj} = \omega_{nj}\sqrt{1-\zeta_j^2}$。$A_i$、$B_j$、$\alpha_j$ 和 β_j 均为实常数,由特征方程的系数和初始条件决定。由(3-21)可以看出,σ_i 和 ζ_j 的值决定了方程解(系统响应)的特性。

若 $\sigma_i > 0, \zeta_j > 0$,则

$$\lim_{t \to \infty} c(t) = 0 \tag{3-22}$$

系统是稳定的。

若 $\sigma_i > 0, \zeta_j = 0$,则

$$\lim_{t \to \infty} c(t) = \sum_{i=1}^{k} A_i e^{-\sigma_i t} + \sum_{j=1}^{l} B_j (\alpha_j \cos\omega_{dj} t + \beta_j \sin\omega_{dj} t) \tag{3-23}$$

系统趋于等幅振荡,是临界稳定的。

若 $\sigma_i < 0$,则 $c(t)$ 是发散的,因而系统是不稳定的。而若 $\zeta_j < 0$,则系统将趋于无界振荡,也是不稳定的。

$\sigma_i = 0$ 的情况比较复杂。如果 0 是特征方程式(3-19)的单根,那么响应式(3-21)中会出

现一个常数项,系统临界稳定;如果 0 是重根,则响应 $c(t)$ 会出现 $t, t^2, \cdots$,这些项,系统不稳定。对于 $\zeta_j = 0$ 的情况很类似。当 $\zeta_j = 0$ 时 $\pm j\omega_{nj}$ 是式(3-19)的根,如果 $j\omega_{nj}$ 是单根系统临界稳定;当 $j\omega_{nj}$ 是重根时,$c(t)$ 会出现 $t\cos\omega_{nj}t, t\sin\omega_{nj}t, t^2\cos\omega_{nj}t, t^2\sin\omega_{nj}t, \cdots$ 之类项,系统不再稳定。

综上所述,可得**线性定常系统渐近稳定的充分必要条件是:系统特征方程所有根(系统的特征根)都具有负实部,或系统的所有极点都位于左半 s 开平面(即不包含虚轴的左半平面)**上。工程上总是要求系统是渐近稳定的,经典理论中简称为稳定的。

系统特征方程的根是由特征方程的系数决定的,特征方程的系数取决于系统的固有特性(结构和参数),因此系统的稳定性取决于系统的固有特性,而与外部的输入无关。

利用系统特征方程的根可以判别系统的稳定性,但求取高阶特征方程的根不是一件容易的事。利用 MATLAB 可以求得近似解。但这是后话。这里先介绍 19 世纪末提出的一种代数判据——劳斯(Routh)判据,它是一种避免对特征方程直接求解,而通过方程的系数用间接的方法来判别系统特征根位置的判据。

3.2.3 劳斯稳定性判据

1. 线性定常系统稳定的必要条件

线性定常系统的特征方程为

$$a_n s^n + a_{n-1} s^{n-1} + \cdots + a_1 s + a_0 = 0 \tag{3-24}$$

式中,$a_i (i=0,1,\cdots,n)$ 为实数,不失一般性,设 $a_n > 0$。

方程式(3-24)的所有根均具有负实部(也即系统稳定)的**必要条件**是**特征方程所有系数均严格为正**。

例 3-3 考虑以下三个系统:

$$5s^4 + 3s^3 + 4s^2 + 6 = 0$$
$$5s^4 + 4s^3 - 2s^2 + s + 5 = 0$$
$$5s^4 + 4s^3 + 2s^2 + s + 5 = 0$$

由系统稳定的必要条件知:第一个系统 s 项系数为零,第二个系统 s^2 项系数为负,所以这两个系统是不稳定的;第三个系统满足稳定的必要条件,但不能判定其是否稳定。■

2. 劳斯判据

劳斯判据是一种根据系统特征方程的系数来判别系统稳定性的代数判据。对于式(3-24)特征方程,按以下步骤来判别系统的稳定性。

(1) **建立劳斯表**。将给定的特征方程式系数按下列规则排在劳斯表的前两行:

s^n	a_n	a_{n-2}	a_{n-4}	$\cdots$
s^{n-1}	a_{n-1}	a_{n-3}	a_{n-5}	$\cdots$
s^{n-2}	b_1	b_2	b_3	$\cdots$
s^{n-3}	c_1	c_2	c_3	$\cdots$
$\vdots$				
s	p_1			
s^0	q_1			

此劳斯表中,第一列 $s^n, s^{n-1}, \cdots, s^0$ 为辅助列,它表明这个表有 $n+1$ 行。

(2) **计算劳斯表的其他系数**。计算规则为

$$b_1 = \frac{a_{n-1}a_{n-2} - a_n a_{n-3}}{a_{n-1}}$$

$$b_2 = \frac{a_{n-1}a_{n-4} - a_n a_{n-5}}{a_{n-1}}$$

$$b_3 = \cdots$$

$$c_1 = \frac{b_1 a_{n-3} - b_2 a_{n-1}}{b_1}$$

$$c_2 = \frac{b_1 a_{n-5} - b_3 a_{n-1}}{b_1}$$

$$c_3 = \cdots$$

$$\vdots$$

在计算中遇到缺项,则用 0 代替。例如 $n=4$,在计算 b_2 时要用到 a_{n-5},这时 a_{n-5} 用 0 代表。劳斯表最后两行必定只有一个元素。

(3) **劳斯稳定性判据**。系统稳定的充分必要条件是劳斯表首列系数非零且不改变符号。

例 3-4 已知系统的特征方程为 $s^4 + 7s^3 + 17s^2 + 17s + 6 = 0$,试用劳斯判据判别其稳定性。

解 列出劳斯表

s^4	1	17	6
s^3	7	17	0
s^2	14.57	6	
s^1	14.12		
s^0	6		

劳斯表中第一列元素非零且无符号变化,说明该系统特征方程没有正实部根,所以系统稳定。∎

(4) 如果劳斯表中第一列元素皆非零,则元素符号变化的次数等于特征方程具有正实部根的个数。

例 3-5 已知系统的特征方程为 $s^3 + 4s^2 + 10s + 50 = 0$,用劳斯判据判别其稳定性。

解 列出劳斯表

s^3	1	10
s^2	4	50
s^1	-2.5	0
s^0	50	

劳斯表中第一列元素的符号变化两次,说明该系统有两个具有正实部的根,所以系统不稳定。∎

(5) 劳斯表中某行第一个元素为零,且此行其余项不全为零。

此时系统肯定是不稳定的,为了继续运算,可用一个充分小的正数 ε 代替零,然后按规则继续排列劳斯表。

例 3-6 试用劳斯判据判别下列系统特征方程的稳定性。

$$s^5 + s^4 + 5s^3 + 5s^2 + 2s + 1 = 0$$

解 列出劳斯表

s^5	1	5	2
s^4	1	5	1
s^3	$0(\varepsilon)$	1	0
s^2	$5 - \dfrac{1}{\varepsilon}$	1	
s^1	$\dfrac{5\varepsilon - 1 - \varepsilon^2}{5\varepsilon - 1}$		
s^0	1		

劳斯表中 s^3 第一个元素为零,可以用一个任意小的正数 ε 来代替零元素,然后按规则继续排列。由于 ε 很小,$\dfrac{5\varepsilon - 1}{\varepsilon} < 0$,$\dfrac{5\varepsilon - 1 - \varepsilon^2}{5\varepsilon - 1} > 0$(可以用求 $\varepsilon \to 0^+$ 的极限来判定),说明劳斯表中第一列元素有两次符号变化,特征方程有两个具有正实部的根,所以系统不稳定。∎

(6) 劳斯表中某一行元素全为零。

在劳斯表元素计算中,如果出现某一行元素全为零,说明特征方程在 s 平面上存在关于 s 平面原点对称的根,例如 $(s+\sigma)(s-\sigma)$ 或 $(s+\mathrm{j}\omega)(s-\mathrm{j}\omega)$。此时,可用全零行上面一行的元素构造一个辅助方程,利用辅助方程对 s 求导后得到的方程系数代替全零行的元素,然后按规则完成劳斯表的排列。所有数值相同、符号相异的根都可由辅助方程求得。

例 3-7 判别如下特征方程的稳定性。

$$s^3 + s^2 + 16s + 16 = 0$$

解 列出劳斯表

s^3 1   16

s^2 1   16   ← 辅助多项式:$p(s) = s^2 + 16$

s^1 2   0   ← 原 s^1 行系数全为零,用 $\dfrac{\mathrm{d}p(s)}{\mathrm{d}s}$ 的系数代替

s^0 16

劳斯表中 s^1 行元素全为零,这时可用其上面一行的元素构造一个辅助多项式 $p(s)$:$p(s) = s^2 + 16$,求 $p(s)$ 对 s 的导数,得

$$\frac{\mathrm{d}p(s)}{\mathrm{d}s} = 2s$$

以其系数替换全为零行的元素,再按规则继续排列劳斯表。从表中看,虽然第一列元素不变号,但由于 s^1 行元素全为零,所以存在一对共轭虚根。解辅助方程 $p(s) = s^2 + 16 = 0$ 可求得这对共轭虚根:$s_{1,2} = \pm 4\mathrm{j}$,系统为临界稳定。∎

3. 劳斯判据的应用

劳斯判据可判别线性定常系统的稳定性，它还可用来确定使系统稳定的参数取值范围。

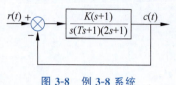

图 3-8 例 3-8 系统

例 3-8 确定使图 3-8 所示系统稳定的 K、T 的取值范围。

解 闭环系统的特征方程为

$$s(Ts+1)(2s+1) + K(s+1)$$
$$= 2Ts^3 + (2+T)s^2 + (1+K)s + K = 0$$

劳斯表为

$$
\begin{array}{lll}
s^3 & 2T & 1+K \\
s^2 & 2+T & K \\
s^1 & 1-K\dfrac{T-2}{T+2} & \\
s^0 & K &
\end{array}
$$

由劳斯判据，要使系统稳定，必须同时满足以下条件

$$2T > 0$$
$$2+T > 0$$
$$1 - K\dfrac{T-2}{T+2} > 0$$
$$K > 0$$

由上述四式可解得

$$T > 2, \ 0 < K < \dfrac{T+2}{T-2}$$

或

$$0 < T \leqslant 2, \ K > 0$$

所以系统的稳定区域如图 3-9 所示。

例 3-9 设系统的特征方程为 $s^3 + 8s^2 + 10s + 2 = 0$，试判别系统的稳定性，并分析有几个根位于直线 $s=-1$ 与虚轴之间。

解 列出劳斯表

$$
\begin{array}{lll}
s^3 & 1 & 10 \\
s^2 & 8 & 2 \\
s^1 & 9.75 & \\
s^0 & 2 &
\end{array}
$$

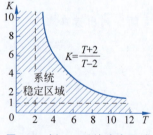

图 3-9 例 3-8 系统稳定区域

系统是稳定的。

为分析位于 $s=-1$ 右边根的个数，令 $s = s_1 - 1$，代入特征方程得 $s_1^3 + 5s_1^2 - 3s_1 - 1 = 0$，列出劳斯表

s^3	1	−3
s^2	5	−1
s^1	−2.8	
s^0	−1	

第一列元素符号变化一次,所以有一个根在直线 $s=-1$ 与虚轴之间。

3.2.4 用 MATLAB 分析系统的稳定性

MATLAB 中有多个命令可用于求系统的特征根,系统的零、极点以及绘制系统的零、极点在 s 平面上的分布图。这些命令如下。

(1) p=pole(sys):计算系统的极点。

例 3-10 已知系统的传递函数为 $W(s)=\dfrac{s+2}{s^3+2s^2+4s+3}$,求系统的极点。

解 执行以下命令

```
num=[1,2];
den=[1,2,4,3];
sys=tf(num,den);
p=pole(sys)
p =
  −0.5000+1.6583i
  −0.5000−1.6583i
  −1.0000
```

(2) r=roots(p):求多项式的根,p 是多项式的系数向量。

例 3-11 求上例特征多项式的根。

解 执行以下命令

```
p=[1,2,4,3];
r=roots(p)
r =
  −0.5000+1.6583i
  −0.5000−1.6583i
  −1.0000
```

(3) [z,p,k]=zpkdata(sys,'v'):获取系统的零、极点向量和增益。

例 3-12 获取例 3-10 系统的零、极点向量和增益。

解 对例 3-10,只要再执行[z,p,k]=zpkdata(sys,'v')便得

```
z =
    −2
p=
  −0.5000+1.6583i
  −0.5000−1.6583i
  −1.0000
k =
    1
```

(4) pzmap(sys):绘制系统的零、极点图,极点以"×"表示,零点以"。"表示。

[p,z]=pzmap(sys):不绘图,返回系统的零、极点向量。

例 3-13 绘制例 3-10 系统的零、极点图。

解 对例 3-10 的系统,执行命令 pzmap(sys)得图 3-10 的零、极点分布图。

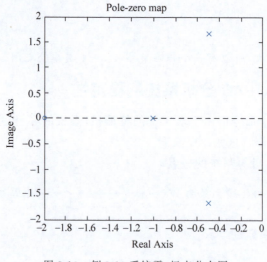

图 3-10 例 3-10 系统零、极点分布图

3.3 控制系统的稳态特性——稳态误差分析

衡量系统稳态特性好坏的主要时域指标是稳态误差。稳态误差是反映系统控制精度的一种度量,是衡量稳态响应质量的时域指标。工程上,通常用系统对典型测试信号的稳态响应来表征系统的稳态精度。显然只有稳定的系统,稳态误差才有意义。

研究表明:稳态误差与系统的结构和参数以及输入信号的特性有很大关系。控制系统设计的任务之一就是要在保证系统稳定的前提下,尽量地减小乃至消除稳态误差。

3.3.1 稳态误差和控制系统类型

1. 稳态误差定义

误差的定义有两种方法。

从输出端定义:误差为系统输出量的希望值与实际值之差。但在实际中此差值信号常常无法测量,一般只有理论意义。

从输入端定义:误差为系统的输入信号与主反馈信号之差。此信号在实际中可测量,所以具有一定的物理意义。

当主反馈为单位反馈时,这两种定义是一致的。本书总采用后一种定义。

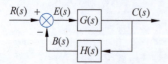

图 3-11 典型的控制系统方框图

图 3-11 是典型的控制系统方框图。系统误差 $e(t)$ 定义为输入量 $r(t)$ 与反馈量 $b(t)$ 的差值,即

$$e(t) = r(t) - b(t) \tag{3-25}$$

对单位反馈系统($H(s)=1$),$b(t)=c(t)$,误差 $e(t)$ 为

$$e(t) = r(t) - c(t) \tag{3-26}$$

误差传递函数为

$$\frac{E(s)}{R(s)} = \frac{1}{1+G(s)H(s)} \tag{3-27}$$

则

$$E(s) = \frac{1}{1+G(s)H(s)}R(s) \tag{3-28}$$

以下是假设系统是稳定的,这时系统的稳态误差 e_{ss} 是 $t \to \infty$ 时的系统误差的极限

$$e_{ss} = \lim_{t \to \infty} e(t) \tag{3-29}$$

用终值定理可求得系统的稳态误差 e_{ss}

$$e_{ss} = \lim_{s \to 0} sE(s) = \lim_{s \to 0} s \frac{R(s)}{1+G(s)H(s)} \tag{3-30}$$

式(3-30)说明,系统的稳态误差不仅与系统的结构参数有关,而且与系统的输入有关。因此研究系统的稳态误差,必须研究不同结构类型系统在不同输入作用下的稳态误差。

为了使稳态误差与系统结构参数、输入的关系更加清晰,将式(3-30)中的开环传递函数 $G(s)H(s)$ 写成时间常数表达式(见式(2-14))

$$G(s)H(s) = \frac{K \prod_{i=1}^{m_1}(\tau_i s+1) \prod_{k=1}^{m_2}(T_k^2 s^2 + 2\zeta k T_k s + 1)}{s^\nu \prod_{j=1}^{n_1}(\tau_j s+1) \prod_{l=1}^{n_2}(T_l^2 s^2 + 2\zeta_l T_l s + 1)} \tag{3-31}$$

K 为开环增益。如果开环传递函数表示为零极点形式(式(2-15)),则 K 与开环增益因子 K_r 间成立

$$K = \frac{K_r \prod_{i=1}^{m} z_i}{\prod_{j=1}^{n} p_j} \tag{3-32}$$

其中,p_j 为非零极点。系统的稳态误差可表示为

$$e_{ss} = \lim_{s \to 0} sR(s) \frac{1}{1 + \dfrac{K \prod_{i=1}^{m_1}(\tau_i s+1) \prod_{k=1}^{m_2}(T_k^2 s^2 + 2\zeta_k T_k s + 1)}{s^\nu \prod_{j=1}^{n_1}(\tau_j s+1) \prod_{l=1}^{n_2}(T_l^2 s^2 + 2\zeta_l T_l s + 1)}}$$

$$= \lim_{s \to 0} sR(s) \frac{1}{1+\dfrac{K}{s^\nu}} \tag{3-33}$$

由上式可看出,决定系统稳态误差的结构和参数主要是:系统在原点的开环极点数(ν)、系统的开环增益(K)和输入量的特性。在研究系统稳态误差时,人们选择阶跃信号 $\left(R(s) = \dfrac{R}{s}\right)$、速度信号 $\left(R(s) = \dfrac{R}{s^2}\right)$ 和加速度信号 $\left(R(s) = \dfrac{R}{s^3}\right)$ 作为典型输入信号。

2. 控制系统的类型

典型的系统开环传递函数如式(3-31)所示,将开环传递函数在原点处的极点数 ν 称为

系统的类型:
ν=0,称为 0 型系统。
ν=1,称为 1 型系统。
ν=2,称为 2 型系统。

3.3.2 稳态误差系数和稳态误差计算

1. 单位阶跃输入时,系统的稳态误差

对单位阶跃输入 $r(t)=u(t)$,$R(s)=\dfrac{1}{s}$,将其代入式(3-33),求得系统的稳态误差为

$$e_{ss}=\lim_{s \to 0}\dfrac{1}{1+\dfrac{K}{s^{\nu}}} \tag{3-34}$$

定义位置稳态误差系数 K_p

$$K_p=\lim_{s \to 0}G(s)H(s)=\lim_{s \to 0}\dfrac{K}{s^{\nu}} \tag{3-35}$$

于是

$$e_{ss}=\dfrac{1}{1+K_p} \tag{3-36}$$

对 0 型系统

$$K_p=K \tag{3-37}$$

对 1 型系统及高于 1 型的系统

$$K_p=\infty \tag{3-38}$$

对单位阶跃输入,系统的稳态误差分别为

0 型系统

$$e_{ss}=\dfrac{1}{1+K} \tag{3-39}$$

1 型及高于 1 型的系统

$$e_{ss}=0 \tag{3-40}$$

各型系统单位阶跃输入时输出响应的波形如图 3-12(a)所示。

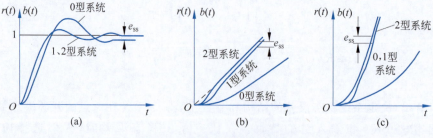

图 3-12 各型系统的稳态误差

2. 速度输入时系统的稳态误差

对单位速度输入,$r(t)=t \cdot u(t)$,$R(s)=\dfrac{1}{s^2}$,将其代入式(3-33),求得系统的稳态误

差为

$$e_{ss} = \lim_{s \to 0} \frac{1}{s} \frac{1}{1+\frac{K}{s^\nu}} \tag{3-41}$$

定义速度稳态误差系数 K_v：

$$K_v = \lim_{s \to 0} sG(s)H(s) = \lim_{s \to 0} \frac{K}{s^{\nu-1}} \tag{3-42}$$

系统的稳态误差为

$$e_{ss} = \frac{1}{K_v} \tag{3-43}$$

对 0 型系统

$$K_v = 0 \tag{3-44}$$

$$e_{ss} = \frac{1}{K_v} \to \infty \tag{3-45}$$

对 1 型系统

$$K_v = K \tag{3-46}$$

$$e_{ss} = \frac{1}{K} \tag{3-47}$$

对 2 型及以上的系统

$$K_v = \infty \tag{3-48}$$

$$e_{ss} = 0 \tag{3-49}$$

各型系统单位速度输入时的输出响应波形如图 3-12(b)所示。

3. 加速度输入时系统的稳态误差

对单位加速度输入，$r(t) = \frac{1}{2}t^2 \cdot u(t)$，$R(s) = \frac{1}{s^3}$，将其代入式(3-33)，求得系统的稳态误差为

$$e_{ss} = \lim_{s \to 0} \frac{1}{s^2} \frac{1}{1+\frac{K}{s^\nu}} \tag{3-50}$$

定义加速度稳态误差系数 K_a

$$K_a = \lim_{s \to 0} s^2 G(s) H(s) = \lim_{s \to 0} \frac{K}{s^{\nu-2}} \tag{3-51}$$

系统的稳态误差为

$$e_{ss} = \frac{1}{K_a} \tag{3-52}$$

对 0 型和 1 型系统

$$K_a = 0 \tag{3-53}$$

$$e_{ss} = \frac{1}{K_a} \to \infty \tag{3-54}$$

对 2 型系统

$$K_a = K \tag{3-55}$$

$$e_{ss} = \frac{1}{K} \tag{3-56}$$

各型系统的单位加速度输入的输出响应波形如图 3-12(c)所示。

表 3-1 给出各类系统稳态误差与稳态误差系数、系统开环增益及输入信号之间的关系。这里指出，尽管稳态误差只对稳定系统才有意义，但是对任何系统我们都可以对它定义稳态误差系数。

表 3-1 稳态误差与系统结构参数、输入信号特性之间关系一览表

类型	稳态误差系数			阶跃输入 $r(t) = R \cdot 1(t)$	速度输入 $r(t) = Rt$	加速度输入 $r(t) = \frac{1}{2}Rt^2$
ν	K_p	K_v	K_a	位置误差 $e_{ss} = \frac{R}{1+K_p}$	速度误差 $e_{ss} = \frac{R}{K_v}$	加速度误差 $e_{ss} = \frac{R}{K_a}$
0	K	0	0	$\frac{R}{1+K}$	∞	∞
1	∞	K	0	0	$\frac{R}{K}$	∞
2	∞	∞	K	0	0	$\frac{R}{K}$

例 3-14 某系统的开环传递函数为

$$G(s)H(s) = \frac{4(s+3)(s+4)}{s(s+1)(s+2)(s+8)}$$

试求：

(1) 系统的稳态误差系数 K_p, K_v, K_a；

(2) 当输入 $r(t) = (6+4t)u(t)$ 时，系统的稳态误差；

(3) 当输入为 3rad/s 时，如何做才能使系统的稳态误差在 0.3rad/s 之内。

解

(1) 稳态误差只有在系统稳定的条件下才有意义，故先判别系统的稳定性。系统的特征方程为

$$\Delta(s) = s^4 + 11s^3 + 30s^2 + 44s + 48$$

用劳斯判据不难判定系统是稳定的。

(2) 这是 1 型系统，于是有

$$K_p = \infty$$

$$K_v = K = 4 \times \frac{3 \times 4}{1 \times 2 \times 8} = 3$$

$$K_a = 0$$

当输入 $r(t) = (6+4t)u(t)$，它是阶跃信号 $6u(t)$ 和速度信号 $4tu(t)$ 的线性组合，所以系统的稳态误差为

$$e_{ss} = 0 + \frac{R}{K_v} = \frac{4}{3}$$

(3)当输入为 3rad/s,为保证系统的稳态误差在 0.3rad/s 之内,即要求 $e_{ss}=\dfrac{3}{K_v}<0.3$,所以

$$K_v > \frac{3}{0.3} = 10$$

所以必须将系统的开环增益扩大 10/3 倍。可以验证,当 $K_v>10$ 时,系统依然是稳定的。∎

3.3.3 几点结论

(1)系统的稳态误差只有对稳定的系统才有意义。

(2)系统的稳态误差与系统的结构和参数以及输入信号的特征有关。这里系统的结构是指开环系统中积分器的数量,并据此将系统分为 0 型、1 型、2 型系统。系统的参数是指系统的开环增益。输入信号的特征主要指输入信号的类型,分别以单位阶跃信号、速度信号和加速度信号作为典型的输入信号。还需指出,开环增益和输入信号的幅值只影响稳态误差的大小,不能决定稳态误差的存在与否。

(3)对系统设计来说,如要消除稳态误差,必须在保持稳定的前提下,增加开环系统中积分器的数量,而减小稳态误差则只要加大系统的开环增益。

(4)扰动引起的稳态误差,可以应用终值定理求取。以图 2-19 为例:

$$\frac{E(s)}{N(s)} = -\frac{G_2(s)H(s)}{1+G_1(s)G_2(s)H(s)} \tag{3-57}$$

得到

$$e_{ssn} = \lim_{s \to 0} sE(s) = -\lim_{s \to 0} sN(s)\frac{G_2(s)H(s)}{1+G_1(s)G_2(s)H(s)} \tag{3-58}$$

3.4 控制系统的动态特性——动态响应分析

3.4.1 控制系统动态响应指标

控制系统除了稳定性和稳态误差这两个性能之外,动态响应性能是另一个重要特性,也称动态特性。系统过度振荡或响应过于缓慢都会使系统不能正常工作。系统动态响应性能用系统阶跃输入时的动态响应指标来衡量。常用的动态响应指标如下(图 3-13)。

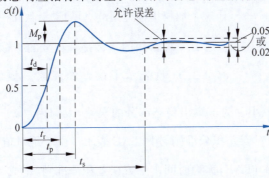

图 3-13 系统的典型动态响应曲线

1. 最大超调量 M_p

最大超调量简称超调量。如果阶跃响应的终值 $c(\infty)$ 是有限的，且输出响应的最大峰值 $c(t_p)$ 大于响应的终值 $c(\infty)$，那么

$$M_p = \frac{c(t_p) - c(\infty)}{c(\infty)} \times 100\% \tag{3-59}$$

式中，t_p 为峰值时间，即输出达到最大值的时间；$c(\infty)$ 是输出响应的终值，对单位反馈系统来说，一般 $c(\infty)$ 等于输入信号的幅值。

2. 调整时间 t_s

调整时间为输出响应达到并维持在 $c(\infty)$ 的某个误差百分比的范围内所需的时间。误差百分比通常取 2% 或 5%，简称为 2% 准则或 5% 准则。

当 $t > t_s$ 之后，系统便进入了稳态阶段。

3. 延迟时间 t_d

延迟时间为输出响应第一次达到输出响应终值 $c(\infty)$ 的 50% 所需的时间。

4. 上升时间 t_r

上升时间为从 0 上升到第一次达到 $c(\infty)$ 所需的时间。对无振荡系统定义为从 $c(\infty)$ 的 10% 上升到 $c(\infty)$ 的 90% 所需的时间。

在控制系统性能分析中，"快、准、稳"是三个基本要求。"准"的要求是通过稳态误差来考核的，前一节已经就这个指标进行了详细分析，增加系统的型号和提高开环增益可以消除或者减小稳态误差。可是这样做很容易引起闭环的不稳定，这个结论在第 4 章和第 5 章会有详细的说明。在本节介绍的动态响应的指标中，延迟时间 t_d 和上升时间 t_r 反映了系统对输入反应的快速性；峰值时间 t_p 也反映了系统反应的快速性，因为有的系统是在几个振荡周期后才达到最大值的，因而它与上升时间含义未必一致；另外调整时间 t_s 刻画了系统达到稳态的速度，它从另一侧面描述了系统的快速性。对于稳定的系统，我们还会比较它们的相对稳定性，即考察它们的稳定程度。超调量 M_p 和调整时间 t_s 描述了系统的相对稳定性。超调量比较大的系统相对稳定性较差，调整时间较长的系统相对稳定性也比较差。从上面的分析可以看出，这些指标常常是相互牵制的，增加系统型号可以提高准确度但可能会导致失稳，响应快的系统可能导致超调量大，常常顾此失彼。解决冲突的途径是优化，设计一个加权的指标实现兼顾各方，例如做不到 M_p 和 t_r 同时最小，那么我们考虑综合指标 $\frac{1}{2}M_p + \frac{1}{2}t_r$，或者等价地 $\frac{1}{2}M_p + \frac{1}{2}t_p$，让这个加权指标达到最小，如果参数在一个闭区间上取值，数学理论支持这个最优解的存在性。还有一种常用的指标是带积分的指标，用 $e(t) = r(t) - c(t)$ 表示系统的误差，那么 $\int_0^\infty |e(t)| dt$ 就表示了误差的积累。既快又稳的系统对应的 $\int_0^\infty |e(t)| dt$ 应该比较小。为了突出稳态部分的误差，人们用 $\int_0^\infty t|e(t)| dt$ 作为指标。这种指标称为时间乘绝对误差积分准则，用 ITAE 表示。由于绝对值函数存在不可导点，因此又用 $\int_0^\infty t e^2(t) dt$ 代替 ITAE，称为时间乘平方误差积分准则，记成 ITSE。

3.4.2 一阶系统的动态响应

一阶系统的传递函数为

$$W(s) = \frac{C(s)}{R(s)} = \frac{1}{Ts+1} \tag{3-60}$$

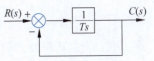

图 3-14 一阶系统方框图

式中,T 为一阶系统的时间常数。图 3-14 为其方框图。

考虑一阶系统的单位阶跃响应。当输入 $r(t) = u(t)$ 时,$R(s) = \dfrac{1}{s}$,系统输出响应的拉氏变换为

$$C(s) = W(s)R(s) = \frac{1}{s(Ts+1)} \tag{3-61}$$

将 $C(s)$ 展开成部分分式

$$C(s) = \frac{1}{s} - \frac{1}{s+(1/T)} \tag{3-62}$$

对式(3-62)进行拉氏反变换得

$$c(t) = 1 - e^{-t/T} \quad t \geqslant 0 \tag{3-63}$$

图 3-15 是其响应曲线。

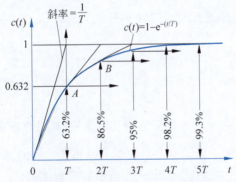

图 3-15 一阶系统的单位阶跃响应

一阶系统的单位阶跃响应按指数规律单调上升,其主要特点是:

(1) $c(t)$ 的初始值 $c(0)=0$,终值为 $c(\infty)=u(t)=1$,所以它是位置无差系统。

(2) 在 $t=T$ 时,

$$c(T) = (1 - e^{-1}) = 0.632 \tag{3-64}$$

说明一阶系统响应达到 63.2% 终值的时间等于系统的时间常数 T。T 越小,$c(t)$ 响应速度越快。

(3) 在任意时刻,$c(t)$ 上升速度是曲线在该时刻的斜率,即

$$\frac{dc(t)}{dt} = \frac{1}{T} e^{-t/T} \tag{3-65}$$

在 $t=0$ 时曲线切线的斜率为

$$\frac{dc(t)}{dt} = \frac{1}{T} e^{-t/T} \bigg|_{t=0} = \frac{1}{T} \tag{3-66}$$

随着 t 的增长，$\dfrac{dc(t)}{dt}$ 单调递减，即 $c(t)$ 的增长速度在递减。在 $t=t_0$ 处，切线为 $y=c(t_0)+\dfrac{1}{T}e^{-t_0/T}(t-t_0)$。容易验证，当 $t=t_0+T$ 时，$y=1$，这说明如响应保持即时速度不变，经过 T 将达到稳态值。

(4) 由式(3-63)可以看出，$c(t)$ 单调增长，趋近终值 $c(\infty)$。在实践中，都以 $c(t)$ 达到与稳态值 $c(\infty)$ 的误差不大于某一百分比 Δ 的时间作为一阶系统的调整时间 t_s。图 3-15 同时给出了 $t=T, 2T, 3T, 4T$ 和 $5T$ 时，响应曲线分别上升到稳态值的百分比。可见，

当 $t=3T$ 时　　　　　　　　$c(t)=95\%c(\infty)$
当 $t=4T$ 时　　　　　　　　$c(t)=98.2\%c(\infty)$
当 $t=5T$ 时　　　　　　　　$c(t)=99.3\%c(\infty)$

因此，若取 $\Delta=5\%$，则 $t_s=3T$；若取 $\Delta=2\%$，则 $t_s=4T$。

(5) 一阶系统的上升时间 t_r 定义为由终值的 10% 上升到 90% 所需的时间，不难求得

$$t_s = 2.2T \tag{3-67}$$

3.4.3　二阶系统动态响应的描述参数

典型二阶系统的微分方程是

$$T^2\dfrac{d^2c(t)}{dt^2}+2\zeta T\dfrac{dc(t)}{dt}+c(t)=r(t) \tag{3-68}$$

或

$$\dfrac{d^2c(t)}{dt^2}+2\zeta\omega_n\dfrac{dc(t)}{dt}+\omega_n^2 c(t)=\omega_n^2 r(t) \tag{3-69}$$

式中，ζ 是系统的阻尼比，$\omega_n=\dfrac{1}{T}$ 为无阻尼振荡角频率(或自然振荡角频率)。

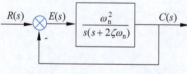

图 3-16　二阶系统的方框图

式(3-68)和式(3-69)描述的二阶系统常常画成图 3-16 所示的典型结构。

系统的传递函数为

$$W(s)=\dfrac{C(s)}{R(s)}=\dfrac{\omega_n^2}{s^2+2\zeta\omega_n s+\omega_n^2} \tag{3-70}$$

系统的特征方程为

$$s^2+2\zeta\omega_n s+\omega_n^2=0 \tag{3-71}$$

系统的特征根为

$$s_{1,2}=-\zeta\omega_n\pm\omega_n\sqrt{\zeta^2-1} \tag{3-72}$$

(1) 欠阻尼情况 ($0<\zeta<1$)：系统的两个极点(特征根)是一对共轭复数，即

$$s_{1,2}=-\zeta\omega_n\pm j\omega_d \tag{3-73}$$

式中，ω_d 叫作阻尼振荡角频率，且

$$\omega_d=\omega_n\sqrt{1-\zeta^2} \tag{3-74}$$

系统极点位于左半 s 平面上，如图 3-17(a)所示。图中的角 $\theta\left(0<\theta<\dfrac{\pi}{2}\right)$ 称为阻尼角，$\zeta=\cos\theta$。

阻尼角越大,阻尼比越小。

(2) 临界阻尼情况($\zeta=1$):系统有一对相等的,位于负实轴上的实极点,如图 3-17(b)所示。这时 $W(s)=\dfrac{\omega_n^2}{(s+\omega_n)^2}$。

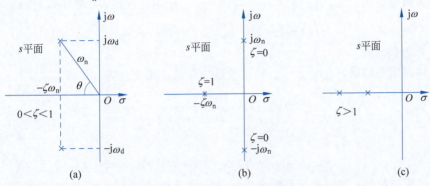

图 3-17 二阶系统的极点分布图

(3) 过阻尼情况($\zeta>1$):系统有两个不等的位于负实轴上的负实根,如图 3-17(c)所示。这时 $W(s)=\dfrac{\omega_n^2}{(s-s_1)(s-s_2)}$ 相当于两个惯性环节的串联。

(4) 无阻尼情况($\zeta=0$):系统具有一对位于虚轴上的共轭极点,也示于图 3-17(b)中。

3.4.4 二阶系统的单位阶跃响应

由式(3-70),当 $R(s)=\dfrac{1}{s}$,系统输出响应的拉氏变换为

$$C(s)=\dfrac{\omega_n^2}{s(s^2+2\zeta\omega_n s+\omega_n^2)} \tag{3-75}$$

求式(3-75)的拉氏反变换,可得系统的单位阶跃响应。

(1) 欠阻尼情况:此时,式(3-75)的部分分式展开为

$$\begin{aligned}C(s)&=\dfrac{\omega_n^2}{s(s^2+2\zeta\omega_n s+\omega_n^2)}\\&=\dfrac{1}{s}-\dfrac{s+\zeta\omega_n}{(s+\zeta\omega_n)^2+\omega_d^2}-\dfrac{\zeta\omega_n}{(s+\zeta\omega_n)^2+\omega_d^2}\end{aligned} \tag{3-76}$$

系统的单位阶跃响应为

$$\begin{aligned}c(t)&=\mathcal{L}^{-1}[C(s)]=1-e^{-\zeta\omega_n t}\left(\cos\omega_d t+\dfrac{\zeta}{\sqrt{1-\zeta^2}}\sin\omega_d t\right)\\&=1-\dfrac{1}{\sqrt{1-\zeta^2}}e^{-\zeta\omega_n t}\left(\sqrt{1-\zeta^2}\cos\omega_d t+\zeta\sin\omega_d t\right)\\&=1-\dfrac{1}{\sqrt{1-\zeta^2}}e^{-\zeta\omega_n t}(\sin\theta\cos\omega_d t+\cos\theta\sin\omega_d t)\\&=1-\dfrac{1}{\sqrt{1-\zeta^2}}e^{-\zeta\omega_n t}\sin(\omega_d t+\theta)\end{aligned} \tag{3-77}$$

式中

$$\theta = \arccos \zeta = \arctan \frac{\sqrt{1-\zeta^2}}{\zeta} \tag{3-78}$$

(2) 无阻尼情况：当 $\zeta = 0$ 时，$\omega_d = \omega_n$，$\theta = \frac{\pi}{2}$。应用连续性，从式(3-77)得到

$$c(t) = 1 - \sin(\omega_n t + \theta) = 1 - \cos\omega_n t$$

响应呈等幅振荡。

(3) 临界阻尼情况：这时 $\zeta = 1$，单位阶跃响应的拉氏变换为

$$C(s) = \frac{\omega_n^2}{s(s+\omega_n)^2}$$

响应为

$$c(t) = 1 - e^{-\omega_n t}(\omega_n t + 1)$$

(4) 过阻尼情况：这时系统有两个不相等的负极点，应用式(3-72)，可以得到单位阶跃响应

$$c(t) = 1 - \frac{\omega_n}{2\sqrt{\zeta^2-1}}\left(\frac{e^{s_2 t}}{s_2} - \frac{e^{s_1 t}}{s_1}\right)$$

图 3-18 给出了不同 ζ 值（$\zeta > 0$）下，二阶系统的单位阶跃响应曲线。由图可见：随着 ζ 值减小，系统的响应速度增快；当 $\zeta < 1$ 时，产生了振荡，也产生了超调，ζ 越小，系统响应的振荡越剧烈。

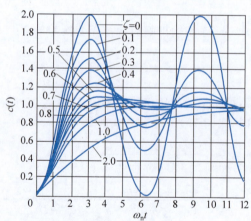

图 3-18　二阶系统的单位阶跃响应

3.4.5　二阶系统的动态响应指标

下面仅讨论欠阻尼情况的动态响应指标与系统参数 ζ 和 ω_n 的关系。

1. 最大超调量 M_p

按照最大超调量的定义有

$$M_p = \frac{c(t_p) - c(\infty)}{c(\infty)} \times 100\% \tag{3-79}$$

式中,t_p是峰值时间,即$c(t)$的极值点,因此

$$\frac{dc(t)}{dt} = \frac{e^{-\zeta\omega_n t}}{\sqrt{1-\zeta^2}}[-\zeta\omega_n \sin(\omega_d t + \theta) + \omega_d \cos(\omega_d + \theta)] = 0$$

由于$\frac{\omega_n}{\sqrt{1-\zeta^2}}e^{-\zeta\omega_n t} \neq 0$,所以,上式成立的条件是

$$\zeta \sin(\omega_d t + \theta) = \sqrt{1-\zeta^2}\cos(\omega_d t + \theta)$$

注意$\cos\theta = \zeta$,$\sin\theta = \sqrt{1-\zeta^2}$,从上式可得$\sin\omega_d t = 0$,即

$$\omega_d t = n\pi \quad n = 0,1,2,\cdots$$

最大峰值是第一个峰值,故$n=1$。于是得

$$t_p = \frac{\pi}{\omega_d} = \frac{\pi}{\omega_n \sqrt{1-\zeta^2}} \tag{3-80}$$

将式(3-80)代入式(3-79),并考虑$c(\infty)=1$,得

$$M_p = (c(t_p) - 1) \times 100\% = e^{-\pi\zeta/\sqrt{1-\zeta^2}} \times 100\% \tag{3-81}$$

可见,最大超调量M_p只与阻尼比ζ有关。图3-19给出了M_p与ζ的关系曲线。M_p随ζ的增大而减小,$\zeta=0$时,$M_p=100\%$,而$\zeta=1$时,$M_p=0$。

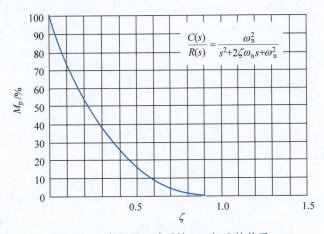

图3-19 欠阻尼二阶系统M_p与ζ的关系

2. 调整时间 t_s

对于欠阻尼二阶系统,计算调整时间t_s是不连续的,因而通常是利用其单位阶跃响应的包络线(图3-20)来近似计算。由式(3-77),包络线的方程是

$$b(t) = 1 \pm \frac{1}{\sqrt{1-\zeta^2}}e^{-\zeta\omega_n t} \tag{3-82}$$

对于一定的ζ,包络线方程是两条对称于$c(t)=1$水平直线的指数曲线,记$T'=\frac{1}{\zeta\omega_n}$,$T'$也称为时间常数。工程上调整时间用下式近似计算:

对于5%准则

$$t_s = 3T' = \frac{3}{\zeta\omega_n} \tag{3-83}$$

对于 2% 准则
$$t_s = 4T' = \frac{4}{\zeta \omega_n} \qquad (3-84)$$

式(3-83)和式(3-84)计算的 t_s 是与阻尼比 ζ 有关的,图 3-21 给出了不用包络线代替时调整时间与阻尼比之间的精确关系,它们是不连续的。当用式(3-83)和式(3-84)计算 t_s 时,它们满足双曲线关系。

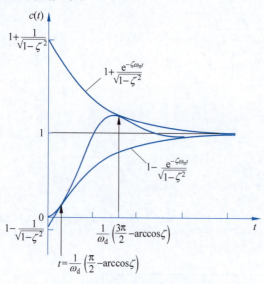

图 3-20 单位阶跃响应的包络线

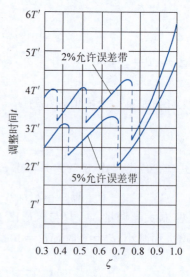

图 3-21 调整时间 t_s 与阻尼比之间的关系

3. 上升时间 t_r

按上升时间 t_r 的定义,$c(t_r) = 1$,即

$$c(t_r) = 1 - \frac{1}{\sqrt{1-\zeta^2}} e^{-\zeta \omega_n t_r} \sin(\omega_d t_r + \theta) = 1$$

上式成立的条件是

$$\sin(\omega_d t_r + \theta) = 0$$

则

$$t_r = \frac{\pi - \theta}{\omega_d} \qquad (3-85)$$

式中,$\theta = \arccos \zeta$。

以上动态响应指标的计算公式仅适用于典型的二阶系统 $\dfrac{\omega_n^2}{s^2 + 2\zeta\omega_n s + \omega_n^2}$ 的欠阻尼情形,如果实际系统不是典型的二阶系统(如含有零点),或者不是欠阻尼情形,则必须根据各指标的定义用解析法或利用数字仿真的方法求解。

3.4.6 二阶系统的参数优化

二阶系统 $W(s) = \dfrac{\omega_n^2}{s^2 + 2\zeta\omega_n s + \omega_n^2}$ 的典型结构由图 3-16 给出,它是 1 型的,开环增益

是 $\dfrac{\omega_n}{2\zeta}$。ω_n 称为无阻尼自然振荡频率,常常是由系统本身的特征决定的,相对固定。阻尼比 ζ 是系统的可变参数,二阶系统的参数优化就是对 ζ 的优化。为了减小对速度信号的稳态误差,阻尼比 ζ 应该取较小的值。同时较小的阻尼比使得单位阶跃响应的速度快,上升时间短(图 3-18)。然而小的阻尼比会使得超调量 M_p 变大,相对稳定性降低。因此必须在快速性、稳态误差和相对稳定性之间合理折中,选取一个能够兼顾各方面的阻尼比。

从图 3-19 可以看出,当阻尼比 ζ 为 0~0.5 时,超调量 M_p 下降很快,但在 $\zeta > 0.6$ 之后,随着 ζ 增加,超调量的下降减缓。为了兼顾各方面,人们取 $\zeta = \dfrac{\sqrt{2}}{2} \approx 0.707$ 为二阶系统最佳工程参数,这时对应的阻尼角正好是 45°。在具体设计时,一般将 ζ 取为 0.6~0.8。

优化系统阻尼比可以采用局部反馈的办法。将典型二阶系统画成图 3-22 所示结构。

为了改变系统的阻尼比,可以采用一个局部反馈(图 3-23)。

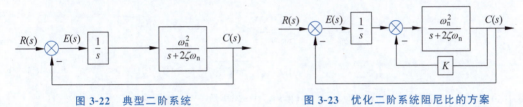

图 3-22 典型二阶系统 图 3-23 优化二阶系统阻尼比的方案

局部反馈组成的闭环传递函数是 $\dfrac{\omega_n^2}{s + 2\left(\zeta + \dfrac{K\omega_n}{2}\right)\omega_n}$,无阻尼振荡频率没有变化,但是

阻尼比成为 $\zeta + \dfrac{K\omega_n}{2}$。可以通过选择 K 将阻尼比配置到适当值。

当阻尼比为二阶工程最佳的时候,即 $\zeta = 0.707$,容易计算:

$$M_p = e^{-\pi} \approx 4.3\%, \quad \omega_n t_r = \dfrac{3\sqrt{2}}{4}\pi \approx 3.33,$$

$$\omega_n t_s = 6.14(2\%), \quad \omega_n t_s = 4.73(5\%)$$

其中的调整时间是利用包络线算出的,没有用近似式(3-83)和式(3-84),它比近似公式要稍微大些。

如果将目标函数取成 $J = \displaystyle\int_0^\infty t|e(t)|dt$,其中 $e(t) = r(t) - c(t)$ 为误差。可以证明当阻尼比取成 $\zeta = \dfrac{\sqrt{2}}{2}$ 时,J 取到最小值。这个指标综合考虑了误差和时间,反映了快速性和相对稳定性的要求。这与我们前面的分析是一致的。

3.5 高阶系统的动态响应

3.5.1 高阶系统动态响应的特点

一般将 3 阶以上的系统称为高阶系统。严格地说,实际的控制系统大多是高阶的。

高阶系统的传递函数零、极点表达形式为

$$\frac{C(s)}{R(s)} = \frac{K_r(s+z_1)(s+z_2)\cdots(s+z_m)}{(s+p_1)(s+p_2)\cdots(s+p_n)} \tag{3-86}$$

设系统有不相同的实极点和共轭复极点。当输入为单位阶跃函数时,响应 $C(s)$ 是

$$C(s) = \frac{K_r \prod_{i=1}^{m}(s+z_i)}{s\prod_{j=1}^{q}(s+p_j)\prod_{k=1}^{r}(s^2+2\zeta_k\omega_k s+\omega_k^2)} \tag{3-87}$$

式中,$q+2r=n$。展开成部分分式:

$$C(s) = \frac{a_0}{s} + \sum_{j=1}^{q}\frac{a_j}{s+p_j} + \sum_{k=1}^{r}\frac{b_k(s+\zeta_k\omega_k)+c_k\omega_k\sqrt{1-\zeta_k^2}}{s^2+2\zeta_k\omega_k s+\omega_k^2} \tag{3-88}$$

对上式进行拉氏反变换,求得系统的单位阶跃响应为

$$c(t) = a_0 + \sum_{j=1}^{q}a_j e^{-p_j t} + \sum_{k=1}^{r}b_k e^{-\zeta_k\omega_k t}\cos\omega_k\sqrt{1-\zeta_k^2}\,t$$

$$+ \sum_{k=1}^{r}c_k e^{-\zeta_k\omega_k t}\sin\omega_k\sqrt{1-\zeta_k^2}\,t \quad t \geqslant 0 \tag{3-89}$$

式中的系数 a_j、b_k 和 c_k 的值,取决于式(3-86)中各参数。

图 3-24 给出高阶系统单位阶跃响应的一些典型形式。

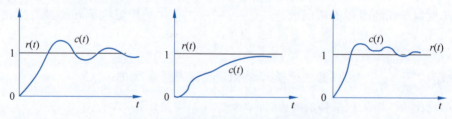

图 3-24　高阶系统的单位阶跃响应曲线

由式(3-89)可见:

(1) 如果式(3-86)中所有 p_j 的实部大于零,则高阶系统单位阶跃响应的稳态响应是

$$c(\infty) = a_0 = \frac{K_r\prod_{i=1}^{m}z_i}{\prod_{j=1}^{n}p_j}$$

。若系统是稳定的,动态响应是一些衰减的指数函数和正弦函数的线性组合,所以高阶系统的响应曲线常是由一些不同振幅、不同频率的振荡曲线叠加而成的。

(2) 稳定系统的所有极点均具有负实部,极点负实部的绝对值越大,即极点离虚轴越远,与之对应的响应分量衰减得越快。因此系统的响应主要由靠近虚轴的极点决定。

3.5.2　主导极点和偶极子

用直接求解高阶系统微分方程的方法来分析系统的性能往往比较困难。目前解决的方法有两种:一是借助计算机,如用 MATLAB 软件求解;二是将高阶系统用一个二阶系统来

近似,利用二阶系统的动态响应指标来分析和设计高阶系统。过去主要常用后一种方法,此时需引入主导极点的概念。

1. 主导极点

如果高阶系统距虚轴最近的极点至多为其他极点距虚轴的距离小的 $\frac{1}{5}$,并且它附近没有零点,那么距虚轴最近的极点对系统响应将起主导作用,这种极点叫作系统的主导极点。主导极点通常是一对共轭复极点,很多高阶系统都有一对主导极点。尽管这是一种近似,但在系统研究中,避免了部分分式分解和大量的拉氏反变换,给系统分析和设计带来了方便。

例 3-15 三阶系统的闭环传递函数

$$\frac{C(s)}{R(s)} = \frac{312\,000}{(s+60)(s^2+20s+5200)}$$

系统闭环极点 $p_{1,2} = -10 \pm j71.4$,$p_3 = -60$,该系统单位阶跃响应的精确解为

$$c(t) = 1 - 0.143\mathrm{e}^{-10t}\sin(71.4t + 27.03°) - 0.684\mathrm{e}^{-60t} \tag{3-90}$$

若考虑到一对共轭复极点 p_1、p_2 的实部和实极点 p_3 的实部之比为

$$\frac{\operatorname{Re}[p_1]}{\operatorname{Re}[p_3]} = \frac{-10}{-60} = \frac{1}{6} < \frac{1}{5}$$

根据主导极点的定义,p_1、p_2 可视为一对主导极点。这一点由式(3-90)不难理解,随时间 t 的增大,闭环极点 p_3 所对应的动态分量很快衰减到零,而且该极点离虚轴越远,其对应的动态分量衰减的速度越快,对系统的影响就越小。若忽略 p_3 的影响,则得到近似系统 $\dfrac{5200}{s^2+20s+5200}$,它的单位阶跃响应为

$$c_1(t) = 1 - 1.01\mathrm{e}^{-10t}\sin(71.4t + 82.07°) \tag{3-91}$$

图 3-25 给出它们的比较,可以看出近似程度是理想的,尤其是波型的跟踪效果很好。

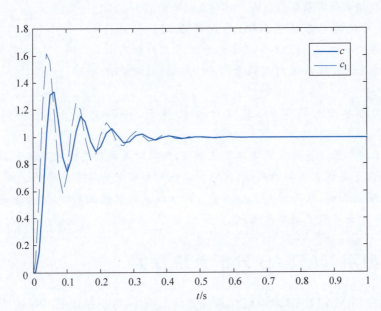

图 3-25 例 3-15 的输出和近似输出的比较

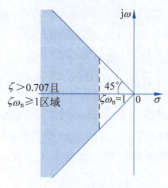

图 3-26　例 3-16 要求的主导极点的区域

例 3-16　如果希望某高阶系统满足性能指标：阶跃响应的最大超调量 $\leqslant 4.3\%$，按 2% 准则的调整时间 $t_s \leqslant 4s$。试确定主导极点在 s 平面上的区域。

解　对应于二阶系统来说，超调量为 4.3% 时的阻尼比 $\zeta = 0.707$，而 $\theta = \arccos\zeta = 45°$，所以 $\zeta = 0.707$，它对应 s 平面上与负实轴夹角为 $45°$ 的直线。按 2% 准则调整时间 $t_s \leqslant 4s$ 的要求，有

$$t_s = \frac{4}{\zeta\omega_n} \leqslant 4$$

$$\zeta\omega_n \geqslant 1$$

这样，就决定了满足要求的极点在 s 平面上的区域为如图 3-26 所示的灰色区域。

主导极点的具体位置还必须结合对系统的其他要求，如上升时间 t_r 等来最后确定。

在运用主导极点来设计系统时，还有一个概念要介绍，这就是偶极子。

2. 偶极子

如果一个极点和一个零点重合，称为偶极子。偶极子的极点和零点互相抵消，对系统响应没有影响。如果极点和零点之间距离小于它们与主导极点之间距离的 1/10，也可当作偶极子处理。远离坐标原点的偶极子对系统动态性能的影响可以忽略。

例 3-17　某三阶系统的闭环传递函数为

$$W(s) = \frac{62.5(s+2.5)}{(s^2+6s+25)(s+6.25)}$$

系统极点为 $-3\pm j4$ 和 -6.25，零点是 -2.5，它们在 s 平面上的分布如图 3-27 所示。

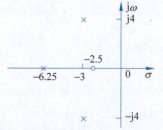

图 3-27　例 3-17 系统的零、极点分布

先不考虑实极点和实零点的影响。一对复极点的 $\zeta = 0.6$，$\omega_n = 5$，按二阶系统的动态性能指标，超调量为 $M_p = 10\%$，2% 误差的调整时间为 $t_s = 1.33s$。只考虑系统零点对动态响应的影响时，通过计算得系统的超调量为 $M_p = 55\%$，调整时间为 $t_s = 1.33s$。

如同时考虑实极点的影响，通过计算机仿真，超调量为 $M_p = 38\%$，调整时间为 $t_s = 1.6s$。

显然，由于实零点与复极点的实部数值相当，所以对系统动态响应有较大的影响。虽然实极点的实部大于复极点实部的两倍，但它对系统的影响也是不可忽略的。并且可以看到，零点使系统的响应加速，从而增大了超调量。附加极点则起到阻尼作用，一方面减小了系统的超调量，另一方面延长了调整时间。

3.6　利用 MATLAB 分析系统性能

本节介绍应用 MATLAB 求取线性系统的动态响应，分析系统的时域性能指标。主要介绍求取系统动态响应的 step、impulse 和 lsim 命令。

3.6.1 step 命令

step 是求取系统单位阶跃响应的命令,格式如下:

step(sys) 计算并绘制线性系统 sys 的单位阶跃响应。

step(sys,t) 功能同上,并可以指定仿真终止时间 t。t 是仿真的时间轴,可以是标量,也可以通过"t=0:步长:终止时间"设定时间矢量。

step(sys1,sys2,…,sysN)和 step(sys1,sys2,…,sysN,t) 同时绘制多个系统的单位阶跃响应。

step(sys1,PlotStyle1,…,sysN,PlotStyleN) 功能同以上命令,并可指定曲线的绘制属性,如颜色和线型等。

例 3-18 已知二阶系统的输出拉氏变换为

$$C(s) = \frac{\omega_n^2}{s^2 + 2\zeta\omega_n s + \omega_n^2} R(s) \tag{3-92}$$

用 step 命令绘制 ζ=0.1,0.2,0.4,0.7,1.0,2.0 的单位阶跃响应曲线,横坐标取相对时间 $\omega_n t$。

解 要绘制多条曲线,所以选用上述第三条命令:step(sys1,sys2,…,sysN,t)。具体命令如下:

```
t=[0:0.1:12];
num=[1];
zt1=0.1; den1=[1,2*zt1,1];
zt2=0.2; den2=[1,2*zt2,1];
zt3=0.4; den3=[1,2*zt3,1];
zt4=0.7; den4=[1,2*zt4,1];
zt5=1.0; den5=[1,2*zt5,1];
zt6=2.0; den6=[1,2*zt6,1];
sys1=tf(num,den1);
sys2=tf(num,den2);
sys3=tf(num,den3);
sys4=tf(num,den4);
sys5=tf(num,den5);
sys6=tf(num,den6);
step(sys1,sys2,sys3,sys4,sys5,sys6,t)
```

执行后,屏幕显示所有 ζ 值下的响应曲线,如图 3-28 所示。

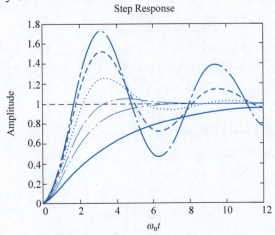

图 3-28 不同 ζ 值下,系统的单位阶跃响应

3.6.2 impulse 命令

impulse 是求取系统单位脉冲响应的命令。impulse 命令与 step 命令有相同的格式,其功能也相同,但求取的是系统单位脉冲响应。具体格式如下:

impulse(sys) 计算并绘制线性系统 sys 的单位脉冲响应。

impulse(sys,t) 功能同上,并可以指定仿真终止时间 t。t 是仿真的时间轴,可以是标量,也可以通过"t=0:步长:终止时间"设定时间矢量。

impulse(sys1,sys2,…,sysN) 和 impulse(sys1,sys2,…,sysN,t) 同时绘制多个系统的单位脉冲响应。

impulse(sys1,PlotStyle1,…,sysN,PlotStyleN) 功能同以上命令,并可指定曲线的绘制属性,如颜色和线型等。

例 3-19 求上例的单位脉冲响应。

解 只要将上例中的最后一条命令改为 impulse(sys1,sys2,sys3,sys4,sys5,sys6,t)。屏幕上显示脉冲响应曲线,如图 3-29 所示。 ■

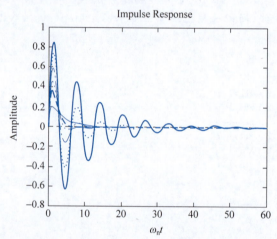

图 3-29 不同 ζ 值下,系统的单位脉冲响应

3.6.3 lsim 命令

lsim 是求取系统对任意输入响应的命令,格式如下:

lsim(sys,u,t) 计算并绘制线性系统 sys 在输入为 u(t)时的响应。时间 t 是仿真的时间轴,通过"t=0:步长:终止时间"设定时间矢量。u 中给出每个时刻的输入序列,所以它是向量。

lsim(sys1,sys2,…,sysN,u,t) 同时仿真多个系统。

lsim(sys1,PlotStyle1,sys2,PlotStyle2,…,sysN,PlotStyleN,u,t) 可以指定各系统曲线的绘制属性,如颜色、线型等。

例 3-20 计算下列二阶系统的单位斜坡响应

$$\frac{C(s)}{R(s)} = \frac{1}{s^2 + 0.4s + 1}$$

解 用以下命令可求得结果：

```
num=1;
den=[1,0.4,1];
sys=tf(num,den);
t=[0:0.1:10];
u=t;
lsim(sys,u,t)
```

屏幕上显示系统的单位斜坡响应曲线，如图 3-30 所示。

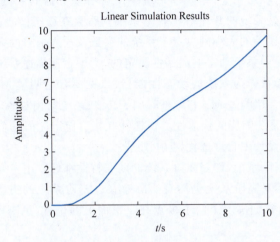

图 3-30　例 3-20 系统的单位斜坡响应曲线

还可用 step 命令计算斜坡响应。单位斜坡信号等于单位阶跃信号的积分，因此可以在系统的传递函数中人为地串联一个积分环节后，其单位阶跃响应就是原系统的单位斜坡响应。

原系统中串联一个积分环节后的传递函数为

$$W_1(s) = \frac{1}{s} \times \frac{1}{s^2 + 0.4s + 1}$$

执行以下命令：

```
num=1;
den=[1,0.4,1,0];
sys=tf(num,den);
step(sys,10)
```

可获得相同的结果。

小结

线性定常系统的时域分析是经典控制理论的基础，它包括分析系统的稳定性、稳态特性和动态特性。

分析系统特性从理论上讲可以通过用求解系统微分方程的方法进行。但要求解析解不只是计算复杂，而且对高阶系统来说常常是不可行的。因此在控制理论中总是设法寻求其他方法来解决系统的分析问题。

闭环系统稳定性是系统动态特性中最重要的性质。工程系统能正常工作的前提必须是稳定的。在时域中研究系统稳定性的主要手段是劳斯稳定性判据。但劳斯判据在分析系统稳定性中的应用是有局限性的，它不能给出如何使不稳定的系统稳定的方法。

系统稳态特性是系统的控制精度问题，对于稳定系统，它用系统的稳态误差系数表征，包括位置误差系数 K_p、速度误差系数 K_v、加速度误差系数 K_a。它们分别反映了系统在单位阶跃输入、单位速度输入和单位加速度输入时，系统稳态误差的大小。稳态误差系数由系统的结构和参数决定。在结构上，是开环系统中所含有积分器的数量，或在 s 平面上 $s=0$ 的极点数。在参数上，是系统的开环增益 K。系统是否存在稳态误差决定于系统的结构及输入信号的类型，稳态误差的大小则决定于系统的参数及输入信号的大小。

系统的动态特性是由系统动态响应特性决定的，为了定量描述系统的动态特性，用表征系统动态响应的一些参数作为系统的动态性能指标，主要有超调量 M_p、调整时间 t_s、上升时间 t_r 和延迟时间 t_d。超调量 M_p 和调整时间 t_s 反映系统的相对稳定性；上升时间 t_r 和延迟时间 t_d 则反映了系统响应的快速性。快速性和相对稳定性都是系统所要求的，但二者往往存在矛盾，需要在设计中合理选优，折中处理。

实际系统大多是高阶系统，许多高阶系统的动态特性都可以用主导极点近似。因此，二阶系统的动态响应指标对高阶系统仍然有实际意义。二阶系统的主要参数是阻尼比 ζ 和无阻尼振荡角频率 ω_n，它们决定了两个极点在 s 平面上的位置，也决定了二阶系统动态响应指标。

MATLAB 软件提供了许多计算系统动态响应的命令，它为高阶系统的仿真提供了便利条件，可以在实际工作中灵活运用。

数学家——爱德华·约翰·劳斯

爱德华·约翰·劳斯（Edward John Routh，1831 年 1 月 20 日—1907 年 6 月 7 日），英国数学家，英国皇家学会会员，亚当斯奖获得者。生于加拿大魁北克市，父亲是曾在滑铁卢服役的英国军官 Randolph Isham Routh 爵士，母亲是 Taschereau 的妹妹 Marie Louise。

劳斯 11 岁时到英国学习数学，先是在伦敦师从奥古斯都·德·摩根，然后在剑桥师从托德亨特和霍普金斯。1854 年，他在剑桥大学的期末考试中获得第一名，并因此获得"Senior Wrangler"称号（注：麦克斯韦尔（Maxwell）名列第二）。毕业后，劳斯在剑桥大学彼得豪斯学院担任数学私人教练。1855—1888 年，他指导了 600 多名学生，其中 28 人成为"Senior Wrangler"，这是一项无与伦比的荣誉。在 19 世纪中叶剑桥大学鼎盛时期，劳斯作为数学 Tripos 考试的杰出教练而闻名。

在教学之余，劳斯还抽时间写书，以及进行原创性研究。1855 年，他与 Henry Brougham 合作出版了《分析观点：艾萨克·牛顿原理》。1860 年出版了教科书《刚体系统动力学》,该书拥有广泛受众,使他的稳定性研究走向了世界;在德国,它引起了数学家费利克斯·克莱因和理论物理学家阿诺德·索末菲的注意,当时他们正在准备一篇关于陀螺和陀螺仪的大型论文。这本书对威廉·汤姆森和彼得·格思里·泰特的《自然哲学论》(1867 年出版)也产生了很大影响。劳斯的最大贡献是关于运动稳定性方面的研究,剑桥大学也因此授予他亚当斯奖。1876 年劳斯提出了著名的劳斯稳定判据,用以确定线性定常系统特征多项式的所有根是否都有负实部,为控制系统理论的发展作出了巨大贡献。

知识点自测

本节通过判断题、单选题和多选题来检测读者对本章知识点的掌握程度,为了便于自我检测,本章末尾给出了解答。

判断题(判断下列说法是否正确)

3-1 自动控制系统能正常工作的首要条件是系统必须是稳定的。
3-2 在初始条件为零时,如果线性系统的单位脉冲响应是发散的,则系统不稳定。
3-3 稳定的系统是指对于任意输入,其输出都是有界的。
3-4 线性定常系统稳定的充分必要条件是系统特征方程式的所有根都小于零。
3-5 线性系统的稳定性取决于系统内部的固有特性。
3-6 线性定常系统的阶跃响应在稳态时持续等幅震荡,说明系统在 s 右半开平面没有闭环极点。
3-7 线性定常系统稳定的充分必要条件是劳斯表中的首列元素不改变符号。
3-8 劳斯稳定性判据能够有效地分析任何系统的稳定性。
3-9 劳斯稳定性判据是一种根据系统特征方程的系数来判别闭环系统稳定性的代数判据。
3-10 劳斯表最后两行中,每行只有一个元素。
3-11 如果线性定常系统的单位脉冲响应呈现等幅持续振荡,则其劳斯表中必出现全零行。
3-12 如果一个系统的所有闭环极点都在 $s=-\sigma_1$ 的左边,则该系统具有稳定裕量 σ_1。
3-13 线性定常系统的稳态误差仅与系统的结构参数有关,与参考输入无关。
3-14 只有对于稳定的系统,稳态误差才有意义。
3-15 临界稳定的二阶线性系统的阶跃响应稳态误差可以通过稳态误差系数来计算。
3-16 对于稳定的线性定常系统,其有限稳态误差与其开环增益 K 有关;K 越大,稳态误差就越小。
3-17 线性定常系统的开环增益越大,稳定性越好,稳态性能也越好。
3-18 为了减小输入信号引起的稳态误差,可以提高开环传递函数的积分环节个数和增益。
3-19 一阶线性定常系统的时间常数越大,闭环极点离虚轴的距离越近,瞬态响应的速度越慢。
3-20 对于典型二阶系统来说,其在单位阶跃信号作用下的最大超调量仅是阻尼比的函数。

3-21 线性定常二阶系统的复极点实部距离虚轴越近,系统的过渡过程调整时间越长。
3-22 在典型二阶系统中,欠阻尼是指系统的阻尼比小于零。
3-23 稳定的高阶系统的动态响应是一些衰减的指数函数和正弦函数的线性组合。
3-24 如果高阶系统存在一对主导极点,则可用二阶系统来近似。
3-25 如果系统极点和零点之间的距离小于它们与主导极点之间距离的 1/10,则称为偶极子。

单项选择题(每小题列出的选项中只有一个选项是符合题目要求的)

3-26 理想单位脉冲信号 $\delta(t)$ 的积分等于(　　)。
  A. 0   B. 1   C. 2   D. $+\infty$

3-27 控制系统的稳定性分为绝对稳定性和相对稳定性。其中,"相对稳定性"是指系统(　　)。
  A. 稳定的程度   B. 稳定的条件   C. 是否稳定   D. 临界稳定

3-28 处于平衡状态的系统,在受到扰动作用后会偏离原来的平衡状态。若扰动消失后,经过一段时间,系统又恢复到原平衡状态,则该系统(　　)。
  A. 稳定   B. 临界稳定
  C. 不稳定   D. 稳定或临界稳定

3-29 某线性定常系统的特征方程的全部系数同号,且无一系数为零,则该系统(　　)。
  A. 稳定   B. 临界稳定
  C. 不稳定   D. 可能稳定也可能不稳定

3-30 若系统特征方程的阶次为 n,则其劳斯表的行数等于(　　)。
  A. $n-1$ B. n C. $n+1$ D. $n+2$

3-31 反映系统控制精度的时域指标是(　　)。
  A. 稳态误差   B. 稳定性   C. 动态特性   D. 快速性

3-32 假设某线性定常系统是稳定的,其稳态位置误差系数、速度误差系数和加速度误差系数分别为 K_p、K_v 和 K_a,则当输入信号 $r(t)=Rt$ 时,系统的稳态误差为(　　)。
  A. $R/(1+K_p)$ B. R/K_a
  C. R/K_v D. $R/(1+K_v)$

3-33 信号 $r(t)=Rt^2/2$ 的拉氏变换 $R(s)$ 为(　　)。
  A. R/s^3 B. $2R/s^3$ C. $R/2s^3$ D. $1/s^3$

3-34 若某线性定常系统在速度信号作用下的稳态误差为非零常数,则该系统的类型为(　　)。
  A. 0 型   B. 1 型   C. 2 型   D. 3 型

3-35 已知某单位负反馈系统在单位阶跃输入信号作用下的稳态误差为零,且系统闭环特征方程为 $s^3+2s^2+3s+2=0$,则系统的开环传递函数不可能为(　　)。
  A. $G(s)=\dfrac{2}{s(s^2+2s+3)}$ B. $G(s)=\dfrac{3s+2}{s^2(s+2)}$
  C. $G(s)=\dfrac{1}{s^3+2s^2+3s+1}$ D. $G(s)=\dfrac{2s^2+3s+2}{s^3}$

3-36 下列哪种措施对改善系统的控制精度没有效果:(　　)。

A. 增加积分环节 B. 提高系统的开环增益
C. 增加微分环节 D. 引入扰动补偿

3-37 已知某单位负反馈系统的开环传递函数为 $G(s)=1/Ts$,若取误差限 $\Delta=5\%$,则调整时间 t_s 为( )。

A. T B. $2T$ C. $3T$ D. $4T$

3-38 某单位负反馈系统的开环传递函数为 $G(s)=K/s(Ts+1)$,若 T 增大,则系统的( )。

A. 调整时间增大 B. 阻尼比增大
C. 快速性改善 D. 超调量减小

3-39 在二次振荡环节中,当阻尼比 $\zeta=1$ 时,其阶跃响应 $c(t)$ 为( )。

A. 等幅振荡 B. 衰减振荡 C. 阻尼振荡 D. 单调上升

3-40 已知单位负反馈系统的开环传递函数为 $G(s)=16/s(s+5)$,则系统的输出响应曲线为( )。

A. 发散振荡 B. 衰减振荡 C. 等幅振荡 D. 单调上升

3-41 下列各个因素中对系统动态性能的影响可以忽略不计的是( )。

A. 主导极点 B. 靠近虚轴的零点
C. 靠近虚轴的极点 D. 远离坐标原点的偶极子

多项选择题(每小题列出的选项中有两个或两个以上选项是符合题目要求的)

3-42 下述关于选择典型测试信号的说法中,正确的有( )。

A. 选取输入信号的典型形式应大致反映系统的实际工作情况
B. 要从系统工作最有利的情况出发来选取典型测试信号
C. 选取的典型测试信号要尽可能简单
D. 典型测试信号的选取需要考虑经济条件的限制

3-43 线性定常系统稳定的充分必要条件是:( )。

A. 系统的所有特征根都位于闭左半复平面内
B. 系统的所有特征根都小于零
C. 系统的所有特征根都具有负实部
D. 系统特征根中的所有实根小于零,所有复根具有负实部
E. 系统的所有特征根都位于左半复平面实轴上

3-44 下列关于劳斯稳定判据的说法中正确的是( )。

A. 系统稳定的必要条件是系统特征方程的所有系数同号且不为零
B. 系统稳定的充分必要条件是劳斯表首列元素不为零,且不改变符号
C. 劳斯判据以开环传递函数判定闭环系统的稳定性
D. 劳斯表某一行中各数都乘以一个整数,不影响系统稳定性的判断
E. 劳斯表首列元素符号变化的次数等于系统特征方程所具有的负实部根的数目

3-45 已知某Ⅰ型系统在输入信号 $r(t)$ 的作用下产生的稳态误差为非零常数,则该输入信号可能为( )。

A. $r(t)=1$ B. $r(t)=2t$

C. $r(t)=0.5t^2$ D. $r(t)=1+2t$
E. $r(t)=1+2t+0.5t^2$

3-46 对于Ⅱ型系统，下列说法正确的是（　　）。
A. 能无静差地跟随阶跃信号 B. 能无静差地跟随斜坡信号
C. 能无静差地跟随加速度信号 D. 能有静差地跟随速度信号
E. 能无静差地跟随抛物线信号

3-47 在自动控制系统中，能反映系统快速性的量包括（　　）。
A. 峰值时间 t_p B. 延迟时间 t_d
C. 上升时间 t_r D. 调整时间 t_s
E. 最大超调量 M_p

3-48 对于典型的欠阻尼二阶系统，若无阻尼自然振荡频率 ω_n 不变，阻尼比 ζ 减小，则下列说法中正确的有（　　）。
A. 调整时间 t_s 增大 B. 最大超调量 M_p 减小
C. 峰值时间 t_p 减小 D. 系统的稳定性改善
E. 系统的快速性提高

自测参考答案

判断题：(1) T；(2) T；(3) F；(4) F；(5) T；(6) T；(7) F；(8) F；(9) T；(10) T；(11) T；(12) T；(13) F；(14) T；(15) F；(16) T；(17) F；(18) T；(19) T；(20) T；(21) T；(22) F；(23) T；(24) T；(25) T

单项选择题：(26) B；(27) A；(28) A；(29) D；(30) C；(31) A；(32) C；(33) A；(34) B；(35) C；(36) C；(37) C；(38) A；(39) D；(40) B；(41) D

多项选择题：(42) AC；(43) CD；(44) AB；(45) BD；(46) AB；(47) ABCD；(48) AC

习题

A　基本题

A3-1　如图 A3-1 系统，用劳斯判据判别系统的稳定性。若不稳定，确定有几个根在右半 s 平面。

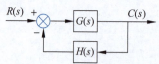

图 A3-1　题 A3-1 的系统方框图

(1) $G(s)=\dfrac{10}{s(s-1)(2s+3)}, H(s)=1$

(2) $G(s)=\dfrac{1}{(s-1)}, H(s)=\dfrac{s-1}{s+1}$

(3) $G(s)=\dfrac{12}{s(s+1)}, H(s)=\dfrac{1}{s+3}$

A3-2　确定使下列系统稳定的 K 值范围。
(1) $s^4+22s^3+10s^2+2s+K=0$　　(2) $0.1s^3+s^2+s+K=0$

A3-3　试确定下列单位负反馈系统的位置误差系数 K_p，速度误差系数 K_v 和加速度误差系数 K_a（$G(s)$ 是前向通道传递函数）。

(1) $G(s) = \dfrac{50}{(1+0.1s)(s+2)}$　　　(2) $G(s) = \dfrac{K}{s(s^2+4s+200)}$

(3) $G(s) = \dfrac{K(1+2s)(1+4s)}{s^2(s^2+2s+10)}$　　(4) $G(s) = \dfrac{6}{s(s+1)(s+2)}$

A3-4　试画出满足下列要求的共轭复极点在 s 平面上的分布范围。

(1) $\zeta \geqslant 0.707, \omega_n \leqslant 2\text{rad/s}$　　(2) $0 \leqslant \zeta \leqslant 0.707, \omega_n \leqslant 2\text{rad/s}$

(3) $0.5 \leqslant \zeta \leqslant 0.707, \omega_n \leqslant 2\text{rad/s}$

A3-5　用劳斯判据判定题 D2-1 系统的稳定性，并判断在右半 s 平面上的根数。将结果与题 D2-1 的结果进行比较。

A3-6　某闭环系统如图 A3-2 所示。

(1) 求系统的传递函数 $C(s)/R(s)$；

(2) 计算系统的稳态误差系数；

(3) 求闭环系统的零、极点；

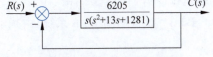

图 A3-2　题 A3-6 闭环系统

(4) 用 MATLAB 求系统的单位阶跃响应曲线；

(5) 讨论闭环极点对系统动态响应的影响，哪些极点起主导作用，哪些极点有重要影响。

A3-7　某反馈系统如图 A3-3 所示。

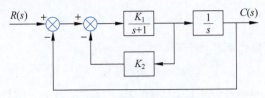

图 A3-3　题 A3-7 系统图

(1) 选择 K_1, K_2，使系统的 $\zeta = 0.707, \omega_n = 2\text{rad/s}$；

(2) 选择 K_1, K_2，使系统有两个相等的实根 $s = -10$；

(3) 分别求(1)、(2)两种情况下，系统的超调量 M_p，以及情况(1)下的调整时间 t_s 和上升时间 t_r。

A3-8　某单位反馈系统的闭环传递函数为

$$\dfrac{C(s)}{R(s)} = \dfrac{k_1(s+\omega_1)}{s^3 + \omega_2 s^2 + k_1 s + k_1 \omega_1}$$

试求输入为 $r(t) = t^2 u(t)$ 时，系统的稳态输出函数表达式。

A3-9　求满足下列各项指标的共轭复极点在 s 平面上配置的区域：

$$\zeta = 0.5, \quad \omega_n \leqslant 3\text{rad/s}, \quad t_r \leqslant 1\text{s}$$

A3-10　某系统有一对共轭主导复极点。根据下列指标要求，分别画出主导复极点在 s 平面上的分布区域。

(1) $0.5 \leqslant \zeta \leqslant 0.707, \quad \omega_n \geqslant 10\text{rad/s}$　　(2) $\zeta \leqslant 0.707, \quad 5\text{rad/s} \leqslant \omega_n \leqslant 10\text{rad/s}$

(3) $0.8 \geqslant \zeta \geqslant 0.707, \quad \omega_n \geqslant 10\text{rad/s}$　　(4) $\zeta \geqslant 0.6, \quad \omega_n \leqslant 6\text{rad/s}$

(5) $\zeta \geqslant 0.9, \quad \omega_n \leqslant 0.1\text{rad/s}$

并计算满足各指标时，系统的超调量 M_p 和按 2% 准则的调整时间 t_s。

B 深入题

B3-1 试证明在一阶系统动态响应曲线上任意点起，以该点的上升速度上升，达到 $c(\infty)$ 所需的时间都是 T。如图 B3-1 所示，自原点 0，a 点，b 点起，保持各点的上升速度 $\dfrac{\mathrm{d}c(t)}{\mathrm{d}t}\Big|_{t=0}$，$\dfrac{\mathrm{d}c(t)}{\mathrm{d}t}\Big|_{t=t_a}$，$\dfrac{\mathrm{d}c(t)}{\mathrm{d}t}\Big|_{t=t_b}$，上升到 $c(\infty)$ 所需的时间都是 T。

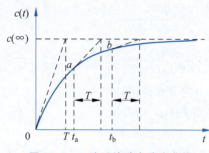

图 B3-1　一阶系统动态响应曲线

B3-2 某系统的传递函数未知，对系统施加输入信号 $r(t)=t(t\geqslant 0)$，当系统的初始条件为零时，系统的输出响应为 $c(t)=1+\sin t+2\mathrm{e}^{-2t}$，$t\geqslant 0$。试确定系统的传递函数。

B3-3 试证明图 B3-2 系统，由扰动 $N(s)$ 引起的系统稳态误差为

$$e_{\mathrm{ssn}}=\lim_{s\to 0}sE_N(s)=\lim_{s\to 0}sN(s)\dfrac{-G_2(s)H(s)}{1+G_1(s)G_2(s)H(s)}$$

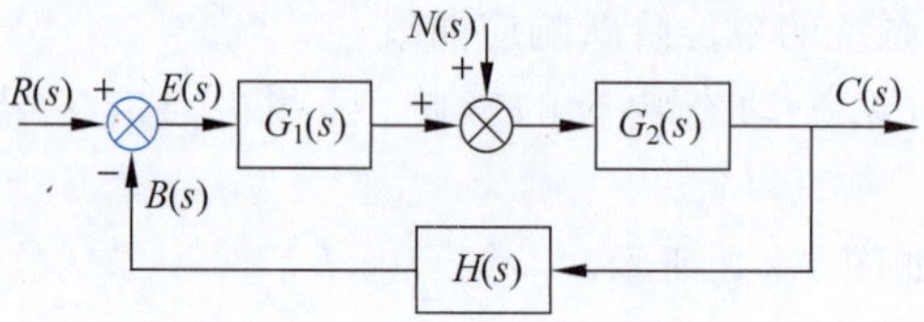

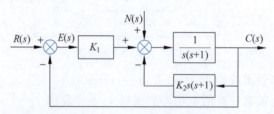

图 B3-2　题 B3-3 系统方框图

B3-4 某系统的方框图如图 B3-3 所示。

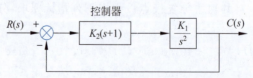

图 B3-3　题 B3-4 系统方框图

试求：

(1) 系统的稳态误差系数 K_{p}、K_{v}、K_{a}；

(2) 由单位阶跃扰动引起的稳态误差 e_{ssn}；

(3) 系统的阻尼比 ζ 与无阻尼振荡角频率 ω_{n}；

(4) 选择 K_1 和 K_2，使系统单位阶跃响应的超调量 $M_{\mathrm{p}}\leqslant 5\%$；在斜坡输入下，稳态误差最小；尽量减小阶跃扰动引起的稳态误差。

B3-5 太空望远镜指向控制系统的简化框图如图 B3-4 所示。

图 B3-4　太空望远镜指向控制系统的简化框图

(1) 选择 K_1 和 K_2，使系统单位阶跃响应的超调量 $M_p \leqslant 5\%$（用 MATLAB 解）；

(2) 计算系统单位阶跃响应和单位速度响应的稳态误差。

B3-6　考虑图 B3-5 描述的系统，其中参数 K 和 F 都是正数。如果要求系统的阻尼比是二阶工程最佳参数，试求它们的取值范围。

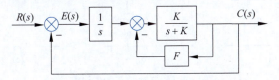

图 B3-5　题 B3-6 系统

C　实际题

C3-1　图 C3-1 为位置随动系统，图中，M 是电动机，R_a，L_a 是电枢电路的电阻和电感，J_m 是电动机轴上的总转动惯量，B_m 是阻尼系数，设电动机的力矩系数是 K_t，反电势常数是 K_b。G 是测速发电机，其电动势 $e_g = K_g\omega$，电位器 W 的传输系数为 K_s，N_1 与 N_2 为减速齿轮的齿数。当 $u_3 \geqslant 0$ 时 $u_a \geqslant 0$。当 $i_a > 0$ 时，测速发电机的极性和电位器 W_c 电刷移动方向如图所示。R_i 是电流反馈电阻，电流反馈的作用是稳定电动机的转速。试求：

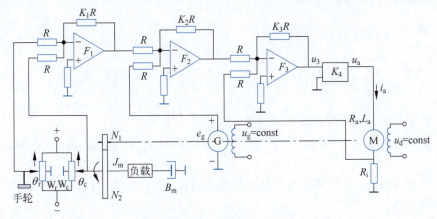

图 C3-1　位置随动系统

(1) 系统的传递函数，并画出系统的方框图。

(2) 你认为系统的连线是否正确？如果连线错误，请改正。

(3) 通常 $J_m/B_m \gg L_a/R_a$，指出当断开和接通测速发电机的反馈连线时，系统起主导作用的极点。从中说明测速发电机的作用。

(4) 计算系统的稳态误差系数 K_p、K_v、K_a，系统是什么类型的系统，为什么？

C3-2　电枢控制直流电动机可以看成是速度控制系统，反电势是系统的反馈信号。

(1) 按照第 2 章给出的电枢控制电动机的方程式(2-76)～式(2-79)，画出系统的方框图；

(2) 假定 R_a，L_a，J，b，K_t 和 K_e 皆等于 1，当以阶跃指令改变电枢电压 u_a 来改变电机的转速后，计算系统的稳态误差；

(3) 为使系统阶跃响应的超调量 $M_p \leqslant 10\%$，系统的反馈增益 K_e 应当多大？

C3-3　图 C3-2 中的三个 RC 网络分别是相位超前校正网络(a)、相位滞后校正网络(b)

和相位超前-滞后校正网络(c),它们在控制系统的设计中是十分有用的。

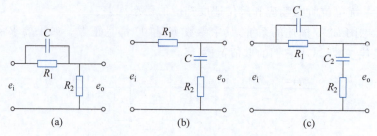

图 C3-2 三种校正 RC 网络

（1）分别推导它们的传递函数；

（2）假定 $R_1=R_2=1\text{k}\Omega$，$C=C_1=C_2=1\mu\text{F}$，分别画出它们的零、极点在 s 平面上的位置；

（3）分别求输入 $E_i(s)=\dfrac{1}{s}$ 时，网络的输出响应 $e_o(t)$ 曲线。

D MATLAB 题

D3-1 设系统的传递函数为

(1) $G(s)=\dfrac{50}{(1+0.1s)(s+2)}$ (2) $G(s)=\dfrac{K}{s(s^2+4s+200)}$

(3) $G(s)=\dfrac{K(1+2s)(1+4s)}{s^2(s^2+2s+10)}$ (4) $G(s)=\dfrac{6}{s(s+1)(s+2)}$

试分别求：

（1）确定系统在单位阶跃输入下的稳态误差；

（2）如果将共轭极点视为主导极点，计算系统的超调量 M_p 和按 2% 准则的调整时间 t_s；

（3）用 MATLAB 求取系统的单位阶跃响应曲线，与以上计算结果进行比较。并讨论产生差异的原因。

D3-2 某控制系统如图 D3-1 所示。控制器是 PI 调节器,它的零点可改变系统的稳态和动态特性,零点可通过调节器的参数来改变。

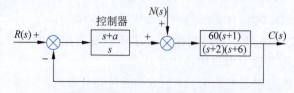

图 D3-1 含 PI 调节器的控制系统

（1）PI 调节器对系统稳态误差的影响：计算 $a=0$ 和 $a>0$ 时,系统单位阶跃响应的稳态误差；

（2）计算 $a=0$，$a=10$ 和 $a=100$ 时,系统的单位阶跃响应曲线,分析 a 对动态响应的影响；

（3）计算 $a=0$，$a=10$ 和 $a=100$ 时,系统对单位阶跃扰动($N(s)=1/s$)的响应曲线,分析 a 对系统抗干扰性能的影响。

(4) 你能解释上述计算结果的物理意义吗？

D3-3 已知闭环系统的传递函数

$$G(s) = \frac{6}{s^2 + 5s + 6}$$

(1) 用解析法计算系统的单位阶跃响应；
(2) 用 step 命令求系统的单位阶跃响应曲线；
(3) 比较(1)、(2)的计算结果(超调量 M_p 和按 2%准则的调整时间 t_s)。

D3-4 用 MATLAB 的 lsim 命令，求以下单位反馈系统对单位速度输入$\left(R(s) = \frac{1}{s^2}\right)$的响应，并求系统的稳态误差($G(s)$是前向通道传递函数)。

(1) $G(s) = \dfrac{2}{s^2 + 2s + 2}$

(2) $G(s) = \dfrac{2}{s(s^2 + 2s + 2)}$

(3) $G(s) = \dfrac{2}{s^2(s^2 + 2s + 2)}$

D3-5 用 MATLAB 的 lsim 命令，求输入为 $u(t) + tu(t) + \dfrac{1}{2}t^2 u(t)$ 时，题 D3-4 系统的响应曲线，并求系统的稳态误差。

第 4 章 根 轨 迹 法

CHAPTER 4

闭环系统的极点不仅决定了系统的稳定性,而且对系统的动态特性也起着举足轻重的作用。通过选择系统的参数可以改变系统的特征根,从而调整系统的动态响应。因此研究系统特征根在 s 平面上的位置随参数变化的规律是很有意义的。

根轨迹法就是研究随系统中开环增益的增长,闭环系统特征根在 s 平面上位置变化的规律。具体地说,根轨迹法是根据开环系统零、极点在 s 平面上的分布,用图解的方法求出开环增益变化时,闭环系统特征根在 s 平面上变化的轨迹。

根轨迹法是 Evans 在 1948 年提出的。随后在工程实践中得到广泛应用和发展。根轨迹法是分析和设计控制系统的有效方法。本章将讨论绘制根轨迹的方法,同时也讨论用 MATLAB 绘制根轨迹的命令。

4.1 闭环系统的根轨迹

4.1.1 根轨迹的定义

考虑图 4-1 的闭环控制系统,系统的传递函数为

$$W(s)=\frac{C(s)}{R(s)}=\frac{G(s)}{1+G(s)H(s)} \tag{4-1}$$

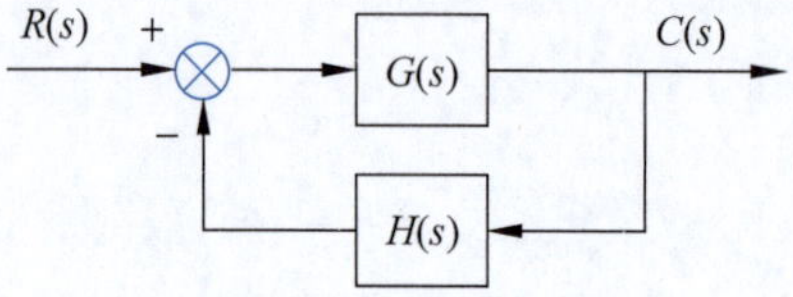

闭环系统的特征方程为

$$1+G(s)H(s)=0 \tag{4-2}$$

或

$$G(s)H(s)=-1 \tag{4-3}$$

图 4-1 闭环控制系统

将 $G(s)H(s)$ 写成零、极点形式

$$G(s)H(s)=\frac{K_{\mathrm{r}}\prod_{i=1}^{m}(s+z_i)}{\prod_{j=1}^{n}(s+p_j)} \tag{4-4}$$

令

$$G_{\mathrm{k}}(s)H_{\mathrm{k}}(s)=\frac{\prod_{i=1}^{m}(s+z_i)}{\prod_{j=1}^{n}(s+p_j)} \tag{4-5}$$

则式(4-3)可写成

$$G_k(s)H_k(s) = -\frac{1}{K_r} \tag{4-6}$$

即

$$K_r G_k(s) H_k(s) = -1 \tag{4-7}$$

或

$$\prod_{j=1}^{n}(s+p_j) + K_r \prod_{i=1}^{m}(s+z_i) = 0 \tag{4-8}$$

式(4-6)~式(4-8)都是根轨迹方程。根轨迹方程是闭环系统特征根的方程,换句话说,满足根轨迹方程的 s 就是闭环系统的特征根或闭环系统的极点。如果以 K_r 为变量,当 K_r 自 0 增大到 ∞,闭环系统特征根的轨迹,就是根轨迹。在本书中,只讨论 $K_r \geqslant 0$ 的根轨迹。对于 $K_r < 0$ 的情形,读者不妨参照本章的讨论,自行导出。

如果关心的是其他参数 a,则要将特征方程化为下列形式

$$1 + aP(s) = 0 \tag{4-9}$$

然后参照根轨迹方法绘制其轨迹。

例 4-1 单位负反馈系统的开环传递函数为

$$G(s) = \frac{10}{s(s+a)} \tag{4-10}$$

画出以 a 为参变量的根轨迹。

解 系统的特征方程为

$$1 + G(s) = 1 + \frac{10}{s(s+a)} = 0$$

或

$$s^2 + as + 10 = 0$$

将其除以 (s^2+10) 得

$$1 + \frac{as}{s^2+10} = 0 \tag{4-11}$$

式中

$$P(s) = \frac{s}{s^2+10} \tag{4-12}$$

于是,可用根轨迹理论画出以 a 为参变量的特征根轨迹。

4.1.2 根轨迹的幅值条件和相角条件

式(4-7)是复数方程,可改写为极坐标形式:

$$|K_r G_k(s) H_k(s)| = 1 \tag{4-13}$$

$$\angle K_r G_k(s) H_k(s) = (2\lambda+1)\pi \tag{4-14}$$

式中,$\lambda = 0, \pm 1, \pm 2, \cdots$。式(4-13)是根轨迹的幅值条件,式(4-14)是根轨迹的相角条件。由于假设 $K_r > 0$,因而这两个条件可改写成

$$|G_k(s) H_k(s)| = \frac{1}{K_r} \tag{4-15}$$

$$\angle G_k(s)H_k(s)=(2\lambda+1)\pi \tag{4-16}$$

注意到式(4-16)中不会有参数 K_r,这是绘制根轨迹的关键。如果 $G_k(s)H_k(s)$ 是式(4-5)的零极点形式,幅值条件和相角条件可写成

$$|G_k(s)H_k(s)|=\frac{\prod_{i=1}^{m}|s+z_i|}{\prod_{j=1}^{n}|s+p_j|}=\frac{1}{K_r} \tag{4-17}$$

$$\angle G_k(s)H_k(s)=\sum_{i=1}^{m}\angle(s+z_i)-\sum_{j=1}^{n}\angle(s+p_j)$$

$$=\sum_{i=1}^{m}\phi_i-\sum_{j=1}^{n}\theta_j=(2\lambda+1)\pi \tag{4-18}$$

式中,ϕ_i 和 θ_j 分别是 $s+z_i$ 和 $s+p_j$ 的相角。

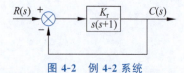

图 4-2 例 4-2 系统

例 4-2 如图 4-2 所示系统,试绘制系统的根轨迹图。

解 系统的传递函数为

$$G(s)=\frac{K_r}{s(s+1)} \tag{4-19}$$

根轨迹方程是

$$\frac{1}{s(s+1)}=-\frac{1}{K_r} \tag{4-20}$$

闭环系统的特征根为

$$s_{1,2}=-\frac{1}{2}\pm\frac{\sqrt{1-4K_r}}{2}$$

选择 K_r 的一些数值,对应的闭环系统的特征根的值列于表 4-1 中。

表 4-1 图 4-2 所示闭环系统特征根的值

K_r	0	$\frac{1}{16}$	$\frac{1}{4}$	$\frac{3}{4}$	1	7	...	∞
$s_{1,2}$	$0,-1$	$-\frac{3}{4},-\frac{1}{4}$	$-\frac{1}{2},-\frac{1}{2}$	$-\frac{1}{2}\pm\frac{\sqrt{2}}{2}j$	$-\frac{1}{2}\pm\frac{\sqrt{3}}{2}j$	$-\frac{1}{2}\pm\frac{3\sqrt{3}}{2}j$	...	$-\frac{1}{2}\pm\infty j$

据表 4-1 可画出系统的根轨迹如图 4-3 所示。从图中看出:

(1) $K_r=0$,系统的开环极点就是闭环系统的极点(特征根)。

(2) $K_r\leqslant\frac{1}{4}$,闭环系统的极点处在负实轴 $(0,-1)$ 区间,为两个负实根。$K_r=\frac{1}{4}$ 时,闭环系统有两个相等的负实根 $s=-0.5$。

(3) $K_r>\frac{1}{4}$ 时,闭环系统的极点为两个具有负实部的复根,例如 $K_r=1$ 时,$s_{1,2}=-\frac{1}{2}\pm\frac{\sqrt{3}}{2}j$。随着 K_r 的增大,闭环系统特征根的轨迹是一条位于 $s=-0.5$,并垂直于实轴的直线。当 $K_r\to\infty$,根轨迹也将趋向无穷远。

(4) 在根轨迹上任意点均满足根轨迹的幅值条件和相角条件。例如 $K_r=1$ 时,闭环系统极

点 $s_1 = -\frac{1}{2} + \frac{\sqrt{3}}{2}j$，不难求得 $|s_1+0|=1, |s_1+1|=1$，则

$$|G_k(s)H_k(s)| = \frac{1}{|s_1+0| \times |s_1+1|} = 1 = \frac{1}{K_r}$$

而 $\angle(s_1+0) = \theta_1 = \frac{2}{3}\pi, \angle(s_1+1) = \theta_2 = \frac{1}{3}\pi$，则

$$\angle G_k(s_1)H_k(s_1) = -\theta_1 - \theta_2 = -\pi$$

可见，根轨迹上的任意点必同时满足幅值条件和相角条件，反之，凡是满足相角条件的点必定在根轨迹上。∎

要利用根轨迹分析系统，或求取满足系统性能要求的 K_r，都必须绘制系统的根轨迹。对于有多个零点和极点的复杂系统，无法用例 4-2 的逐点计算系统闭环极点的方法来绘制系统的根轨迹，需要有一定的方法来确定根轨迹。

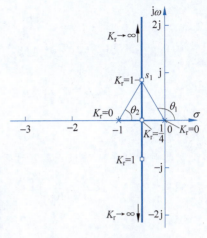

图 4-3 例 4-2 根轨迹图

4.2 绘制根轨迹的基本规则

4.2.1 绘制根轨迹的基本规则和步骤

对于复杂的系统，按根轨迹的幅值条件和相角条件，逐点计算根轨迹是很麻烦的。通常是先绘制根轨迹的草图，接着根据需要将相应部分的根轨迹作修正，然后再进行系统分析。下面结合一个例子讨论绘制根轨迹的步骤，介绍绘制根轨迹草图的基本规则。

例 4-3 给定单位负反馈系统的开环传递函数为

$$G(s) = \frac{K_r(s+4)}{s(s+1)(s^2+4s+8)} \tag{4-21}$$

绘制系统的根轨迹。

解 系统的特征方程

$$1 + G(s) = 1 + \frac{K_r(s+4)}{s(s+1)(s^2+4s+8)} = 0 \tag{4-22}$$

即

$$1 + \frac{K_r(s+4)}{s(s+1)(s+2+2j)(s+2-2j)} = 0 \tag{4-23}$$

或

$$\frac{(s+4)}{s(s+1)(s+2+2j)(s+2-2j)} = -\frac{1}{K_r} \tag{4-24}$$

在 s 平面上标出开环零点和极点，如图 4-4 所示。图中，以"×"表示极点，以"○"表示零点。

步骤 1 确定根轨迹数。根轨迹起始于开环极点，终止于开环零点。开环极点数为 n，零点数为 m，通常 $n \geq m$，所以系统根轨迹数为 n，其中 m 条根轨迹终止于 m 个有限零点，$n-m$ 条根轨迹则趋向无穷远，这个无穷远零点的阶为 $n-m$。

证明：由式(4-8)表示的根轨迹方程

$$\prod_{j=1}^{n}(s+p_j) + K_r \prod_{i=1}^{m}(s+z_i) = 0 \tag{4-25}$$

当 $K_r = 0$ 时，特征方程变成

$$\prod_{j=1}^{n}(s+p_j) = 0$$

所以

$$s_j = -p_j$$

说明此时闭环系统的极点就等于开环系统的极点。

将式(4-25)改写成 $\dfrac{1}{K_r}\prod_{j=1}^{n}(s+p_j) + \prod_{i=1}^{m}(s+z_i) = 0$，则当 $K_r \to \infty$，特征方程变为

$$\prod_{i=1}^{m}(s+z_i) = 0$$

此时，开环系统的零点就是闭环系统的极点。

在本例中，当 $K_r = 0$ 时，特征方程为

$$s(s+1)(s+2+2\mathrm{j})(s+2-2\mathrm{j}) = 0$$

开环系统的极点 0、-1、$-2 \pm 2\mathrm{j}$ 就是闭环系统的极点。当 $K_r \to \infty$，特征方程为

$$s + 4 = 0$$

开环系统的零点 -4 是闭环系统的极点。本系统 $n = 4$，因此有 4 条根轨迹，其中一条根轨迹终止于零点 -4，另外三条根轨迹则趋向无限零点。

步骤 2 确定实轴上的根轨迹。实轴上的根轨迹，其右边实轴上的极点与零点个数之和为奇数。

这一点可以用相角条件证明：因为实轴上某一点 s_1，它到其左边的极点向量 (s_1+p_j) 和零点向量 (s_1+z_i) 的相角都是 $0°$，到复数零、极点向量的相角之和也为零，而到其右边的极点与零点向量的相角均为 π，而一对共轭复极点（零点）到它的相角代数和为 $0°$，所以，根轨迹右边的极点与零点个数之和必为奇数。在本例中实轴的 $(0, -1)$ 段和 $(-4, -\infty)$ 都是根轨迹，如图 4-4 所示。

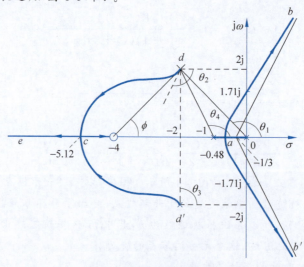

图 4-4 例 4-3 的根轨迹图

按步骤 3、4 确定不在实轴上的根轨迹。

步骤 3 在实轴外的根轨迹,对称于实轴。这是因为共轭复根必定成对出现。如图 4-4 中 ab 段与 ab' 段,cd 段与 cd' 段都是对称于实轴的轨迹。

步骤 4 除了终止于开环零点的 m 条根轨迹外,随着 $K_r \to \infty$,还有 $n-m$ 条根轨迹将沿着一组渐近线趋向开环无限零点。

可证明如下:根据幅值条件,当 $K_r \to \infty$ 时,有

$$|G_k(s)H_k(s)| = \frac{\prod_{i=1}^{m}|s+z_i|}{\prod_{j=1}^{n}|s+p_j|} = \frac{1}{K_r} \to 0$$

如果 $n > m$ 则

$$\frac{\prod_{i=1}^{m}|s+z_i|}{\prod_{j=1}^{n}|s+p_j|} = \frac{|s^m + b_{m-1}s^{m-1} + \cdots|}{|s^n + a_{n-1}s^{n-1} + \cdots|} = \frac{|s^0 + b_{m-1}s^{-1} + \cdots|}{|s^{n-m} + a_{n-1}s^{n-m-1} + \cdots|} \approx \frac{1}{s^{n-m}} \to 0 \tag{4-26}$$

说明当 $K_r \to \infty$ 时,有 $n-m$ 个闭环极点在无穷远处。

此 $n-m$ 条根轨迹趋向无穷远的渐近线与实轴的夹角为

$$\varphi = \frac{(2\lambda+1)\pi}{n-m} \qquad \lambda = 0, \pm 1, \pm 2, \cdots \tag{4-27}$$

渐近线与实轴的交点(即渐近中心)为

$$\sigma = \frac{\sum_{j=1}^{n}(-p_j) - \sum_{i=1}^{m}(-z_i)}{n-m} \tag{4-28}$$

式中,$-p_j$ 与 $-z_i$ 为开环有限极点和零点,n 与 m 为开环有限极点数和零点数。

证明 对于无穷远的闭环极点,也必须满足相角条件,即所有有限极点和零点至无穷远极点的相角之和为 $(2\lambda+1)\pi$。又由于它与有限极点和有限零点的距离为无穷远,因此可以认为所有有限极点和零点至该极点的相角 ψ 都相等,由相角条件可得

$$(n-m)\psi = (2\lambda+1)\pi$$

或

$$\psi = \frac{(2\lambda+1)\pi}{n-m} \qquad \lambda = 0, \pm 1, \pm 2, \cdots$$

由幅值条件可得

$$1 + K_r \frac{\prod_{i=1}^{m}(s+z_i)}{\prod_{j=1}^{n}(s+p_j)} = 0 \tag{4-29}$$

当 $|s|$ 很大时,可以只考虑式(4-29)分子与分母中的高次项,同时可以认为所有的有限极点和有限零点都集中在渐近中心,则式(4-29)可简化为

$$1+\frac{K_r}{(s-\sigma)^{n-m}}=0 \tag{4-30}$$

又

$$1+K_r\frac{\prod\limits_{i=1}^{m}(s+z_i)}{\prod\limits_{j=1}^{n}(s+p_j)}=1+K_r\frac{s^m+b_{m-1}s^{m-1}+\cdots}{s^n+a_{n-1}s^{n-1}+\cdots}=0 \tag{4-31}$$

并且

$$a_{n-1}=\sum_{j=1}^{n}p_j,\quad b_{m-1}=\sum_{i=1}^{m}z_i \tag{4-32}$$

将式(4-30)展开,只保留前两项,得

$$1+\frac{K_r}{s^{n-m}-(n-m)\sigma s^{n-m-1}}=0 \tag{4-33}$$

将式(4-31)中的分式,用长除法将分母除以分子,并只保留前两项,可得

$$1+\frac{K_r}{s^{n-m}+(a_{n-1}-b_{m-1})s^{n-m-1}}=0 \tag{4-34}$$

比较式(4-33)和式(4-34)分母中 s^{n-m-1} 项的系数,有

$$(n-m)\sigma=-(a_{n-1}-b_{m-1}) \tag{4-35}$$

则

$$\sigma=-\frac{a_{n-1}-b_{m-1}}{n-m}=\frac{\sum\limits_{j=1}^{n}(-p_j)-\sum\limits_{i=1}^{m}(-z_i)}{n-m} \tag{4-36}$$

证毕

本例中,$n-m=3$,有三个无穷远零点和三根渐近线,渐近线的相角为

$$\lambda=0,\quad \varphi_1=\frac{\pi}{n-m}=\frac{\pi}{3}$$

$$\lambda=1,\quad \varphi_2=\pi$$

$$\lambda=2,\quad \varphi_3=\frac{5}{3}\pi$$

渐近中心为

$$\sigma=\frac{\sum\limits_{j=1}^{n}(-p_j)-\sum\limits_{i=1}^{m}(-z_i)}{n-m}=\frac{(-1-2-2)+4}{3}=-\frac{1}{3}$$

步骤 5 求根轨迹在实轴上的分离点和会合点。根轨迹离开实轴的点是分离点,根轨迹进入实轴的点是会合点。如图 4-4 中的 a 点是分离点,c 点是会合点。分离点和会合点是闭环系统的重极点,图 4-4 中的 a 点是两重极点。求分离点和会合点的简单方法如下。

将特征方程写成如下形式

$$1+G(s)H(s)=1+\frac{K_r Z(s)}{P(s)}=\frac{F(s)}{P(s)}=0$$

或
$$F(s) = P(s) + K_r Z(s) = 0 \tag{4-37}$$

若在 s_1 点上有重根,例如有 r 重根,$F(s)$ 又可写成
$$F(s) = (s-s_1)^r(s-s_2)\cdots(s-s_{n-r})$$

下面求根轨迹上存在重极点的条件。根据代数知识,若方程 $f(s)=0$ 具有二重根 s_1,则必然同时满足 $f(s_1)=0,f'(s_1)=0$。因此,根轨迹上存在重极点的条件除了满足式(4-37)外,还必须满足

$$\left.\frac{dF(s)}{ds}\right|_{s=s_1} = 0 \tag{4-38}$$

$$\frac{dF(s)}{ds} = \frac{dP(s)}{ds} + K_r\frac{dZ(s)}{ds} = P'(s) + K_r Z'(s) = 0 \tag{4-39}$$

或
$$K_r = -P'(s)/Z'(s) \tag{4-40}$$

由式(4-37)又有
$$K_r = -\frac{P(s)}{Z(s)} \tag{4-41}$$

同时满足上述二式的 K_r 就是分离点的根轨迹增益。综合式(4-40)及式(4-41)得
$$P(s)Z'(s) - P'(s)Z(s) = 0 \tag{4-42}$$

从式(4-42)可以直接求得分离点或会合点的 s 值,将其代入式(4-41)便可求得对应的 K_r。但式(4-42)只是分离点或会合点存在的必要条件,满足式(4-42)不一定存在实际的分离点或会合点。只有既满足式(4-42),又满足 K_r 是正实数的要求,该点才是实际的分离点或会合点。

本例有一个分离点 a 和一个会合点 c。先将特征方程改写成式(4-37)形式
$$s(s+1)(s^2+4s+8) + K_r(s+4) = 0$$

即
$$P(s) = s(s+1)(s^2+4s+8)$$
$$= s^4 + 5s^3 + 12s^2 + 8s$$
$$Z(s) = (s+4)$$

则
$$P(s)Z'(s) - P'(s)Z(s) = -(3s^4 + 26s^3 + 72s^2 + 96s + 32) = 0$$

求得满足上式的特征根为
$$s_1 = -5.12, \quad s_2 = -0.48$$
$$s_{3,4} = -1.54 \pm 1.42j$$

其中,$s_{3,4} = -1.54 \pm 1.42j$ 不在根轨迹上,所以不予考虑。由式(4-41)可求得相应的 K_r 值为
$$K_{r1} = 50.4, \quad K_{r2} = 0.93$$

可见,s_1 是会合点 c,s_2 是分离点 a,而 $s_{3,4}$ 不是实际的分离点或会合点,因为对应的 $K_{r3,4}$ 不是正实数。

步骤 6 求根轨迹和虚轴的交点。用劳斯判据可以计算根轨迹和虚轴的交点。

本例的根轨迹 ab 与 ab' 均与虚轴有交点。闭环系统的特征方程为

$$s^4+5s^3+12s^2+(8+K_r)s+4K_r=0 \tag{4-43}$$

作劳斯表

s^4	1	12	$4K_r$
s^3	5	$8+K_r$	
s^2	$10.4-\dfrac{K_r}{5}$	$4K_r$	
s^1	$\dfrac{416-56K_r-K_r^2}{52-K_r}$		
s^0	$4K_r$		

存在一对虚根的条件是劳斯表的 s^1 行的元素为零,即 $416-56K_r-K_r^2=(K_r+62.04)(K_r-6.64)=0$。即满足稳定性要求的临界 $K_r=6.64$。再由辅助方程

$$\left(10.4-\frac{6.64}{5}\right)s^2+4\times 6.64=0$$

解得

$$s=\pm 1.71\mathrm{j} \tag{4-44}$$

步骤 7 确定根轨迹在开环复极点处的出射角和在复零点处的入射角。利用相角条件可得

入射角 $\qquad \varphi_z=\pi-(\varphi_1+\varphi_2+\cdots)+(\theta_1+\theta_2+\cdots) \tag{4-45}$

出射角 $\qquad \theta_p=\pi+(\varphi_1+\varphi_2+\cdots)-(\theta_1+\theta_2+\cdots) \tag{4-46}$

式中,φ_i 和 θ_i 分别是其他零点和极点到出射(或入射)极点(或零点)向量的相角。

本例中有两个复极点 $-2\pm 2\mathrm{j}$,下面求从其中的一个极点 $-2+2\mathrm{j}$ 出发的轨迹的出射角。

$$\begin{aligned}\theta_2&=180°+\varphi-(\theta_1+\theta_3+\theta_4)\\&=180°+45°-(135°+90°+116.5°)\\&=-116.5°\end{aligned}$$

θ_2 是根轨迹从开环复极点(图中的 d)的出射角,即根轨迹在 d 点切线的相角。φ、θ_1、θ_3 及 θ_4 均可在系统根轨迹图(图 4-4)上求得。

步骤 8 如果必要再根据相角条件找出若干根轨迹上的点,将这些点连接画出根轨迹草图,如图 4-4 所示。

步骤 9 用幅值条件确定根轨迹上某个特征根 s_x 对应的参数 K_{rx}。

$$K_{rx}=\frac{\prod\limits_{j=1}^{n}|s_x+p_j|}{\prod\limits_{i=1}^{m}|s_x+z_i|} \tag{4-47}$$

按照以上给出的根轨迹作图规则及步骤,当已知系统的开环零、极点,可以精确地画出闭环系统在实轴上的根轨迹以及确定复平面上的大致走向。附录 A 给出一些常见系统的根轨迹图供参考。表 4-2 是根轨迹的绘制规则(或绘制步骤)汇总。

表 4-2 根轨迹的绘制规则汇总

序	内容	规则
1	起点 终点	起始于开环极点,终止于开环零点(包括无限零点)
2	分支数	等于开环传递函数的极点数($n \geq m$)
3	对称性	对称于实轴
4	渐近线	相交于实轴上的同一点: 坐标为 $\sigma = \dfrac{\sum_{i=1}^{n}(-p_i) - \sum_{j=1}^{m}(-z_j)}{n-m}$ 倾角为 $\varphi = \dfrac{\pm 180°(2k+1)}{n-m}, k=0,1,2,\cdots$
5	实轴上分布	实轴的某一区间内存在根轨迹,则其右边开环传递函数的实零点、实极点数之和必为奇数
6	分离(会合)点	实轴上的分离(会合)点(必要条件) $P(s)Z'(s) - P'(s)Z(s) = 0$
7	出射角 入射角	复极点处的出射角: $\theta_a = \pm 180°(2k+1) + \sum_{i=1}^{m}\varphi_i - \sum_{\substack{j=1 \\ j\neq a}}^{n}\theta_j$ 复零点处的入射角: $\varphi_b = \pm 180°(2k+1) + \sum_{j=1}^{n}\theta_j - \sum_{\substack{i=1 \\ i\neq b}}^{m}\varphi_i$
8	虚轴交点	(1) 满足特征方程:$1+G(j\omega)H(j\omega)=0$ 的 ω 值; (2) 由劳斯阵列求得(及相应的 K_r 值)
9	K_r 计算	根轨迹上任一点 s_x 处的 K_r: $K_r = \dfrac{1}{\|G_k(s_x)H_k(s_x)\|} = \dfrac{\text{开环极点至向量}s_x\text{长度的乘积}}{\text{开环零点至向量}s_x\text{长度的乘积}} = \dfrac{\prod_{j=1}^{n}\|s_x+p_j\|}{\prod_{i=1}^{m}\|s_x+z_i\|}$

迅速画出根轨迹是控制系统设计者必须掌握的基本技能。除了掌握作图方法外,了解开环零、极点对根轨迹的影响也是重要的。

4.2.2 开环零、极点的变化对根轨迹的影响

在给定系统中,开环零、极点的变化或增减都会对根轨迹产生影响。准确地描述这种影响是困难的。但是,这种影响还是有一定规律的。下面就开环零、极点的变化或增减对根轨迹产生影响的一般规律作简单介绍,以供在用根轨迹分析和设计系统时参考。

1. 开环零点对根轨迹的影响

根轨迹是从开环极点开始,终止于开环零点。形象地说,零点对根轨迹有"吸引"的作用,极点则对根轨迹有"排斥"作用。因此,当开环零点移动的时候,根轨迹会跟着移动,一般

总是将根轨迹"吸引"向零点的方向变化。增加一个零点,相当于将一个无穷远零点移动到有限值,趋向无穷的根轨迹就会少一支,有点像将这支根轨迹"吸引"朝着新增的有限零点去了。

例 4-4 单位负反馈系统的开环传递函数为

$$G(s)=\frac{K}{s(s+1)} \tag{4-48}$$

其根轨迹如图 4-5(a)所示。如果增加一个开环零点 $s=-2$,就会把根轨迹"吸引"向零点的方向变化,如图 4-5(b)所示。可见,增加系统开环零点,将提高系统的稳定性。开环零点向原点或虚轴方向移动,也具有相同的影响。

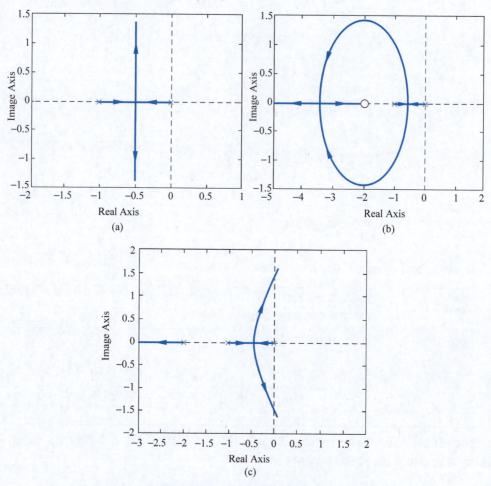

图 4-5 例 4-4 系统的根轨迹图

减少开环零点或将开环零点向远离虚轴的方向移动,其作用则相反。读者可绘制将开环零点自 $s=-2$ 移到 $s=-5$ 的根轨迹图,验证其结果。∎

2. 开环极点对系统的影响

在例 4-4 中,如果增加一个开环极点 $s=-2$,就会把根轨迹"排斥",将其推向离开新增极点的方向,如图 4-5(c)所示。可见,增加系统开环极点,将使系统的稳定性变差。开环极点向原点虚轴方向移动,也具有相同的影响。

减少开环极点或将开环极点向离开虚轴的方向移动,其作用则相反。读者可绘制将开环极点自 $s=-2$ 移到 $s=-5$ 的根轨迹图,验证其结果。

4.3 根轨迹在系统参数优化中的应用

根轨迹法是根据开环系统的零点和极点,求出当根轨迹增益 K_r 从 0 到 ∞ 变化时,闭环极点变化的轨迹。因此它给出了 K_r 变化时闭环极点的全部信息。考虑图 4-6 描述的闭环系统。

设 $G(s)=\dfrac{N_G(s)}{D_G(s)}, H(s)=\dfrac{N_H(s)}{D_H(s)}$,其中 $N_G(s)$、$N_H(s)$、$D_G(s)$,$D_H(s)$ 分别是 $G(s)$ 和 $H(s)$ 的分子和分母多项式,那么闭环系统的传递函数是

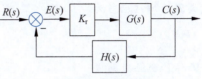

图 4-6 闭环系统

$$W(s)=\dfrac{K_r\dfrac{N_G(s)}{D_G(s)}}{1+\dfrac{K_r N_G(s) N_H(s)}{D_G(s) D_H(s)}}=\dfrac{K_r N_G(s) D_H(s)}{D_G(s) D_H(s)+K_r N_G(s) N_H(s)}$$

其中的 $K_r N_G(s) D_H(s)$ 和 $D_G(s) D_H(s)+K_r N_G(s) N_H(s)$ 都是多项式。这个事实说明,如果没有分子分母间的公因子抵消,闭环系统的零点包含前向传递函数的零点,这说明反馈可能增加零点,但不能改变前向通道上的零点,但它能改变极点。一旦用根轨迹求得了闭环系统极点,那么它与 $N_G(s)\cdot D_H(s)$(它们都标注在根轨迹上)就完全确定了闭环传递函数。在这个意义上,根轨迹反映的信息足够用来分析和设计闭环系统的行为。这种全面性为系统参数优化提供了方便。这一节讨论利用根轨迹来优化系统参数的方法。

尽管本章前面仅讨论 K_r 从 0 到 ∞ 变化的情形,但是只要将幅角条件稍作改变就可以讨论 K_r 从 $-\infty$ 到 0 变化的情形。K_r 从 $-\infty$ 到 ∞ 变化画出的根轨迹称为全根轨迹。

如果系统中的变量不是增益,那么例 4-1 提供了一种方法,将它转换成根轨迹增益来处理。因此只要系统只有一个可变参数,那么根轨迹提供了这个参数变化时闭环极点变化的全部信息。

4.3.1 用根轨迹分析闭环主导极点

第 3 章讨论控制系统分析的时域方法,我们限于考虑二阶系统,这是因为用解析法求解三阶和三阶以上的方程比较困难。在经典控制理论中大量应用主导极点来分析高阶系统性能。因此让系统具有主导极点,同时保证应用主导极点的分析有较好的近似,是一项重要的优化设计。

例 4-5 如图 4-7 所示的位置随动系统,放大器的增益为 K,执行电动机的参数为:$T_1=0.1s, T_2=0.2s$。要求:对速度输入 $r(t)=At$(其中 $A=1mm/s$)的稳态误差 $e_{ss} \leqslant 0.1mm$。试分析在满足稳态性能要求的条件下,系统的动态性能指标:系统的超调量和按 2% 误差准则的调整时间。

解 为满足系统的稳态性能要求

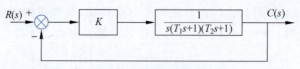

图 4-7 位置随动系统

$$e_{ss} = \frac{A}{K_v} = \frac{A}{K} \leqslant 0.1\text{mm}$$

放大器的增益应当为

$$K \geqslant \frac{A}{e_{ss}} = 10$$

将开环传递函数写成

$$G(s) = \frac{50K}{s(s+5)(s+10)}$$

作出系统的根轨迹见图 4-8。

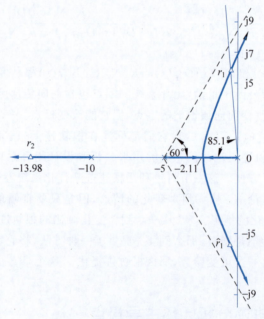

图 4-8 例 4-5 系统的根轨迹图

可以求出分离点 $s=-2.11$,对应为 $K=0.96$。当系统存在复极点的时候,其实部必然大于 -2.11,而另一根必小于 -10,所以这对复根可以作主导极点,可以应用主导极点方法分析闭环响应。

如取 $K=10$,闭环系统有一个根在实轴上,它到 -10、-5 与 0 的距离的乘积为 500,即 $s(s+5)(s+10)=500$。经典办法是试探,现在可以用 MATLAB 求解,得此实根为 -13.98,然后可得另外两根分别为 $-0.51\pm 5.96j$。得到主导极点对应的 $\zeta=0.085$,$\zeta\omega_n=0.51$。

$$M_p = e^{-\pi\zeta/\sqrt{1-\zeta^2}} \times 100\% = 76.5\%$$

按 2% 误差准则的调整时间

$$t_s \approx \frac{4}{\zeta\omega_n} = 7.84\text{s}$$

可见,系统虽然是稳定的,但是系统的动态响应指标并不好,动态过程将会出现剧烈的振荡。

图 4-9 给出未近似系统的单位阶跃响应。比较超调量和调整时间可知它与用主导极点得到的结果很相似。

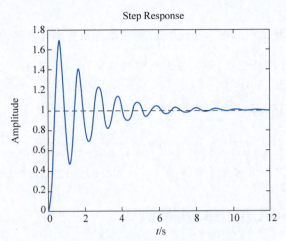

图 4-9 例 4-5 系统准确的单位阶跃响应曲线

4.3.2 用根轨迹优化系统的主导极点

在根轨迹中 K_r 是一个可变参数,可以应用这个自由度来选择主导极点,使得系统有更好的动态性能。我们继续例 4-5 来说明选择过程。

例 4-6 继续考虑例 4-5,T_1 和 T_2 不变,但是速度稳态误差不做要求,在根轨迹上标出闭环系统主导极点与 K 的关系。

解 将根轨迹图 4-8 重画于下(图 4-10)。特别地,注明了对应的 K 的值。在 $K=0.96$ 时,根轨迹出现分离点,当 $K=15$ 时根轨迹与虚轴相交。因此在 $0.96<K<15$ 系统存在一对共轭复根为主导极点。在例 4-5 中已经求得当 $K=10$ 时有主导极点 $s_{1,2}=-0.51\pm5.96$j。通常可以在根轨迹上先确定一个实根,然后求出对应的 K,最后确定另外两个复根。

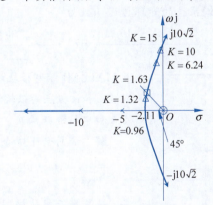

图 4-10 例 4-6 的根轨迹

例如,-13 是闭环的一个极点,它到 $-10,-5,0$ 的距离分别为 $3,8,13$,根据幅值原理得到 $K_r=312(K=6.24)$。闭环的特征方程为 $s(s+5)(s+10)=-312$。已知这个方程有

一个根是 -13,容易分解 $s(s+5)(s+10)+312=(s+13)(s^2+2s+24)$,因此另外两个复根为 $s_{1,2}=-1\pm4.80j$。用同样的方法,当有一个实根为 -11 时,另外一对共轭复根为 $s_{1,2}=-2\pm1.41j$。在根轨迹上标出闭环极点与对应 K 的值,那么就可以根据需要选取 k 的取值了。

如果需要得到最佳工程参数 $\zeta=0.707$,也可以用三角方程求解,具体如下。

设 $s=-x+jx$ 在根轨迹上,那么原点到它的幅角为 $\dfrac{3\pi}{4}$,-5 和 -10 到它的幅角分别为 $\tan^{-1}\dfrac{x}{5-x}$ 和 $\tan^{-1}\dfrac{x}{10-x}$。根据幅角原理

$$\tan^{-1}\dfrac{x}{5-x}+\tan^{-1}\dfrac{x}{10-x}+\dfrac{3\pi}{4}=\pi$$

解这个方程得 $x=1.91$。这时主导极点为 $s_{1,2}=-1.91\pm1.91j$,对应的 $K=1.63$。∎

4.4 用 MATLAB 绘制根轨迹

用 MATLAB 能精确地绘制根轨迹,并且可求取根轨迹上某闭环极点的值和相应的根轨迹增益。图 4-5 就是用 MATLAB 绘制的根轨迹图。MATLAB 有关根轨迹的命令主要有:

rlocus(sys) 绘制系统 sys 的根轨迹图。与此类似的命令还有 rlocus(num,den)。

[r,K$_r$]=rlocus(sys) 返回系统计算的闭环极点值(实部和虚部值)以及对应的根轨迹增益 K$_r$ 值。

[k,poles]=rlocfind(sys) 在根轨迹图上指定根轨迹的某个闭环极点,获取该极点的增益。要求在已绘制好的根轨迹图上,用光标选择希望的闭环极点。执行结果是显示指定点的根轨迹增益和闭环极点值。

sgrid 在 s 平面上绘制连续根轨迹的等 ζ、ω_n 格线。

sgrid(ζ,ω_n) 在 s 平面上绘制指定的等 ζ、ω_n 线。

例 4-7 给定单位负反馈系统的开环传递函数为

$$G(s)=\dfrac{K_r(s+1)}{s(s+0.5)(s+4)}=K_r\dfrac{s+1}{s^3+4.5s^2+2s}$$

用 MATLAB 绘制根轨迹图,并求 $\zeta=0.707$ 时的闭环极点和该极点的根轨迹增益;求 $K_r=7$ 时的闭环极点和单位阶跃响应。

解 调用如下命令:

p=[1,1]; q=[1,4.5,2,0]; sys=tf(p,q); rlocus(sys)

屏幕显示根轨迹图(图 4-11)。

再调用:

[k,poles]=rlocfind(sys)

屏幕提示:

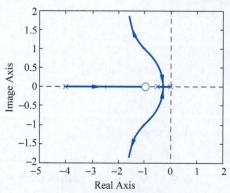

图 4-11 例 4-7 的根轨迹图

Select a point in the graphics window

将十字光标在根轨迹图上寻找 $\zeta=0.707$(根轨迹上实部与虚部绝对值相等的点)的闭环极点,单击鼠标左键,在图上便标出闭环极点,同时给出极点的数据和相应的根轨迹增益:

selected_point$=-1.0161-1.0058$i
k$=5.0596$
poles$=-2.4723;-1.0138+1.0093$i;
$-1.0138-1.0093$i

求 $K_r=7$ 时的闭环极点。先求出闭环特征方程为

$$\Delta(s)=s^3+4.5s^2+2s+K_r(s+1)$$
$$=s^3+4.5s^2+9s+7$$

调用命令:den$=[1,4.5,9,7]$;roots(den),求得闭环极点为 $-1.4447+1.5031$i,$-1.4447-1.5031$i,-1.6105。

为求闭环系统的单位阶跃响应,先求取闭环传递函数为

$$W(s)=\frac{7s+7}{s^3+4.5s^2+9s+7}$$

用命令:k$=7$;num1$=$k$*$p,den1$=$q;[num,den]$=$cloop(num1,den1,-1)也可求得

num $=$
    0   0   7   7
den $=$
    1.0000   4.5000   9.0000   7.0000

再执行:p$=[7,7]$;q$=[1,4.5,9,7]$;step(p,q),得闭环系统的单位阶跃响应曲线如图 4-12 所示。从曲线可得动态响应特性:超调量 $M_p=20\%$,$t_s=3.05$s。▮

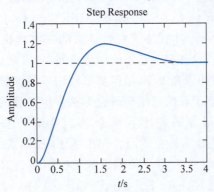

图 4-12 闭环系统的单位阶跃响应曲线

小结

闭环控制系统特征方程的根在 s 平面上的位置对系统的动态性能有重大影响。通过选择系统的参数可以改变系统的特征根,从而调整系统的动态性能。研究随参数变化,系统特征根在 s 平面上位置的变化规律是有实际意义的,根轨迹图清晰地给出了闭环系统极点随系统参数变化而变化的轨迹。根轨迹的形态是由系统开环零、极点在 s 平面上的分布以及

系统的开环增益(即系统的结构、参数)决定的,在系统结构、参数给定的情况下,可用根轨迹分析系统的动态性能,并且也可根据根轨迹的性质来设计系统,使其满足期望的动态性能。

本章主要介绍了参数 K_r 变化时的根轨迹。不论以哪个参数作为根轨迹的变量,只要将特征方程化成式(4-9)的形式,便可画出其根轨迹。掌握绘制根轨迹规则,对正确画出根轨迹图是十分重要的。要精确地画出根轨迹是一件烦琐的事,不过在进行系统的分析或设计时,并不需要画精确的根轨迹,一般画出近似的根轨迹便可满足要求,只有在需要准确计算闭环极点时,才有必要画出精确的根轨迹。用 MATLAB 能准确地绘制根轨迹,还可计算在任何给定参数条件下,闭环系统的极点和动态性能参数。用根轨迹来设计系统时,通常是用主导极点的方法来设计系统的,这将简化系统的设计工作。

根轨迹法的创始人——沃尔特·理查德·伊文思

沃尔特·理查德·伊文思(Walter Richard Evans,1920 年 1 月 15 日—1999 年 7 月 10 日),美国著名的控制理论家,根轨迹法的创始人。生于美国加利福尼亚,1941 年在密苏里圣路易斯华盛顿大学获得电气工程学士学位,1951 年在美国加州大学洛杉矶分校获得电气工程硕士学位。曾受聘于通用电气公司、罗克韦尔国际公司、福特航空公司等。

在经典控制理论中,根轨迹法占据十分重要的地位,与时域法、频域法齐名。伊文思的两篇论文 *Graphical Analysis of Control System*(AIEE Trans.,Part Ⅱ,67(1948):547-551)和 *Control System Synthesis by Root Locus Method*(AIEE Trans.,Part Ⅱ,67(1950):66-69)基本建立了根轨迹法的完整理论。伊文思当时所从事的工作是飞机导航和控制,其中涉及许多动态系统的稳定问题,因此又回到了多年前麦克斯韦和劳斯曾作过的对特征方程根的研究工作,但伊文思使用系统参数变化时特征方程的根变化的轨迹来研究系统性能,开创了新的思维和研究方法。伊文思的根轨迹法一经提出就受到广泛关注,钱学森于 1954 年出版的《工程控制论》专门介绍了这一方法,并将其称为伊文思方法。1954 年伊文思与麦克希尔教育集团合作出版了《控制系统动力学》。伊文思凭借在控制领域的突出贡献,于 1987 年获得了美国机械工程师学会 Rufus Oldenburger 奖章,于 1988 年获得了美国控制学会 Richard E. Bellman Control Heritage 奖章。

知识点自测

本节通过判断题、单选题和多选题来检测读者对本章知识点的掌握程度,为了便于自我检测,本章末尾给出了解答。

判断题(判断下列说法是否正确)

4-1 凡是满足相角条件的点必定在根轨迹上。

4-2 根轨迹的分支数等于开环极点数。

4-3 根轨迹的分支数等于系统特征方程的阶次。
4-4 根轨迹起始于开环传递函数的零点,终止于开环传递函数的极点。
4-5 线性定常系统的根轨迹与虚轴相交时,相应的 Routh 表中会出现全零行。
4-6 根轨迹上任何一点的根轨迹增益与开环零极点的位置相关。
4-7 当根轨迹出现在 s 平面的右半平面时,闭环系统就一定不稳定。
4-8 开环传递函数 $G(s)H(s)$ 增加实部小于零的零点时,根轨迹向右半 s 平面推移,闭环系统稳定性变差。

单项选择题(每小题列出的选项中只有一个选项是符合题目要求的)

4-9 已知某负反馈系统的开环传递函数为 $G(s)H(s) = \dfrac{s+a}{s(s^2+2s+2)}$,若要绘制参数 a 从 0 变化到 $+\infty$ 时系统的根轨迹,其等效的开环传递函数为( )。

A. $\dfrac{a}{s(s^2+2s+2)}$ B. $\dfrac{a}{s(s^2+2s+3)}$

C. $\dfrac{as}{s(s^2+2s+2)}$ D. $\dfrac{a(s+2)}{s(s^2+3s+2)}$

4-10 已知某负反馈系统的开环传递函数为 $G(s)H(s)=K(s+1)/s(s+2)(s+3)$,则系统的无限零点有( )个。

A. 0   B. 1   C. 2   D. 3

4-11 已知某负反馈系统的开环传递函数为 $G(s)H(s)=K(s+1)/s(s+2)(s+3)$,则终止于无穷远处的根轨迹有( )条。

A. 0   B. 1   C. 2   D. 3

4-12 已知某负反馈系统的开环传递函数为 $G(s)H(s)=K(s+1)/s(s+2)(s+3)$,则其根轨迹有( )条渐近线。

A. 0   B. 1   C. 2   D. 3

4-13 已知某负反馈系统的开环传递函数为 $G(s)H(s)=K(s+1)/s(s+2)(s+3)$,则其根轨迹有( )条分支。

A. 0   B. 1   C. 2   D. 3

4-14 已知某负反馈系统的开环传递函数为 $G(s)=K/s^2(s+2)(s+5)$,则实轴上根轨迹区间为( )。

A. $[-5,-2]$ B. $(-\infty,-5]$ C. $[-2,0]$ D. $[0,+\infty)$

4-15 开环传递函数中,增加一个 s 左半平面的开环零点,会引起( )。

A. 根轨迹左移,系统的稳定性改善   B. 根轨迹左移,系统的稳定性变差
C. 根轨迹右移,系统的稳定性改善   D. 根轨迹右移,系统的稳定性变差

4-16 开环传递函数中,s 左半平面的一个极点向虚轴方向移动,会引起( )。

A. 根轨迹左移,系统的稳定性改善   B. 根轨迹左移,系统的稳定性变差
C. 根轨迹右移,系统的稳定性改善   D. 根轨迹右移,系统的稳定性变差

多项选择题(每小题列出的选项中有两个或两个以上选项是符合题目要求的)

4-17 满足根轨迹幅值条件的点( )。

A. 一定在根轨迹上   B. 不一定在根轨迹上

C. 一定满足幅角条件 D. 不一定满足幅角条件

4-18 下列关于根轨迹的说法中**正确**的是(　　)。
　A. 如果开环零点数目 m 小于开环极点数目 n，则有 $n-m$ 条根轨迹终止于 s 平面无穷远处
　B. 根轨迹是连续的，并且对称于实轴
　C. 如果实轴上相邻开环极点之间存在根轨迹，则在此区间上必有分离点
　D. 如果实轴上相邻开环零点之间存在根轨迹，则在此区间上必有会合点
　E. 如果实轴上相邻开环零点与开环极点之间存在根轨迹，则它们之间既无分离点也无会合点

4-19 已知单位负反馈系统的开环传递函数为 $G(s)=K/s(s+1)(s+2)$，则下述关于根轨迹的说法中**正确**的是(　　)。
　A. 根轨迹有 3 条分支 B. 根轨迹的起点为 $0,-1,-2$
　C. 实轴上的根轨迹为 $[-2,-1]$ D. 根轨迹有两条渐近线
　E. 根轨迹与虚轴无交点

4-20 已知单位负反馈系统的开环传递函数为 $G(s)=K/s(s+3)(s+6)$，则下列说法中**正确**的是(　　)。
　A. 根轨迹有 3 条分支 B. 2 条根轨迹终止于无穷远处
　C. 实轴上的根轨迹为 $(-\infty,-6],[-3,0]$ D. 根轨迹有 2 条渐近线

4-21 已知单位负反馈系统的开环传递函数为 $G(s)=K(s+3)/(s+2)(s+4)$，则下列说法中**正确**的是(　　)。
　A. 只有实轴上存在根轨迹 B. 根轨迹起始于 $-2,-4$
　C. 根轨迹有 1 条渐近线 D. 根轨迹有 3 条分支

4-22 已知单位负反馈系统的开环传递函数为 $G(s)=K(s+1)/s(s+2)(s+3)$，则下列说法中**正确**的是(　　)。
　A. 根轨迹有 3 条分支
　B. 实轴上的根轨迹为 $[-3,-2],[-1,0]$
　C. 根轨迹有 2 条渐近线
　D. 渐近线与实轴的夹角为 $\pm 90°$

4-23 已知单位负反馈系统的开环传递函数为 $G(s)=K(s+0.5)/s^2(s+1)$，则下列说法中**正确**的是(　　)。
　A. 实轴上的根轨迹为 $[-1,-0.5]$ B. 根轨迹有 3 条渐近线
　C. 根轨迹有 3 条分支 D. 渐近线与实轴的交点为 -0.25
　E. 渐近线与实轴的夹角为 $\pm 60°、180°$

4-24 下列关于系统稳定性的表述中**正确**的是(　　)。
　A. 若根轨迹都在 s 平面虚轴左侧，则无论 K 为何值，系统总是稳定的
　B. 只要有一条根轨迹全部位于 s 平面虚轴右侧，则无论 K 为何值，系统总是不稳定的
　C. 若根轨迹的起点均在 s 平面虚轴的左侧，当 K 增大到某一值后，有一部分根轨迹越过虚轴，进入 s 平面虚轴的右侧，则增益 K 小于该值时闭环系统稳

定，K 大于该值时闭环系统不稳定
D. 若有部分根轨迹在 s 右半平面，则系统一定不稳定
E. 若根轨迹的起点有一个位于 s 平面虚轴的右侧，则系统一定是不稳定的

自测参考答案

判断题：(1) T；(2) F；(3) T；(4) F；(5) T；(6) T；(7) T；(8) F
单项选择题：(9) B；(10) C；(11) C；(12) C；(13) D；(14) A；(15) A；(16) D
多项选择题：(17) BD；(18) ABCD；(19) AB；(20) AC；(21) ABC；(22) ABCD；(23) ACD；(24) ABC

习题

A 基本题

A4-1 已知单位负反馈系统的开环传递函数为

$$G(s) = \frac{K_r(s+1)}{s^2(s+a)}$$

分别画出 $a=5, a=9, a=10$ 的根轨迹草图，并计算根轨迹在实轴上的分离点（或会合点），根轨迹渐近线与实轴的夹角和交点。

A4-2 在工业过程控制中广泛应用 PID 控制器，这种控制器的传递函数为

$$G_c(s) = K_P + \frac{K_I}{s} + K_D s \tag{A4-1}$$

式中，K_P 为比例增益，K_I 为积分增益，K_D 为微分增益。假设控制器的输入信号为 $e(t)$，输出信号为 $u(t)$，则

$$u(t) = K_P e(t) + K_I \int_0^t e(\tau) d\tau + K_D \frac{de(t)}{dt} \tag{A4-2}$$

即控制器的输出中包含有输入信号的比例、积分和微分项，故称为 PID 控制器。

若 $K_D = 0$，就是比例加积分（PI）控制器

$$G_c(s) = K_P + \frac{K_I}{s} \tag{A4-3}$$

若 $K_I = 0$，就是比例加微分（PD）控制器

$$G_c(s) = K_P + K_D s \tag{A4-4}$$

PID 控制器为过程控制提供了一种便于调节的通用控制器，对于不同控制对象，设定不同的比例增益 K_P、积分增益 K_I 和微分增益 K_D，便可获得良好的控制效果。式（A4-1）可改写为

$$G_c(s) = \frac{K_D s^2 + K_P s + K_I}{s}$$

或

$$G_c(s) = \frac{K_D(s^2 + \alpha s + \beta)}{s}$$

式中，$\alpha = \dfrac{K_P}{K_D}, \beta = \dfrac{K_I}{K_D}$。

考虑控制对象

$$G(s) = \frac{K_r}{(s+0.5)(s+1.5)}$$

应用 PID 控制器的系统方框图如图 A4-1 所示。

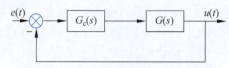

图 A4-1　带 PID 控制器的系统方框图

(1) 绘制原系统($G_c(s)=1$)的根轨迹草图,并求 $K_r=1$ 时闭环系统的特征根及单位阶跃响应的超调量和 2% 准则的调节时间 t_s;

(2) 引入 PID 控制器 $G_c(s)$:$K_P=12, K_I=20, K_D=2$,绘制闭环系统的根轨迹草图,并求 $K_r=1$ 时闭环系统的特征根及单位阶跃响应的超调量和 2% 准则的调节时间 t_s;

(3) 讨论在 PID 控制器中 K_P、K_I 和 K_D 对闭环系统性能的影响,说明其原理。

A4-3　已知负反馈系统的开环传递函数为

$$G(s)H(s) = \frac{K_r}{s(s+2)(s^2+2s+2)}$$

绘出系统的根轨迹图,并求根轨迹在实轴上的分离点和根轨迹的渐近线。

A4-4　求上题闭环系统的重极点及相应的系统增益 K_r。

A4-5　绘制下列开环传递函数的根轨迹草图:

(1) $G(s) = \dfrac{K_r}{s(s+2)(s^2+2s+2)}$　　(2) $G(s) = \dfrac{K_r}{(s+1)(s+2)(s+3)}$

(3) $G(s) = \dfrac{K_r(s+2)}{s(s+1)(s+3)}$　　(4) $G(s) = \dfrac{K_r(s+3)(s+4)}{s(s+1)(s+2)(s+5)(s+6)}$

(5) $G(s) = \dfrac{K(0.5s+1)}{s^2(0.25s+1)(0.1s+1)}$　　(6) $G(s) = \dfrac{K}{s^2(0.5s+1)}$

(7) $G(s) = \dfrac{K(s+1)}{s^2(0.5s+1)}$　　(8) $G(s) = \dfrac{K}{s^2}$

(9) $G(s) = \dfrac{K}{s^3}$

A4-6　绘制下列开环传递函数的根轨迹

$$G(s)H(s) = \frac{K_r(s+1)(s+3)}{s^3}$$

并计算使系统稳定的 K_r 取值范围,以及系统在速度输入时的稳态误差 e_{ss}。

A4-7　某单位负反馈系统的开环传递函数为

$$G(s) = \frac{K_r(s^2+4s+8)}{s^2(s+4)}$$

用根轨迹法证明:若系统期望主导极点的阻尼比 $\zeta=0.5$,则满足要求的 $K_r=7.35$ 及主导极点为 $s=-1.3\pm 2.2\mathrm{j}$。

A4-8 单位负反馈系统的开环传递函数为
$$G(s) = \frac{K_r(s+1.5)}{(s+1)(s+2)(s+4)(s+8)}$$
(1) 绘制根轨迹草图；
(2) 求 K_r 等于 400,500,600 时闭环系统的特征根；
(3) 若取其复极点为主导极点，求上述三种 K_r 下，阶跃响应的超调量；
(4) 求准确的阶跃响应时的超调量，与(3)的结果作比较。

B 深入题

B4-1 设单位负反馈系统的开环传递函数为
$$G(s) = \frac{K_r}{s(s-1)}$$
(1) 求使闭环系统稳定的 K_r 取值范围；
(2) 在前向通道串联一控制器 $G_c(s)$，其传递函数为
$$G_c(s) = \frac{(s+2)}{s(s+p)}$$
若 $p=20$，再求系统稳定的 K_r 取值范围；
(3) 设 $K_r=10$，绘制 p 自 0 变到 ∞，系统的根轨迹图；
(4) 讨论 $G_c(s)$ 的零、极点的位置对系统性能的影响。

B4-2 对于如图 B4-1 所示的系统：

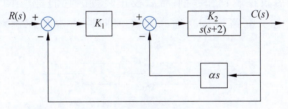

图 B4-1 题 B4-2 系统

(1) 绘制 $\alpha=0$ 时的根轨迹图；
(2) 绘制 $K_1=5,K_2=2$ 时，$0 \leqslant \alpha \leqslant \infty$ 的根轨迹；
(3) 求(2)题临界稳定时的 α 值；
(4) 讨论局部反馈 αs 对系统性能的影响。

B4-3 已知系统如图 B4-2 所示。

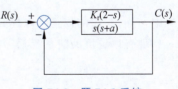

图 B4-2 题 B4-3 系统

(1) 当 $a=2$ 时，作 K_r 从 $0 \to \infty$ 的根轨迹，并确定系统无超调时的 K_r 取值范围及系统临界稳定时的 K_r 值；
(2) 当 $K_r=2$ 时，作 a 从 $0 \to \infty$ 的根轨迹，并确定系统阻尼比 $\zeta=0.707$ 时的 a 值。

B4-4 设单位负反馈系统的开环传递函数为
$$G(s) = \frac{K e^{-sT}}{s+1}$$
(1) 证明：e^{-sT} 的近似表达式为

$$e^{-sT} \cong \frac{\frac{2}{T} - s}{\frac{2}{T} + s}$$

(2) 设 $T = 0.1\text{s}$,则

$$e^{-0.1s} \cong \frac{20 - s}{20 + s}$$

$$G(s) \cong \frac{K(20 - s)}{(s + 1)(s + 20)}$$

绘制 K 从 0 到 ∞ 的根轨迹,并确定使系统稳定的 K 值范围。

B4-5 某单位负反馈系统的开环传递函数为

$$G(s) = \frac{K_r(s + 1)}{s(s - 3)}$$

(1) 绘制 K_r 自 0 到 ∞ 的根轨迹,并由根轨迹求使系统稳定的 K_r 值范围;

(2) 设 $K_r = 5$,按主导极点计算系统单位阶跃响应的超调量和按 2% 准则的调整时间;

(3) 由系统实际的单位阶跃响应求超调量和调整时间,并与(2)的结果进行比较,试分析原因。

C 实际题

C4-1 在控制系统设计中,常用校正装置来改善系统的性能。串联校正装置有三种类型:超前校正装置、滞后校正装置和超前-滞后校正装置。它们是用 RC 网络或由运算放大器和电阻电容组成的电子电路构成。通常是在前向通道中与控制对象串联,如图 C4-1 所示。

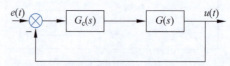

图 C4-1 串联校正装置在系统中的连接

超前校正装置的传递函数为

$$G_c(s) = K_c \cdot \frac{\alpha Ts + 1}{Ts + 1} \quad (C4\text{-}1)$$

式中,$\alpha > 1$。超前校正可以提高系统的动态性能。

现有单位负反馈系统,其开还传递函数为

$$G(s) = \frac{K_r}{s(s + 10)(s + 25)}$$

(1) 绘制系统的根轨迹图。若原闭环系统的超调量 $M_p = 60\%$,求原系统主导极点的阻尼比 ζ 和无阻尼振荡角频率 ω_n,以及根轨迹增益 K_r 和在单位速度输入 $r(t) = tu(t)$ 时,系统的稳态误差 e_{ss}。

(2) 引入超前校正装置

$$G_c(s) = \frac{(s + 3)}{(s + 3.93)}$$

求引入超前校正装置后系统的特征根。

若以一对复极点为主导极点,求其阻尼比 ζ 和无阻尼振荡角频率 ω_n 及超调量 M_p 和按 2% 误差准则的调整时间 t_s。

(3) 求系统准确的单位阶跃响应,将实际的超调量 M_p 和按 2% 误差准则的调整时间 t_s 与前面计算结果进行比较,并说明二者存在差别的原因。

C4-2 为提高系统的控制精度(稳态性能),可采用滞后校正装置,其传递函数为

$$G_c(s) = K_c \cdot \frac{Ts+1}{\beta Ts+1}$$

式中,$\beta > 1$。考虑单位负反馈系统

$$G(s) = \frac{1}{s^2+5s+6}$$

(1) 绘制系统的根轨迹图,并求闭环系统的极点、阻尼比 ζ 和无阻尼振荡角频率 ω_n 及超调量 M_p;

(2) 求系统的稳态误差系数 K_p, K_v 和 K_a;

(3) 若希望将系统的稳态误差系数增大到原来的 10 倍,又不使闭环系统的主导极点有明显的变化,引入滞后校正装置

$$G_c(s) = K_c \cdot \frac{s+0.05}{s+0.005}$$

绘制校正后系统的根轨迹图,校正后闭环系统的极点是否发生变化?为什么?

(4) 求校正装置的 K_c。

(5) 若以闭环复极点为主导极点,求校正系统的单位阶跃响应。

(6) 求校正系统准确的单位阶跃响应,与(5)的结果进行比较,说明出现差别的原因。

C4-3 若既要改善系统的动态性能,又要提高系统的稳态性能,可以用超前-滞后校正装置

$$G_c(s) = K_c \frac{(\alpha T_1 s+1)(T_2 s+1)}{(T_1 s+1)(\beta T_2 s+1)}$$

式中,$\alpha, \beta > 1$。现考虑单位负反馈系统,其开环传递函数为

$$G(s) = \frac{3}{s(s+1)}$$

现要求既加大稳态误差系数,又减小系统的超调量,引入超前-滞后校正装置

$$G_c(s) = \frac{(s+1)(s+0.1)}{(s+1.25)(s+0.008)}$$

(1) 绘制原系统的根轨迹图,并求闭环系统的极点,以及阻尼比 ζ,无阻尼振荡角频率 ω_n 和速度误差系数 K_v;

(2) 求原系统的单位阶跃响应;

(3) 绘制引入校正装置后系统的根轨迹图,并求闭环系统的主导极点以及阻尼比 ζ、无阻尼振荡角频率 ω_n 和速度误差系数 K_v;

(4) 求校正后系统的单位阶跃响应,并与(2)的结果进行比较,说明校正装置的作用。

D MATLAB 题

D4-1 用 MATLAB 绘制下列系统的根轨迹图,系统结构如图 D4-1 所示。

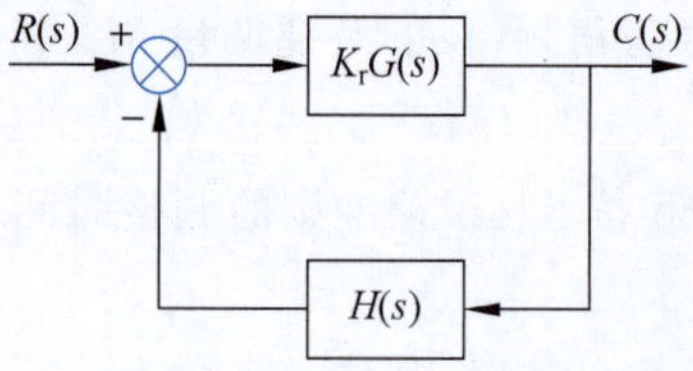

图 D4-1　题 D4-1 系统图

(1) $G(s)=\dfrac{1}{s^3+3s^2+4s+5}$，$H(s)=1$

(2) $G(s)=\dfrac{s+10}{s^4+5s^3+2s+1}$，$H(s)=s+5$

(3) $G(s)=\dfrac{s^5+6s^4+3s^3+2s^2+5s+8}{s^6+6s^5+3s^4+7s^3+2s^2+9s}$，$H(s)=1$

(4) $G(s)=\dfrac{s^2+2s+2}{s^2+3s+2}$，$H(s)=1$

(5) $G(s)=\dfrac{s+1}{s^3+2s+5}$，$H(s)=5s$

D4-2　某单位负反馈系统的开环传递函数为

$$G(s)=\dfrac{K_r}{s(s^2+2s+2)}$$

用 MATLAB 求：

(1) 系统稳定的增益 K_r；

(2) 闭环系统主导极点为 $\zeta=0.5$ 时的增益 K_r。

D4-3　用 MATLAB 求下列单位负反馈系统，以 a 为变量的根轨迹图。

$$G(s)=\dfrac{5s+a}{s^2+3s+2}$$

D4-4　对图 A4-1(题 A4-2)的系统，设：

(1) $G_c(s)=K_r$（比例控制）

(2) $G_c(s)=\dfrac{K_r}{s}$（积分控制）

(3) $G_c(s)=K_r\left(1+\dfrac{1}{s}\right)$（比例积分控制）

(4) $G_c(s)=K_r(5+s)$（比例微分控制）

用 MATLAB 分别绘制(1)～(4)四种情况下，$0\leqslant K_r<\infty$ 的根轨迹图；求取 $M_p\leqslant 5\%$ 的 K_r 值；比较四种控制下系统的稳态误差和动态响应指标，并讨论比例、积分和微分控制对系统性能的影响。

第 5 章 线性系统的频域分析
CHAPTER 5 ——频率响应法

前几章主要是在时域和复域中讨论了控制系统的特性。时域分析基于系统的时域数学模型——微分方程,用解析法分析系统的特性,它能准确地求得系统的稳态和动态响应的性能,但对高阶系统时域分析则比较困难;复域分析基于系统的复域数学模型——传递函数,用根轨迹法分析系统的性能,对高阶系统则依据主导极点的思想简化系统的分析。本章介绍的频率响应法是基于系统的频域数学模型——频率特性进行系统分析,所以频率响应法又叫频率特性法。这种方法提出于 20 世纪 30 年代后期,具有直观、运算简便的特点,非常适合于工程实践,一时得到广泛的应用。

当系统传递函数 $G(s)$ 中令 $s=j\omega$,便得到系统的频率特性 $G(j\omega)$。频率特性可以用图形(频率特性图)描述,其中用得最多的是伯德图,本章将主要讨论伯德图的绘制方法,它与系统性能的关系及在系统分析中的应用。同时还将简单讨论极坐标图和对数幅相图。

5.1 频率特性

5.1.1 线性定常系统对正弦输入信号的响应

设线性定常系统的传递函数为

$$G(s)=\frac{C(s)}{R(s)}=\frac{P(s)}{Q(s)} \tag{5-1}$$

式中,$P(s)$ 和 $Q(s)$ 是 s 的多项式,则输出的拉氏变换为

$$C(s)=\frac{P(s)}{Q(s)}R(s) \tag{5-2}$$

设输入 $r(t)=A\sin\omega t$,它的拉氏变换为

$$R(s)=\frac{A\omega}{s^2+\omega^2} \tag{5-3}$$

假定 $Q(s)$ 具有不相等的根且不等于 $\pm j\omega$,用部分分式展开得

$$C(s)=\frac{P(s)}{Q(s)}\frac{A\omega}{s^2+\omega^2}=\frac{P_1(s)}{Q(s)}+\frac{\alpha}{s+j\omega}+\frac{\beta}{s-j\omega} \tag{5-4}$$

式中

$$\alpha=-\frac{AG(-j\omega)}{2j} \quad \text{及} \quad \beta=\frac{AG(j\omega)}{2j} \tag{5-5}$$

系统的输出响应

$$c(t)=\mathcal{L}^{-1}\left(\frac{P_1(s)}{Q(s)}\right)+\mathcal{L}^{-1}\left(\frac{\alpha}{s+\mathrm{j}\omega}\right)+\mathcal{L}^{-1}\left(\frac{\beta}{s-\mathrm{j}\omega}\right) \tag{5-6}$$

如果 $G(s)$ 是稳定的，那么右边第一项是系统的瞬态响应，随着时间延伸将趋向零，后两项是系统对正弦输入的稳态响应，即

$$c(\infty)=\alpha \mathrm{e}^{-\mathrm{j}\omega t}+\beta \mathrm{e}^{\mathrm{j}\omega t} \tag{5-7}$$

又

$$G(\mathrm{j}\omega)=|G(\mathrm{j}\omega)|\angle G(\mathrm{j}\omega)=|G(\mathrm{j}\omega)|\mathrm{e}^{\mathrm{j}\varphi(\omega)} \tag{5-8}$$

因为 $G(s)$ 是实系数的函数，所以 $G(\mathrm{j}\omega)$ 与 $G(-\mathrm{j}\omega)$ 是共轭复数，即

$$|G(-\mathrm{j}\omega)|=|G(\mathrm{j}\omega)| \quad 及 \quad \varphi(-\omega)=-\varphi(\omega) \tag{5-9}$$

将式(5-5)、式(5-6)、式(5-8)与式(5-9)代入式(5-7)得

$$\begin{aligned} c(\infty)&=A|G(\mathrm{j}\omega)|\frac{\mathrm{e}^{\mathrm{j}(\omega t+\varphi(\omega))}-\mathrm{e}^{-(\mathrm{j}\omega t+\varphi(\omega))}}{2\mathrm{j}} \\ &=A|G(\mathrm{j}\omega)|\sin(\omega t+\varphi(\omega)) \end{aligned} \tag{5-10}$$

从上式可知：

稳定的线性定常系统对正弦输入信号 A simωt 的稳态输出响应与输入是同频率的正弦信号，其幅值为 $A|G(\mathrm{j}\omega)|$，并与输入信号有一个相位移 $\varphi(\omega)$，这个性质曾用作实验求取传递函数的主要依据。

5.1.2 系统的频率特性

将系统传递函数中的 s 代之以 $\mathrm{j}\omega$ 便得系统的频率特性，图 5-1 是其方框图，其中 $C(\mathrm{j}\omega)$ 与 $R(\mathrm{j}\omega)$ 分别是 $c(t)$ 与 $r(t)$ 的傅里叶变换。

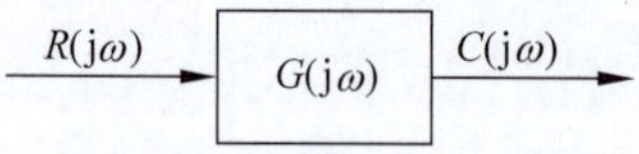

图 5-1 系统频率特性方框图

频率特性 $G(\mathrm{j}\omega)$ 是复变函数，它可以用幅值 $|G(\mathrm{j}\omega)|$ 和相角 $\angle G(\mathrm{j}\omega)$ 表示，即

$$G(\mathrm{j}\omega)=|G(\mathrm{j}\omega)|\angle G(\mathrm{j}\omega)=|G(\mathrm{j}\omega)|\mathrm{e}^{\mathrm{j}\varphi(\omega)} \tag{5-11}$$

式中

$$\angle G(\mathrm{j}\omega)=\varphi(\omega) \tag{5-12}$$

$|G(\mathrm{j}\omega)|$ 是 $G(\mathrm{j}\omega)$ 的幅频特性，它等于正弦输入的稳态的输出幅值与输入幅值之比；

$\varphi(\omega)$ 是 $G(\mathrm{j}\omega)$ 的相频特性，它是稳态输出对输入的相位移；

$|G(\mathrm{j}\omega)|$ 或 $\varphi(\omega)$ 都是角频率 ω 的函数。

频率特性 $G(\mathrm{j}\omega)$ 也可表示为实部和虚部：

$$G(\mathrm{j}\omega)=\mathrm{Re}G(\mathrm{j}\omega)+\mathrm{j}\mathrm{Im}G(\mathrm{j}\omega) \tag{5-13}$$

$\mathrm{Re}G(\mathrm{j}\omega)$——$G(\mathrm{j}\omega)$ 的实频特性；

$\mathrm{Im}G(\mathrm{j}\omega)$——$G(\mathrm{j}\omega)$ 的虚频特性。

$\mathrm{Re}G(\mathrm{j}\omega)$ 和 $\mathrm{Im}G(\mathrm{j}\omega)$ 都是角频率 ω 的函数。两种表示之间的关系如下：

$$|G(\mathrm{j}\omega)|=[\mathrm{Re}G(\mathrm{j}\omega)^2+\mathrm{Im}G(\mathrm{j}\omega)^2]^{1/2} \tag{5-14}$$

$$\varphi(\omega)=\arctan\frac{\mathrm{Im}G(\mathrm{j}\omega)}{\mathrm{Re}G(\mathrm{j}\omega)} \tag{5-15}$$

式(5-14)和式(5-15)可以用复平面上的向量表示，如图 5-2 所示。

$G(\mathrm{j}\omega)$ 是角频率 ω 的函数，当 ω 变化时，$G(\mathrm{j}\omega)$ 的轨迹是复平面上的一条曲线，因此，频

率特性可以用频率特性图表示。式(5-11)和式(5-13)都可用来绘制频率特性图。常用的频率特性图有以下3种:

(1) 极坐标图,也称奈奎斯特(Nyquist)图,简称奈氏图;

(2) 对数频率特性图,也称伯德(Bode)图;

(3) 对数幅相特性图,也称尼科尔斯(Nichols)图。

这些频率特性图将在后面进行讨论。

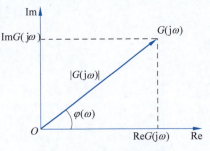

图 5-2 $G(j\omega)$ 的向量图

5.1.3 频率特性的性质

(1) 频率特性是系统的一种数学模型,它描述了系统的特性,与外界因素无关。当系统结构参数确定之后,系统的频率特性也随之确定。

(2) 稳定系统的频率特性刻画了系统对正弦输入的稳态响应,系统的稳态输出量与输入量是具有相同频率的正弦信号。$|G(j\omega)|$ 和 $\varphi(\omega)$ 都是 ω 的函数。

(3) 大部分系统输出的幅值随频率的升高而衰减,所以,它是一个低通滤波器。

频率特性还可以应用到某些非线性系统分析,这将在有关章节中讨论。

5.2 频率特性图

5.2.1 频率特性的极坐标图(奈氏图)

奈氏图是当 ω 自 0 变化到 $+\infty$ 时,向量 $G(j\omega)$ 端点在复平面上的轨迹,所以也叫 $G(j\omega)$ 的奈氏图。$G(j\omega)$ 可以表示为 $|G(j\omega)|$ 和 $\varphi(\omega)$,也可表示为 $\text{Re}G(j\omega)$ 和 $\text{Im}G(j\omega)$。下面以惯性环节为例说明奈氏图的绘制方法。

例 5-1 绘制惯性环节频率特性奈氏图

$$G(j\omega) = \frac{1}{j\omega T + 1} \tag{5-16}$$

解 将式(5-16)写成式(5-11)的形式,有

$$G(j\omega) = |G(j\omega)| \angle \varphi(\omega)$$

式中

$$|G(j\omega)| = \frac{1}{\sqrt{1+(\omega T)^2}} \tag{5-17}$$

$$\varphi(\omega) = -\arctan(\omega T) \tag{5-18}$$

求取奈氏图需要逐点计算,表 5-1 列出了一些特殊点的计算值。

表 5-1 一些特殊点的计算值

ω	0	1/2T	1/T	1/0.5T	∞
$|G(j\omega)|$	1	$2/\sqrt{5}$	$1/\sqrt{2}$	$1/\sqrt{5}$	0
$\varphi(\omega)$	0°	−26.6°	−45°	−63.4°	−90°

图 5-3 是惯性环节的奈氏图,它是一个半圆(第四象限的半圆为 $\omega > 0$ 时的轨迹,第一象

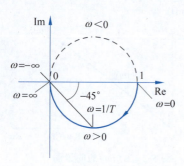

图 5-3 惯性环节奈氏图

限的半圆是 $\omega<0$ 时的轨迹)。这可以通过建立 $\mathrm{Re}G(\mathrm{j}\omega)$ 和 $\mathrm{Im}G(\mathrm{j}\omega)$ 之间的方程证明。证明如下：

$$G(\mathrm{j}\omega) = \mathrm{Re}G(\mathrm{j}\omega) + \mathrm{jIm}G(\mathrm{j}\omega)$$

$G(\mathrm{j}\omega)$ 的实部和虚部分别为

$$\mathrm{Re}G(\mathrm{j}\omega) = \frac{1}{(\omega T)^2 + 1}$$

$$\mathrm{Im}G(\mathrm{j}\omega) = \frac{-\omega T}{(\omega T)^2 + 1}$$

$$\mathrm{Re}G(\mathrm{j}\omega)^2 + \mathrm{Im}G(\mathrm{j}\omega)^2 = \frac{1}{(\omega T)^2 + 1} = \mathrm{Re}G(\mathrm{j}\omega)$$

配项化简得到

$$\mathrm{Re}G(\mathrm{j}\omega)^2 - \mathrm{Re}G(\mathrm{j}\omega) + \frac{1}{4} + \mathrm{Im}G(\mathrm{j}\omega)^2 = \left[\mathrm{Re}G(\mathrm{j}\omega) - \frac{1}{2}\right]^2 + \mathrm{Im}G(\mathrm{j}\omega)^2 = \frac{1}{4}$$

这是一个圆心为 $\left(\frac{1}{2}, \mathrm{j}0\right)$、半径等于 $\frac{1}{2}$ 的圆。

5.2.2 典型环节的奈氏图

上面分析了典型环节——惯性环节的奈氏图，下面介绍其他典型环节，但略去绘制过程。

1. 比例环节

传递函数

$$G(s) = K \tag{5-19}$$

频率特性

$$G(\mathrm{j}\omega) = K\angle 0° \tag{5-20}$$

比例环节的频率特性与角频率无关，其奈氏图是正实轴上的一个点(见图 5-4)，它到原点的距离为 K。

2. 微分环节

1) 理想微分环节

传递函数

$$G(s) = s \tag{5-21}$$

频率特性

$$G(\mathrm{j}\omega) = \mathrm{j}\omega = \omega\angle 90° \tag{5-22}$$

显然，理想微分环节的奈氏图是一条与正虚轴相重合的直线，见图 5-5。

图 5-4 比例环节的奈氏图   图 5-5 理想微分环节的奈氏图

2) 一阶微分环节

传递函数
$$G(s) = Ts + 1 \tag{5-23}$$

频率特性
$$G(j\omega) = j\omega T + 1 = (1 + \omega^2 T^2)^{1/2} \angle \arctan(\omega T) \tag{5-24}$$

一阶微分环节的奈氏图是复平面第一象限中一条通过(1,j0)点,并与虚轴平行的直线(图 5-6)。当 $\omega = 0$,处于(1,j0)点,随着 $\omega = 0 \to \infty$,向量 $G(j\omega)$ 的端点沿着该直线向上移动。

3) 二阶微分环节

传递函数
$$G(s) = T^2 s^2 + 2\zeta T s + 1 \tag{5-25}$$

频率特性
$$\begin{aligned} G(j\omega) &= T^2 (j\omega)^2 + 2\zeta T(j\omega) + 1 \\ &= (1 - T^2 \omega^2) + j2\zeta T\omega \\ &= \sqrt{(1 - T^2 \omega^2)^2 + 4\zeta^2 T^2 \omega^2} \angle \arctan \frac{2\zeta T\omega}{1 - T^2 \omega^2} \end{aligned} \tag{5-26}$$

二阶微分环节的奈氏图如图 5-7 所示,它可通过逐点计算得到。

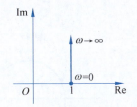

图 5-6 一阶微分环节的奈氏图

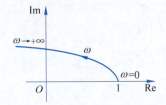

图 5-7 二阶微分环节的奈氏图

3. 积分环节

传递函数
$$G(s) = \frac{1}{s} \tag{5-27}$$

频率特性
$$G(j\omega) = \frac{1}{j\omega} = \frac{1}{\omega} \angle (-90°) \tag{5-28}$$

由于 $\angle G(j\omega) = -90°$ 是常数。而 $G(j\omega)$ 随 ω 增大而减小。因此,积分环节是一条与负虚轴重合的直线,如图 5-8 所示。

4. 振荡环节

传递函数
$$G(s) = \frac{1}{T^2 s^2 + 2\zeta T s + 1} \tag{5-29}$$

频率特性
$$G(j\omega) = \frac{1}{T^2 (j\omega)^2 + 2\zeta T j\omega + 1}$$

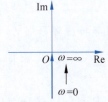

图 5-8 积分环节的奈氏图

$$= \frac{1-\omega^2 T^2}{(1-\omega^2 T^2)^2 + (2\zeta\omega T)^2} - j\frac{2\zeta\omega T}{(1-\omega^2 T^2)^2 + (2\zeta\omega T)^2}$$

$$= \left\{ \left[1-\left(\frac{\omega}{\omega_n}\right)^2\right]^2 + \left(2\zeta\frac{\omega}{\omega_n}\right)^2 \right\}^{-1/2} \angle \arctan\frac{-2\zeta\omega/\omega_n}{1-(\omega/\omega_n)^2} \quad (5\text{-}30)$$

式中 $\omega_n = 1/T$。振荡环节的奈氏图如图 5-9 所示。当 $\omega = 0$，$G(j0) = 1\angle 0°$，当 $\omega = \infty$，$G(j\infty) = 0\angle(-180°)$，奈氏图与负实轴相切而到达原点。当 $\omega = 1/T = \omega_n$，曲线通过虚轴，交点处的角频率等于无阻尼自然振荡角频率 $\omega_n = 1/T$，幅值等于 $|G(j\omega)| = 1/2\zeta$，阻尼比 ζ 越小，幅值就越大。

5. 延迟环节

在工程实际系统中，经常会遇到另一个环节——延迟环节，它的传递函数 $G(s) = e^{-sT}$，其中 T 为延迟时间常数，其对应的频率特性为

$$G(j\omega) = e^{-j\omega T} \quad (5\text{-}31)$$

延迟环节的幅频特性是与 ω 无关的常量，其值为 1。而相频特性则与 ω 呈线性变化。故其奈氏图是一个单位圆(图 5-10)。

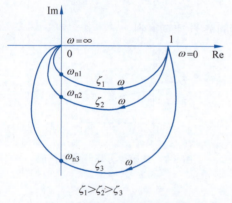

图 5-9 振荡环节的奈氏图

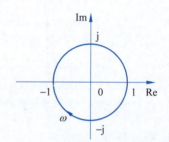

图 5-10 延迟环节的奈氏图

并不是所有系统的奈氏图都是简单的几何图形。一般来讲，奈氏图必须逐点计算，而且即使已知某一系统的奈氏图，如果要在原系统中增加一个环节，也没有简单的方法求取合成的奈氏图。

例 5-2 在例 5-1 的惯性环节基础上增加一个在原点的极点，绘制系统的奈氏图。

解 增加一个在原点的极点后，其频率特性为

$$G(j\omega) = \frac{1}{j\omega(j\omega T + 1)} = \frac{1}{j\omega - \omega^2 T} \quad (5\text{-}32)$$

其实部与虚部分别为

$$\text{Re}G(j\omega) = \frac{-T}{\omega^2 T^2 + 1} \quad \text{和} \quad \text{Im}G(j\omega) = \frac{-1}{\omega^3 T^2 + \omega}$$

由于 $\text{Re}G(j\omega)$ 与 $\text{Im}G(j\omega)$ 均小于零，所以系统的奈氏图始终在第三象限。当 $\omega = 0, \frac{1}{2T}, \frac{1}{T}$，$\infty$ 时的计算结果列于表 5-2 中。

表 5-2 计算结果

ω	0	1/2T	1/T	2/T	∞
$\mathrm{Re}G(\mathrm{j}\omega)$	$-T$	$-4T/5$	$-T/2$	$-T/5$	0
$\mathrm{Im}G(\mathrm{j}\omega)$	$-\infty$	$-8T/5$	$-T/2$	$-T/10$	0

由于 $\omega\to 0$ 时，$\mathrm{Re}G(\mathrm{j}\omega)\to -T$，$\mathrm{Im}G(\mathrm{j}\omega)\to -\infty$，因此当 $\omega\to 0$，有渐近线 $\sigma=-T$。奈氏图示于图 5-11。

要准确绘制系统的奈氏图是一件比较麻烦的工作，不过在工程实践中，并不需要准确画出整条奈氏图，只要知道曲线所在的象限、走向和主要特征。下面将奈氏图的一些绘制规律概括地作一介绍，这里假定 $G(s)$ 具有时间常数型的标准形式，且所有零极点均位于左半 s 平面。

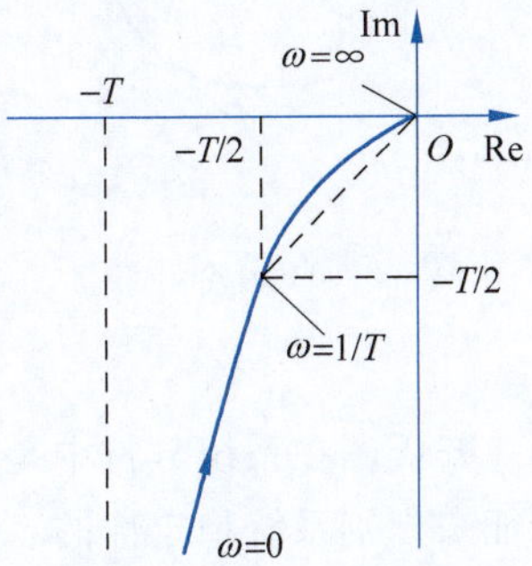

(1) 奈氏图的起点 $(\omega=0)$ 取决于系统的类型及系统的增益 K，即

$$|G(\mathrm{j}0)|=\lim_{\omega\to 0}\frac{K}{\omega^\nu} \tag{5-33}$$

图 5-11 例 5-2 的奈氏图

式中，ν 是系统在原点的极点数。因此，

$$\varphi(0)=-\nu\times 90° \tag{5-34}$$

例 5-1 的系统 $\nu=0$，所以 $|G(\mathrm{j}0)|=K$，$\varphi(0)=0°$；例 5-2 的系统 $\nu=1$，所以 $|G(\mathrm{j}0)|=\infty$，$\varphi(0)=-90°$。注意尽管 $\mathrm{Re}G(0)=-T$，但因为 $\mathrm{Im}G(0)=-\infty$，所以 $\varphi(0)$ 是 $-90°$。

(2) 奈氏图的终点 $(\omega=\infty)$，对 $n>m$ 的系统（n 和 m 分别是系统的极点数和零点数），有

$$|G(\mathrm{j}\infty)|=0 \tag{5-35}$$

$$\varphi(\infty)=-(n-m)\times 90° \tag{5-36}$$

上面二式说明，系统的奈氏图是以 $-(n-m)\times 90°$ 的角度趋向原点。例 5-1 的惯性环节，$n=1$，$m=0$，所以 $\varphi(\infty)=-90°$；例 5-2 的系统和振荡环节的 $n=2$，$m=0$，所以 $\varphi(\infty)=-180°$。

例 5-3 利用前述奈氏图的规律绘制下列系统的奈氏图草图：

(1) $G(s)=\dfrac{1}{(T_1 s+1)(T_2 s+1)}$；

(2) $G(s)=\dfrac{1}{s(T_1 s+1)(T_2 s+1)}$；

(3) $G(s)=\dfrac{(T_3 s+1)}{s(T_1 s+1)(T_2 s+1)}$；

(4) $G(s)=\dfrac{(T_3 s+1)}{s(T_1 s+1)(T_2 s+1)(T_4 +1)}$。

图 5-12 是以上诸系统的奈氏图草图，图中 (a)~(d) 分别对应 (1)~(4) 的系统。不难按前述规则解释曲线的形状特征。从以上一组曲线，还可以看到系统增加零、极点对系统奈氏

图的影响：增加极点，将向顺时针方向"拉"动曲线，例如系统(2)较系统(1)增加了一个在原点的极点，使曲线从第三、四象限"拉"向第二、三象限；系统(4)较系统(3)增加一个极点，也有相同的效果。增加零点的影响与之相反，它将曲线向逆时针方向拉动，例如在系统(2)的基础上增加一个零点，结果就把系统的奈氏图从第二、三象限"拉"向第三、四象限，如图 5-12(c)所示。了解这种影响，对于系统设计是有用的。

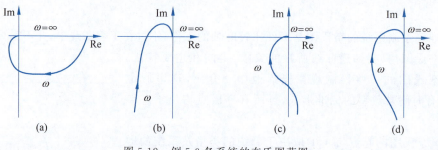

图 5-12　例 5-3 各系统的奈氏图草图

奈氏图在系统分析中是有一定价值的，后面将要讨论的稳定性判据就是根据奈氏图的特征来判别系统稳定性的。但当要在已知系统中附加零、极点时，由于要进行复数的乘法运算，计算比较烦琐，这就限制了奈氏图在系统设计中的应用。对数频率特性图（伯德图）将乘法运算变成加法运算，从而大大简化了频率特性的计算，成为控制系统设计的有效工具，得到广泛的应用。

5.2.3　对数频率特性图（伯德图）

伯德图是将系统的对数幅频特性和对数相频特性分别画在各自的坐标系中。对数幅频特性是取 $|G(j\omega)|$ 的对数 $20\lg|G(j\omega)|$ 为纵坐标，单位是分贝（dB），相频特性以 $\varphi(\omega)$ 为纵坐标，单位为度（°），横坐标都是角频率 ω，单位为弧度/秒（rad/s），但以 $\lg\omega$ 进行分度，这就是半对数坐标系。由于横轴采用对数分度，因此伯德图没有原点。伯德图优点如下。

（1）绘图方便。由于纵坐标的单位是分贝，它取了对数运算，因此伯德图将幅值的乘除转化为加减，$|G(j\omega)|$ 与 $|G^{-1}(j\omega)|$ 关于 0 分贝直线对称，相频也关于零度对称。而且可以用对数幅频特性的渐近线近似曲线，绘图非常简便，便于工程应用。

（2）分析方便。实际控制系统多半是低通滤波器，低频段特性很重要。伯德图是绘制在半对数坐标上，它的横坐标角频率采用的是对数分度，可以扩展低频段范围，这对系统分析和设计是很有利的。

系统的传递函数为

$$G(s) = \frac{K\prod\limits_{i=1}^{m_1}(\tau_i s+1)\prod\limits_{k=1}^{m_2}\left[\left(\dfrac{1}{\omega_k}\right)^2 s^2 + 2\zeta_k\dfrac{1}{\omega_k}s+1\right]}{s^{\nu}\prod\limits_{j=1}^{n_1}(\tau_j s+1)\prod\limits_{l=1}^{n_2}\left[\left(\dfrac{1}{\omega_l}\right)^2 s^2 + 2\zeta_l\dfrac{1}{\omega_l}s+1\right]} \quad (5\text{-}37)$$

对应的频率特性为

$$G(j\omega) = \frac{K \prod_{i=1}^{m_1} (j\omega\tau_i + 1) \prod_{k=1}^{m_2} \left[\left(\frac{j\omega}{\omega_k}\right)^2 + 2\zeta_k \frac{j\omega}{\omega_k} + 1\right]}{(j\omega)^\nu \prod_{j=1}^{n_1} (j\omega\tau_j + 1) \prod_{l=1}^{n_2} \left[\left(\frac{j\omega}{\omega_l}\right)^2 + 2\zeta_l \frac{j\omega}{\omega_l} + 1\right]} \tag{5-38}$$

其中包括增益 K，m_1 个一阶零点和 m_2 对复零点，在原点的 ν 重极点，n_1 个一阶极点和 n_2 对复极点。要绘制系统的奈氏图是相当麻烦的，而绘制其伯德图却不难。$G(j\omega)$ 的对数幅频特性是

$$20\lg|G(j\omega)| = 20\lg K + 20\sum_{i=1}^{m_1} \lg|j\omega\tau_i + 1| + 20\sum_{k=1}^{m_2} \lg\left|\left(\frac{j\omega}{\omega_k}\right)^2 + 2\zeta_k \frac{j\omega}{\omega_k} + 1\right| -$$

$$20\lg|(j\omega)^\nu| - 20\sum_{j=1}^{n_1} \lg|j\omega\tau_j + 1| -$$

$$20\sum_{l=1}^{n_2} \lg\left|\left(\frac{j\omega}{\omega_l}\right)^2 + 2\zeta_l \frac{j\omega}{\omega_l} + 1\right| \tag{5-39}$$

从上式可见，系统的对数幅频特性是一些典型环节的对数幅频特性的代数和，只要将这些典型环节的对数幅频特性叠加，便可得到系统的对数幅频特性曲线。

相频特性是

$$\varphi(\omega) = \sum_{i=1}^{m_1} \arctan(\omega\tau_i) + \sum_{k=1}^{m_2} \arctan\left(\frac{2\zeta_k \omega_k \omega}{\omega_k^2 - \omega^2}\right) - 90°\nu -$$

$$\sum_{j=1}^{n_1} \arctan(\omega\tau_j) - \sum_{l=1}^{n_2} \arctan\left(\frac{2\zeta_l \omega_l \omega}{\omega_l^2 - \omega^2}\right) \tag{5-40}$$

系统的相频特性曲线等于这些典型环节的相频特性之和。可以把这些典型环节归纳为以下 4 类基本因子：

(1) 常数增益 K；

(2) 在原点的极点(或零点)$(j\omega)^{\pm\nu}$；

(3) 实极点(或零点)$(j\omega\tau + 1)^{\pm 1}$；

(4) 复极点(或零点)$\left[\left(\frac{j\omega}{\omega_n}\right)^2 + 2\zeta \frac{j\omega}{\omega_n} + 1\right]^{\pm 1}$。

以上各式中的指数取正时为零点，取负时为极点。这些基本因子实际上就是基本环节。所有系统的伯德图都是这 4 类基本因子伯德图求和的结果，尤其是利用它们的渐近线近似时，整个过程将变得十分简单。

5.2.4 基本因子的伯德图

1. 常数增益的伯德图

设常数增益为 K，则其对数幅频特性是

$$L(\omega) = 20\lg K \tag{5-41}$$

当增益 $K > 1$，$L(\omega) = 20\lg K > 0$；而当增益 $0 < K < 1$，$L(\omega) = 20\lg K < 0$。它们都是水平直线，如图 5-13(a)所示。

相频特性是

$$\varphi(\omega)=0° \tag{5-42}$$

它也是一条水平直线,如图 5-13(b)所示。

如果增益是负值($-K$),其幅频特性依然是 $20\lg K$,但相角 $\varphi(\omega)=-180°$。

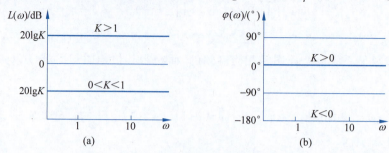

图 5-13 比例环节的伯德图

2. 在原点的极点(或零点)$(j\omega)^{\pm\nu}$ 的伯德图

在原点的极点即积分环节的频率特性为$(j\omega)^{-1}$,其对数幅频特性是

$$L(\omega)=20\lg\left|\frac{1}{j\omega}\right|=-20\lg\omega \quad (\text{dB}) \tag{5-43}$$

相频特性为

$$\varphi(\omega)=-90° \tag{5-44}$$

伯德图如图 5-14 所示。对数幅频特性是一条直线,在半对数坐标上,它是一条斜率为 -20dB/dec 的直线。dec 是十倍频程(即频率变化十倍)decade 的缩写,-20dB/dec 表示每十倍频程 $L(\omega)$ 减小 20dB。由式(5-43)知,$L(\omega)$ 与 ω 的关系是一条对数曲线。而 $L(\omega)$ 与 $\lg\omega$ 呈正比关系,所以在半对数坐标上(横坐标按 $\lg\omega$ 分度),式(5-43)是直线方程。$\omega=1$ 时 $L(1)=0$,所以经过(1,0)点。

相频特性是一条 $\varphi(\omega)=-90°$ 水平直线,如图 5-14 所示。

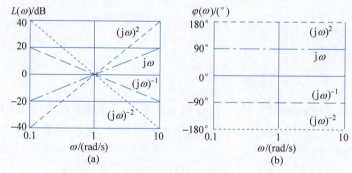

图 5-14 在原点的极点(或零点)$j\omega$ 的伯德图

若在原点有多重极点,即频率特性为$(j\omega)^{-\nu}$,则

$$L(\omega)=-\nu\times 20\lg\omega \tag{5-45}$$

$$\varphi(\omega)=-\nu\times 90° \tag{5-46}$$

此时,对数幅频特性是斜率为 $-\nu\times 20\text{dB/dec}$ 的直线,相频特性是 $\varphi(\omega)=-\nu\times 90°$的水平直线。在图 5-14 中同时给出了 $\nu=2$ 即在原点有双重极点的伯德图。

在原点的零点即纯微分环节的频率特性是 $j\omega$,对数幅频特性为

$$L(\omega) = 20\lg |j\omega| = 20\lg\omega \tag{5-47}$$

它是一条斜率为 20dB/dec 的直线。相频特性为

$$\varphi(\omega) = 90° \tag{5-48}$$

它是一条 $\varphi(\omega) = 90°$ 水平直线。

同理可得,在原点有多重零点 $(j\omega)^\nu$ 的对数幅频特性和相频特性

$$L(\omega) = 20\lg |(j\omega)^\nu| = \nu \times 20\lg\omega \tag{5-49}$$

$$\varphi(\omega) = \nu \times 90° \tag{5-50}$$

在图 5-14 中也给出了 $(j\omega)^\nu, \nu=1$ 和 $\nu=2$ 两种情况下的伯德图。

3. 实极点(或零点)$(j\omega T+1)^{\pm 1}$ 的伯德图

实极点 $(j\omega T+1)^{-1}$ 即惯性环节的对数幅频特性为

$$L(\omega) = 20\lg\left|\frac{1}{j\omega T+1}\right| = -20\lg(\omega^2 T^2+1)^{1/2} \tag{5-51}$$

这是一条曲线,但是它可以用 $\omega \ll 1/T$ 和 $\omega \gg 1/T$ 时的两条渐近线近似。

$\omega \ll 1/T$ 时,$L(\omega) = 20\lg 1 = 0$,它就是 0dB 的水平直线。

$\omega \gg 1/T$ 时,$L(\omega) = 20\lg(\omega T)^{-1} = -20\lg(\omega T)$,它是一条斜率等于 -20dB/dec 的直线。

当 $\omega = 1/T$ 时,$-20\lg(\omega T) = -20\lg 1 = 0$dB,说明两条渐近线的交点角频率 $\omega = 1/T$,这个角频率称为转角角频率。用这两条渐近线近似 $(j\omega T+1)^{-1}$ 的对数幅频特性,最大误差出现在 $\omega = 1/T$ 处,由式(5-51)可求得 $L(\omega)|_{\omega=1/T} = -3$dB。所以对于此类因子,采用渐近线近似实际曲线引起的误差不超过 3dB,但却大大简化了对数幅频特性的绘制及以后的计算。

$(j\omega T+1)^{-1}$ 的相角 $\varphi(\omega) = -\arctan(\omega T)$。$\omega = 0$ 时,$\varphi(\omega) = 0°$,$\omega = 1/T$ 时,$\varphi(\omega) = -45°$,$\omega = \infty$ 时,$\varphi(\omega) = -90°$。对 $\varphi(\omega)$ 曲线一般不作简化处理,因为它的数值与系统稳定性有密切关系。$(j\omega T+1)^{-1}$ 是系统经常出现的因子,为作图方便,通常将 $(j\omega T+1)^{-1}$ 的 $\varphi(\omega)$ 曲线制成模板。使用模板时,只要对准横坐标,并将 $-45°$ 的角频率对准 $1/T$,便可描下 $\varphi(\omega)$ 曲线。表 5-3 给出了 $\varphi(\omega)$ 的计算数据,用 MATLAB 可获得更准确的数据。

表 5-3 $(j\omega T+1)^{-1}$ 因子相频特性数据

ωT	0.01	0.05	0.1	0.2	0.3	0.4	0.5	0.7	1.0
$\varphi(\omega)/(°)$	-0.6	-2.9	-5.7	-11.3	-16.7	-21.8	-26.6	-35	-45
ωT	2.0	3.0	4.0	5.0	7.0	10	20	50	100
$\varphi(\omega)/(°)$	-63.4	-71.5	-76	-78.7	-81.9	-84.3	-87.1	-88.9	-89.4

注:$(j\omega T+1)$ 因子的 $\varphi(\omega)$ 取正值。

图 5-15(a)给出了 $(j\omega T+1)^{-1}$ 的 $L(\omega)$ 与 $\varphi(\omega)$ 曲线。

实零点 $(j\omega T+1)$ 即一阶微分环节的 $L(\omega)$ 与 $\varphi(\omega)$ 曲线与 $(j\omega T+1)^{-1}$ 对称于横坐标轴:$L(\omega)$ 大于转角角频率的渐近线斜率为 20dB/dec,$\varphi(\omega)$ 则是从 0°开始,随 ω 增大而增加,在 $\omega = 1/T$ 时 $\varphi(\omega) = 45°$,而当 $\omega = \infty$,$\varphi(\omega) = 90°$,也与惯性环节的相频关于 0°对称。实零点 $(j\omega T+1)$ 即一阶微分环节的 $L(\omega)$ 与 $\varphi(\omega)$ 曲线见图 5-15(b)。

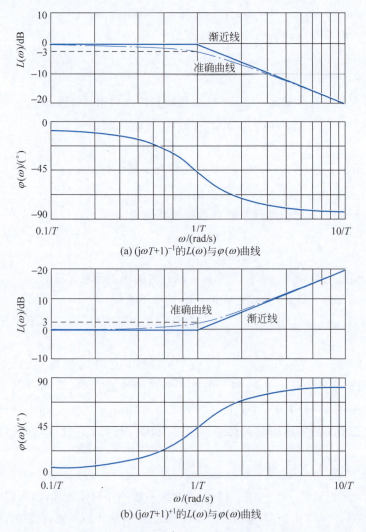

图 5-15 $(j\omega T+1)^{\pm 1}$ 的 $L(\omega)$ 与 $\varphi(\omega)$ 曲线

4. 复极点（或零点）$\left[\left(\dfrac{j\omega}{\omega_n}\right)^2+2\zeta\dfrac{j\omega}{\omega_n}+1\right]^{\pm 1}$ 的伯德图

复极点（即振荡环节）的频率特性为 $\left[\left(\dfrac{j\omega}{\omega_n}\right)^2+2\zeta\dfrac{j\omega}{\omega_n}+1\right]^{-1}$，令 $u=\omega/\omega_n$，则它的对数幅频特性

$$L(\omega)=-20\lg[(1-u^2)^2+(2\zeta u)^2]^{1/2} \tag{5-52}$$

当 $u=\omega/\omega_n \ll 1$ 时

$$L(\omega)=-20\lg 1=0\text{dB} \tag{5-53}$$

而当 $u \gg 1$ 时

$$L(\omega)=-40\lg u=-40\lg\left(\dfrac{\omega}{\omega_n}\right) \tag{5-54}$$

式(5-53)是一条 0dB 的水平直线，式(5-54)是一条斜率为 −40dB/dec 的直线，这两条渐近线相交处的频率就是转角角频率 $\omega=\omega_n$。渐近线与实际曲线之间的误差是阻尼比 ζ 的函

数,当 $\zeta<0.4$ 或 $\zeta>0.707$ 时,必须考虑 ζ 对 $L(\omega)$ 曲线的影响,对 $\omega=\omega_n$ 附近的 $L(\omega)$ 曲线进行修正。图 5-16(a)给出了在不同 ζ 时的 $L(\omega)$ 曲线。由图可见,当 $\zeta<0.707$,$L(\omega)$ 会出现一个谐振峰值 M_r,M_r 及它出现的角频率 ω_r(谐振角频率)可以通过式(5-52)对 u 求导,并使它等于零求得,即

$$\omega_r = \omega_n \sqrt{1-2\zeta^2} \tag{5-55}$$

$$M_r = |G(j\omega_r)| = (2\zeta\sqrt{1-\zeta^2})^{-1} \tag{5-56}$$

当 $\zeta \geqslant 0.707$,$M_r \leqslant 1$,$L(\omega)$ 曲线不会出现谐振峰值。

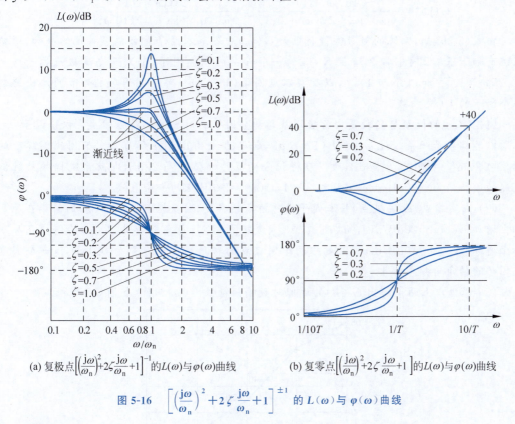

(a) 复极点 $\left[\left(\dfrac{j\omega}{\omega_n}\right)^2+2\zeta\dfrac{j\omega}{\omega_n}+1\right]^{-1}$ 的 $L(\omega)$ 与 $\varphi(\omega)$ 曲线

(b) 复零点 $\left[\left(\dfrac{j\omega}{\omega_n}\right)^2+2\zeta\dfrac{j\omega}{\omega_n}+1\right]$ 的 $L(\omega)$ 与 $\varphi(\omega)$ 曲线

图 5-16 $\left[\left(\dfrac{j\omega}{\omega_n}\right)^2+2\zeta\dfrac{j\omega}{\omega_n}+1\right]^{\pm 1}$ 的 $L(\omega)$ 与 $\varphi(\omega)$ 曲线

相频特性

$$\varphi(\omega) = -\arctan\dfrac{2\zeta\omega/\omega_n}{1-(\omega/\omega_n)^2} \tag{5-57}$$

或者

$$\varphi(u) = -\arctan\left(\dfrac{2\zeta u}{1-u^2}\right) \tag{5-58}$$

不同 ζ 下的 $\varphi(\omega)$ 曲线也示于图 5-16(a)。

复零点 $\left[\left(\dfrac{j\omega}{\omega_n}\right)^2+2\zeta\dfrac{j\omega}{\omega_n}+1\right]^{+1}$(即二阶微分环节)的 $L(\omega)$ 曲线见图 5-16(b),与复极点的 $L(\omega)$ 曲线对称(以 0dB 线为对称轴);其 $\varphi(\omega)$ 曲线与复极点的 $\varphi(\omega)$ 曲线对称(以 0°线为对称轴)。

5.2.5 控制系统的伯德图

下面通过一个实例说明系统伯德图的绘制方法。

例 5-4 绘制下列系统的伯德图

$$G(s) = \frac{10(s+1)}{s(s+4)(s+0.1)}$$

解 绘制伯德图先要将传递函数化成时间常数形式。系统的频率特性为

$$G(j\omega) = \frac{10(j\omega+1)}{(j\omega)(j\omega+4)(j\omega+0.1)} = \frac{25(j\omega+1)}{(j\omega)(0.25j\omega+1)(10j\omega+1)}$$

由式(5-39)知,系统的对数幅频特性是 $G(j\omega)$ 中各基本因子对数幅频特性的叠加,所给系统有如下基本因子:常数增益 $K=25$、一个($\nu=1$)积分因子$(j\omega)$、两个实极点因子——$(0.25j\omega+1)^{-1}$ 和 $(10j\omega+1)^{-1}$,以及实零点因子$(j\omega+1)$。可以利用 5.2.4 节的结论绘制各个因子的 $L(\omega)$ 曲线。

(1) $L(\omega)$ 的低频起始段是由常数增益与积分因子的对数幅频特性组成:积分因子 $\nu=1$,所以其幅频是一条经过 $\omega=1,L(1)=0\mathrm{dB}$,斜率为 $-20\mathrm{dB/dec}$ 的直线。又因比例环节的幅值为 $20\lg K=20\lg 25=28\mathrm{dB}$,所以应将积分环节的幅值提高 $28\mathrm{dB}$,即此系统幅频特性低频起始段斜率为 $-20\mathrm{dB/dec}$,且通过 $\omega=1,L(\omega)=28\mathrm{dB}$ 点的一条直线。

(2) 在实零点(或实极点)基本因子的转角角频率处,对数幅频特性 $L(\omega)$ 的斜率在原基础上增加(或减小) $20\mathrm{dB/dec}$,而在复零点(或复极点)的转角角频率处,$L(\omega)$ 的斜率在原基础上增加(或减小) $40\mathrm{dB/dec}$。此题中两个实极点的转角角频率分别为 0.1 和 4,一个实零点因子的转角角频率为 1。

(3) 根据以上两条画出 $G(j\omega)$ 的近似对数幅频特性 $L(\omega)$ 曲线,如图 5-17 所示。

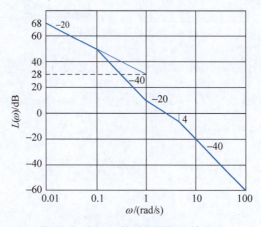

图 5-17 例 5-4 的对数幅频特性曲线

(4) 相频特性曲线是所有基本因子相频特性曲线的代数和,图 5-18 给出了基本因子和系统的相频特性曲线。曲线 1、2 和 3 分别是 $(10j\omega+1)^{-1}$、$(j\omega+1)$ 和 $(0.25j\omega+1)^{-1}$ 的相频特性曲线,$(j\omega)$ 的相频特性曲线 4 是 $-90°$ 的水平直线,以上 4 条相频特性曲线叠加的结果就是系统的相频特性曲线,图 5-18 中一条加粗的曲线就是系统的相频特性曲线。

例 5-5 系统的频率特性如下:

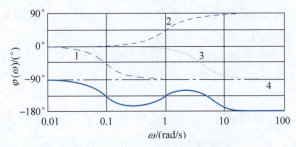

图 5-18 例 5-4 的相频特性曲线

$$G(j\omega) = \frac{10(0.5j\omega + 1)}{(j\omega)(j\omega + 1)((j\omega/10)^2 + (0.5j\omega/10) + 1)} \tag{5-59}$$

绘制系统的对数幅频特性曲线。

解 系统包含的因子(按照转角角频率的顺序)：
(1) 常数增益 $K = 10$；
(2) 在原点的极点；
(3) 极点 $\omega_1 = 1/T_1 = 1$；
(4) 零点 $\omega_2 = 1/T_2 = 2$；
(5) 复极点 $\omega_n = 10, \zeta = 0.25$。

按照前述绘图方法即可用各因子的渐近线绘出系统 $L(\omega)$ 曲线图,如图 5-19 实线所示。

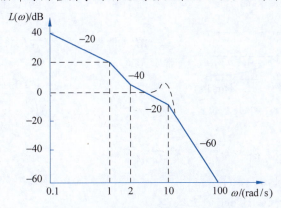

图 5-19 例 5-5 系统的 $L(\omega)$ 曲线

复极点的 $\zeta = 0.25$,故需要对其曲线进行修正,按式(5-55)与式(5-56)可求得 ω_r 和 M_r 分别为

$$\omega_r = \omega_n \sqrt{1 - 2\zeta^2} = 9.35 \text{rad/s} \tag{5-60}$$

$$M_r = |G(j\omega_r)| = (2\zeta\sqrt{1-\zeta^2})^{-1} = 6.3 \text{dB} \tag{5-61}$$

图 5-19 中的虚线为修正后的曲线。 ■

总结上面两个例子,将绘制伯德图幅频的步骤总结如下：
(1) 将传递函数化成时间常数形式(2.2 节)。
(2) 在横轴上标出所有的转角频率。
(3) 找到基准点 $(1, 20\lg K)$。

(4) 根据系统型号 ν，过基准点作一条斜率为 -20νdB/dec 的直线，这是在没有转角频率之前低频段的频率特性。

(5) 在横轴上自左至右找转角频率，逢转角频率则转；该转角频率在分子上对应为一阶环节斜率增加 20dB/dec，二阶环节增加 40dB/dec；在分母上则分别变化 -20dB/dec 和 -40dB/dec。

(6) 如果转角频率处对应的是二阶环节，当 $0.4 \leqslant \zeta \leqslant 0.707$ 时无须修正；当 $\zeta < 0.4$ 时，在转角频率乘以 $\sqrt{1-2\zeta^2}$ 处增加最大值为 $|20\lg(2\zeta\sqrt{1-\zeta^2})|$ 的突出；当 $\zeta > 0.707$ 时，需根据转角频率处 $L(\omega)$ 的准确值进行修正。

绘制相频特性没有简单的办法，只能将这些相频叠加。

在此介绍系统中两个常用的术语。

(1) 增益剪切角频率 ω_c：系统对数幅频特性穿越 0dB 的角频率，即 $|G(j\omega)|=1$，或 $L(\omega)=0$dB 时的角频率；

(2) 相位剪切角频率 ω_g：系统相频特性曲线穿越 $-180°$ 的角频率，即 $\varphi(\omega)=-180°$ 时的角频率。

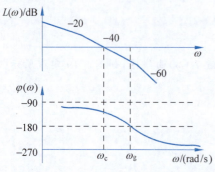

图 5-20 系统伯德图中 ω_c 和 ω_g 的位置

图 5-20 给出了伯德图上 ω_c 和 ω_g 的位置。

例 5-6 求下列传递函数的幅频特性，并求增益剪切角频率

$$G(s) = \frac{20(0.1s+1)}{s(s+0.5)(s+4)(0.04s+1)}$$

解 根据上述步骤，先将传递函数转换成时间常数形式

$$G(s) = \frac{10(0.1s+1)}{s(2s+1)\left(\dfrac{1}{4}s+1\right)(0.04s+1)}$$

(1) 转角频率为 $\dfrac{1}{2}=0.5, 4, \dfrac{1}{0.1}=10, \dfrac{1}{0.04}=25$；

(2) 找到基准点 $(1, 20)$；

(3) 过基准点作 -20dB/dec 的直线；

(4) 沿着低频段直线，在第 1 个转角频率 0.5 处，斜率改成 -40dB/dec，作直线；在第 2 个转角频率 4 处，改成斜率为 -60dB/dec 的直线；在第 3 个转角频率 10 处，斜率改成 -40dB/dec；在第 4 个转角频率 25 处，斜率改成 -60dB/dec。

它的对数幅频特性见图 5-21。

根据增益剪切角频率 ω_c 的定义，应该是

$$0 = 20\lg|G(j\omega_c)|$$
$$= 20\lg 10 + 20\lg|0.1j\omega_c + 1| - 20\lg|j\omega_c| -$$
$$20\lg|2j\omega_c + 1| - 20\lg\left|\dfrac{1}{4}j\omega_c + 1\right| - 20\lg|0.04j\omega_c + 1|$$

根据图 5-21，ω_c 应该在 1 和 4 之间，即在转角 4,10,25 之前。回忆基本环节的伯德图，在转角频率之前，它们的幅频是 0dB，因此可以不考虑这些环节。又因为在转角频率之后，

我们是用 $20\lg T\omega$ 去近似 $20\lg\sqrt{(T\omega)^2+1}$，所以得到
$$0 = 20\lg 10 - 20\lg\omega_c - 20\lg(2\omega_c)$$
即 $\dfrac{10}{\omega_c(2\omega_c)} = 1$，$\omega_c = \sqrt{5} \approx 2.236$。

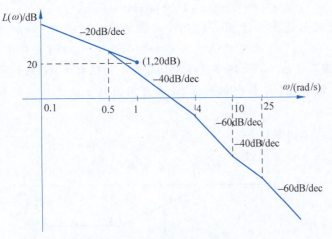

图 5-21　例 5-6 的伯德图（幅频）

在经典控制理论中根据伯德图求增益剪切频率都是根据折线的，因此与用 MATLAB 的仿真会有小的差异，但是就像我们总用折线代替曲线一样，反而认为这个近似值才是正确答案。可能会有读者担心，如果在例 5-6 中由于作图不准确，据图认为 ω_c 小于 4，所以没有考虑 $\dfrac{1}{s/4+1}$ 这个环节，但求出的 ω_c 大于 4 了，这时该怎么办？由于作伯德图是近似的，可能会发生这种现象，这时就必须将 $\dfrac{1}{s/4+1}$ 这个环节考虑进去，重新计算就可以了，再算出来的 ω_c 必定大于 4。

5.2.6　最小相位系统和非最小相位系统

为了进一步说明开环幅频特性与相频特性之间的关系，我们引入最小相位系统的概念。

定义：在 s 右半开平面没有零、极点，也没有延时因子（环节）的系统称为最小相位系统。

可以证明如果有 n 个 $G_i(s)(i=1,2,\cdots,n)$，它们的幅频特性 $|G_i(j\omega)|$ 都相等，那么最小相位系统一定使得相角变化最小，如果用 $\varphi(\omega)$ 表示系统的相频特性，那么相角的变化 $\Delta\varphi$ 定义为
$$\Delta\varphi = \max\varphi(\omega) - \min\varphi(\omega)$$

例 5-7　设两个控制系统的开环传递函数分别为（$T_1 > T_2$）
$$G_1(s) = \frac{1+T_2 s}{1+T_1 s} \quad 及 \quad G_2(s) = \frac{1-T_2 s}{1+T_1 s}$$

根据定义不难判别，$G_1(s)$ 是最小相位系统，$G_2(s)$ 是非最小相位系统。它们的对数幅频特性和相频特性分别为

$$L_1(\omega) = 20\lg\sqrt{1+(\omega T_2)^2} - 20\lg\sqrt{1+(\omega T_1)^2}$$

$$L_2(\omega) = 20\lg\sqrt{1+(\omega T_2)^2} - 20\lg\sqrt{1+(\omega T_1)^2}$$

$$\varphi_1(\omega) = -\arctan\omega T_1 + \arctan\omega T_2$$

$$\varphi_2(\omega) = -\arctan\omega T_1 - \arctan\omega T_2$$

上述两系统的伯德图绘于图 5-22 中，比较发现：当 ω 自 $0 \to \infty$，它们的幅频特性 $L_1(\omega) = L_2(\omega)$，但 $\varphi_1(\omega)$ 的变动范围为 $0° \to 90°$，而 $\varphi_2(\omega)$ 的变动范围达到 $0° \to 180°$。$\varphi_2(\omega)$ 的变化范围要比 $\varphi_1(\omega)$ 大得多。$G_1(s)$ 是最小相位系统，$G_2(s)$ 是非最小相位系统。带有延迟环节的系统也是非最小相系统，读者可用同样方法进行分析和理解其相位变化情况。

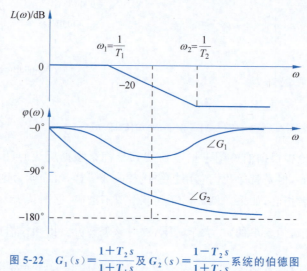

图 5-22 $G_1(s) = \dfrac{1+T_2s}{1+T_1s}$ 及 $G_2(s) = \dfrac{1-T_2s}{1+T_1s}$ 系统的伯德图

最小相位系统有以下一些特征：

(1) 对于开环极点都在左半 s 平面的系统，在 $n \geqslant m$ 且幅频特性相同的情况下，最小相位系统的相角变化范围最小。这里 n 和 m 分别表示传递函数分母和分子多项式的阶次。

(2) 当 $\omega \to \infty$ 时，其相角等于 $-90° \times (n-m)$，对数幅频特性曲线高频段的斜率为 $-20 \times (n-m)$ dB/dec。有时用这一特性判别一个系统是否为最小相位系统。

(3) 对数幅频特性与相频特性之间存在确定的对应关系。对于一个最小相位系统，我们若知道了其幅频特性，它的相频特性也就唯一地确定了。也就是说，只要知道其幅频特性，就能写出此最小相位系统所对应的传递函数，就可以依据幅频特性对系统进行分析研究，而无须再画出相频特性。

非最小相位环节(具有右半平面上的零点、极点或时滞特性的环节)相位滞后大，通常起动性能差，响应缓慢。在系统设计时，除了被控对象中可能包含之外，一般不人为地引入非最小相位环节。

5.2.7 对数幅相特性图

系统频率特性的另一种图形表示是对数幅相特性图，也称尼科尔斯图。对数幅相特性图画在以系统的对数幅值 $L(\omega) = 20\lg|G(j\omega)|$ dB 为纵坐标，相角 $\varphi(\omega)$ 为横坐标的幅相平

面上(ω 为参数),表示 $L(\omega)$ 与 $\varphi(\omega)$ 之间关系的特性曲线。对数幅相特性最重要的是在 $L(\omega)=0\text{dB}$ 和 $\varphi(\omega)=-180°$ 这一段的轨迹,所以通常只画出这一段的轨迹。一般都是根据对数幅频特性和相频特性画出对数幅相特性图。

例 5-8 绘制下述系统的尼科尔斯图

$$G(\text{j}\omega)=\frac{10(\text{j}\omega+1)}{(\text{j}\omega)(\text{j}\omega+4)(\text{j}\omega+0.1)} \tag{5-62}$$

解 系统的伯德图如图 5-23 所示。利用伯德图可以很快地得到对应于同一个 ω 的 $L(\omega)$ 与 $\varphi(\omega)$ 的数据,即尼科尔斯图的数据,据此便可绘制尼科尔斯图,如图 5-24 所示。∎

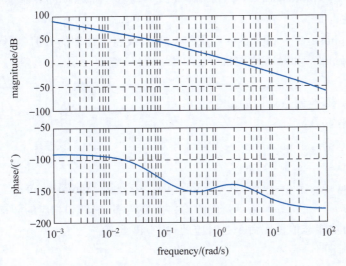

图 5-23 例 5-8 系统的伯德图

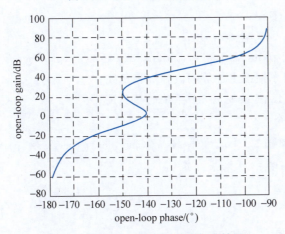

图 5-24 例 5-8 系统的对数幅相特性图

对数幅相特性图主要用来由开环频率特性分析闭环频率特性,详细论述将在 5.4 节展开。

5.2.8 用 MATLAB 作频率特性图

MATLAB 的控制系统工具箱中有很多绘制系统频率特性图的命令,简要介绍如下。

1. 伯德图

（1）bode(sys) 绘制系统伯德图，频率范围由 MATLAB 自动确定。

（2）bode(sys,ω) 在定义频率 ω 的范围内绘制系统的伯德图。ω 由两种定义方式，即

定义频率范围 $[\omega_{\min},\omega_{\max}]$；

定义频率点 $[\omega_1,\omega_2,\cdots,\omega_n]$。

（3）bode(sys_1,sys_2,$\cdots$,sys_n) 在同一窗口绘制多个系统的伯德图。

（4）bode(sys_1,sys_2,$\cdots$,sys_n,ω) 在定义频率 ω 的范围内绘制多个系统的伯德图。

（5）bode(sys_1,plotstyle1,sys_2,plotstyle2,$\cdots$,sys_n,plotstyle$n$) 命令中的 plotstyle 可定义图形的属性。

（6）[mag,phase,ω]=bode(sys) 不显示图形，仅将伯德图的数据（幅值、相角和相应的频率）置于 mag、phase 和 ω 三个向量中。

2. 奈氏图

类似于伯德图，绘制奈氏图的命令如下。

（1）nyquist(sys)；

（2）nyquist(sys,ω)；

（3）nyquist(sys_1,sys_2,$\cdots$,sys_n)；

（4）nyquist(sys_1,plotstyle1,sys_2,plotstyle2,$\cdots$,sys_n,plotstyle$n$)；

（5）[re,im,ω]=nyquist(sys) 奈氏图的数据是实部、虚部和相应的频率。

以上命令的功能与伯德图命令是对应的，故不再重复。

3. 尼科尔斯图

（1）nichols(sys)；

（2）nichols(sys,ω)；

（3）nichols(sys_1,sys_2,$\cdots$,sys_n)；

（4）nichols(sys_1,plotstyle1,sys_2,plotstyle2,$\cdots$,sys_n,plotstyle$n$)；

（5）ngrid 在尼科尔斯图上加等幅值和等相角线。

例 5-9 用 MATLAB 绘制例 5-8 系统的伯德图。

解 执行以下命令

num=[10,10]；den=[1,4.1,0.4,0]；sys=tf(num,den)；bode(sys)

可得系统的伯德图，如图 5-23 所示。

再执行命令

nichols(sys)

便得系统的尼科尔斯图，如图 5-24 所示。

5.3　频域中的稳定性判据

5.3.1　引言

线性定常系统稳定性判据在时域中有劳斯判据，可以判别闭环系统的特征根是否具有负实部。在复域中，则是根据开环传递函数绘制根轨迹，判定闭环系统的所有极点是否均在

左半 s 开平面上。频域中的稳定性判据是利用系统的开环频率特性来判别系统的稳定性。

令系统的开环传递函数为

$$G(s)H(s) = \frac{P(s)}{Q(s)} \tag{5-63}$$

则闭环系统的特征式为

$$F(s) = 1 + G(s)H(s) = \frac{P(s)+Q(s)}{Q(s)} = \frac{K_r \prod_{i=1}^{n}(s+z_i)}{\prod_{j=1}^{n}(s+p_j)} \tag{5-64}$$

由式(5-63)和式(5-64)可知：

(1) $F(s)$ 是 n 阶有理分式，并且零点数和极点数是相等的；

(2) $F(s)$ 的零点就是闭环系统的极点；

(3) $F(s)$ 的极点就是系统的开环极点。

频域中稳定性判据(奈氏判据)的数学基础是复变函数的幅角原理，因而可以推广到非线性系统。它是通过建立开环频率特性 $G(j\omega)H(j\omega)$ 曲线与 $F(s)=1+G(s)H(s)$ 在右半平面上的零、极点数的关系，判别闭环系统的稳定性。

5.3.2 幅角原理

1. 映射

s 是复数，在 s 平面上可表示为 $s=\sigma+j\omega$。$F(s)$ 也是复数，在复平面 $F(s)$ 上表示为 $F(s)=u+jv$。在 s 平面上除了 $F(s)$ 的极点外的任意点 s_i，均可在 $F(s)$ 平面上找到与之对应的点 $F(s_i)$。所以复函数 $F(s)$ 是从 s 平面到 $F(s)$ 平面的映射。例如函数

$$F(s) = \frac{2s}{s+1}$$

若 $s_1=2$，则 $F(s_1)=4/3$；若 $s_2=-j$，则 $F(s_2)=1-j$。

2. 幅角原理——柯西定理

频域稳定性的奈氏判据是基于复变函数的柯西定理，通常称为幅角原理，它是把在 s 平面上一个闭合路径 Γ_s 内 $F(s)$ 的零点和极点数与 $F(s)$ 平面上 Γ_F 围绕原点的圈数联系在一起了。

幅角原理：在 s 平面上取简单的闭合路径 Γ_s，即当 s 在 Γ_s 上移动时，每个点只经过一次，且 Γ_s 不通过 $F(s)$ 的零点和极点，$F(s)$ 在 Γ_s 内的零点数为 Z、极点数为 P，s 按顺时针方向沿 Γ_s 绕一圈，用 Γ_F 表示 $F(s)$ 在 $F(s)$ 平面上产生的闭合曲线，则 Γ_F 围绕原点的圈数为

$$N = Z - P \tag{5-65}$$

若 $N>0$(即 $Z>P$)，则 Γ_F 与 Γ_s 的移动方向一致，即也是顺时针移动；

若 $N=0$(即 $Z=P$)，则 Γ_F 不包围原点；

若 $N<0$(即 $Z<P$)，则 Γ_F 与 Γ_s 的移动方向相反，为逆时针移动。

证明：由式(5-64)得

$$F(s) = \frac{K_r \prod_{i=1}^{n}(s+z_i)}{\prod_{j=1}^{n}(s+p_j)} = |F(s)| \angle F(s) = |F(s)| \angle \left[\sum_{i=1}^{n}\phi_i - \sum_{j=1}^{n}\theta_j\right]$$

(5-66)

式中

$$\sum_{i=1}^{n}\phi_i = \sum_{i=1}^{n}\angle(s+z_i)$$

(5-67)

为 $F(s)$ 所有零点幅角之和；

$$\sum_{j=1}^{n}\theta_j = \sum_{j=1}^{n}\angle(s+p_j)$$

(5-68)

为 $F(s)$ 所有极点幅角之和。

当 s 沿 Γ_s 绕行时，$\angle(s+z_i)$ 和 $\angle(s+p_j)$ 将随之变化，图 5-25(a)说明相角 ϕ_i 和 θ_j 变化的情况。若 $F(s)$ 的零点（如 $-z_2$）、极点（如 $-p_1$）在 Γ_s 之外，s 沿 Γ_s 绕一圈，其相角变化皆等于 0。

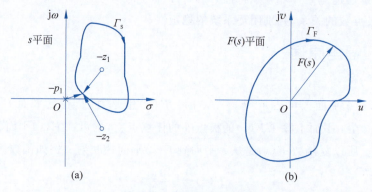

图 5-25 幅角原理示意图

若 $F(s)$ 的零点（如 $-z_1$）在 Γ_s 之内，s 沿 Γ_s 顺时针方向绕一圈，矢量 $(s+z_1)$ 相角变化为 -2π；

若 $F(s)$ 的极点在 Γ_s 之内（图 5-25 中无），s 沿 Γ_s 顺时针方向绕一圈，对应矢量相角变化为 -2π。

假设 $F(s)$ 在 Γ_s 之内有 Z 个零点和 P 个极点，当 s 沿 Γ_s 顺时针方向绕行一圈，$F(s)$ 的相角变化为

$$\Delta \angle F(s) = -2\pi(Z-P)$$

(5-69)

相角变化 -2π 相当于 Γ_F 按顺时针方向包围 $F(s)$ 平面的原点一圈，故

$$N = Z - P$$

(5-70)

式中，N 是 Γ_F 按顺时针方向包围 $F(s)$ 平面原点的圈数。

5.3.3 奈氏稳定性判据

本小节介绍奈氏稳定性判据。与劳斯判据不同，它是用复变函数的幅角原理证明的，因此不但适合线性系统，也可用于某些非线性系统，而劳斯判据只能判别实系数多项式的稳

定性。

1. 奈氏路径

现取如下闭合路径 Γ_s：它包围整个右半 s 平面，s 按顺时针方向沿着 $-\mathrm{j}\infty \to \mathrm{j}0 \to +\mathrm{j}\infty \to -\mathrm{j}\infty$ 绕行，其中从 $+\mathrm{j}\infty$ 至 $-\mathrm{j}\infty$ 是沿半径 $R\to\infty$ 的半圆**顺时针**绕行，如图 5-26 所示。这个闭合路径称为奈氏路径。

若 $F(s)$ 在 Γ_s 之内有 Z 个零点和 P 个极点，根据幅角原理，$F(s)$ 在 Γ_s 内的零点数（即闭环系统的极点数）应为

$$Z = N + P \tag{5-71}$$

回忆 $F(s)$ 的定义，可知，$Z=0$ 时系统稳定。因此闭环系统稳定的充分必要条件可表述为

$$N = -P \tag{5-72}$$

负号表示 Γ_F 沿逆时针方向包围 $F(s)$ 平面的原点。

如果 $P=0$，闭环系统稳定的充分必要条件就是

$$N = 0 \tag{5-73}$$

如果 $N\neq 0$，系统是不稳定的，并且 Γ_F 包围 $F(s)$ 平面原点的圈数 N 就等于系统不稳定的特征根数。

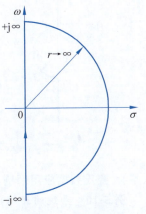

图 5-26 奈氏路径

2. 奈氏稳定性判据

前面分析是根据 Γ_F 包围 $F(s)$ 平面原点的圈数判别闭环系统不稳定的特征根数。当 s 顺时针方向沿 Γ_s 绕一圈时，$G(s)H(s)$ 在 GH 平面内产生的闭合曲线记为 Γ_{GH}。由于

$$G(s)H(s) = F(s) - 1 \tag{5-74}$$

所以 Γ_F 包围 $F(s)$ 平面原点的圈数就是 Γ_{GF} 包围 GH 平面 $(-1,\mathrm{j}0)$ 点的圈数。可以证明，当 s 顺时针方向沿奈氏路径从 $+\mathrm{j}\infty$ 变化到 $-\mathrm{j}\infty$ 时，不影响 Γ_{GH} 包围 GH 平面 $(-1,\mathrm{j}0)$ 点的圈数（请读者自行证明）。若 $F(s)$ 在虚轴上没有极点，则可得闭环系统稳定的充分必要条件。

闭环系统稳定的充分必要条件：$G(\mathrm{j}\omega)H(\mathrm{j}\omega)$ 曲线（ω 自 $-\infty \to +\infty$）包围 GH 平面 $(-1,\mathrm{j}0)$ 点的圈数为

$$N = -P \tag{5-75}$$

最小相位系统的 $P=0$，所以闭环系统稳定的充分必要条件是：$G(\mathrm{j}\omega)H(\mathrm{j}\omega)$ 曲线不包围 GH 平面 $(-1,\mathrm{j}0)$ 点，即

$$N = 0 \tag{5-76}$$

如果 $G(\mathrm{j}\omega)H(\mathrm{j}\omega)$ 曲线穿越 GH 平面 $(-1,\mathrm{j}0)$ 点，系统就是临界稳定的。

3. 在 s 平面原点有 $F(s)$ 的极点时的奈氏路径

根据幅角原理，奈氏路径不能通过 $F(s)$ 的极点。当在 s 平面原点有 $F(s)$ 的极点时，从 $s=-\mathrm{j}0 \to +\mathrm{j}0$ 的奈氏路径按图 5-27 以 $\varepsilon \to 0$ 微小半径的半圆绕过原点，此时 $s=\varepsilon \mathrm{e}^{\mathrm{j}\theta}$。$\theta = -90°\to 90°$，$s = -\mathrm{j}0 \to +\mathrm{j}0$。

$$G(s)H(s)\Big|_{s=\varepsilon\cdot\mathrm{e}^{\mathrm{j}\theta}} = \frac{K\prod_{i=1}^{m}(\tau_i\varepsilon\mathrm{e}^{\mathrm{j}\theta}+1)}{(\varepsilon\mathrm{e}^{\mathrm{j}\theta})^{\nu}\prod_{j=\nu+1}^{n}(T_j\varepsilon\mathrm{e}^{\mathrm{j}\theta}+1)} \to \frac{K}{\varepsilon^{\nu}}\mathrm{e}^{-\mathrm{j}\nu\theta} \tag{5-77}$$

上式说明,在这一段,$|G(s)H(s)|\to\infty$,其幅角变化仅由 $\nu\theta$ 决定。从图 5-27 可见,s 为 $-j0\to +j0$,其相角 θ 逆时针 $-90°\to 90°$ 变化了 $180°$,而 $G(s)H(s)$ 则以 ∞ 为半径,顺时针变化 $\nu\times 180°$。图 5-28 给出了 $\nu=1$ 的情形。

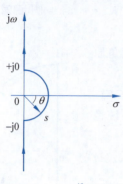 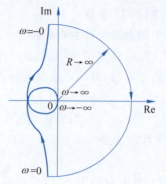

图 5-27 $s=\varepsilon e^{j\theta}$ 示意图   图 5-28 s 为 $-j0\to +j0$ 的奈氏图示意图

4. 奈氏判据应用举例

例 5-10 系统的开环传递函数为

$$G(s)H(s)=\frac{K_r}{s(s+a)} \quad a>0$$

试判别闭环系统的稳定性。

解 这是一个 1 型二阶系统。$G(j\omega)H(j\omega)|_{\omega=0}=\infty\angle(-90°)$,$G(j\omega)H(j\omega)|_{\omega\to\infty}=0\angle(-180°)$,此题中 $\nu=1$,s 为 $-j0\to +j0$ 时应顺时针补作 $180°$,且半径为无穷大的虚圆弧,如图 5-29 所示。图中奈氏图不包围 $(-1,j0)$ 点,即 $N=0$。而 $P=0$,所以系统是稳定的。

例 5-11 系统的开环传递函数为

$$G(s)H(s)=\frac{K(s-1)}{s(s+1)} \quad K>0$$

试判闭环系统的稳定性。

解 闭环系统是 1 型二阶系统。由于 $G(j\omega)H(j\omega)=\dfrac{2K}{\omega^2+1}-j\dfrac{(\omega^2-1)K}{\omega(\omega^2+1)}$,因此 $\omega\to 0$ 时奈氏图始于第一象限,初始相角为 $90°$;在 $\omega>1$ 后进入第四象限,最终相角 $-90°$。s 为 $-j0\to +j0$ 时应顺时针补作 $180°$,且是一个半径为无穷大的圆弧,奈氏图如图 5-30 所示。奈氏图包围 $(-1,j0)$ 点的圈数 $N=1$,而 $P=0$,所以闭环系统不稳定。

例 5-12 已知系统的开环传递函数为

$$G(s)H(s)=\frac{K}{s(T_1 s+1)(T_2 s+1)} \tag{5-78}$$

判断系统的稳定性。

解 开环是一个最小相位系统,奈氏图如图 5-31 所示。曲线与实轴的交点坐标为 $\left(-\dfrac{KT_1 T_2}{T_1+T_2},j0\right)$。图 5-31 给出了不同 K 值时的奈氏图。

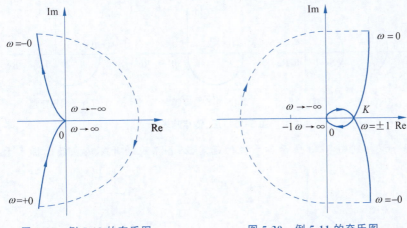

图 5-29　例 5-10 的奈氏图　　　　图 5-30　例 5-11 的奈氏图

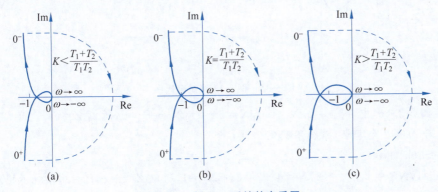

图 5-31　例 5-12 系统的奈氏图

图(a) 为 $K<\dfrac{T_1+T_2}{T_1T_2}$，曲线不包围(-1,j0)点，所以系统是稳定的；

图(b) 为 $K=\dfrac{T_1+T_2}{T_1T_2}$，曲线通过(-1,j0)点，系统处于临界稳定状态；

图(c) 为 $K>\dfrac{T_1+T_2}{T_1T_2}$，曲线包围(-1,j0)点，系统是不稳定的。

5. 判断 N 的简易方法

因 ω 自 $-\infty \to -0 \to +0 \to +\infty$ 时，$G(j\omega)H(j\omega)$ 奈氏图对称于实轴，因此，实际应用中常常只画 $\omega=0\to\infty$ 的那一部分。习惯上将 $G(j\omega)H(j\omega)$ 从下而上穿过(-1,j0)点左边负实轴称为正穿越一次；反之，称为负穿越一次，见图 5-32(a)。若 $G(j\omega)H(j\omega)$ 轨迹起始或终止于(-1,j0)以左的负轴上，则穿越次数为半次，同样有+0.5 次穿越和-0.5 次穿越，见图 5-32(b)和(c)所示。分别用 N_+ 和 N_- 表示正穿越和负穿越的次数。

不难理解，如果 $\omega=0\to\infty$ 变化时，$G(j\omega)H(j\omega)$ 按顺时针方向绕(-1,j0)一周，则必正穿越一次。反之，若逆时针方向包围(-1,j0)点一周，则必负穿越一次。此时计算奈氏图包围(-1,j0)点的圈数

$$N=2\times(N_+-N_-) \tag{5-79}$$

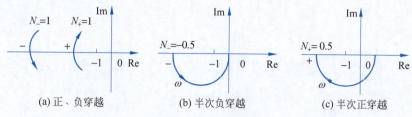

(a) 正、负穿越　　(b) 半次负穿越　　(c) 半次正穿越

图 5-32　正、负穿越表示

例 5-13　试判别图 5-33 所示各系统的稳定性,各系统的开环极点数已标示于图中。

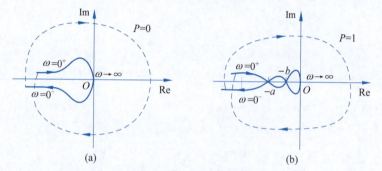

图 5-33　例 5-13 系统奈氏图

解　图 5-33(a)中,$N_+ = 2, N_- = 0, N = 2 - 0 = 2$,而 $P = 0$,所以 $Z = N + P = 2$,$F(s)$ 在右半 s 平面有 2 个零点,系统不稳定。

图 5-33(b)中,

若 $b > 1, N_+ = 4, N_- = 2, N = 4 - 2 = 2$,而 $P = 1$,所以 $Z = N + P = 3$,系统不稳定;

若 $b < 1 < a, N_+ = 2, N_- = 2, N = 2 - 2 = 0, Z = N + P = 1$,系统不稳定;

若 $a < 1, N_+ = 2, N_- = 0, N = 2 - 0 = 2, Z = N + P = 3$,统不稳定;

若 $b = 1$ 或 $a = 1$,曲线穿越$(-1, j0)$点,系统为临界稳定。

总结用奈氏判据,判别系统稳定性的步骤如下:

(1) 作出开环系统的频率特性 $G(j\omega)H(j\omega)$;

(2) 求出开环系统不稳定极点的个数,即 P 的值;

(3) 根据开环系统的型号,将 $G(j\omega)H(j\omega)$ 的尾端($\omega = 0$ 处)逆时针转 $\nu \times 90°$,最后必定落在实轴上;

(4) 根据修正后的奈氏图,计算 N_+ 和 N_-,然而应用式(5-79)得出 N。

(5) 应用奈氏判据 $Z = N + P$ 算出 Z。

5.3.4　伯德图的奈氏判据

从上面的讨论可以知道,P 可以从开环传递函数直接读出,因此应用奈氏判据的关键在于求 N,式(5-79)给出由 N_+ 和 N_- 求取 N,问题一下子变得十分简单了。我们只要考查奈氏图穿过$(-\infty, -1)$这段实轴的情况。如果是顺时针穿越,则幅角从大于$-180°$变到小于$-180°$,这时为正穿越,相应地幅角从小于$-180°$变到大于$-180°$的为负穿越。现在找这种穿越在伯德图上的对应关系。

(1) $G(j\omega_0)H(j\omega_0)$ 穿越负实轴,相当于相频特性 $\varphi(\omega)$ 穿越 $-180°$。如果在 $-180°$ 作一条平行于 ω 轴的直线,那么从上方穿越这条直线的为正穿越,从下方穿越这条直线的为负穿越。相频起始这条直线或者终止于这条直线的为半穿越。

(2) 如果 $G(j\omega_0)H(j\omega_0)$ 在 $(-\infty,-1)$ 穿越实轴,那么 $|G(j\omega_0)H(j\omega_0)|>1$,或者 $L(\omega_0)>0$。因此计算穿越只要关心 $L(\omega)>0$ 的这部分。

(3) 对于开环传递函数存在积分环节的系统,要将相频特性的尾端朝 $\varphi(\omega)$ 增加方向(箭头方向)上移 $\nu\times 90°$,上移后的起点必定在 $k180°$ 处。这时要注意穿越 $(2k+1)180°$ 都相当于穿越负实轴。

例 5-14 系统开环传递函数的伯德图如图 5-34 所示,试求系统的 N。

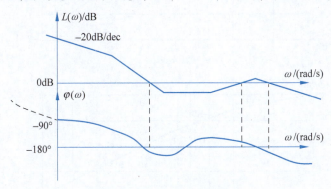

图 5-34 例 5-14 伯德图

解 由于低频段的斜率为 -20dB/dec,因此系统是 1 型的,相频的尾部上翘 $90°$。检查 $L(\omega)>0$ 部分,相频有二次从上方(大于 $-180°$)穿越 $-180°$ 直线,因此 $N_+=2,N=4$。∎

对于开环是最小相位的系统,情况比较简单。

开环是最小相位的系统,其稳定的充分必要条件是,在剪切角频率 ω_c 处的 $\varphi(\omega_c)>-180°$。反之,为不稳定系统。

图 5-35(a)、(b) 分别是两个最小相位系统的伯德图,根据判据,(a) 为稳定系统,(b) 为不稳定系统。由此可以得出 $\omega_c<\omega_g$ 是最小相位系统稳定的充分必要条件。

例 5-15 用伯德图判别下列系统的稳定性

$$G(s)H(s)=\frac{K_r(s+3)}{s(s+1)(s+50)(s+100)} \tag{5-80}$$

系统的伯德图如图 5-36 所示。图中 -1、-2 和 -3 分别表示 $L(\omega)$ 特性的斜率 -20dB/dec、-40dB/dec 和 -60dB/dec。

图中粗线是开环增益 $K=100$ 时的 $L(\omega)$ 曲线,在 $\omega=\omega_c$ 处的相位 $\varphi(\omega)>-180°$,所以系统稳定。当 $K=143$ 时的 $L(\omega)$ 曲线如图中的细线,相频特性正好在 $\omega=\omega_c$ 处自上向下穿越 $-180°$,系统处于临界稳定状态。如果 $K>143$,则 $\omega=\omega_c$ 处的相位 $\varphi(\omega)<-180°$,系统是不稳定的。∎

也可以用尼科尔斯图进行系统的稳定性分析,但作图比较麻烦,在此不进行讨论,读者可参阅有关资料。

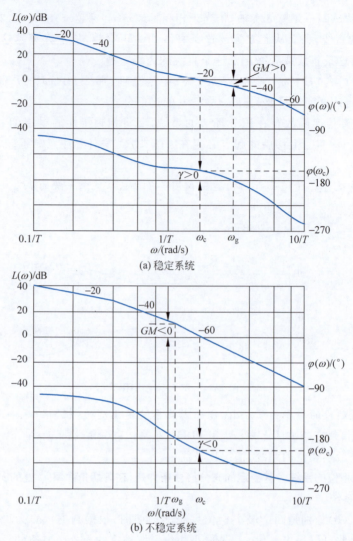

图 5-35 伯德图的奈氏判据

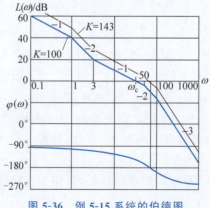

图 5-36 例 5-15 系统的伯德图

5.4 根据伯德图求系统传递函数

上一节指出,最小相位系统的幅频特性和相频特性是一一对应的,因此根据系统的幅频特性可以唯一地确定最小相位系统的传递函数。20 世纪 60 年代之前,在控制理论中总假设系统是黑箱,传递函数是通过实验方法求取的,应用频率特性求取系统传递函数是一种重要的方法,尤其是涉电的控制系统。对系统输入谐波信号 $\sin\omega t$,量测系统稳态输出的幅值并用分贝做单位,得到 $L(\omega)$。改变 ω,就有一系列的 $L(\omega)$,将这些 $(\omega, L(\omega))$ 标在半对数坐标中,用斜率为 $\pm 20k\,\mathrm{dB/dec}$ 的折线去拟合这些点,当然也可以用最小二乘法找出最佳拟合。然后用本节给出的方法求出系统的传递函数。对于非最小相位系统,还需要用相频特性决定零极点的符号。以下假设系统的幅频特性已经画出,研究如何求得它的传递函数。

假设系统的传递函数是

$$G(s) = \frac{K \prod_{i=1}^{m_1}(\tau_i s + 1) \prod_{k=1}^{m_2}(T_k^2 s^2 + 2\zeta_k T_k s + 1)}{s^\nu \prod_{j=1}^{n_1}(\tau_j s + 1) \prod_{l=1}^{n_2}(T_l^2 s^2 + 2\zeta_l T_l s + 1)}$$

时间常数 τ_i、τ_j、T_k、T_l 都是正实数,阻尼比 ζ_k、ζ_l 也是正实数,ν 是正整数,K 是增益,它们都是未知的。

1. 系统型号 ν

最小折角之前的频段称为最低频段。最低频段的斜率决定了系统的型号。最低频段的斜率是 $\nu \times (-20)\,\mathrm{dB/dec}$,那么型号就是 ν。由于已经要求用斜率是 $\pm 20k\,\mathrm{dB/dec}$ 的折线去拟合,因此 ν 是可以获取的。

2. 时间常数 τ_i、τ_j、T_k、T_l

一个折角频率对应一个时间常数,折角后斜率是减小的,这个时间常数对应的环节在分母上,增加的则在分子上。经过折角变化是 $\pm 20\,\mathrm{dB/dec}$ 的,是一阶环节,变化是 $\pm 40\,\mathrm{dB/dec}$ 的则是二阶环节。

3. 二阶环节的阻尼比 ζ_k、ζ_l

以 $\dfrac{\omega_n^2}{s^2 + 2\zeta\omega_n s + \omega_n^2}$ 为例,对于 $\dfrac{s^2 + 2\zeta\omega_n s + \omega_n^2}{\omega_n^2}$ 的环节只要将它做对称就可以相应处理了。二阶环节幅频的标注一般有两种情形:存在谐振和不存在谐振。存在谐振的会注明谐振峰值 M_r,根据 $M_r = -20\lg(2\zeta\sqrt{1-\zeta^2})$,可得 ζ。如果设 $\cos\theta = \zeta$,应用三角函数可以方便得到 $\zeta = \cos\left(\dfrac{1}{2}\arcsin 10^{-\frac{M_r}{20}}\right)$。对于不存在谐振的二阶系统,通常给出在折角频率处的准确幅频值,它与折角处的幅频的差是 $-20\lg 2\zeta$。

4. 增益 K

在绘制幅频特性的时候,总是从基准点 $(1, 20\lg K)$ 开始的。如果 $\omega = 1$ 处于最低频段,那么这点的幅频就是 $20\lg K$。然而对于一个给定的幅频特性,不能要求 $\omega = 1$ 处于最低频段,也不方便将最低频段作延长线一直到 $\omega = 1$ 处,再来量测它的 L 值。在一个幅频特性中,一定会有一点它的纵坐标和横坐标都是知道的。

设在幅频特性上给出了$(\omega_0, L(\omega_0))$。找出所有比ω_0小的折角频率对应的时间常数,在分子上的是$\tau_1, \tau_2, \cdots, \tau_m$,在分母上是$T_1, T_2, \cdots, T_n$,系统型号是$\nu$,那么根据折线的做法有

$$L(\omega_0) = 20\lg \frac{K \prod_{i=1}^{m}(\tau_i \omega_0)}{\omega_0^\nu \prod_{j=1}^{n}(T_j \omega_0)}$$

方程中只有一个未知数K,非常方便求解。

例 5-16 已知系统是最小相位的,它的幅频特性见图 5-37,求系统的传递函数。

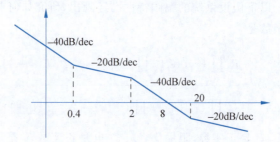

图 5-37 例 5-16 的幅频特性

其中,$\omega_c = 8$。

解 最低频段斜率为-40dB/dec,因此系统型号为 2,折角频率分别 0.4、2 和 20,已知的基准点是$(8, 0)$。传递函数是

$$G(s) = \frac{K\left(\frac{1}{0.4}s + 1\right)\left(\frac{1}{20}s + 1\right)}{s^2\left(\frac{1}{2}s + 1\right)}$$

比 8 小的折角有 0.4 和 2,因此

$$0 = 20\lg \frac{K \times \frac{8}{0.4}}{8^2 \times \frac{8}{2}}$$

因此$K = 12.8$。

5.5 基于频率特性的性能分析与优化设计

我们已经在时域和复域中考虑了系统的性能分析和优化设计,本节考虑基于频率特性的性能分析和优化设计。本节将分成两部分,先考虑应用开环频率特性的系统性能分析和参数优化,重点讨论了稳定裕量问题。然后考虑应用闭环频率特性分析系统性能。分析依然围绕控制系统"快、稳、准"三个基本要求进行。

5.5.1 开环频率特性的性能指标

开环频率特性的性能指标要分频段说。在低频段指标有低频段的斜率和开环增益。上一节已经说明最低频段的斜率对应系统型号,而开环增益主要由低频段的高度决定的。这两个指标确定了系统的稳态误差。

中频段是指包含幅频剪切频率和相频剪切频率的一段,这一段是分析闭环系统动态性能的主要依据,我们将在下一节专门介绍。

高频段是指系统的幅频已经衰减到-40dB之后,或者最后一个折角频率之后的频段。这一段的主要性能指标是高频段的斜率,希望小于-40dB/dec,使得高频信号有快速的衰减。

5.5.2 稳定裕量

劳斯判据及奈氏判据都是稳定性的判据,目的是给出系统稳定还是不稳定的判断。但是,在设计系统时,不但要求系统是稳定的,而且希望有较好的动态和稳态性能,就是有好的相对稳定性。例如,闭环系统的所有特征根都具有负实部,系统是稳定的。在稳定的系统中,特征根$-\sigma \pm j\omega$实部σ的数值越大(闭环极点离虚轴越远),其动态过程越短,响应速度越快。此外,系统元件老化、参数变动会引起极点漂移,σ数值越大,能够经受的变动就越大,系统的相对稳定性就越好,因此可以用σ的大小来度量系统的相对稳定性。另外可以用阻尼比ζ来描述相对稳定性,ζ越小超调量就越大,相对稳定性也越差。因此阻尼比和极点实部位置从不同角度描绘了相对稳定性。

在系统的开环频率特性中度量相对稳定性的指标是相位裕度和增益裕度。

(1) 增益裕度GM。

定义:在系统的相位剪切角频率ω_g(即$\varphi(\omega_g) = -180°$)处开环频率特性$|G(j\omega_g)H(j\omega_g)|$的倒数,称为控制系统的增益裕度,记作Gm,即

$$\text{Gm} \stackrel{\text{def}}{=} \frac{1}{|G(j\omega_g)H(j\omega_g)|} \tag{5-81}$$

由图5-38可知,GH平面上负实轴与$G(j\omega)H(j\omega)$曲线相交点的角频率便是ω_g。由奈氏判据可知,对于开环是最小相位的系统,当Gm<1时闭环系统不稳定;Gm=1,系统临界稳定;Gm>1系统稳定,Gm越大,系统的相对稳定性越好。

在图5-38(a)中,两个增益裕度均大于1,所以是稳定系统,但它们的相对稳定性是不同的。增益裕度$\text{Gm}_1 > \text{Gm}_2$,说明由$G_1(s)H_1(s)$构成的闭环系统的相对稳定性要优于$G_2(s)H_2(s)$构成的闭环系统;在图5-38(b)中表示的是不稳定系统,因为$\text{Gm}_3 < 1$。

增益裕度也可用分贝为单位表示,即

$$\text{Gm} = 20\lg \text{Gm} = -20\lg |G(j\omega_g)H(j\omega_g)| \quad (\text{dB}) \tag{5-82}$$

如Gm>0dB,闭环系统是稳定的,如GM=0dB,系统处于临界稳定状态,如Gm<0dB,系统是不稳定的。

(2) 相位裕度γ。

定义:在系统的增益剪切角频率ω_c处(即$|G(j\omega_c)H(j\omega_c)| = 1$),使闭环系统达到临界稳定状态所需附加的相移(增加或减少相移)量称为控制系统的相位裕度,记作γ,具体表

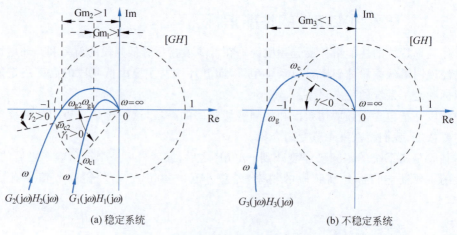

图 5-38 控制系统的增益裕度和相位裕度

示为

$$\gamma = 180° + \varphi(\omega_c) \tag{5-83}$$

对开环是最小相位的系统而言,$\gamma=0$ 时,闭环系统是临界稳定;$\gamma<0$ 时,系统不稳定;$\gamma>0$ 时系统是稳定的,且 γ 越大,系统的相对稳定性越好。

由图 5-38 可知,GH 平面上单位圆与 $G(j\omega)H(j\omega)$ 曲线相交点的角频率便是 ω_c。当 $\gamma>0°$ 时,相位裕度为正,系统稳定,见图 5-38(a),且 $G_1(s)H_1(s)$ 构成的闭环系统,其相对稳定性优于由 $G_2(s)H_2(s)$ 构成的闭环系统。当 $\gamma<0°$ 时,相位裕度为负,系统不稳定,见图 5-38(b)。

控制系统的相位裕度 γ 和增益裕度 Gm 是频率特性在极坐标图中对 $(-1,j0)$ 点靠近程度的一种度量。因此,这两个量可以用来作为设计准则。但是,仅用增益裕度或者仅用相位裕度,都不足以说明系统的相对稳定性。为了确定系统的相对稳定性,必须同时给出这两个量。

图 5-39 给出了伯德图上的增益裕量和相位裕量。在传递函数式(5-37)中,改变开环增益 K 不能改变系统的相频特性,因此这时 ω_g 是不变的。改变 K 将使得幅频特性上下平行移动,因此可以改变 ω_c 和 Gm。由图不难看出,增加 K 会导致相位裕量 γ 和增益裕量 Gm 减小。对于开环是最小相位的系统而言,K 的选取首先是让 $\omega_c<\omega_g$,然后上下平移幅频特性在满足 γ 和 GM 的前提下,使得 K 尽量大,以获得较小的稳态误差。

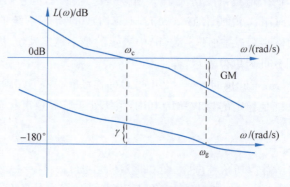

图 5-39 伯德图上的稳定裕量

为了得到较好的动态性能,要求相位裕度应当在 $\gamma=30°\sim 60°$,而增益裕度 $GM \geqslant 6dB$。对于最小相位系统而言,若对数幅频特性以$-20dB/dec$ 的斜率穿越 0dB 线,则系统是稳定的。如果以 $-40dB/dec$ 的斜率穿越 0dB 线,则可能是不稳定的;即使稳定,其相位裕度也比较小。

5.5.3 开环频域指标与时域性能指标的关系

这里主要讨论系统的时域指标超调量 M_p、调整时间 t_s 与开环频域指标相位裕度 γ、增益剪切角频率 ω_c 之间的关系。对二阶系统来说,它们存在准确的数学描述。但对高阶系统来说,这种关系比较复杂,通常用近似公式来描述。

1. 二阶系统

(1) M_p 与 γ 之间的关系。

开环传递函数为

$$G(s)H(s) = \frac{\omega_n^2}{s(s+2\zeta\omega_n)} \tag{5-84}$$

频率特性为

$$G(j\omega)H(j\omega) = \frac{\omega_n^2}{j\omega(j\omega+2\zeta\omega_n)} \tag{5-85}$$

幅频和相频分别为

$$|G(j\omega)H(j\omega)| = \frac{\omega_n^2}{\sqrt{\omega^4+(2\zeta\omega_n\omega)^2}} \tag{5-86}$$

$$\varphi(\omega) = -90° - \arctan\frac{\omega}{2\zeta\omega_n} \tag{5-87}$$

当 $\omega=\omega_c$ 时,频率特性的幅值等于 1。将之代入式(5-86)有

$$\omega_n^4 = \omega_c^4 + (2\zeta\omega_n\omega_c)^2 \tag{5-88}$$

或

$$\left(\frac{\omega_c}{\omega_n}\right)^4 + 4\zeta^2\left(\frac{\omega_c}{\omega_n}\right)^2 - 1 = 0$$

解得

$$\frac{\omega_c}{\omega_n} = (\sqrt{4\zeta^4+1} - 2\zeta^2)^{1/2} \tag{5-89}$$

系统的相位裕度为

$$\gamma = 180° + \varphi(\omega_c) = 90° - \arctan\frac{\omega_c}{2\zeta\omega_n} = \arctan\frac{2\zeta\omega_n}{\omega_c}$$

$$= \arctan\left[2\zeta\left(\frac{1}{\sqrt{4\zeta^4+1}-2\zeta^2}\right)^{1/2}\right] \tag{5-90}$$

相位裕度 γ 与阻尼比 ζ 的关系曲线示于图 5-40。这条曲线可以用一条斜率为 0.01 的直线近似,如图中的细线,其方程为

$$\zeta = 0.01\gamma \tag{5-91}$$

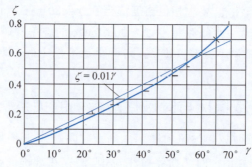

图 5-40 相位裕度 γ 与阻尼比 ζ 的关系曲线

当 $\zeta \leqslant 0.7$ 时，这一近似是相当准确的。

单位负反馈系统的开环传递函数为式(5-84)，则闭环是典型二阶系统。利用式(5-90)可建立闭环时域与开环频域的性能指标之间的联系。在时域分析中，二阶系统的最大超调量：

$$M_p = e^{\frac{-\zeta\pi}{\sqrt{1-\zeta^2}}} \times 100\% \tag{5-92}$$

为便于比较，把式(5-92)中 M_p 和 ζ 的关系曲线绘于图 5-41。比较式(5-90)和式(5-92)不难发现，γ 与 M_p 的关系是通过中间参数 ζ 相联系的，具体应用中，可通过图 5-40 或式(5-90)求出给定 γ 值所对应的 ζ，再由图 5-41 或式(5-92)求出此 ζ 所对应的 M_p 值。

对于二阶系统来说，γ 越小，M_p 越大；γ 越大，M_p 越小。为使二阶系统不至于振荡得太厉害以及调节时间太长，一般取

$$30° \leqslant \gamma \leqslant 70°$$

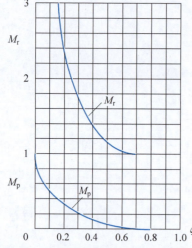

图 5-41 二阶系统 M_p 与 ζ 的关系曲线

(2) t_s 与 γ、ω_c 的关系。

在时域分析中，若取 $\Delta = 5\%$，则

$$t_s \approx \frac{3}{\zeta \omega_n} \tag{5-93}$$

将式(5-89)代入式(5-93)，得

$$t_s \omega_c \approx \frac{3\sqrt{\sqrt{1+4\zeta^2} - 2\zeta^2}}{\zeta} \tag{5-94}$$

可以看出，ζ 确定以后，增益剪切角频率 ω_c 越大，过渡过程时间 t_s 越短，系统的响应越快，而且正好是反比关系。

2. 高阶系统

对于高阶系统，开环频域指标与时域指标之间难以找到准确的关系式。实际上大多数系统的开环频域指标 γ 和 ω_c 均能反映暂态过程的基本性能。为了说明开环频域指标与时域指标的近似关系，介绍如下两个经验公式

$$M_p \approx 0.16 + 0.4\left(\frac{1}{\sin\gamma} - 1\right) \tag{5-95}$$

$$t_s \approx \frac{K\pi}{\omega_c}(\text{s}) \tag{5-96}$$

式中

$$K = 2 + 1.5\left(\frac{1}{\sin\gamma} - 1\right) + 2.5\left(\frac{1}{\sin\gamma} - 1\right)^2, \quad 35° \leqslant \gamma \leqslant 90° \tag{5-97}$$

由式(5-95)、式(5-96)和式(5-97)可以看出,超调量 M_p 随相位裕度 γ 的减小而增大;过渡过程时间 t_s 也随 γ 的减小而增大,但随 ω_c 的增大而减小。

需指出的是,采用上述公式计算出来的结果往往比实际结果要大。这是因为对高阶系统来说,没有既简单又准确的计算公式,取偏高值可以给设计留有余地。所以,采用上面公式设计出来的系统要进一步的调试,通过实践最终确定系统的某些参数值。

由上面对二阶系统和高阶系统的分析可知,系统开环频率特性中频段的两个重要参数 γ、ω_c 反映了闭环系统的时域响应特性。所以,闭环系统的动态性能主要取决于开环对数幅频特性的中频段。

5.5.4 基于闭环频率特性的系统性能分析

闭环频率特性的主要指标有谐振峰值、谐振频率和带宽。用 $W(j\omega)$ 表示闭环系统的频率特性,$W(j\omega)$ 是一个复变量,记为 $W(j\omega) = |W(j\omega)|\angle W(j\omega)$。一般记 $M(\omega) = |W(j\omega)|$ 和 $\alpha(\omega) = \angle W(j\omega)$,于是 $W(j\omega) = M(\omega)e^{j\alpha(\omega)}$。$M(\omega)$ 和 $\alpha(\omega)$ 分别称为闭环幅频特性和闭环相频特性。闭环频率特性的指标是根据闭环幅频特性给出的,谐振峰值 M_r 定义为 $M_r = \max_\omega M(\omega)$,达到 M_r 的频率称为谐振频率,记为 ω_r,即 $M_r = M(\omega_r)$。ω_b 称为带宽,是指 $M(\omega_b) = M(0) - 3\text{dB}$,而当 $\omega \leqslant \omega_b$ 时,$M(\omega_b) \leqslant M(\omega)$。应该注意 $M(0)$、$M(\omega_r)$ 和 $M(\omega_b)$ 都是稳态值。图 5-42 解释了这些指标。

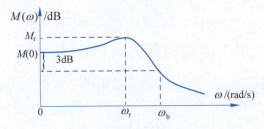

图 5-42 闭环频率特性的指标

M_r 表征了系统的相对稳定性,它的意义与超调相似,M_r 越大系统的相对稳定性越差,工程上,一般要求 $(M_r - M(0))/M(0)$ 在 0.3 和 0.7 之间。ω_b 是闭环幅频增益从 $M(0)$ 首次下降了 3dB 的频率,它反映系统对信号的复现能力。读者可以想象,如果将输入信号做傅里叶展开,那么它可以看成是一些谐波信号的叠加,ω_b 越大,通过的谐波分量就越多,复现输入信号的能力就强。复现能力表征系统的响应速度,ω_b 越大,响应越快。也有的标准将 3dB 换成 5dB 的,由对系统的要求所决定。

为了帮助读者将频率域指标与时域指标联起来,下面将讨论二阶系统闭环频域指标谐振峰值 M_r、谐振角频率 ω_r、带宽 ω_b 等对系统动态性能的影响。

二阶系统的频率特性为

$$W(j\omega) = \frac{\omega_n^2}{(j\omega)^2 + 2\zeta\omega_n(j\omega) + \omega_n^2}$$
$$= M(\omega)e^{j\alpha(\omega)} \tag{5-98}$$

式中

$$M(\omega) = \frac{1}{\sqrt{(1-(\omega/\omega_n)^2)^2 + (2\zeta\omega/\omega_n)^2}} \tag{5-99}$$

$$\alpha(\omega) = -\arctan\frac{2\zeta\omega/\omega_n}{1-(\omega/\omega_n)^2} \tag{5-100}$$

谐振峰值 M_r：$M(\omega)$ 的最大值，它与系统单位阶跃响应的最大超调量 M_p 对应，表征了系统的相对稳定性，M_r 越小，阻尼比 ζ 越大，系统的相对稳定性越好。

谐振角频率 ω_r：出现 M_r 的角频率，对式(5-99)求导，并令 $\dfrac{dM(\omega)}{d\omega}=0$，可求得

$$\omega_r = \omega_n\sqrt{1-2\zeta^2} \tag{5-101}$$

将它代入式(5-99)得

$$M_r = \frac{1}{2\zeta\sqrt{1-\zeta^2}} \tag{5-102}$$

当 $\zeta = 0.707$，$|W(j\omega_r)| = 1$，$M_r = 0$dB。因此在 $\zeta \geq 0.707$ 时，不会出现谐振峰值。

带宽 ω_b：在 $M(\omega) = -3$dB 时的角频率。ω_b 反映了系统复现输入信号的能力，ω_b 越大，系统对输入信号的响应速度也越快，但对高频噪声的滤波能力越差，系统的抗干扰能力也越差。

$M(\omega) = -3$dB 对应于 $|W(j\omega)| = 0.707$，据此可求得

$$\omega_b = \omega_n[(1-2\zeta^2) + \sqrt{4\zeta^4 - 4\zeta^2 + 2}]^{1/2} \tag{5-103}$$

5.5.5 从尼科尔斯图求闭环系统的频域指标

尼科尔斯图的应用在于由开环频率特性来求闭环频率特性，尤其是用来确定闭环频率特性的性能指标。设一个单位负反馈系统的开环频率特性为 $G(j\omega)$，则闭环频率特性为

$$W(j\omega) = \frac{G(j\omega)}{1+G(j\omega)} = M(\omega)e^{j\alpha(\omega)} \tag{5-104}$$

令 $G(j\omega) = A(\omega)e^{j\varphi(\omega)}$，简写为 $G(j\omega) = Ae^{j\varphi}$，于是

$$M(\omega)e^{j\alpha(\omega)} = \frac{Ae^{j\varphi}}{1+Ae^{j\varphi}} = \left(\frac{e^{-j\varphi}}{A} + 1\right)^{-1}$$

$$= \left(\frac{\cos\varphi}{A} - \frac{j\sin\varphi}{A} + 1\right)^{-1}$$

则

$$M(\omega) = \left(1 + \frac{1}{A^2} + \frac{2\cos\varphi}{A}\right)^{-1/2} \tag{5-105}$$

$$\alpha(\omega) = \arctan\left(\frac{\sin\varphi}{\cos\varphi + A}\right) \tag{5-106}$$

据式(5-105)和式(5-106)可在尼科尔斯图的坐标平面上画出等$M(\omega)$dB曲线和等$\alpha(\omega)$曲线,在其上绘出对数幅相特性,便不难求得系统的谐振峰值M_r、谐振频率ω_r和带宽ω_b。如例5-8系统的尼科尔斯图(图5-43),图中仅画出对应于角频率$\omega=(0.1\sim10)\text{rad/s}$的一段。曲线与$M(\omega)=3.77$dB的等$M(\omega)$dB曲线相切,说明谐振峰值$M_r=3.77$dB,相应的谐振角频率$\omega_r=1.8\text{rad/s}$。带宽$\omega_b$是$M(\omega)=-3$dB时的角频率,所以曲线与$-3$dB的等$M(\omega)$dB曲线的交点对应的角频率就是带宽$\omega_b$,$\omega_b=3.95\text{rad/s}$。

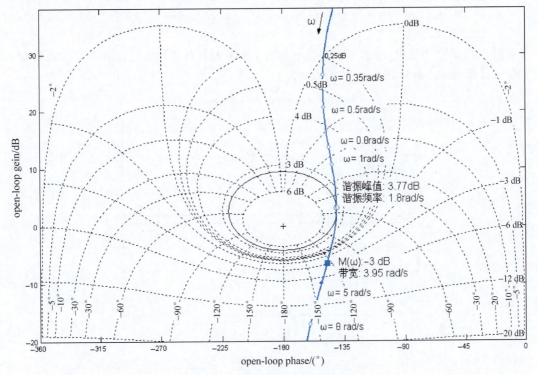

图5-43 例5-8系统的尼科尔斯图

ω_r和ω_b可结合伯德图求取:在尼科尔斯图上找到$M_r=3.77$dB及$M(\omega)=-3$dB对应的$L(\omega)$,然后在伯德图上找到相应的角频率。如要求得准确的数据,就必须画出系统准确的尼科尔斯图。

5.5.6 用MATLAB分析系统的动态性能

用MATLAB求系统的增益裕度和相位裕度,有如下两条命令:

[Gm,Pm,Wcg,Wcp]=margin(sys):计算系统的增益裕度和相位裕度,增益剪切角频率和相位剪切角频率,并显示计算结果。Gm和Pm分别对应增益裕度和相位裕度,Wcg和Wcp分别对应相位剪切角频率和增益剪切角频率。

margin(sys):在当前窗口绘制系统的伯德图,并标出相位裕度、增益裕度、增益剪切角频率和相位剪切角频率的数值。

例5-17 已知系统的开环传递函数为

$$G(s)H(s)=\frac{K(s+3)}{s(s+1)(s+50)(s+100)} \tag{5-107}$$

用 MATLAB 分别计算当 $K=100$, $K=143$ 和 $K=200$ 时,系统的相位裕度、增益裕度、增益剪切角频率和相位剪切角频率。

解 分别执行命令:

num = 100 * [1,3]; den = conv(conv([1,0],[1,1]), conv([1,50],[1,100])); sys = tf(num,den); margin(sys)
num = 143 * [1,3]; den = conv(conv([1,0],[1,1]), conv([1,50],[1,100])); sys = tf(num,den); margin(sys)
num = 200 * [1,3]; den = conv(conv([1,0],[1,1]), conv([1,50],[1,100])); sys = tf(num,den); margin(sys)

可得图 5-44 的三个图形,并在各自的图中标明系统的相位裕度(Pm)、增益裕度(Gm)、增益剪切角频率(Wcp)和相位剪切角频率(Wcg)。

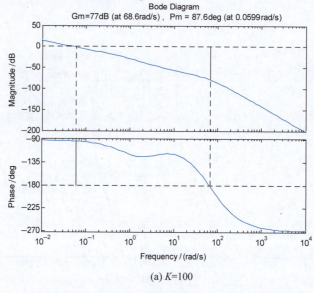

(a) $K=100$

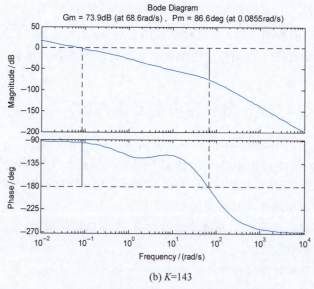

(b) $K=143$

图 5-44 例 5-17 用 MATLAB 获得的结果

第5章 线性系统的频域分析——频率响应法

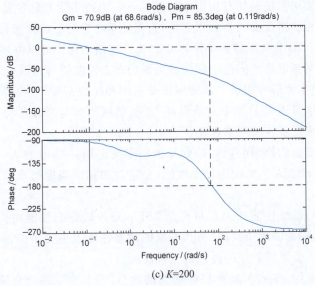

(c) $K=200$

图 5-44（续）

如对 $K=100$，再执行命令

[Gm,Pm,Wcg,Wcp]＝margin(sys)

可得

Gm＝7.0471e＋003；Pm＝87.6131；Wcg＝68.5568；Wcp＝0.0599

小结

频率响应法是经典控制理论中最重要的方法。频率响应是传递函数中的 s 用 $j\omega$ 替代得到的数学模型。对稳定系统而言，它刻画了系统对正弦信号的稳态响应，系统的频率响应取决于系统的结构、参数，因此频率特性与系统的性能存在确定的联系。频率响应法就是利用频率特性分析和设计系统的方法，这种方法曾经得到广泛的应用，因为它可以通过作图的方法分析和设计系统。

频率特性图主要有极坐标图（奈氏图）、对数频率特性图（伯德图）和闭环频率特性图。伯德图图形简单，作图方便，便于增减环节，因此得到广泛的应用，应重点掌握。由于一些频域指标和稳定性判据都是在奈氏图基础上建立的，因此必须对它进行讨论。由于尼科尔斯图在分析和设计中的应用不如伯德图简便，因此本书未对其展开深入讨论，有兴趣的读者可参阅有关书籍。

伯德图最大优点是将幅值的乘法转换为加法运算，同时它还提供了用对数幅频特性的渐近线来近似曲线的简便方法，使它更便于工程应用。尤其对于最小相位系统，其对数幅频特性与对数相频特性具有一一对应的关系，在应用中就更显得方便。

奈氏稳定性判据是频域中的稳定性判据，它以奈氏图包围 $(-1,j0)$ 点的圈数 $N=Z-P$ 判断，对最小相位系统，奈氏判据简化为：奈氏图不包围 $(-1,j0)$ 点。在伯德图上就是：$\omega_c < \omega_g$。

系统的动态性能用系统的相对稳定性的指标——增益裕度和相位裕度估计,最小相位系统的增益裕度和相位裕度要求是大于零的,为保证系统有足够的增益裕度和相位裕度,应使对数幅频特性以$-20\mathrm{dB/dec}$的斜率穿越$0\mathrm{dB}$线。应用伯德图可以方便地选取K,使得系统在稳态误差和相对稳定性之间折中选优。系统的动态性能还可用系统的闭环频率特性的谐振峰值、谐振角频率和带宽表示。系统的增益裕度和相位裕度、谐振峰值、谐振角频率和带宽在尼科斯图上也可求得。对于二阶系统,这些频域指标与时域指标存在一定的关系。在系统的分析中可根据具体情况来选用。

系统的稳态性能由伯德图的低频段的幅值斜率决定:$\omega=1$时的$L(1)=20\lg K$;低频段的斜率等于$-\nu 20\mathrm{dB/dec}$。系统的动态性能(稳定性和相位裕度与增益裕度)由中频段的斜率决定。

系统的伯德图与系统性能的关系可归结如下:系统的稳态性能由伯德图的低频段决定,系统的稳定性由伯德图的中频段决定,系统的动态性能也主要由伯德图的中频段决定,伯德图的高频段则主要影响系统的高频抗干扰能力。

MATLAB提供了绘制各种频率特性曲线的命令,以及判别系统稳定性和求取增益裕度与相位裕度的命令,可以在系统实践中加以应用。

现代控制理论与电子通信先驱——亨德里克·韦德·伯德

亨德里克·韦德·伯德(Hendrik Wade Bode,1905年12月24日—1982年6月21日),美籍荷兰人,应用数学家、现代控制理论与电子通信先驱、美国国家科学院院士、美国国家工程院院士。生于美国威斯康星州麦迪逊。1924年在俄亥俄州立大学获得数学学士学位,1926年获得数学硕士学位。在母校当了一年助教后,他进入贝尔电话实验室从事电子滤波器和均衡器的设计。1929年,他被分配到数学研究小组,专门从事电子网络理论及其在电信中的应用研究。在贝尔实验室工作期间,他在哥伦比亚大学研究生院兼职攻读博士学位,并于1935年获得物理学博士学位。1944年伯德被任命为贝尔实验室数学研究小组的负责人,1952年成为数学研究主任,1955年被任命为物理科学研究主任,1958年晋升为负责军事发展和系统工程的副总裁。

1938年,Bode发明了伯德图,使频率特性的绘制工作更加适用于工程设计。1945年,他出版了经典著作《网络分析和反馈放大器设计》,提出了频率响应分析方法,即控制系统设计的频域方法——伯德图法,对控制系统理论作出了重要贡献。长期以来,他在世界学术界备受尊敬,也为现代工程专业的学生所熟知。

第二次世界大战期间伯德为开发自动防空系统作出了重要贡献,他帮助开发的自动火炮系统,保护了伦敦免受纳粹V-1炸弹的袭击。为表彰他对战争和美利坚合众国的杰出科学贡献,1948年杜鲁门总统授予他总统功绩证书(President's Certificate of Merit)。第二次世界大战后,他不仅研究军事项目,还研究民用项目。在军事方面,他为导弹和反弹道导弹的设计和控制作出了贡献。在民用领域,他专注于现代通信理论。

1967 年,工作了 41 年的伯德从贝尔电话实验室退休。在贝尔实验室工作期间,他在电气和通信工程的各个领域共拥有 25 项专利,涉及传输网络、变压器系统、电波放大、宽带放大器和火炮计算等方面。退休后不久,伯德当选为哈佛大学系统工程 Gordon McKay 教授。任职期间,他致力于研究基于随机过程的军事决策算法和优化技术,这些算法和技术被认为是现代模糊逻辑的先驱。他还研究了技术对现代社会的影响,并在哈佛大学的科学与公共政策研讨会上教授这一主题的课程,同时在工程与应用物理系监督和教授本科生和研究生。

1971 年他出版了《协同:贝尔系统中的技术集成和技术创新》,阐述了他作为贝尔实验室研究员的丰富经验。从这本书的标题及其内容可以清楚地看出,伯德是技术融合、信息度量和信息处理的早期倡导者之一。1974 年,他第二次退休,哈佛授予他荣誉退休教授的职位。于是伯德继续在哈佛大学的办公室工作,并积极为政府委员会和机构就政策问题提供咨询。

伯德的贡献影响深远,远至美国太空计划。他也因此获得了众多奖项。1960 年获得欧内斯特·奥兰多·劳伦斯奖,1969 年获得 IEEE 爱迪生奖章,1975 年获得了美国机械工程师学会的 Rufus Oldenberger 奖,1979 年获得了美国自动控制委员会的第一个控制遗产奖。

1982 年伯德在马萨诸塞州剑桥的家中去世,享年 76 岁。为了纪念他,1989 年 IEEE 控制系统学会设立了 Hendrik W. Bode 演讲奖(Bode Lecture Prize),以表彰那些对控制系统科学或工程作出杰出贡献的学者。

知识点自测

本节通过判断题、单选题和多选题来检测读者对本章知识点的掌握程度,为了便于自我检测,本章末尾给出了解答。

判断题(判断下列说法是否正确)

5-1 稳定的线性定常系统对正弦输入信号的稳态输出响应与输入是同频率的正弦信号。

5-2 将系统传递函数中的 s 代之以 $j\omega$ 便得系统的频率特性。

5-3 系统的频率特性取决于系统的结构参数,与外界因素无关。

5-4 系统的幅频特性和相频特性都是角频率 ω 的函数。

5-5 在 $0 \leqslant \omega < \infty$ 时,惯性环节 $G(s) = 1/(2s+1)$ 的奈氏图是一个位于第一象限的半圆。

5-6 纯时间延迟环节的奈氏图是一个单位圆。

5-7 对数频率特性图的横坐标是按对数进行分度的。

5-8 在惯性环节的对数幅频特性中,高频段渐近线与低频段渐近线的交点频率称为转折频率。

5-9 只要知道系统的对数幅频特性曲线,就能写出其所对应的传递函数。

5-10 最小相位系统的所有零点都位于 s 右半平面。

5-11 对于最小相位系统,根据对数幅频特性就能画出相频特性。

5-12 奈氏稳定判据利用系统的开环频率特性来判别闭环系统的稳定性。

5-13 奈氏图自上而下穿越(-1,j0)点左边的负实轴,相当于在伯德图中当$L(\omega)>0$dB时相频特性曲线自上而下穿越$-180°$线。

5-14 若开环系统对数幅频特性最低频段的斜率为-40dB/dec,则闭环系统中包含两个积分环节。

5-15 0型系统开环对数幅频特性曲线最低频段的高度为开环增益K。

5-16 1型系统开环对数幅频特性曲线最低频段或它的延长线与0dB线交点的角频率在数值上等于开环增益。

5-17 稳定裕量是衡量一个闭环系统稳定程度的指标。

5-18 闭环系统的谐振峰值往往与其阶跃响应的最大超调量相对应。

5-19 闭环系统的幅频特性在带宽ω_b处越陡,高频抗干扰能力越弱。

5-20 对于典型二阶系统,在ω_n不变的情况下,阻尼比越大,带宽就越宽,谐振峰值也就越大。

单项选择题(每小题列出的选项中只有一个选项是符合题目要求的)

5-21 当角频率ω从0变化到$+\infty$时,若最小相位系统的奈氏曲线起始于正实轴,则该系统的类型数为( )。

A. 0   B. 1   C. 2   D. 3

5-22 当角频率ω从0变化到$+\infty$时,若某最小相位系统的奈氏曲线起始于负实轴方向,则该系统的类型数为( )。

A. 0   B. 1   C. 2   D. 3

5-23 对于最小相位系统$G(s)H(s)$,若$\angle G(j0)H(j0)=-90°$,则该系统的类型数为( )。

A. 0   B. 1   C. 2   D. 3

5-24 开环系统对数幅频特性的低频段由积分环节和( )环节决定。

A. 惯性   B. 比例   C. 微分   D. 时滞

5-25 下列系统中,属于最小相位系统的是( )。

A. $G(s)=\dfrac{2(-s+3)}{s(s+1)}$ B. $G(s)=\dfrac{2(s-3)}{s(s+1)}$

C. $G(s)=\dfrac{2(s+3)}{s(s+1)}$ D. $G(s)=\dfrac{2(s+3)e^{-2s}}{s(s+1)}$

5-26 系统的开环传递函数为$G(s)H(s)=\dfrac{10(2s+1)}{s(0.5s+1)(s+1)(10s+1)}$,其对数幅频特性高频末端的斜率为( )。

A. 0dB/dec   B. -20dB/dec

C. -40dB/dec   D. -60dB/dec

5-27 系统的开环传递函数为$G(s)H(s)=\dfrac{10(2s+1)}{s(0.5s+1)(s+1)(10s+1)}$,当$\omega$趋于$+\infty$时,其相角趋于( )。

A. $-90°$ B. $-180°$ C. $-270°$ D. $-360°$

5-28 2型系统对数幅频特性曲线最低频段的斜率为( )。

A. 0dB/dec   B. -20dB/dec

C. -40dB/dec D. -60dB/dec

5-29 已知某 1 型系统的开环传递函数为 $G(s)H(s)$,当 s 沿奈氏路径从 $-\text{j}0$ 变化到 $+\text{j}0$ 时,$G(s)H(s)$ 曲线将以半径为无穷大(   )。
  A. 顺时针转过 π 弧度   B. 顺时针转过 2π 弧度
  C. 逆时针转过 π 弧度   D. 逆时针转过 2π 弧度

5-30 某负反馈系统的开环传递函数为 $G(s)H(s)$,其在右半 s 平面内的极点数为 P,当 s 按顺时针方向沿奈氏路径转一圈时,$G(s)H(s)$ 曲线绕 $(-1,\text{j}0)$ 点 N 圈,则下列说法**正确**的是(   )。
  A. 若 $N=0$,则系统是稳定的   B. 若 $N=P$,则系统是稳定的
  C. 若 $N=-P$,则系统是稳定的   D. 若 $N<0$,则系统是稳定的

5-31 在判断奈氏图包围 $(-1,\text{j}0)$ 点的圈数 N_{-1} 时,下列说法**正确**的是(   )。
  A. 在 $(-1,\text{j}0)$ 点左边穿越负实轴的次数对 N_{-1} 值不起作用
  B. 在 $(-1,\text{j}0)$ 点右边穿越负实轴的次数将影响 N_{-1} 值
  C. 在 $(-1,\text{j}0)$ 点左边和右边穿越负实轴的次数都影响 N_{-1} 值
  D. 在 $(-1,\text{j}0)$ 点左边穿越负实轴的次数将影响 N_{-1} 值

5-32 极坐标图中的单位圆对应于对数频率特性图中的(   )。
  A. 0dB 线   B. 0dB 线以下的区域
  C. 0dB 线以上的区域   D. $-180°$ 线
  E. $-180°$ 线以下的区域   F. $-180°$ 线以上的区域

5-33 若系统对数幅频特性最低频段的斜率为 -20dB/dec,则系统的类型号为(   )。
  A. 0   B. 1   C. 2   D. 3

5-34 系统的相位裕量 γ 反映了系统的(   )。
  A. 快速性   B. 稳态性能
  C. 相对稳定性   D. 抗干扰能力

5-35 系统开环对数幅频特性的最低频段,表征系统的(   )。
  A. 稳态性能   B. 动态性能   C. 快速性   D. 稳定性

5-36 对于欠阻尼二阶系统,下列说法**正确**的是(   )。
  A. 当阻尼比 ζ 不变时,无阻尼自然振荡频率 ω_n 越小,最大超调量 M_p 越小
  B. 当阻尼比 ζ 不变时,无阻尼自然振荡频率 ω_n 越大,调整时间 t_s 越大
  C. 当无阻尼自然振荡频率 ω_n 不变时,阻尼比 ζ 越大,谐振峰值 M_r 越大
  D. 当无阻尼自然振荡频率 ω_n 不变时,阻尼比 ζ 越大,谐振频率 ω_r 越小

5-37 线性系统的带宽越宽,则系统的(   )。
  A. 抗干扰能力越强   B. 响应速度越快
  C. 噪声滤波能力越强   D. 稳态误差越小

多项选择题(每小题列出的选项中有两个或两个以上选项是符合题目要求的)

5-38 频率特性的图形表示包括(   )。
  A. 直角坐标形式   B. 奈氏图   C. 极坐标形式   D. Bode 图
  E. 信号流图

5-39 若系统的对数幅频特性曲线最低频段的渐近线是一条斜率为 -20dB/dec 的直

线,且与0dB线的交点频率为 $\omega=15\text{rad/s}$,则该系统( )。

  A. 有一个积分环节   B. 有2个积分环节

  C. 开环放大倍数为 $\sqrt{15}$ D. 开环放大倍数为225

  E. 开环放大倍数为15

5-40 下列各个量中,能反映系统快速性的量是( )。

  A. 调整时间 t_s B. 最大超调量 M_p

  C. 剪切频率 ω_c D. 相位裕量 γ

  E. 谐振峰值 M_r F. 带宽 ω_b

5-41 下列各个量中,能反映系统稳定性的量是( )。

  A. 上升时间 t_r B. 最大超调量 M_p

  C. 剪切频率 ω_c D. 相位裕量 γ

  E. 谐振峰值 M_r F. 带宽 ω_b

自测参考答案

判断题:(1) T;(2) T;(3) T;(4) T;(5) F;(6) T;(7) T;(8) T;(9) F;(10) F;(11) T;(12) T;(13) F;(14) F;(15) F;(16) T;(17) T;(18) T;(19) F;(20) F

单项选择题:(21) A;(22) C;(23) B;(24) B;(25) C;(26) D;(27) C;(28) C;(29) A;(30) C;(31) D;(32) A;(33) B;(34) C;(35) A;(36) D;(37) B

多项选择题:(38) BD;(39) AE;(40) ACF;(41) BDE

习题

A 基本题

A5-1 绘制下列系统的对数幅频特性图和相频特性图,并求增益剪切角频率 ω_c 和相位剪切角频率 ω_g。

(1) $G(s)=\dfrac{1}{s(s+15)}$ (2) $G(s)=\dfrac{20}{s(s+10)(s+20)}$

(3) $G(s)=\dfrac{36(s+2)}{s(s^2+6s+12)}$ (4) $G(s)=\dfrac{5}{s(0.01s^2+0.1s+1)}$

(5) $G(s)=\dfrac{40(s-10)}{s(s+10)(s+20)}$ (6) $G(s)=\dfrac{40}{s(s-10)(s+20)}$

A5-2 绘制下列系统的奈氏图。

(1) $G(s)=\dfrac{100}{(s+10)(s+20)}$ (2) $G(s)=\dfrac{100}{s(s+10)(s+20)}$

(3) $G(s)=\dfrac{10}{s^2(s+1)(s+10)}$ (4) $G(s)=\dfrac{10}{s^3(s+1)(s+2)}$

(5) $G(s)=\dfrac{10}{s(s+1)(s-10)}$ (6) $G(s)=\dfrac{10(s+1)}{s(s+2)}$

(7) $G(s)=\dfrac{10(s-1)}{s(s+2)}$

A5-3 下列系统中,哪些系统是最小相位系统,哪些不是,为什么?

(1) $G(s) = \dfrac{10}{s(s+5)(s+10)}$ (2) $G(s) = \dfrac{100(s+1)}{s(s+15)(s+30)}$

(3) $G(s) = \dfrac{100(s+1)}{s(s+15)(s-10)}$ (4) $G(s) = \dfrac{100(s-1)(s+5)}{s(s+12)(s+10)(s^2+3s+3)}$

(5) $G(s) = \dfrac{100(s-1)(s+5)}{s(s+12)(s-10)(s^2-3s+3)}$

(6) $G(s) = \dfrac{100(s-1)}{s(s+15)(s-10)}$ (7) $G(s) = \dfrac{10e^{-s}}{s(s+10)}$

A5-4 某单位反馈系统的开环传递函数为

$$G(s) = \dfrac{K(s+8)(as+1)}{s(0.1s+1)(0.25s+1)(bs+1)}$$

其伯德图如图 A5-1 所示。试依据图确定 K、a 和 b 的数值。

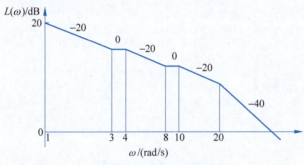

图 A5-1 题 A5-4 伯德图

A5-5 已知图 A5-2 诸最小相位系统的伯德图,求

(1) 系统的传递函数;

(2) 系统的开环增益;

(3) 图中未标明数值的角频率;

(4) 系统的误差系数 K_p、K_v、K_a。

A5-6 绘制题 A5-1 各系统的尼科尔斯图。

A5-7 用伯德图法判别题 A5-1 各系统的稳定性,并求相位裕度 γ 和增益裕度 Gm。

A5-8 用奈氏判据判别题 A5-2 各系统的稳定性,并求相位裕度 γ 和增益裕度 Gm。

A5-9 用尼氏图判别题 A5-1 各系统的稳定性,并求相位裕度 γ 和增益裕度 Gm。

A5-10 单位反馈系统的开环传递函数为

$$G(s) = \dfrac{K_r}{s(s+10)}$$

若要求闭环系统的超调量 $M_p \leqslant 5\%$,求

(1) 系统的开环增益;

(2) 闭环系统的谐振峰值 M_r;

(3) 闭环系统的谐振角频率 ω_r;

(4) 闭环系统的带宽 ω_b;

(5) 闭环系统的单位阶跃响应。

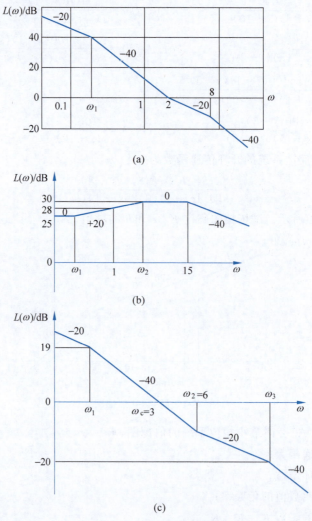

图 A5-2 题 A5-5 伯德图

B 深入题

B5-1 题 A2-7 的汽车悬浮系统(图 B5-1),假定,输入 $x_i(t)=\sin\omega t$,若 $m=1\text{kg}, k=18\text{N/m}, b=4\text{N}\cdot\text{s/m}$,求系统的频率响应。绘制系统的伯德图。并判断系统的稳定性。

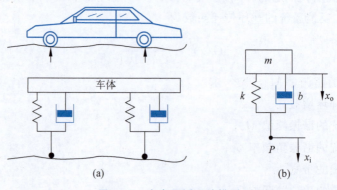

图 B5-1 汽车悬浮系统模型

B5-2 用实验方法测得某系统的频率响应(对数幅频特性和相频特性)的数据如表 B5-1。

(1) 求系统的开环传递函数；
(2) 求系统的稳态误差系数 K_p、K_v、K_a；
(3) 判定系统的稳定性，并求相位裕度和增益裕度。

表 B5-1 伯德图数据

$\omega/(\text{rad/s})$	0.01	0.02	0.03	0.05	0.08	0.1	0.2	0.3	0.5
$L(\omega)/\text{dB}$	68	62	58.4	53.2	47.8	45	35.24	28.75	21.36
$\varphi(\omega)/(°)$	−95.3	−100.5	−105.4	−114.4	−125.2	−130.7	−145.0	−149.1	−149.3
$\omega/(\text{rad/s})$	0.8	1.0	2.0	3.0	5.0	8.0	10.0	20.0	30.0
$L(\omega)/\text{dB}$	13.6	10.6	1.94	−3.1	−17.1	−20	−34	−40	−48
$\varphi(\omega)/(°)$	−145.5	−143.3	−139.3	−134.4	−151.5	−159.8	−163.3	−171.3	−174.1

提示：对数幅频特性用渐近线近似时，渐近线的斜率必须是−20dB/dec 的整数倍(0,1,2,…倍)。

B5-3 绘制下列系统开环传递函数的奈氏图，并用奈氏图求使闭环系统稳定的 K 值范围。

(1) $G(s)=\dfrac{K}{s(s^2+2s+4)}$ (2) $G(s)=\dfrac{K(s+1)}{s^2(s^2+2s+4)(s+4)}$

(3) $G(s)=\dfrac{K(s+1)(s+2)}{s^2(s+4)}$ (4) $G(s)=\dfrac{K(s+1)(s-2)}{s^2(s+4)(-s+1)}$

(5) $G(s)=\dfrac{K(s+1)(s-2)}{s^2(s-4)(-s+1)}$

B5-4 设控制系统如图 B5-2(a)所示，$G(s)$ 和 $G_c(s)$ 都是最小相位系统。若已知 $G(s)$ 和 $G_c(s)G(s)$ 的对数幅频特性(如图 B5-2(b))。试求

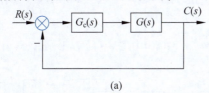

(a)

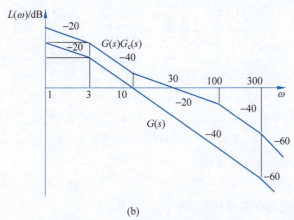

(b)

图 B5-2 题 B5-4 系统的方框图和伯德图

(1) $G_c(s)$的传递函数;

(2) $G(s)$和$G_c(s)G(s)$的稳态误差系数K_p、K_v、K_a;

(3) $G(s)$和$G_c(s)G(s)$的相位裕度;

(4) 比较串入$G_c(s)$前后闭环系统的超调量(用 MATLAB)。

C 实际题

C5-1 题 B5-1 的汽车悬浮系统,用实验方法测得其伯德图如图 C5-1 所示。试求参数m、b 和 k。

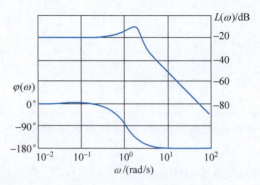

图 C5-1 题 C5-1 伯德图

C5-2 图 C5-2 是采用转速负反馈的调速系统。图中 K_p 是放大器的增益,K_s 是触发器与晶闸管的增益,L_d 与 R_d 为电动机回路的总电感与总电阻,e_d 是电动机的反电势 $e_d = K_e\omega$,K_e 是电动机的反电势常数,e_s 是测速发电机的电动势,$e_s = K_f\omega$,K_f 是测速发电机的电势常数,K_{fs} 是电位器的增益,J 为电动机轴上的总转动惯量,b 是黏性摩擦系数,K_m 是电动机的转矩系数。

$$J = 11 \times 10^{-3} \text{kg} \cdot \text{m}^2 \qquad b = 0.27 \text{N} \cdot \text{m} \cdot \text{s/rad}$$
$$K_m = 0.84 \text{N} \cdot \text{m/A} \qquad K_e = 0.84 \text{V} \cdot \text{s/rad}$$
$$R_d = 1.36 \Omega \qquad L_d = 3.6 \text{mH}$$
$$K_p = 10 \quad K_s = 5 \quad K_f = 0.2 \text{V} \cdot \text{s/rad} \quad K_{fs} = 0.1$$

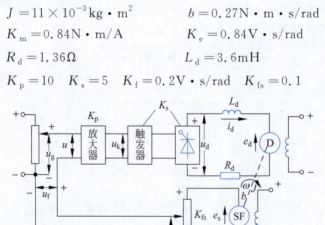

图 C5-2 采用转速负反馈的调速系统

(1) 试绘制系统的伯德图;

(2) 系统是否稳定;

(3) 求系统的相位裕度和增益裕度;

(4) 求闭环系统的谐振峰值 M_r 和谐振角频率 ω_r;

(5) 求系统的主导极点及系统的阻尼比 ζ 和无阻尼振荡角频率 ω_n；

(6) 求系统的单位阶跃响应及系统的超调量 M_p 和按 2%误差准则的调整时间 t_s。

C5-3 图 C5-3 位置随动系统有如下的参数

收发信器： $\dfrac{u(s)}{\theta(s)} = A_s = 30\text{V/rad}$

放大器： $\dfrac{u_a(s)}{e(s)} = A = 18$；$e(s) = u_i(s) - u_o(s)$

执行电机： $\dfrac{\omega(s)}{u_a(s)} = \dfrac{0.135}{(0.025s+1)(0.2s+1)}$

减速器： $\dfrac{\theta_o(s)}{\omega(s)} = \dfrac{1}{40s}$；$\theta(s) = \theta_i(s) - \theta_o(s)$

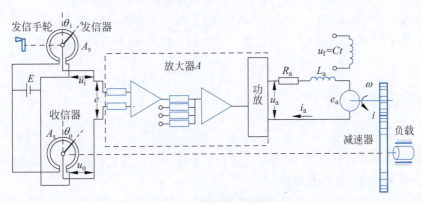

图 C5-3 位置随动系统原理图

(1) 求系统的开环传递函数 $G(s) = \dfrac{\theta_o(s)}{\theta_i(s)}$；

(2) 重复 C5-2 题(1)~(6)的计算。

C5-4 用伯德图完成题 C4-1 的计算要求。

原单位反馈系统，其开环传递函数为

$$G(s) = \dfrac{K_r}{s(s+10)(s+25)}$$

(1) 绘制系统的伯德图。若原闭环系统的超调量 $M_p = 60\%$，求原系统主导极点的阻尼比 ζ 和无阻尼振荡角频率 ω_n，以及根轨迹增益 K_r 和在单位速度输入 $r(t) = tu(t)$ 时，系统的稳态误差 e_{ss}。

(2) 引入超前校正装置

$$G_c(s) = \dfrac{s+3}{s+3.93}$$

求引入超前校正装置后系统的伯德图；判定系统的稳定性，并求系统的相位裕度和增益裕度。

(3) 求闭环系统的谐振峰值 M_r 和谐振角频率 ω_r；若以二阶系统近似，求系统的阻尼比 ζ 和无阻尼振荡角频率 ω_n，以及超调量 M_p 和按 2%误差准则的调整时间 t_s。

(4) 求系统准确的单位阶跃响应，将实际的超调量 M_p 和按 2%误差准则的调整时间 t_s

与前面计算结果进行比较,并说明二者存在差别的原因。

C5-5 用伯德图完成题 C4-2 的计算。原单位反馈系统,其开环传递函数为

$$G(s) = \frac{1}{s^2 + 5s + 6}$$

(1) 绘制系统的伯德图,并求系统的相位裕度和增益裕度;

(2) 求系统的稳态误差系数 K_p、K_v 和 K_a;

(3) 若希望将系统的稳态误差系数增大到原来的 10 倍,引入滞后校正装置

$$G_c(s) = K_c \cdot \frac{s + 0.05}{s + 0.005}$$

校正装置的 K_c 应为多大?

(4) 绘制校正后系统的伯德图,并计算校正后系统的稳态误差系数;

(5) 求校正后系统的相位裕度和增益裕度,并与校正前进行比较。

C5-6 用伯德图完成题 C4-3 的计算。原单位反馈系统,其开环传递函数为

$$G(s) = \frac{3}{s(s+1)}$$

引入超前-滞后校正装置

$$G_c(s) = \frac{(s+1)(s+0.1)}{(s+1.25)(s+0.008)}$$

(1) 绘制原系统的伯德图,并求系统的相位裕度和增益裕度和速度误差系数 K_v;

(2) 求原系统的单位阶跃响应;

(3) 绘制引入校正装置后系统的伯德图,并求系统的相位裕度和增益裕度、速度误差系数 K_v;

(4) 求校正前后系统的单位阶跃响应,并进行比较,说明校正装置的作用。

D MATLAB 题

D5-1 用 MATLAB 的 bode 命令绘制题 A5-1(1)、(2)、(3)、(4)各系统的伯德图,并在图上标出系统的相位裕度和增益裕度。

D5-2 用 MATLAB 的 nyquist 命令绘制题 A5-1(1)、(2)、(3)、(4)各系统的奈氏图,并在图上标出系统的相位裕度和增益裕度。

D5-3 用 MATLAB 的 nichols 和 ngrid 命令绘制题 A5-1(1)、(2)、(3)、(4)各系统的尼科尔斯图,并在图上标出系统的相位裕度和增益裕度。

D5-4 用 MATLAB 的 margin 命令求题 A5-1(1)、(2)、(3)、(4)各系统的相位裕度和增益裕度。

D5-5 一单位反馈系统的开环传递函数为

$$G(s) = \frac{K e^{-Ts}}{s+1}$$

(1) 当 $T = 0.1s$,用 margin 命令求使系统的相位裕度为 $45°$ 的 K 值;

(2) 利用所求的 K 值,绘制在 $0 \leqslant T \leqslant 0.2s$ 范围内相位裕度与 K 的关系曲线。

第 6 章 线性控制系统的设计

CHAPTER 6

6.1 引言

控制系统设计的目标是根据工程项目的要求,完成系统的构建,提出技术要求,确定系统参数。具体地说,就是在系统控制目标确定的条件下,选定控制器、测量元件、比较元件等,构成如图 6-1 所示的基本系统。例如控制传送带的速度,在传动机械已定的前提下,选择执行装置(例如电动机),根据控制的精度要求,选择传感器(如转速传感器)和比较元件(如电位器),组成基本控制系统。

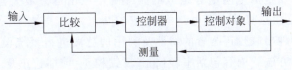

图 6-1 基本控制系统的结构

在大多数情况下,控制系统能够完成基本的控制任务,但是系统运行不尽如人意。例如上述的传输系统,系统能够正常运行,但在负载变化的时候,调整时间较长,或者速度发生明显的时快时慢现象。用控制理论的语言,基本控制系统能够实现控制,但其性能指标不满足要求,需要进行改造或优化。这种改造或者优化称为补偿。补偿一般分两步完成,首先是确定优化目标,即针对控制系统存在的问题,提出理想的性能指标,例如,希望速度输入时,稳态误差为零;时快时慢应该减小超调;不能及时适应负载变化应该调整上升时间等。其次是要有优化的空间,即存在补偿方案。下面是几种常用的补偿方案。

(1) 串联校正装置:串联在前向通道上的校正装置 $G_c(s)$,如图 6-2(a)所示;

(2) 局部反馈装置:在前向通道的局部引入反馈校正 $G_f(s)$,如图 6-2(b)所示,局部反馈一般与需要改变的环节组成回路;

(3) PID 控制器:在前向通道中引入误差信号的比例-积分-微分控制器,如图 6-2(c)所示;

(4) 前馈补偿器:接入于输入信号与被控对象之间的补偿装置,如图 6-2(d)中的 $G_c(s)$。

这些补偿方案各有特长,一般串联校正补偿将补偿器放在能量尽量小的地方,这样可以降低补偿器的能耗,起到四两拨千斤的目的;局部反馈有较强的改造能力和适应能力,即使模型不够准确,或者参数变化较大,它都能表现出补偿的效果;PID 控制的关键是参数调节,调节是根据折中的原则进行的,通常不需要控制器和对象准确的模型信息,即使系统是

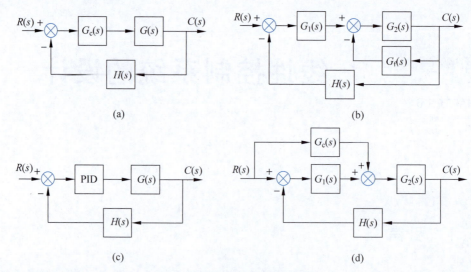

图 6-2 各种校正装置的连接

非线性的,PID 控制也能奏效;前馈控制对干扰信号有特别的抑制作用,或者在原有的控制器实在不理想时使用。在补偿方案的设计中,能够寻优的地方尽量找到最好的方案,在最优方案难以确定的场合,就找一个较好的方案,这种方案称为满意解。

串联校正装置主要是由电阻电容组成的无源网络或由运算放大器电路构成的有源网络,PID 控制器一般是由运算放大器电路构成。

本章重点讨论各种串联校正装置的特性及利用伯德图进行系统设计的方法,同时也介绍用根轨迹图设计的方法。内容包括串联校正、反馈校正、前馈校正及 PID 控制等。

为了区分,我们定义符号下标 c 和 1 分别表示校正装置和校正后系统,如:$G(s)$、$G_c(s)$ 和 $G_1(s)$ 分别表示原系统、校正装置和校正后系统的传递函数。

6.2 不同域中系统动态性能指标的相互关系

在系统分析中我们研究了系统的"三性":稳定性、稳态特性和动态特性。稳定是系统工作的前提,稳态特性反映了系统达到稳态后的控制精度,动态特性反映了系统响应的快速性和相对稳定性。人们追求的是稳定、精度高、动态过程又快又平稳的系统。

在前面章节中,讨论了不同域中的性能指标,常用的性能指标是:

时域指标:超调量 M_p、过渡过程时间 t_s 以及峰值时间 t_p、上升时间 t_r。

复域指标:阻尼比 ζ、无阻尼自然振荡角频率 ω_n。

频域指标(以对数频率特性为例)包括:

① 开环:增益剪切角频率 ω_c、相位裕度 γ 及增益裕度 Gm;

② 闭环:谐振峰值 M_r、谐振角频率 ω_r 及带宽 ω_b。

在实际系统中,最直观的是时域指标,而系统的分析、设计往往是在复域或频域中完成,这就要了解不同域中系统动态性能指标的表示方法及其相互关系。但是只有二阶系统才能找到它们之间准确的数学关系,对高阶系统只能用主导极点或用经验公式近似表达它们之间的关系。表 6-1 列出了常用的公式以供参考。

表 6-1 时域与复域、频域中系统动态性能指标的相互关系

		复数域(根轨迹法) ω_n、ζ	频率域(频率响应法)	
			开环：ω_c、γ	闭环：M_r、ω_r、ω_b
时间域(解析法) t_s、M_p	二阶系统	$t_s \approx \dfrac{3\sim4}{\zeta\omega_n}$ $M_p = e^{-\zeta\pi/\sqrt{1-\zeta^2}}$	$t_s\omega_c \approx \dfrac{(3\sim4)\sqrt{\sqrt{1+4\zeta^4}-2\zeta^2}}{\zeta}$ $M_p = e^{-0.01\gamma\pi/\sqrt{1-(0.01\gamma)^2}}$ ($\zeta = 0.01\gamma$)	$\omega_r = \omega_n\sqrt{1-2\zeta^2}$ $M_r = [2\zeta\sqrt{1-\zeta^2}]^{-1}$ $\omega_b = \omega_n[(1-2\zeta^2)+\sqrt{4\zeta^4-4\zeta^2+2}]^{1/2}$
	高阶系统	取其主导极点，将高阶系统近似为一个二阶系统	经验公式：$M_p \approx 0.16 + 0.4\left(\dfrac{1}{\sin\gamma}-1\right)$ $t_s \approx \dfrac{K\pi}{\omega_c}(s)$ 式中：$K = 2+1.5\left(\dfrac{1}{\sin\gamma}-1\right)+2.5\left(\dfrac{1}{\sin\gamma}-1\right)^2$，($35°\leqslant\gamma\leqslant90°$)	

6.3 串联校正

用串联校正装置的目的是改善系统的稳定性、稳态特性和动态特性。最简单的串联校正装置是 $G_c(s) = K_c$，即调节开环增益，当调节增益不能达到目的时，就要给系统增加必要的零极点(z_k, p_l)，使系统具有符合要求的开环传递函数 $G_c(s)G(s)H(s)$。$G_c(s)$ 的传递函数一般具有如下形式：

$$G_c(s) = \dfrac{K_c \prod_{k=1}^{M}(s+z_k)}{\prod_{l=1}^{N}(s+p_l)} \tag{6-1}$$

最基本的 $G_c(s)$ 是一阶校正装置

$$G_c(s) = \dfrac{K_c(s+z)}{(s+p)} \tag{6-2}$$

高阶的串联校正装置可由一阶 $G_c(s)$ 串联获得。

串联校正装置按其功能不同可分为：相位超前校正、相位滞后校正、相位超前-滞后校正和 T 形网络校正。相位超前校正和相位滞后校正是一阶校正装置，相位超前-滞后校正和 T 形网络校正是二阶校正装置。

一阶校正装置，当 $z<p$ 时，为相位超前校正；当 $z>p$ 时，为相位滞后校正。相位超前-滞后校正相当于一个相位滞后校正与一个相位超前校正串联；T 形网络校正一般具有一对复极点和一对复零点，利用一对零点抵消原系统中不希望的一对极点，用一对希望的极点来替代，以达到改善系统动态性能的目的。

6.3.1 相位超前校正

1. 相位超前校正网络

图 6-3(a)给出的是用电阻、电容元件构成的相位超前校正网络。

超前校正网络的传递函数

$$G_c(s) = \frac{U_2(s)}{U_1(s)} = \frac{1}{\alpha} \cdot \frac{1+\alpha Ts}{1+Ts} \tag{6-3}$$

式中

$$\alpha = \frac{R_1 + R_2}{R_2} > 1, \quad T = \frac{R_1 R_2}{R_1 + R_2} C$$

它的零、极点分布如图 6-3(b)。此网络的增益为 $\frac{1}{\alpha} < 1$，在使用时，为保证系统的稳态性能，必须增加一个增益为 α 的放大器。故后续讨论中暂忽略网络的增益。

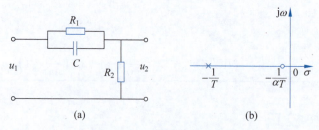

图 6-3 无源相位超前网络

超前校正装置 $\frac{1+\alpha Ts}{1+Ts}$ 的伯德图如图 6-4 所示。分子的时间常数大于分母的时间常数，因此幅频特性先朝上折，相频特性永为正。

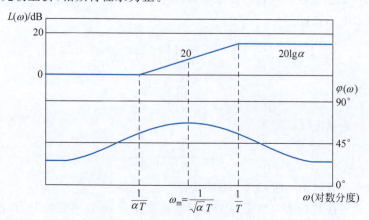

图 6-4 无源相位超前网络的伯德图

1) $L(\omega)$ 特点

$\omega = 0$ 时，$\qquad L(0) = 0 \text{dB}$；

$\omega \to \infty$ 时，$\qquad L(\omega) = 20\lg\alpha$；

$L(\omega)$ 的两个转角角频率为 $\frac{1}{\alpha T}$ 和 $\frac{1}{T}$，即其零点和极点的相反数；

20dB/dec 段的几何中点的角频率为

$$\omega_m = \sqrt{zp} = \frac{1}{T\sqrt{\alpha}} \tag{6-4}$$

在 $\omega = \omega_m$ 时

$$L(\omega_m) = 20\lg\sqrt{\alpha} = 10\lg\alpha \tag{6-5}$$

2) $\varphi(\omega)$ 特点

$$\varphi(\omega) = \arctan(\alpha T\omega) - \arctan(T\omega) > 0 \tag{6-6}$$

最大相位移 φ_m 出现在 $\omega = \omega_m$ 处，

$$\varphi_m = \arctan\sqrt{\alpha} - \arctan\frac{1}{\sqrt{\alpha}} = \arctan\frac{\alpha-1}{2\sqrt{\alpha}} \tag{6-7}$$

利用三角关系可以求得

$$\sin\varphi_m = \frac{\alpha-1}{\alpha+1} \tag{6-8}$$

及

$$\alpha = \frac{1+\sin\varphi_m}{1-\sin\varphi_m} \tag{6-9}$$

上式表明，φ_m 仅与 α 有关，而与 T 无关。这个特性极大地方便了系统的设计。可根据需要超前校正提供的超前相位 φ_m，先计算超前校正装置的 α。图 6-5 是 φ_m 与 α 的关系曲线，在设计时可以直接从图中查到所需要的 α。然后根据 $L(\omega_m) = -10\lg\alpha$ 找到 ω_m，再利用式(6-4)确定 T。

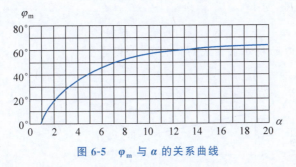

图 6-5　φ_m 与 α 的关系曲线

$\alpha = 10$ 时，$\varphi_m = 55°$。当 $\alpha > 20$ 以后，φ_m 的变化很小，并且会在物理实现上带来困难。所以工程上 α 一般取 2~15。

相位超前校正能为系统提供正的相位移，因此只要 α 与 T 选择适当，可以增加系统的相位裕度，从而改善系统的动态性能。

2. 相位超前网络的设计

1) 用伯德图设计相位超前校正网络

如果系统的相位裕度不够大时，可以引入相位超前校正，以增加系统的相位裕度。通常是在系统的稳态误差得到满足的条件下进行设计的，即系统的型号与开环增益已经满足要求，然后考虑采用 $G_c(s) = \dfrac{1+\alpha Ts}{1+Ts}$ 进行超前校正，其中 $\alpha > 1$。

用伯德图设计相位超前网络的步骤如下。

① 根据静态品质指标的要求，确定系统的开环增益 K。

② 根据第①步所确定的开环增益 K，绘制开环系统伯德图，求出未校正系统的相位裕度 γ。

③ 按照系统要求的相位裕度 γ_1，计算需要附加的超前相位 φ_m。计算时适当增加一些

安全裕度(5°~15°)。

④ 由式(6-9)计算 α(或在图 6-5 中直接查出)。

⑤ 计算 $10\lg\alpha$,并在伯德图上找出 $L(\omega)=-10\lg\alpha$ 所对应的角频率作为 ω_m。为了最大限度地利用超前网络提供的相位超前,ω_m 将设计为新的剪切角频率 ω_{c1}。

⑥ 由 ω_m 及式(6-4),可求得 T,于是超前校正网络的传递函数为

$$G_c(s)=\frac{1+\alpha Ts}{1+Ts}$$

如果采用图 6-3(a)的网络,则需要插入一个增益为 α 的放大器。

⑦ 绘制校正后系统的伯德图,校验相位裕度 γ_1 是否满足要求,如不满足要求,则应加大安全裕度,重复③以后的步骤,直至满足要求为止。

例 6-1 单位负反馈系统的开环传递函数为

$$G(s)=\frac{K}{s(s+25)}$$

设计相位超前校正网络,使满足

① 对单位速度输入,系统的稳态误差小于或等于 0.01rad;

② 相位裕度 $\gamma_1 \geqslant 45°$。

解 由 $e_{ssv}=1/K_v$ 可知,

$$K_v=100s^{-1}, \quad K=2500$$

① 绘制 $K=2500$ 的校正前系统的伯德图,如图 6-6。

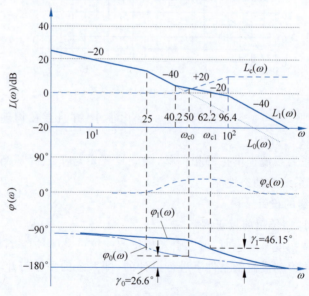

图 6-6 例 6-1 的伯德图

从图中查到,剪切角频率和相位裕度为

$$\omega_{c0}=50\text{rad/s}$$

$$\gamma_0=26.6°$$

② 附加的相位超前为

$$\varphi_m=45°-26.6°+5°=23.4°$$

式中,考虑了 5°的安全裕度。

③ 计算校正装置的 α

$$\alpha = \frac{1+\sin\varphi_m}{1-\sin\varphi_m} = 2.32$$

取 $\alpha = 2.4$。

④ 计算 $10\lg\alpha$ 及 ω_m

$$10\lg\alpha = 10\lg 2.4 = 3.8\text{dB}$$

在图上找到 -3.8dB 对应的 $\omega_m = 62.2\text{rad/s}$,作为校正后的剪切角频率 ω_{c1},

$$\omega_{c1} = \omega_m = 62.2\text{rad/s}$$

⑤ 求校正网络的转角角频率

$$\frac{1}{T} = \omega_m\sqrt{\alpha} = 96.4\text{rad/s}$$

$$\frac{1}{\alpha T} = \frac{96.4}{2.4} \approx 40.2\text{rad/s}$$

将系统放大器增益增大 $\alpha = 2.4$ 倍,所以,串联校正网络的传递函数为

$$G_c(s) = \frac{1+\alpha Ts}{1+Ts} = \frac{1+0.0249s}{1+0.0104s} \tag{6-10}$$

校正后系统开环传递函数为

$$G_c(s)G(s) = \frac{100(0.0249s+1)}{s(0.04s+1)(0.0104s+1)} \tag{6-11}$$

⑥ 绘制校正后系统的伯德图,从中查出相位裕度,也可通过计算求出。

$$\begin{aligned}\gamma_1 &= 180° + \angle G_c(j\omega_{c1})G(j\omega_{c1}) \\ &= 180° + \arctan(0.0249 \times 62.2) - 90° - \\ & \quad \arctan(0.04 \times 62.2) - \arctan(0.0104 \times 62.2) \\ &= 46.15°\end{aligned}$$

相位裕度 $\gamma_1 > 45°$。

这是一个二阶系统,校正前系统的相位裕度为 $\gamma_0 = 26.6°$,校正后为 $\gamma_1 = 46.15°$。

图 6-7 给出了校正前和校正后的单位阶跃响应。由于相位的增加,相对稳定性改善,超

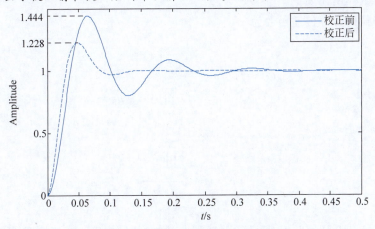

图 6-7 校正前和校正后的单位阶跃响应

调量减小,调整时间也减小了。另外,由于幅频剪切频率增大,带宽增加,响应速度也会上升。但需要指出,由于高频部分也增加了幅值,系统对高频干扰的抑制能力会有所下降。■

根据例 6-1,对超前校正做如下的总结。

① 设计补偿器是在原系统基础上进行的,所以可以看成是对原系统的一种优化。原系统的相位裕量 $\gamma_0=26.6°$ 是设计的出发点,而 $\varphi_m=23.4°$ 小于 $60°$ 说明存在用超前校正完成补偿设计的空间。

② 例 6-1 中涉及的设计数据都是可以应用绘制伯德图的规律方便地算出。例如计算 γ_0。因为 $20\lg\dfrac{100}{\omega_{c0}\dfrac{\omega_{c0}}{25}}=0$,得到 $\dfrac{2500}{\omega_{c0}^2}=1$,$\omega_{c0}=50$。而 $\gamma=180°-90°-\arctan\dfrac{50}{25}=26.6°$。

又如,在确定了 $\alpha=2.4$ 之后,应用 $-10\lg\alpha=20\lg\dfrac{100}{\omega_m\dfrac{\omega_m}{25}}$,得到 $\dfrac{\omega_m^2}{2500}=\sqrt{\alpha}$。不难得到 $\omega_m=62.2$。在经典控制理论盛行的年代,这些运算都可以通过数学用表或计算尺方便地算出。

③ 从例 6-1 可以看出,应用超前校正之后 $\omega_{c1}>\omega_{c0}$,而对于原系统的相频特性来讲 $\varphi(\omega_{c1})<\varphi(\omega_{c0})$。需要超前的相位 φ_m 是根据 $\varphi(\omega_{c0})$ 算出的,因此需要增放裕量。增放裕量的多少视 ω_{c0} 之后的相频,如果递减得慢,则少放一些,否则多放一些。如果 ω_{c0} 之后的相频呈急剧变化,这时一次超前校正可能无效。

④ 将 ω_m 取作 ω_{c1} 是为了最大限度地利用校正网络的相位超前量。在经典设计理论中,凡是可以方便地利用最优值的地方总是尽量利用。

2) 用根轨迹法设计相位超前校正网络

用根轨迹法设计超前校正是基于主导极点的时域指标的。用根轨迹法设计超前校正的方法有许多种,为了与基于伯德图的校正相比较,这里介绍一种保持系统稳态性能不变的超前校正设计方法,即它不改变系统的型号和开环增益,但是改善了系统的动态性能和相对稳定性。

用根轨迹法设计超前校正的思路是:根据时域指标选择主导极点,计算原开环零极点到这对主导极点的相角,根据根轨迹的相角条件确定需要超前的相位 ϕ,利用超前网络实现相位的补偿。具体阐述如下。

设未经补偿的开环传递函数为

$$G(s)H(s)=\dfrac{K_r\prod\limits_{i=1}^{m}(s+z_i)}{s^\nu\prod\limits_{j=\nu+1}^{n}(s+p_j)} \tag{6-12}$$

这时开环增益为

$$K=K_r\dfrac{\prod\limits_{i=1}^{m}z_i}{\prod\limits_{j=\nu+1}^{n}p_j} \tag{6-13}$$

假设系统型号 ν 和开环增益 K 都已经满足要求,要求经过校正 ν 不变而 K 基本不变。

首先根据设计要求,例如超调、调整时间、上升时间等,确定主导极点 s_c。大多数场合主导极点是一对共轭复数,可以取其一进行设计。

设超前校正网络的传递函数为

$$G_c(s) = \frac{K_{rc}(s+z_c)}{s+p_c}$$

其中,$p_c > z_c > 0$。经校正,开环传递函数就成为

$$G_1(s)H_1(s) = \frac{K_{r1}\prod_{i=1}^{m}(s+z_i)}{s^\nu \prod_{j=\nu+1}^{n}(s+p_j)} \cdot \frac{s+z_c}{s+p_c} \tag{6-14}$$

其中,K_{r1} 是校正后的根轨迹增益,显然 $K_{r1} = K_r K_{rc}$。补偿后开环增益为

$$K_c = \frac{K_{r1}\prod_{i=1}^{m} z_i}{\prod_{j=\nu+1}^{n} p_j} \frac{z_c}{p_c} = \frac{K_{r1} K}{K_r} \frac{z_c}{p_c} \tag{6-15}$$

要求 $K_c = K$,所以得到

$$\frac{K_r}{K_{r1}} = \frac{z_c}{p_c} \tag{6-16}$$

根据相角条件

$$\pm(2k+1) \times 180° = \angle G_1(s_c)H_1(s_c) = \angle G(s_c)H(s_c) + \angle \frac{s_c + z_c}{s_c + p_c}$$

因为原开环零极点是已知的,因此 $\angle G(s_c)H(s_c)$ 是可以计算或者直接量测的,记

$$\phi = \angle \frac{s_c + z_c}{s_c + p_c} = \pm(2k+1) \times 180° - \angle G(s_c)H(s_c)$$

ϕ 就是需要超前的相位。适当选取 k,使得 ϕ 在 $10° \sim 60°$(参见 6.3.1 节),如果这样的 k 不存在,那么不能用超前校正完成设计任务。设计就是要选取 p_c 和 z_c,使得

$$\phi = \angle(s_c + z_c) - \angle(s_c + p_c) = \beta - \alpha \tag{6-17}$$

β 和 α 的定义见图 6-8。根据根轨迹的幅值条件,由式(6-14)得到

$$\frac{1}{K_{r1}} = \frac{\prod_{i=1}^{m}|s_c + z_i|}{|s_c^\nu|\prod_{j=\nu+1}^{n}|s_c + p_j|} \frac{|s_c + z_c|}{|s_c + p_c|} = \frac{1}{K_{r1}(s_c)} \frac{|s_c + z_c|}{|s_c + p_c|} = \frac{1}{K_{r1}(s_c)} \frac{a}{b} \tag{6-18}$$

式中,$\dfrac{1}{K_{r1}(s_c)} = \dfrac{\prod_{i=1}^{m}|s_c + z_i|}{|s_c^\nu|\prod_{j=\nu+1}^{n}|s_c + p_j|}$,$a = |s_c + z_c|$,$b = |s_c + p_c|$ 分别是选定主导极点到校正网络零点和极点的距离(图 6-8)。需要指出,$K_{r1}(s_c)$ 由选定主导极点到未校正系统的零极点的距离构成,可以计算或从根轨迹中量测得到,所以作为已知量处理。由式(6-16)和式(6-18)得到

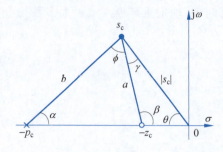

图 6-8 超前校正计算图(s_c, ϕ, θ 都是已知的, z_c, p_c 是待设计的)

$$\frac{K_r}{K_{r1}(s_c)} \frac{a}{b} = \frac{z_c}{p_c} \quad (6\text{-}19)$$

由式(6-17)和式(6-19)得到一个方程组,这个方程组只有两个独立变量 z_c 和 p_c,理论上可以求解。为了记号的方便,记 $\frac{K_r}{K_{r1}(s_c)} = \frac{1}{k}$,则式(6-19)简化成 $\frac{z_c b}{p_c a} = \frac{1}{k}$。根据图 6-8,应用正弦定理,可得

$$\frac{z_c}{a} = \frac{\sin\gamma}{\sin\theta}, \quad \frac{b}{p_c} = \frac{\sin\theta}{\sin(\gamma+\phi)}$$

于是 $\frac{\sin\gamma}{\sin(\gamma+\phi)} = \frac{1}{k}$,或者写成

$$k = \frac{\sin(\gamma+\phi)}{\sin\gamma} = \cos\phi + \cot\gamma\sin\phi \quad (6\text{-}20)$$

$$\cot\gamma = \frac{k}{\sin\phi} - \cot\phi \quad (6\text{-}21)$$

理论上,由式(6-21)可以算出 γ,得到 $-z_c$,再由 $\gamma+\phi$,得到 $-p_c$;由式(6-18)算出 K_{r1},再用 $K_{r1} = K_r K_{rc}$ 算出 K_{rc}。于是得到校正网络 $K_{rc} \dfrac{s+z_c}{s+p_c}$。

在工程应用中并不是依靠式(6-21)计算 γ 的。设 $f(\gamma) = \dfrac{\sin\gamma}{\sin(\gamma+\phi)}$,当 $\gamma=0$ 时,$f(0)=0$,随着 γ 的增长,$f(\gamma)$ 也逐步增长,γ 最大值为 $\gamma=180°-(\phi+\theta)$,此时 $-p_c \to -\infty$。因此逐步移动 $-z_c$,量测 $a, b, -p_c$,当接近等式 $\dfrac{z_c b}{p_c a} = \dfrac{1}{k}$ 成立时停止,从而可得超前校正网络。

尽管这种超前校正称为基于主导极点的设计,但是并不能保证配置的极点一定是主导极点。经过校正在 $-z_c$ 和 $-p_c$ 之间会产生一个实极点,很可能这个极点和被配置的极点一起起主要作用。

用根轨迹法设计超前校正装置的步骤如下:
① 根据系统对稳态性能的要求,确定系统的根轨迹增益 K_r 及系统的主导极点 s_c;
② 计算超前校正装置需要增加的相角 ϕ;
③ 计算 $K_{r1}(s_c)$;
④ 用式(6-21)或试验方法找到 γ,并作图确定超前校正装置的零点 $-z_c$;
⑤ 再由 ϕ,作图确定超前校正装置的极点 $-p_z$,得超前校正网络 $\dfrac{s+z_c}{s+p_c}$;
⑥ 检验设计结果。

例 6-2 设一单位负反馈系统的开环传递函数

$$G(s) = \frac{K_r}{s(s+25)}$$

试用根轨迹法设计一个超前校正装置,满足:
① 对单位速度输入,系统的稳态误差小于或等于 0.01rad;

② 最大超调量 $M_{p1} < 25\%$，过渡过程时间 $t_{s1} < 0.12s$。

解

① 根据给出的性能指标，确定参数 $K=100, K_r=2500, \zeta_1=0.5, \omega_{n1}=70$，那么主导极点为 $s_c = -35 \pm j35\sqrt{3} = -35 \pm 60.6j$。

② 作出校正前的根轨迹图（见图 6-9(b)中实线）。由图可以算出需要超前的相位 ϕ。

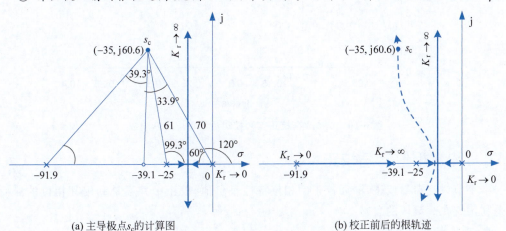

(a) 主导极点 s_c 的计算图 (b) 校正前后的根轨迹

图 6-9 例 6-2 根轨迹的超前校正

$$\phi = -180° + (120° + 99.3°) = 39.3°$$

合适采用超前校正。

③ 计算 $K_{r1}(s_c)$

$$K_{r1}(s_c) = |s_c||s_c + 25| = 70 \times |-10 + 60.6j| = 4300.9$$

④ $k = \dfrac{K_{r1}(s_c)}{K_r} = \dfrac{4300.9}{2500} \approx 1.72$，根据式(6-21)，$\cot\gamma = \dfrac{1.72}{\sin 39.3} - \cot 39.3 \approx 1.49$，于是 $\gamma = 33.9°$。

⑤ 过 s_c 作 $\gamma = 33.9°$ 的直线，交负实轴于 $-z_c = -39.1$，再作 $\phi + \gamma = 73.2°$ 的直线，交负实轴于 $-p_c = -91.9$。因此，补偿网络是 $G_c(s) = 2.35\dfrac{s+39.1}{s+91.9}$。

⑥ 经校正后的开环传递函数是

$$G_1(s) = \dfrac{5876(s+39.1)}{s(s+25)(s+91.9)}$$

这时闭环的特征根是 $-35 \pm j60.6, -46.9$。虽然一对复根的实部最大，但还是不足以充当主导极点。应用 MATLAB 得到的仿真说明，经过校正，超调量减小了，调整时间缩短了，上升时间也缩短了，系统的动态和稳态性能都得到较大的改善。图 6-10 给出校正以后的单位阶跃响应。超调量约为 23%，调整时间约为 0.12。都满足设计要求。∎

从例 6-2 得到的启示如下：首先，如果校正网络的零点大于 -25，那么在 $-z_c$ 和 0 之间有一段根轨迹，这段根轨迹上的闭环极点必然成为最靠近虚轴的极点，可能成为主导极点；其次，增加了超前网络之后，根轨迹的渐近线朝左面移动，系统的稳定性必然得到改善。

本小节讨论超前校正，给出频域和复域两种设计方法，方法的选取主要是根据设计指标，还取决于设计者的偏好。超前校正是通过提供超前相角 ϕ 来改善系统的动态性能，但是通常要串联一个放大装置，否则会削弱系统的稳态性能。

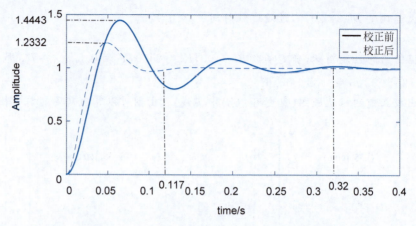

图 6-10 例 6-2 在校正前和校正后的单位阶跃响应

6.3.2 相位滞后校正

本小节讨论滞后校正,滞后校正的相位特性呈负值,校正中并不是利用其相位的滞后,而是利用它在高频段的衰减。

1. 相位滞后校正网络

图 6-11 是用电阻、电容元件组成的无源相位滞后网络及其零、极点分布图,它的传递函数为

$$G_c(s) = \frac{U_2(s)}{U_1(s)} = \frac{1+\beta Ts}{1+Ts} \tag{6-22}$$

式中,$T=(R_1+R_2)C$,$\beta = \dfrac{R_2}{R_1+R_2} < 1$。

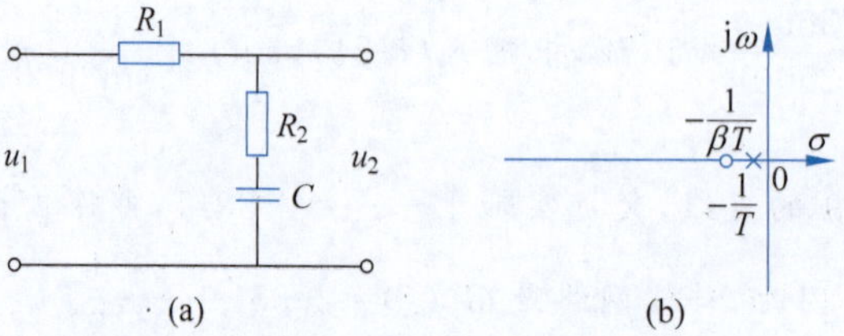

图 6-11 相位滞后网络和零、极点分布图

相位滞后网络的伯德图如图 6-12 所示。其特点如下。

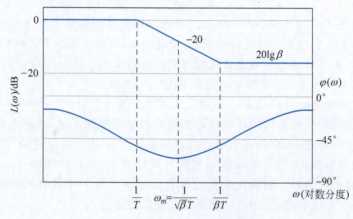

图 6-12 相位滞后网络伯德图

1) $L(\omega)$ 特性

$\omega=0$ 时，$L(0)=0$dB；$\omega\to\infty$ 时，$L(\omega)=20\lg\beta$；中段是 -20dB/dec 的斜线。

$L(\omega)$ 的两个转角角频率分别为 $\dfrac{1}{\beta T}$ 和 $\dfrac{1}{T}$，即其零点和极点的相反数。

-20dB/dec 段的几何中点的角频率为

$$\omega_m = \frac{1}{T\sqrt{\beta}} \tag{6-23}$$

在 $\omega=\omega_m$ 时

$$L(\omega_m) = 20\lg\sqrt{\beta} = 10\lg\beta \tag{6-24}$$

2) $\varphi(\omega)$ 特性

$$\varphi(\omega) = \arctan(\beta T\omega) - \arctan(T\omega) \tag{6-25}$$

由于 $\beta<1$，所以 $\varphi(\omega)<0$，最大相位滞后 φ_m 出现在 $\omega=\omega_m$，为

$$\varphi_m = \arctan\frac{\beta-1}{2\sqrt{\beta}} \tag{6-26}$$

从伯德图看出，相位滞后网络不改变原系统低频段的幅值，但使中频段的幅值减小，同时使相位滞后。滞后网络校正主要利用其高频段的衰减，使得原系统的幅频剪切频率变小，而这一段的相频变化很小，从而使相位裕量变大。

2. 相位滞后校正网络的设计

1) 用伯德图设计相位滞后校正装置

采用相位滞后装置，不是利用其滞后的相位，而是利用其在 $\omega>\dfrac{1}{\beta T}$ 频率段的衰减 $(20\lg\beta)$ 特性。用伯德图设计相位滞后装置可按以下步骤进行。

① 根据满足系统稳态误差要求的增益 K，绘制校正前系统的伯德图。

② 选择校正后系统的剪切角频率 ω_{c1}。在 $\varphi(\omega)$ 曲线上找到满足相位裕度 γ 的角频率，以其作为校正后的剪切角频率 ω_{c1}。在确定相位裕度时，要考虑相位滞后校正装置在 ω_{c1} 处产生 $(5°\sim10°)$ 的相位滞后相角，所以应选

$$\varphi(\omega_{c1}) = -180° + \gamma_1 + (5°\sim10°) \tag{6-27}$$

式中，γ_1 是达到要求的相位裕度。

③ 求 $\dfrac{1}{\beta T}$。将滞后校正网络的零点配置在低于 ω_{c1} 十倍频程以下，即 $\dfrac{1}{\beta T}<\dfrac{1}{10}\omega_{c1}$，以保证滞后校正在 ω_{c1} 处的相位滞后不大于 $(5°\sim10°)$。

④ 求 β。在原系统的幅频特性上找出 $\omega=\omega_{c1}$ 时的 $L(\omega_{c1})$ 值，它是要用滞后校正网络的 $20\lg\beta$ 将其衰减，使幅频特性能在 ω_{c1} 处穿越 0dB。据此确定校正网络的 β

$$\beta = 10^{-L(\omega_{c1})/20} \tag{6-28}$$

⑤ 计算滞后校正网络的零、极点

$$\omega_z = \frac{1}{\beta T}, \quad \omega_p = \frac{1}{T} \tag{6-29}$$

⑥ 绘制校正后系统的伯德图，校验系统的性能指标。若不满足要求，应增大相位滞后校正网络在 ω_{c1} 的相位滞后量，再从步骤②起，重新设计。

例 6-3 单位负反馈系统的开环传递函数为

$$G(s) = \frac{K}{s(0.1s+1)^2}$$

性能指标要求：①稳态速度误差系数 $K_{v1}=100$；②相位裕度 $\gamma_1 \geqslant 65°$。

设计一个滞后校正网络使系统满足上述指标要求。

解

① 求 K。

$K = K_{v1} = 100$。绘制校正前系统的伯德图，见图 6-13。其中 $\omega_c = 21.5 \text{rad/s}$，$\gamma = -84.6°$，$\omega_g = 10 \text{rad/s}$，$GM = -20 \text{dB}$。系统不稳定。

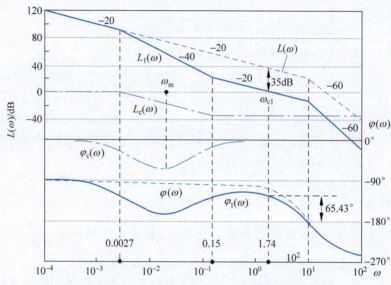

图 6-13 例 6-3 相位滞后校正计算的伯德图

② 选择 ω_{c1}。

$$\varphi(\omega_{c1}) = -180° + \gamma_1 + (5° \sim 10°) = -110°$$

在图中查到 $\varphi(\omega_{c1}) = -110°$ 时的角频率作为校正后系统的剪切角频率

$$\omega_{c1} = 1.74 \text{rad/s}$$

③ 求 $1/\beta T$。

选取滞后校正网络的零点。因为 $\dfrac{1}{10}\omega_{c1}=0.174$，选

$$\frac{1}{\beta T} = 0.15 < 0.1\omega_{c1}$$

④ 求 β。

欲使校正后 $L(\omega)$ 曲线在 $\omega=\omega_{c1}$ 穿越 0dB 线，从图上可查到，应使 $20\lg\beta = -35\text{dB}$，则

$$\beta = 10^{-L(\omega_{c1})/20} = 10^{-1.75} = 0.018$$

⑤ 计算滞后校正网络的零、极点。

$$\omega_z = \frac{1}{\beta T} = 0.15 \qquad \omega_p = \frac{1}{T} = 0.0027$$

相位滞后校正网络的传递函数为

$$G_c(s) = \frac{1+\beta Ts}{1+Ts} = \frac{1+6.67s}{1+370.37s} = 0.018 \frac{(s+0.15)}{(s+0.0027)}$$

校正后系统的开环传递函数为

$$G(s)G_c(s) = \frac{100(6.67s+1)}{s(0.1s+1)^2(370.37s+1)}$$

⑥ 检验。

校正后系统的相应裕度

$$\gamma_1 = 180° + \arctan 6.67 \times 1.74 - (90° + 2 \times \arctan 0.1 \times 1.74 + \arctan 370.37 \times 1.74) = 65.43°$$

满足要求。

由上例可知,在滞后校正中,是利用滞后校正网络在高频段的衰减特性,而不是其相位的滞后特性。

① 在滞后校正中,我们利用滞后校正网络在高频段的衰减特性的特点,通过减少幅频剪切频率,利用原系统提供的相频,使系统的相对稳定性达到预定要求从而保证了系统的稳定性。

② 滞后校正网络实质上是一个低通滤波器,在高频段有衰减作用。由于滞后的相位在剪切频率之前很长一段,所以不会影响系统的动态与稳态性能。

2) 用根轨迹法设计相位滞后校正网络

用根轨迹法设计相位滞后校正网络的基本条件是:系统原来的根轨迹上具有期望的主导极点,但在主导极点的位置上,开环增益不能满足稳态误差要求,通过增加一对相位滞后校正网络的零、极点,它们距离原点都很近,不会对在主导极点附近的根轨迹产生明显变化,但是增加的零点和极点之比都可以很大,从而增大了开环增益,改善系统的稳态性能。

设系统的开环传递函数是

$$G(s)H(s) = \frac{K_r \prod_{i=1}^{m}(s+z_i)}{s^\nu \prod_{j=\nu+1}^{n}(s+p_j)} \quad (6-30)$$

式中,K_r 是根轨迹增益。系统的开环增益 K 为

$$K = \frac{K_r \prod_{i=1}^{m} z_i}{\prod_{j=\nu+1}^{n} p_j} \quad (6-31)$$

设 $\sigma_x \pm j\omega_x$ 是原系统根轨迹上的理想主导极点。记 $s_x = \sigma_x + j\omega_x$,则有

$$\angle G(s_x)H(s_x) = \pm(2k+1) \times 180°, \quad K_r(s_x) = \frac{|s_x|^\nu \prod_{j=\nu+1}^{n}|s_x+p_j|}{\prod_{i=1}^{m}|s_x+z_i|}$$

设串入的滞后校正网络是 $G_c = \dfrac{s+z_c}{s+p_c}$,则经校正的开环传递函数为

$$G(s)H(s)G_c(s) = \frac{K_{r1} \prod_{i=1}^{m}(s+z_i)}{s^\nu \prod_{j=\nu+1}^{n}(s+p_j)} \cdot \frac{s+z_c}{s+p_c} \tag{6-32}$$

要求校正后的主导极点在 $s_x = \sigma_x + j\omega_x$ 附近，因此仍然用 s_x 进行运算

$$\angle G(s_x)H(s_x)G_c(s_x) = \angle G(s_x)H(s_x) + \angle G_c(s_x)$$
$$= \pm(2k+1) \times 180° + \angle(s_x+z_c) - \angle(s_x+p_c)$$

可以要求 $-z_c$, $-p_c$ 充分靠近，使得 $\angle(s_x+z_c) - \angle(s_x+p_c) \leqslant 2°$ 和 $|s_x+z_c| \approx |s_x+p_c|$。这样

$$K_{r1}(s_x) = \frac{|s_x|^\nu \prod_{j=\nu+1}^{n}|s_x+p_j|}{\prod_{i=1}^{m}|s_x+z_i|} \cdot \frac{|s_x+p_c|}{|s_x+z_c|} \approx \frac{|s_x|^\nu \prod_{j=\nu+1}^{n}|s_x+p_j|}{\prod_{i=1}^{m}|s_x+z_j|} = K_r(s_x)$$

但是校正后的开环增益 K_1 是 K 的 $\dfrac{z_c}{p_c}$ 倍。达到了预定的目的：主导极点变动很小但是开环增益增加了数倍。

如果采用式(6-22)的滞后校正，这时校正网络的传递函数是 $G_c(s) = \dfrac{1+\beta T s}{1+T s}$，为了转换成上面讨论的形式需要串联一个放大倍数为 $1/\beta$ 的比例环节，即 $\dfrac{1}{\beta}G_c(s) = \dfrac{s+1/\beta T}{s+1/T}$。

从以上分析看出，相位滞后校正网络设计的关键条件是：$p_c = \beta z_c \ll \omega_n$。$\beta$ 越小，改善系统稳态性能的幅度也越大。但 $1/\beta$ 也不能太大，以免在物理实现时造成困难，通常控制在 10 以内。

用根轨迹法设计相位滞后网络的计算步骤如下：

① 绘制校正前系统的根轨迹图。
② 在根轨迹图上确定主导极点 s_x 及在主导极点处的开环增益 K。
③ 计算为满足稳态性能要求，系统所要求的开环增益 K_1 及开环增益需要增加的倍数 $\dfrac{1}{\beta}$

$$\beta = \frac{K}{K_1} \tag{6-33}$$

④ 根据 β 选择滞后校正的零点 z_c 和极点 p_c。应当使 z_c 和 p_c 尽量靠近原点。通常满足以下条件

$$p_c = \beta z_c \ll \omega_n \tag{6-34}$$

式中，ω_n 是主导极点的无阻尼振荡角频率。以及

$$|s_x+z_c| \approx |s_x+p_c| \tag{6-35}$$

为满足式(6-35)，应使

$$|\angle(s_x+z_c) - \angle(s_x+p_c)| \leqslant 2° \tag{6-36}$$

⑤ 绘制校正后系统的根轨迹图，求出在开环增益等于 K_1 时的主导极点。
⑥ 校验系统的性能指标，若不满足要求，则调整校正参数 β，重复④以后的步骤。

例 6-4 用根轨迹法设计下列单位负反馈系统的相位滞后校正网络

$$G(s) = \frac{K_r}{s(s+10)^2}$$

性能指标要求：

① 速度误差系数 $K_v = 20$；

② 主导极点满足 $\zeta = 0.5$。

解 根据速度误差系数 $K_v = 20$ 的要求，求得

$$K_v = 20 = \frac{K_{r1}}{100}$$

$$K_{r1} = 2000, \quad K_1 = \frac{2000}{100} = 20$$

① 绘制系统的根轨迹图（图 6-14(a)）。

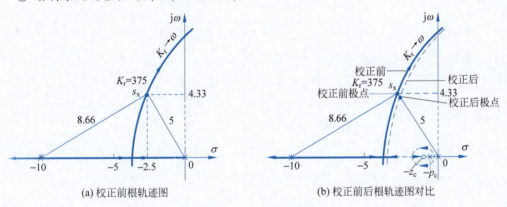

(a) 校正前根轨迹图　　　　　　(b) 校正前后根轨迹图对比

图 6-14　例 6-4 根轨迹图

② 由 $\zeta = 0.5$，在图上求得主导极点 $s_x = -2.5 \pm j4.33$，并按幅值条件求得

$$K_r = 8.66 \times 8.66 \times 5 = 375$$

$$K = \frac{375}{100} = 3.75$$

③ 计算校正网络的 β。

$$\beta = \frac{K}{K_1} = \frac{3.75}{20} = \frac{|p_c|}{|z_c|} = 0.19$$

④ 选 $z_c = 0.1$，则 $p_c = 0.19 z_c = 0.019$，显然 $p_c = \beta z_c \ll \omega_n = 5.0$。可以求得 $(s_x + z_c)$ 与 $(s_x + p_c)$ 的夹角 $\ll 2°$。于是相位滞后校正网络的传递函数为

$$G_c(s) = 0.19 \times \frac{s + 0.1}{s + 0.019}$$

校正后系统的传递函数为

$$G(s)G_c(s) = \frac{380(s + 0.1)}{s(s+10)^2(s+0.019)}$$

⑤ 绘制校正后的根轨迹图，如图 6-14(b) 中虚线所示，根轨迹通过主导极点。

⑥ 校验系统的性能指标。校正后在主导极点附近的根轨迹没有产生明显变化，满足系统的动态性能要求：$\zeta = 0.5$。而在主导极点处的开环增益 $K = 20$，使稳态性能满足要求。

由于开环增加了一对零极点,这时闭环在$-z_c$附近还会有一个极点,首先这个极点必是实数,具有负实部,其次它与$-z_c$非常接近,可以作为一对偶极子处理,因而就不考虑它的作用了。

由于受到物理实现的限制,β不能取得太小,因此相位滞后校正的应用受到一定的限制。

6.3.3 相位超前-滞后校正

1. 相位超前-滞后校正网络

当系统的稳态性能与动态性能均不能满足要求,用单一的相位超前校正或相位滞后校正都无法改善系统的稳态和动态性能,此时就应考虑使用相位超前-滞后校正网络。

图 6-15 是用电阻、电容元件组成的相位超前-滞后校正网络及其零、极点分布图。其传递函数为

$$G_c(s) = \frac{U_2(s)}{U_1(s)} = \frac{(\alpha T_1 s + 1)(\beta T_2 s + 1)}{(T_1 s + 1)(T_2 s + 1)} \tag{6-37}$$

式中,

$$T_1 + T_2 = R_1 C_1 + R_1 C_2 + R_2 C_2$$

$$T_1 T_2 = R_1 R_2 C_1 C_2$$

$$\alpha = \frac{R_1 C_1}{T_1}$$

$$\beta = \frac{R_2 C_2}{T_2}$$

故

$$\alpha \beta = 1$$

选择$\alpha > 1$,这时$\dfrac{\alpha T_1 s + 1}{T_1 s + 1}$为超前校正部分,因为$\beta = \dfrac{1}{\alpha} < 1$,所以$\dfrac{\beta T_2 s + 1}{T_2 s + 1}$是滞后校正部分。

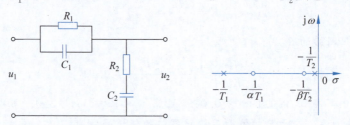

图 6-15 相位超前-滞后校正网络

相位超前-滞后校正网络的伯德图如图 6-16 所示。可见在低频段相当一个滞后校正环节,在高频段相当一个超前校正环节,但这两个环节的参数是有制约的。引入此校正的基本思想是:利用其滞后校正部分提高系统的稳态性能,利用其超前校正部分改善系统的动态性能。

2. 相位超前-滞后校正网络的设计

1) 用伯德图设计相位超前-滞后校正网络

用伯德图设计相位超前-滞后校正网络可以按下面的思路进行。

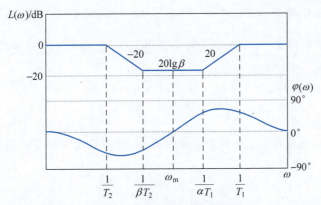

图 6-16 相位超前-滞后校正网络伯德图

① 先按照系统稳态性能的要求,确定系统的开环增益;

② 按系统动态性能要求设计超前校正部分,确定 $\dfrac{1}{\alpha T_1}$ 和 $\dfrac{1}{T_1}$;

③ 设计滞后校正部分,即确定 $\dfrac{1}{\beta T_2}$ 和 $\dfrac{1}{T_2}$,要考虑两个原则:$\alpha\beta=1$ 和 $\dfrac{1}{\beta T_2}<0.1\omega_{c1}$,$\omega_{c1}$ 是校正后系统的剪切角频率,使滞后校正部分的相位滞后对超前校正部分的影响尽量的小。

设计的具体步骤如下:

① 由稳态性能指标求取开环增益 K;

② 绘制在开环增益 K 下系统的伯德图,并求出相位裕度 γ_0;

③ 按照要求的相位裕度 γ,确定校正后的系统剪切角频率 ω_{c1},设计超前校正部分的 $\dfrac{1}{\alpha T_1}$ 和 $\dfrac{1}{T_1}$;

④ 按 $\dfrac{1}{\beta T_2}<0.1\omega_{c1}$,选择 $\dfrac{1}{\beta T_2}$,并由 $\beta=\dfrac{1}{\alpha}$,确定 $\dfrac{1}{T_2}$;

⑤ 画出校正后系统的伯德图,校验系统的相位裕度是否满足 $\gamma_1 \geqslant \gamma$,如不满足要求,则调整 $\dfrac{1}{\alpha T_1}$ 和 $\dfrac{1}{\beta T_2}$,直至满足要求为止。

例 6-5 单位负反馈系统的开环传递函数为

$$G(s)=\dfrac{K_r}{s(s+1)(s+2)}$$

要求速度误差系数 $K_v=10\text{s}^{-1}$,相位裕度 $\gamma=45°$。试设计相位超前-滞后校正网络。

解 要求 $K_v=10\text{s}^{-1}$,则 $K_r=20$。

① 绘制 $K_r=20$ 的伯德图,求得系统的剪切角频率 $\omega_{c0}=2.5\text{rad/s}$,相位裕度 $\gamma_0=-29.54°$。

② 选校正后的剪切角频率为 $\omega_{c1}=1.5\text{rad/s}$,该处的相位裕度为 $0°$,则需要提供的超前相位

$$\varphi_m=45°+10°=55°$$

查图 6-5 有 $\alpha=9$,为留有裕度,取 $\alpha=10$。

③ 选超前部分的转角角频率 $\dfrac{1}{\alpha T_1}$ 和 $\dfrac{1}{T_1}$:在 ω_{c1} 处原系统的 $L(\omega)=13\text{dB}$,超前校正在

ω_m 处只有 -10dB，因此如果取 $\omega_{c1} = \omega_m$，校正后的剪切角频率就不会在 $\omega_{c1} = 1.5\text{rad/s}$。为此适当调整 $\dfrac{1}{\alpha T_1}$ 和 $\dfrac{1}{T_1}$，使其在 $\omega_{c1} = 1.5\text{rad/s}$ 处的幅值满足 $L(\omega_{c1}) = -L_c(\omega_{c1})$，如图 6-17。于是从图中得

$$\frac{1}{\alpha T_1} = 0.63 \quad \frac{1}{T_1} = 6.3$$

④ 为减小滞后校正在 ω_{c1} 处的相位滞后影响，将滞后校正部分的转角角频率 $\dfrac{1}{\beta T_2}$ 取为 $0.1\omega_{c1}$，故取

$$\frac{1}{\beta T_2} = 0.15 \quad \frac{1}{T_2} = 0.015$$

于是超前-滞后校正网络的传递函数为

$$G_c(s) = \frac{\left(s + \dfrac{1}{\beta T_2}\right)\left(s + \dfrac{1}{\alpha T_1}\right)}{\left(s + \dfrac{1}{T_2}\right)\left(s + \dfrac{1}{T_1}\right)} = \frac{(s+0.15)(s+0.63)}{(s+0.015)(s+6.3)}$$

校正后系统的传递函数为

$$G_1(s) = \frac{20(s+0.15)(s+0.63)}{s(s+1)(s+2)(s+0.015)(s+6.3)}$$

⑤ 绘制校正后系统的伯德图，并求得相位裕度为

$$\gamma_1 = 48.3° > 45°$$

校正前后系统的伯德图如图 6-17 所示。

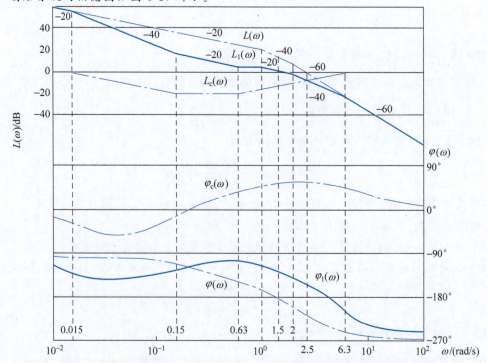

图 6-17　例 6-5 校正前后系统的伯德图

从本例中看出,利用超前-滞后校正网络,在提高系统相位裕度的同时,增大了系统的增益。而不必如单纯的相位超前校正那样,在引入校正装置的同时必须调高放大器的增益,这是它的优点。

2) 用根轨迹法设计相位超前-滞后校正网络

如前所述,超前-滞后校正是利用超前部分改善系统的动态性能,利用滞后部分改善系统的稳态性能。因此可以用前面介绍的用根轨迹法设计超前校正和滞后校正的思路来设计超前-滞后校正装置。

设系统的开环传递函数是

$$G(s)H(s) = \frac{K_r \prod_{i=1}^{m}(s+z_i)}{s^\nu \prod_{j=\nu+1}^{n}(s+p_j)} \tag{6-38}$$

式中,K_r 是根轨迹增益。则系统的开环增益为

$$K = \frac{K_r \prod_{i=1}^{m} z_i}{\prod_{j=\nu+1}^{n} p_j} \tag{6-39}$$

设超前-滞后校正网络的传递函数为

$$G_c(s) = \frac{\left(s+\dfrac{1}{\beta T_2}\right)\left(s+\dfrac{1}{\alpha T_1}\right)}{\left(s+\dfrac{1}{T_2}\right)\left(s+\dfrac{1}{T_1}\right)} \tag{6-40}$$

则校正后系统的传递函数为

$$G(s)H(s)G_c(s) = \frac{K_r \prod_{i=1}^{m}(s+z_i)}{s^\nu \prod_{j=\nu+1}^{n}(s+p_j)} \frac{\left(s+\dfrac{1}{\beta T_2}\right)\left(s+\dfrac{1}{\alpha T_1}\right)}{\left(s+\dfrac{1}{T_2}\right)\left(s+\dfrac{1}{T_1}\right)} \tag{6-41}$$

其开环增益为

$$K_1 = K_r \frac{\prod_{i=1}^{m} z_i}{\prod_{j=\nu+1}^{n} p_j} \times \frac{\dfrac{1}{\alpha\beta T_1 T_2}}{\dfrac{1}{T_1 T_2}} = K_r \frac{\prod_{i=1}^{m} z_i}{\prod_{j=\nu+1}^{n} p_j} = K \tag{6-42}$$

可见引入超前-滞后校正不改变系统的开环增益 K 与根轨迹增益 K_r。

设系统期望的主导极点为 s_x,校正后系统的根轨迹应当通过主导极点。由幅值条件

$$\frac{K_r \prod_{i=1}^{m}|s_x+z_i|}{|s_x|^\nu \prod_{j=\nu+1}^{n}|s_x+p_j|} \frac{\left|s_x+\dfrac{1}{\beta T_2}\right|\left|s_x+\dfrac{1}{\alpha T_1}\right|}{\left|s_x+\dfrac{1}{T_2}\right|\left|s_x+\dfrac{1}{T_1}\right|} = 1 \tag{6-43}$$

令

$$K_r(s_x) = \frac{|s_x|^\nu \prod_{j=\nu+1}^{n} |s_x + p_j|}{\prod_{i=1}^{m} |s_x + z_i|} \tag{6-44}$$

考虑到 $G_c(s)$ 滞后部分的零点和极点需满足:

$$\frac{\left|s_x + \dfrac{1}{\beta T_2}\right|}{\left|s_x + \dfrac{1}{T_2}\right|} = 1 \tag{6-45}$$

于是式(6-43)可改写为

$$\frac{\left|s_x + \dfrac{1}{\alpha T_1}\right|}{\left|s_x + \dfrac{1}{T_1}\right|} = \frac{K_r(s_x)}{K_r} \tag{6-46}$$

如图 6-18 所示,有

$$\left|s_x + \frac{1}{\alpha T_1}\right| = \overline{AC} \qquad \left|s_x + \frac{1}{T_1}\right| = \overline{AB}$$

则

$$\frac{\overline{AC}}{\overline{AB}} = \frac{K_r(s_x)}{K_r} \tag{6-47}$$

而 $\overline{AB}$ 与 $\overline{AC}$ 的夹角是超前部分在主导极点处提供的相位超前量 ϕ,它满足

$$\angle \phi = \angle\left(s_x + \frac{1}{\alpha T_1}\right) - \angle\left(s_x + \frac{1}{T_1}\right) \tag{6-48}$$

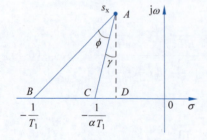

图 6-18 超前部分零、极点图

要确定超前部分的零、极点 $\dfrac{1}{\alpha T_1}$ 和 $\dfrac{1}{T_1}$,只要求出 γ 角。

从图 6-18 有

$$\cos\gamma = \frac{\overline{AD}}{\overline{AC}} \tag{6-49}$$

及

$$\cos(\phi + \gamma) = \frac{\overline{AD}}{\overline{AB}} \tag{6-50}$$

则

$$\frac{\cos(\phi + \gamma)}{\cos\gamma} = \frac{\overline{AC}}{\overline{AB}} = \frac{K_r(s_x)}{K_r} \tag{6-51}$$

利用三角关系可求得

$$\tan\gamma = \cot\phi - \frac{K_r(s_x)}{K_r} \times \frac{1}{\sin\phi} \tag{6-52}$$

根据前面的分析,用根轨迹法设计超前-滞后校正网络的步骤如下:

① 绘制校正前系统的根轨迹图;

② 根据动态性能要求,确定主导极点 s_x;

③ 求取 $G_c(s)$ 超前部分需提供的相位超前量 ϕ；

$$\phi = \pm(2k+1) \times 180° - \angle G(s_x)H(s_x) \tag{6-53}$$

④ 确定满足稳态性能要求的根轨迹增益 K_r 及计算 $K_r(s_x)$；

⑤ 按式(6-52)计算 γ 角，并按图 6-18 确定超前部分的零、极点 $\dfrac{1}{\alpha T_1}$ 和 $\dfrac{1}{T_1}$；

⑥ 选择滞后部分的零、极点 $\dfrac{1}{\beta T_2}$ 和 $\dfrac{1}{T_2}$，应当满足两条，即

$$\alpha\beta = 1$$

且

$$\dfrac{\left|s_x + \dfrac{1}{\beta T_2}\right|}{\left|s_x + \dfrac{1}{T_2}\right|} = 1 \tag{6-54}$$

以及

$$\angle\left(s_x + \dfrac{1}{\beta T_2}\right) - \angle\left(s_x + \dfrac{1}{T_2}\right) < 3° \tag{6-55}$$

⑦ 绘制校正后系统的根轨迹图，校验系统的性能是否满足要求。如不满足，则调整超前和滞后校正部分的零、极点参数，即调整超前部分提供的相位超前量，直至满足要求为止。

例 6-6 用根轨迹法设计例 6-5 的超前-滞后校正网络，系统的性能指标要求为：稳态速度误差系数 $K_v = 10\text{s}^{-1}$，系统闭环主导极点的阻尼比 $\zeta = 0.5$，无阻尼振荡角频率 $\omega_n = 2$。

解 根据要求的阻尼比 $\zeta = 0.5$ 和无阻尼振荡角频率 $\omega_n = 2$，确定系统要求的主导极点为

$$s_x = -1 \pm 1.73\text{j}$$

① 绘制原系统的根轨迹，如图 6-19。

② 计算 $G_c(s)$ 超前部分需提供的相位超前量 ϕ

$$\phi = \mp(2k+1) \times 180° - \angle G(s_x)H(s_x)$$
$$= -180° + (120° + 90° + 60°) = 90°$$

③ 系统要求的稳态速度误差系数 $K_v = 10\text{s}^{-1}$，所以 $K_r = 20$。由图 6-20(a)

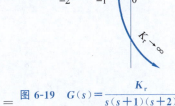

图 6-19　$G(s) = \dfrac{K_r}{s(s+1)(s+2)}$ 根轨迹图

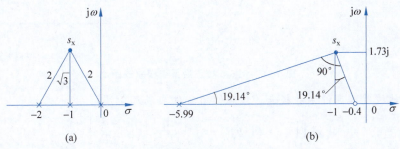

图 6-20　例 6-6 计算图

$$K_r(s_x) = \frac{|s_x|^\nu \prod_{j=\nu+1}^{n}|s_x+p_j|}{\prod_{i=1}^{m}|s_x+z_i|} = 2 \times 2 \times \sqrt{3} \approx 6.93$$

则

$$\frac{K_r(s_x)}{K_r} = \frac{6.93}{20} \approx 0.347$$

④ 求 γ

$$\tan\gamma = \cot\phi - \frac{K_r(s_x)}{K_r} \times \frac{1}{\sin\phi} = \cot 90° - 0.347 \frac{1}{\sin 90°} = -0.347$$

所以

$$\gamma = \arctan(-0.347) = -19.14°$$

⑤ 求超前部分的零、极点

用作图法(图 6-20(b))可求得

$$\frac{1}{\alpha T_1} = 0.4, \quad \frac{1}{T_1} = 5.99 \quad \text{及} \quad \alpha = \frac{5.99}{0.4} \approx 12$$

⑥ 选滞后部分的零、极点

$$\frac{1}{T_2} = 0.01 \quad \text{及} \quad \frac{1}{\beta T_2} = 12 \times 0.01 = 0.12$$

⑦ 校正后系统的传递函数为

$$G(s)G_c(s) = \frac{20}{s(s+1)(s+2)} \cdot \frac{(s+0.12)(s+0.4)}{(s+0.01)(s+5.99)}$$

⑧ 绘制校正后系统的根轨迹图,如图 6-21 所示。

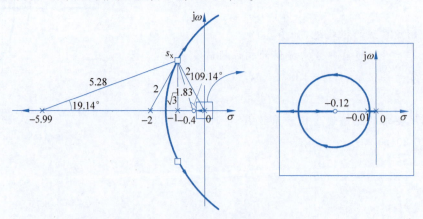

图 6-21 例 6-6 校正后系统根轨迹图

检验根轨迹是否通过主导极点。按照幅值条件应满足

$$\frac{|s_x|^\nu \prod_{j=\nu+1}^{n}|s_x+p_j| \left|s_x+\frac{1}{T_2}\right|\left|s_x+\frac{1}{T_1}\right|}{\prod_{i=1}^{m}|s_x+z_i| \left|s_x+\frac{1}{\beta T_2}\right|\left|s_x+\frac{1}{\alpha T_1}\right|} = K_r$$

将图中相应的数值代入,并考虑式(6-54),有

$$\frac{2\times\sqrt{3}\times 2\times 5.28}{1.83}\approx 20$$

检验相角条件

$$G(s)G_c(s) = \sum_{i=1}^{m}\angle(s_x+z_i) - \sum_{j=1}^{n}\angle(s_x+p_j) + \angle\left(s_x+\frac{1}{\alpha T_1}\right) - \angle\left(s_x+\frac{1}{T_1}\right)$$
$$= 109° - (120°+90°+60°+19.14°) = -180°$$

说明主导极点在根轨迹上。

用 MATLAB 求闭环系统的单位阶跃响应,如图 6-22 所示。从图中可见系统的超调量 $M_p \leqslant 6\%$,按 2%准则的调整时间 t_s 将近 20s,而校正前为了满足 K_v 的要求闭环系统是不稳定的。所以超前-滞后校正对系统的性能有很大的改善。校正后闭环系统的零点有两个: -0.4 和 -0.12,除主导极点外,还有三个极点: -6.6845、-0.2080 和 -0.1821。其中除极点-6.6845 外,它们都会对系统的瞬态响应产生影响。

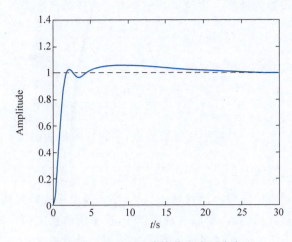

图 6-22 例 6-6 系统的单位阶跃响应

所以,用主导极点设计系统的方法常常不能通过一次设计计算就达到所有的预期指标。在系统的设计实践中,要经过设计—验证—再修正设计—再验证的反复过程,直至达到预期的指标。即使完成了设计,也还需要在实际系统中进行调试,才最终完成系统的设计过程,这是经典控制理论设计系统的主要特点。

当系统要求有更高的性能指标时,无源超前-滞后校正网络就很难达到要求,解决的办法是应用有源校正网络。

6.3.4 有源校正网络

有源校正网络是用电子线路(运算放大器线路)组成具有超前、滞后或超前-滞后特性的电路。由于集成电路技术的迅速发展,有源校正网络得到广泛的应用。

有源校正网络的基本原理图如图 6-23 所示。

由运算放大器电路理论知,理想运算放大器的增益 $K\to\infty$,在反相端输入情况下,其传递函数为

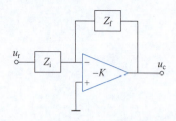

图 6-23　有源校正网络的基本原理图

$$\frac{U_c(s)}{U_r(s)} = -\frac{Z_f(s)}{Z_i(s)} \tag{6-56}$$

在有源网络中输入和反馈电路的阻抗 Z_i 和 Z_f 可以独立设计,因而可以方便得到所要求的校正特性。

用运算放大器组成的有源校正网络还有一个特性是它具有高输入阻抗和低输出阻抗,因此它对输入输出电路有良好的隔离作用。附录 3 列出一些常用的有源校正网络。

6.3.5　不希望极点的抵消

许多控制对象的传递函数中包含有一对以上的复极点,采用上面介绍的超前、滞后或超前-滞后校正可能得不到满意的结果,特别是当有些复极点的位置靠近虚轴时,系统设计就变得更加困难。此时可设计一种具有两个复零点和两个复极点的校正网路,将它的两个复零点与校正前系统中的不希望复极点相抵消,将它的两个复极点设计在希望的位置上,从而使校正后的系统得到满意的性能。假设不希望复极点的传递函数为

$$G_1(s) = \frac{1}{s^2 + 2\zeta_1 \omega_{n1} s + \omega_{n1}^2} \tag{6-57}$$

引入的串联校正网络具有以下传递函数

$$G_c(s) = \frac{s^2 + 2\zeta_1 \omega_{n1} s + \omega_{n1}^2}{s^2 + 2\zeta_2 \omega_{n2} s + \omega_{n2}^2} \tag{6-58}$$

其中,$s^2 + 2\zeta_2 \omega_{n2} s + \omega_{n2}^2$ 是一对希望的复数极点,串联后的传递函数

$$G_1(s)G_c(s) = \frac{1}{s^2 + 2\zeta_2 \omega_{n2} s + \omega_{n2}^2} \tag{6-59}$$

即不希望的复极点被希望的复极点所代替。当然,在实践中很难做到精确的抵消,一般将复零点设计在不希望复极点的附近,形成一对偶极子,校正后的系统仍可获得比较好的特性。

下面两种用 RC 电阻电容元件组成的桥式 T 形网络就具有式(6-58)形式的传递函数。

图 6-24(a)的桥式 T 形网络的传递函数为

$$\frac{U_c(s)}{U_r(s)} = \frac{RC_1 RC_2 s^2 + 2RC_2 s + 1}{RC_1 RC_2 s^2 + (RC_1 + RC_2)s + 1} \tag{6-60}$$

图 6-24(b)的桥式 T 形网络的传递函数为

$$\frac{U_c(s)}{U_r(s)} = \frac{CR_1 CR_2 s^2 + 2CR_2 s + 1}{CR_1 CR_2 s^2 + (CR_1 + CR_2)s + 1} \tag{6-61}$$

图 6-24(a)与图 6-24(b)的桥式 T 形网络的传递函数也可写成式(6-58)的形式。

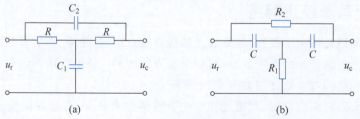

图 6-24　两种典型的桥式 T 形网络

对图 6-24(a)的 T 形网络，其分子参数有

$$\omega_{n1} = \frac{1}{\sqrt{RC_1 RC_2}} \qquad \zeta_1 = \sqrt{C_2/C_1} \tag{6-62}$$

其分母参数有

$$\omega_{n2} = \omega_{n1} = \frac{1}{\sqrt{RC_1 RC_2}} \qquad \zeta_2 = \frac{C_1 + 2C_2}{2\sqrt{C_1 C_2}} \tag{6-63}$$

对图 6-24(b)的 T 形网络，其分子参数有

$$\omega_{n1} = \frac{1}{\sqrt{CR_1 CR_2}} \qquad \zeta_1 = \sqrt{R_2/R_1} \tag{6-64}$$

其分母参数有

$$\omega_{n2} = \omega_{n1} \qquad \zeta_2 = \frac{R_1 + 2R_2}{2\sqrt{R_1 R_2}} \tag{6-65}$$

6.4 局部反馈校正

6.4.1 局部反馈校正的基本原理

局部反馈校正是一种在系统的局部引入反馈对系统进行校正的方法。如图 6-25，系统原有环节 $G_1(s)$ 与 $G_2(s)$，对系统的局部环节 $G_2(s)$ 引入反馈 $G_f(s)$，就是局部反馈校正。

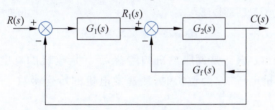

图 6-25 局部反馈方框图

局部反馈的传递函数为

$$\frac{C(s)}{R_1(s)} = \frac{G_2(s)}{1 + G_2(s)G_f(s)} \tag{6-66}$$

如果在对系统动态性能起主要作用的频率范围内，满足

$$|G_2(j\omega)G_f(j\omega)| \gg 1 \tag{6-67}$$

则

$$\frac{C(s)}{R_1(s)} \approx \frac{1}{G_f(s)} \tag{6-68}$$

而当

$$|G_2(j\omega)G_f(j\omega)| \ll 1 \tag{6-69}$$

则

$$\frac{C(s)}{R_1(s)} \approx G_2(s) \tag{6-70}$$

式(6-68)和式(6-70)说明：当局部反馈部分的幅频远大于 1 时，其闭环传递函数仅决定于反

馈校正的传递函数的倒数;而当局部反馈部分的幅频远小于 1 时,其闭环传递函数与反馈校正无关。因此可以通过选择适当的反馈校正的传递函数 $G_f(s)$,在一定的频率范围内改变原系统的传递函数,从而达到改善系统动态特性的目的。在实际应用中,把式(6-67)和式(6-69)的条件简化为 $|G_2(j\omega)G_f(j\omega)|>1$ 和 $|G_2(j\omega)G_f(j\omega)|<1$。尽管这样做会增大误差,但可以证明在 $|G_2(j\omega)G_f(j\omega)|=1$ 时的误差最大,即使这时误差也不会超过 3dB。

6.4.2 速度反馈

在位置随动系统中,伺服电机常用测速发电机作为局部反馈校正来改善系统的性能,构建成电动机-测速发电机组作为系统的执行机构。它主要有两种工作方式:速度反馈和速度微分反馈。

图 6-26(a)是速度反馈的原理图,伺服电机在忽略电枢电路的电感时,传递函数可简化为

$$G_2(s) = \frac{K_a K_m}{s(T_m s + 1)} \tag{6-71}$$

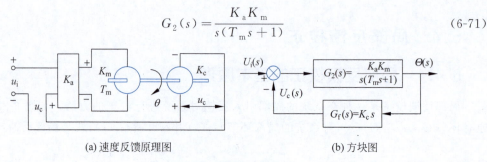

(a) 速度反馈原理图　　　　　　(b) 方块图

图 6-26　速度反馈系统

式中,K_a 是放大器的增益,K_m 是伺服电机的增益,T_m 是电机的机电时间常数。当以角位移 θ 为输入,测速发电机电压 u_c 为输出时,测速发电机的传递函数为

$$G_f(s) = \frac{U_c(s)}{\Theta(s)} = K_c s \tag{6-72}$$

则

$$G_2(s)G_f(s) = \frac{K_1 K_c}{T_m s + 1} \tag{6-73}$$

式中,$K_1 = K_a K_m$。绘制 $G_2(s)$、$G_2(s)G_f(s)$ 和 $G_f(s)$ 的对数幅频特性,如图 6-27 所示。图中求得 $G_2(s)G_f(s)$ 幅频特性与 0dB 线的交点频率

$$\omega_c = \frac{1}{T_c} = \frac{K_1 K_c}{T_m}$$

当 $\omega < \omega_c$,即 $|G_2(j\omega)G_f(j\omega)|>1$ 时,由式(6-68)得到

$$\frac{\Theta(s)}{U_i(s)} \approx \frac{1}{G_f(s)} = \frac{1}{K_c s} \tag{6-74}$$

当 $\omega > \omega_c$,即 $|G_2(j\omega)G_f(j\omega)|<1$ 时,由式(6-70)得到

$$\frac{\Theta(s)}{U_i(s)} \approx G_2(s) = \frac{K_1}{s(T_m s + 1)} \tag{6-75}$$

得到引入反馈校正后系统的幅频曲线如图 6-27 中的黑粗线所示。从图中求得对应的传递函数

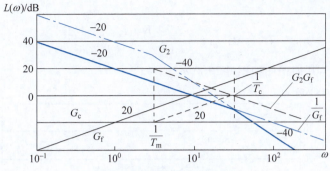

图6-27 速度反馈伯德图

$$G_1(s) = \frac{\Theta(s)}{U_i(s)} = \frac{1/K_c}{s(T_c s + 1)} \tag{6-76}$$

式中，

$$T_c = \frac{T_m}{K_1 K_c} \tag{6-77}$$

这不难从式(6-73)，令 $20\lg K_1 K_c - 20\lg(T_m/T_c) = 0$ 求得。

比较式(6-76)与式(6-71)可以看出，速度反馈的作用相当于一个串联超前校正，其传递函数为

$$G_c(s) = \alpha \frac{T_m s + 1}{T_c s + 1} \qquad \alpha = \frac{T_c}{T_m} < 1 \tag{6-78}$$

可见，反馈校正并没有改变原传递函数的类型，但改变了参数，它使增益和时间常数均减小到原来的 $K_1 K_c$ 倍，因此改善了系统的动态性能，但减小了系统的稳态误差系数，使系统的稳态性能变差。而且，其增益的降低无法得到完全补偿。采用速度微分反馈就能克服这一缺点。

6.4.3 速度微分反馈

速度微分反馈就是在速度反馈电路中串入一个 RC 微分网络，这一网络的传递函数为 $\frac{T_w s}{T_w s + 1}$，速度微分反馈原理图和方框图如图 6-28 所示。

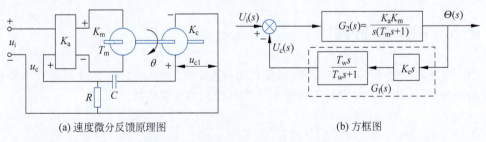

(a) 速度微分反馈原理图 (b) 方框图

图6-28 速度微分反馈原理图和方框图

速度微分反馈的传递函数为

$$G_f(s) = \frac{U_c(s)}{\Theta(s)} = \frac{K_c T_w s^2}{T_w s + 1} \tag{6-79}$$

则
$$G_2(s)G_f(s) = \frac{K_1 K_c T_w s}{(T_m s + 1)(T_w s + 1)} \tag{6-80}$$

式中，$K_1 = K_a K_m$，其伯德图如图 6-29 所示。

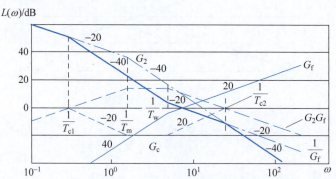

图 6-29 速度微分反馈伯德图

从图中可见，$G_2(s)G_f(s)$ 与 0dB 线有两个交点：$\omega_{c1} = \dfrac{1}{T_{c1}}$ 与 $\omega_{c2} = \dfrac{1}{T_{c2}}$。

$$\omega_{c1} = \frac{1}{T_{c1}} = \frac{1}{K_1 K_c T_w} \tag{6-81}$$

$$\omega_{c2} = \frac{1}{T_{c2}} = \frac{K_1 K_c}{T_m} \tag{6-82}$$

根据式(6-69)与式(6-67)，在 $\omega < \omega_{c1}$ 及 $\omega > \omega_{c2}$ 时，系统的传递函数近似等于 G_2，而在 $\omega_{c1} < \omega < \omega_{c2}$ 时，系统的传递函数近似等于 $\dfrac{1}{G_f}$。因此，速度微分校正后系统的传递函数为

$$G_1(s) = \frac{\Theta(s)}{U_i(s)} = \frac{K_1(T_w s + 1)}{s(T_{c1} s + 1)(T_{c2} s + 1)} \tag{6-83}$$

可见，速度微分校正不改变系统的增益，但却改善了系统的动态性能。

从图 6-29 看出，速度微分校正相当于一个串联超前-滞后校正，其传递函数为

$$G_c(s) = \frac{(T_m s + 1)(T_w s + 1)}{(T_{c1} s + 1)(T_{c2} s + 1)} \tag{6-84}$$

6.5 PID 控制器

PID 控制是比例-积分-微分控制，它是利用系统误差信号的比例、积分和微分信号作为系统的控制信号，其方框图如图 6-30 所示。PID 控制的传函数为

$$G_c(s) = K_P + \frac{K_I}{s} + K_D s \tag{6-85}$$

随着计算机技术和电子技术的迅速发展，在各种控制器中，常常配置 PID 控制单元，其参数可以根据对实际系统的性能要求进行整定。由于它的参数调节范围大，操作简便，在生产过程控制中得到广泛应用。

在 PID 控制中，比例控制是最基本的控制，为满足实际系统控制指标的不同要求，再分

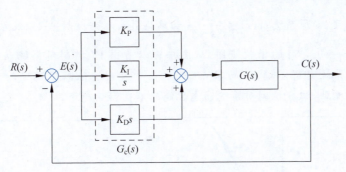

图 6-30 PID 控制方框图

别引入积分控制或微分控制,因而有比例-积分控制(PI 控制)、比例-微分控制(PD 控制)和比例-积分-微分控制(PID 控制)。

6.5.1 比例-积分控制

PI 控制是在比例控制基础上叠加一个积分信号,比例-积分控制的传递函数为

$$G_c(s) = K_P + \frac{K_I}{s} = \frac{K_I(T_I s + 1)}{s} = \frac{K_P(s + z_1)}{s} \tag{6-86}$$

式中,$T_I = \dfrac{K_P}{K_I}$,$z_1 = \dfrac{K_I}{K_P}$。它有一个在原点的极点和一个 $s = -z_1$ 的零点。

单纯的积分控制使系统增加一个积分环节,提高了系统类型,因此能提高系统的稳态性能。但积分环节使开环系统增加一个在原点的极点,或使系统增加了 90°的相位滞后,对系统的稳定性带来不利的影响,它降低了系统的动态性能。而 PI 控制除了引入积分环节外,还增加一个位于左半 s 平面的开环零点,它部分地弥补了积分环节带来的相位滞后的影响。

例 6-7 设系统控制对象的传递函数为

$$G(s) = \frac{K}{s(s+1)}$$

引入 PI 控制后,闭环系统的方框图如图 6-31 所示。

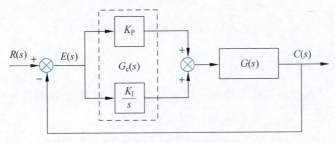

图 6-31 例 6-7 方框图

系统的开环传递函数为

$$G(s)G_c(s) = \frac{KK_P(s + z_1)}{s^2(s+1)} \tag{6-87}$$

可见系统由 1 型提高到 2 型,提高了系统的稳态性能。

图 6-32 给出了(a)原系统 $G(s)=\dfrac{K}{s(s+1)}$ 和单纯引入积分控制 $\dfrac{K_I}{s}$,以及系统在(b)$z_1=5$、(c)$z_1=1$ 和(d)$z_1=0.5$ 时的根轨迹图,从图中可以看出 PI 控制对系统动态性能的影响:单纯积分控制使系统变得不稳定,而零点 $z_1<-1$ 时系统依然不稳定,$-z>-1$ 后系统稳定而且越靠近虚轴,积分控制对系统动态性能的不良影响越小。∎

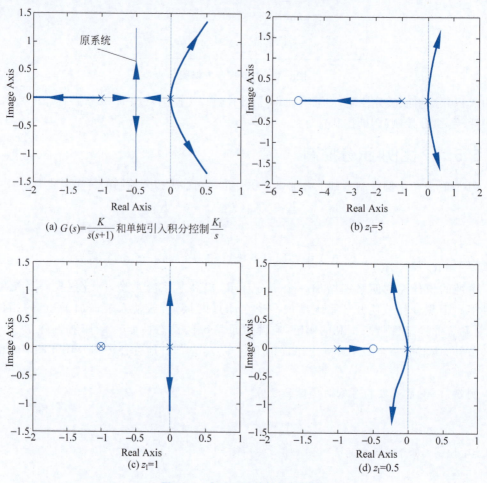

图 6-32　例 6-7 系统的根轨迹图

6.5.2　比例-微分控制

PD 控制是在比例控制基础上叠加一个微分信号,比例-微分控制的传递函数为

$$\begin{aligned}G_c(s)&=K_P+K_D s\\&=K_P(T_D s+1)\\&=K_D(s+z_D)\end{aligned} \quad (6\text{-}88)$$

式中,$z_D=\dfrac{1}{T_D}=\dfrac{K_P}{K_D}$。PD 控制是在比例控制基础上增加一个零点,因此能反映输入(误差)信号的变化,增加系统的阻尼,提高系统的稳定性,从而改善系统的动态性能。

例 6-7 的系统,闭环系统特征方程为

$$s^2 + s + K = 0 \tag{6-89}$$

系统的阻尼比 $\zeta = (2\sqrt{K})^{-1}$，无阻尼振荡角频率 $\omega_n = \sqrt{K}$。

引入 PD 控制后

$$G(s)G_c(s) = \frac{KK_D(s+z_D)}{s(s+1)} \tag{6-90}$$

闭环系统特征方程为

$$s^2 + (1+KK_D)s + KK_P = 0 \tag{6-91}$$

系统的振荡角频率 $\omega_{n1} = \sqrt{KK_P}$，阻尼比 $\zeta_1 = (1+KK_D)/2\sqrt{KK_P}$。可见只要适当选择 K_P 和 K_D 就可增大系统的阻尼比。从频域角度看，PD 控制为系统提供了一个正相位，使 ω_c 增大和 γ 增大，系统的动态性能得到改善。但 PD 控制增大了高频斜率，容易使高频干扰作用加剧。

6.5.3 比例-积分-微分控制

PID 控制的传递函数为

$$G_c(s) = K_P + \frac{K_I}{s} + K_D s \tag{6-92}$$

或写成

$$G_c(s) = \frac{K_D s^2 + K_P s + K_I}{s} = \frac{K_D(s+z_1)(s+z_2)}{s} \tag{6-93}$$

它有一个在原点的极点和两个零点：z_1 和 z_2，它们的大小由 PID 参数 K_P、K_I 和 K_D 决定。

$$z_{1,2} = \frac{1}{2K_D}(-K_P \pm \sqrt{K_P^2 - 4K_D K_I}) \tag{6-94}$$

可见，PID 控制除了提供一个在原点的极点外，还为系统提供两个具有负实部的零点，当 $K_P^2 < 4K_D K_I$ 时，z_1 和 z_2 是一对复零点。因此与 PI 控制比较，它多提供一个零点，克服了 PI 控制对系统动态性能的不良影响。

例 6-8 设控制对象的传递函数为

$$G(s) = \frac{1}{(s+1)(s+2)}$$

用 PID 控制，如将参数调到 $K_P = 21, K_I = 6.56$ 及 $K_D = 5.25$，则

$$G_c(s) = 21 + \frac{6.56}{s} + 5.25s$$

$$= \frac{5.25(s+2+j)(s+2-j)}{s}$$

PID 控制器具有零点 $z_{1,2} = -2 \pm j$，系统的根轨迹如图 6-33 所示。当 $K_D = 5.25$ 时，闭环系统的极点为 $-4.35, -1.95 \pm 1.49j$，从闭环系统的单位阶跃响应曲线（图 6-34）可以看到，系统具有良好的性能：超调量 $M_p = 10\%$，调整时间 $t_s = 1.5s$，稳态误差等于零。如果希望有更好的动态性能，则可将控制器的两个零点向左移动，当然，这就必须调整 K_P、K_I 和 K_D 三个参数。∎

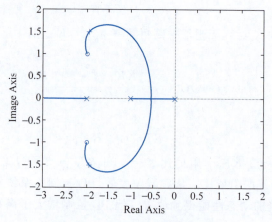

图 6-33 例 6-8 系统的根轨迹图

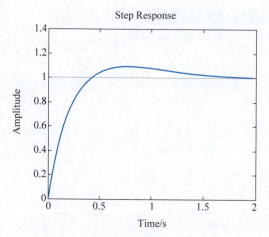

图 6-34 例 6-8 系统的单位阶跃响应

6.5.4 PID 的参数优化

总结上面关于 PID 控制，PI 控制会降低系统的稳定性，PD 控制可能放大高频干扰的作用，因此只有 PID 的综合应用才能取得比较好的效果。根据式(6-93)，PID 控制提供了一个积分环节，增加了系统的型号，增加了两个零点，提高了系统的幅频剪切频率和增加了相位裕度，只是高频衰减有所减弱，因此它还不失为一种有效的校正手段。

本章前面的校正都是依靠伯德图或者根轨迹的，因此需要知道未校正系统的频率特性或者传递函数，而且模型需要具有相当的精度。读者可能还注意到，前面所有的校正都没有考虑系统的延迟，即不带有 $e^{-\tau s}$ 这样的环节。虽然延迟环节不影响系统的幅频，但是会导致相频急剧衰减，破坏稳定性。而且几乎所有的控制系统都存在延迟现象。在其他校正技术进退维谷之际，PID 控制异峰突起，在工程上得到广泛应用。究其原因，首先是它可以不依赖于系统的模型，也无所谓时间延迟，只要根据试验就可以获得一组较优的 PID 参数，这是前面所讲的校正所不具有的；其次是这种校正有较大的适应能力，即使工况有所改变，它还能保持原有的校正效果。这组参数的选取实质是一个优化的过程，在控制工程中称为 PID 参数整定。

为了讨论方便,将 PID 控制的传递函数改写成下面的形式:

$$G(s) = K_\mathrm{p}\left(1 + \frac{1}{T_\mathrm{I} s} + T_\mathrm{D} s\right) \tag{6-95}$$

其中的 K_p、T_I 和 T_D 依然称为比例常数、积分常数和微分常数。容易找到它们与式(6-85)中的 K_p、K_I 和 K_D 之间的关系。所谓 PID 参数整定就是要用试验的方法,找到一组 K_p、T_I 和 T_D,它们不但能够保证闭环系统的稳定,而且使它具有较好的动态性能,即较短的上升时间、较小的超调量和较快的调整时间。这种参数整定技术很好地体现了控制系统的优化策略:折中而追求满意的结果。

常用的 PID 参数整定方法很多,而且各领域有自己特定的有效方法,下面介绍两种比较通用的方法,目的是希望通过这些方法来介绍控制系统设计中的优化意识。

1. 临界比例度法

奇格勒-尼柯尔斯(Ziegler-Nichols)在 1942 年提出一种适用于带时间延迟的惯性环节 PID 参数整定方法,以后人们在实践中对这种方法进行了改进。

临界比例度法首先假设系统是能够稳定工作的,但是我们对它的工作状况不满意,希望通过 PID 控制来优化系统的动态性能和稳态性能。临界比例度法的设计步骤如下。

设 c 是系统中的一个关键参数,或者考虑系统的主要干扰 n,校正的目的是 c 或 n 产生变化时,系统能够有较好的动态过程并能较快地达到稳定。在 PID 参数整定中,每次只考虑一个变量,即 c 或 n 中只有一个发生变化。下面只讨论对参数 c 的优化设计,对 n 的设计类似。

(1) 将 T_I 调到最大,T_D 调到 0,这相当于将积分和微分校正断开,而只考虑比例校正的作用(参见图 6-30)。

(2) 给 c 增加一个常量,即 $c \to c + \Delta c$,这相当于将 c 视作输入,输入了一个阶跃信号。c 是敏感参数,系统的输出必然会发生变化,由此获得 Δc 产生的阶跃响应。

(3) 调节 K_p,使得此阶跃响应产生等幅振荡。一般如果输出是衰减的,则增加 K_p;输出是发散的,则减小 K_p。调节 K_p 等于调节开环增益,相当于调节幅频剪切频率和相位裕量,这个事实不难从系统的伯德图上得到解释。

(4) 记录导致振荡的 K_p 和等幅振荡的周期(两个波峰之间的时间),分别记成 K_U 和 T_U。然后按照表 6-2 来设置 PID 参数。

表 6-2 临界比例度法的 PID 参数选择

控制作用	比例常数 K_p	积分常数 T_I	微分常数 T_D
P	$0.5 K_\mathrm{U}$		
PI	$0.45 K_\mathrm{U}$	$0.83 T_\mathrm{U}$	
PD	$0.56 K_\mathrm{U}$		$0.1 T_\mathrm{U}$
PID	$0.6 K_\mathrm{U}$	$0.5 T_\mathrm{U}$	$0.125 T_\mathrm{U}$

表 6-2 说明,如果只用比例控制,那么比例常数选为 K_U 的 1/2。如果采用 PID 控制,那么比例常数选为 $0.6 K_\mathrm{U}$,积分常数选为 $0.5 T_\mathrm{U}$,而微分常数选为 $0.125 T_\mathrm{U}$。

2. 衰减曲线法

用临界比例度法配置 PID 参数,需要系统的输出产生振荡,通常说来,调节比例常数使系统输出正好产生振荡绝不是容易的事,更何况有的系统是经受不起振荡的。衰减曲线法可以认为是对临界比例度法的一种改进,其整定步骤如下。

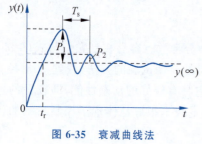

图 6-35　衰减曲线法

(1) 将 T_I 调到最大,T_D 调到 0,这相当于只考虑比例校正的作用。

(2) 调节比例常数,使得系统的输出产生衰减振荡,记最大超调和次大超调的比为 $\delta_x = \dfrac{P_1}{P_2}$,$\delta_x$ 称为衰减比,常用的值为 4 或 10。记录下这时的比例常数 K_s,上升时间 t_r 或者最大超调和次大超调之间的时间间隔 T_s(图 6-35)。

(3) 按照表 6-3 选择 PID 参数。

表 6-3　衰减曲线法的参数整定

控制作用	比例常数 K_p	积分常数 T_I		微分常数 T_D	
		$\delta_x = 4$	$\delta_x = 10$	$\delta_x = 4$	$\delta_x = 10$
P	K_s				
PI	$0.83 K_s$	$0.5 T_s$	$2 t_r$		
PID	$1.25 K_s$	$0.3 T_s$	$1.2 t_r$	$0.1 T_s$	$0.4 t_r$

应用上述方法整定 PID 参数时有三点需要注意。

(1) 上述两种方法都是针对一个变量进行的,如果系统中有不止一个可变量,如 c 和 n 都是可变的,这时分别对 c 和 n 求出一组整定参数,然后再在这两组参数中做折中处理,如取算术平均、几何平均,等等。

(2) 当参数整定之后,仍然可以稍微改变参数值,观测指标是否改善。一般是先调节比例常数,然后调节积分时间,最后是微分时间。在工程应用,常常是设定一个优化指标,例如超调减少 10%,或者调整时间缩短 0.5s,达到了这个目标,设计就完成了,而很少追求最优结果。

(3) 一般的控制系统都会有负载效应,即负载变大或变小导致了系统的输出性能有变差的趋势,则需要再在新的负载条件下重新整定参数。

上面的 PID 参数整定本质上是在矛盾的指标中进行折中,这种优化意识在经典控制中用得十分普遍。用现代的观点分析上面参数整定的过程,在临界比例度法中让系统振荡和在衰减曲线法中获得衰减比例度,相当于对系统的参数进行辨识,而后面根据表格设定参数便是优化的过程,这里只是将优化的结果直接告诉你罢了。这种过程可以按照程序自动完成,具有这种功能的 PID 调节器称为自适应 PID 调节器。

6.5.5　PID 控制的实现

PID 控制有模拟 PID 控制和数字 PID 控制,数字 PID 控制用微型计算机实现,模拟 PID 控制很容易用电子电路实现,下面介绍用运算放大器实现的电路。

图 6-36 是用运算放大器实现的 PI 控制、PD 控制和 PID 控制的基本电路。

图(a)是 PI 控制电路,其传递函数为

$$G_c(s) = \frac{K_I(T_I s + 1)}{s} \tag{6-96}$$

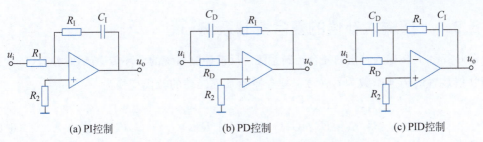

(a) PI控制　　　　　　　(b) PD控制　　　　　　　(c) PID控制

图 6-36　PI 控制、PD 控制和 PID 控制的基本电路

式中，$K_I = \dfrac{1}{R_1 C_I}$，$T_I = R_1 C_I$。

图(b)是 PD 控制电路，其传递函数为

$$G_c(s) = K_P(T_D s + 1) \tag{6-97}$$

式中，$K_P = \dfrac{R_1}{R_D}$，$T_D = R_D C_D$。

图(c)是 PID 控制电路，其传递函数为

$$G_c(s) = \dfrac{K_c(T_I s + 1)(T_D s + 1)}{s} \tag{6-98}$$

式中，$K_c = \dfrac{1}{R_D C_I}$，$T_I = R_1 C_I$，$T_D = R_D C_D$。

必须指出上述的电路实现不是唯一的，用运算放大器和电阻、电容还可以组成其他形式的 PI、PD 和 PID 控制电路。

6.6　前馈补偿与复合控制

减小或消除系统稳态误差是控制系统设计的一个重要目标。可以通过提高系统的类型和增大系统的开环增益来实现，但是这都将对系统的动态性能带来不良影响。使用串联或反馈校正可以在一定程度上得到改善，但有时在设计时有一定困难。采用前馈补偿可以在很大程度上减小乃至消除稳态误差。

前馈补偿就是在反馈控制系统中引入一个开环控制通道，对系统产生一个附加的补偿控制信号，达到消除或减小稳态误差的目标。反馈控制加入前馈补偿的控制系统称为复合控制系统。按照产生误差的源头不同，前馈补偿产生的补偿控制信号可以取自输入信号，也可取自扰动信号，它们分别称为按输入补偿的复合控制系统和按扰动补偿的复合控制系统。图 6-37 是这两种复合控制系统的方框图。

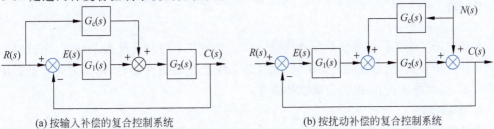

(a) 按输入补偿的复合控制系统　　　　　　(b) 按扰动补偿的复合控制系统

图 6-37　带前馈补偿的复合控制系统

6.6.1 按输入补偿的复合控制系统

图 6-37(a)是按输入补偿的复合控制系统。反馈控制系统的开环传递函数为 $G_1(s)G_2(s)$，前馈补偿装置的传递函数为 $G_c(s)$。复合控制系统误差的拉氏变换为

$$E(s) = R(s) - C(s) \tag{6-99}$$

$$C(s) = E(s)G_1(s)G_2(s) + R(s)G_c(s)G_2(s) \tag{6-100}$$

经整理得

$$\frac{E(s)}{R(s)} = \frac{1 - G_2(s)G_c(s)}{1 + G_1(s)G_2(s)} \tag{6-101}$$

显然，只要满足

$$G_c(s) = \frac{1}{G_2(s)} \tag{6-102}$$

就可实现系统的输出信号完全无误差地复现输入信号 $C(s) = R(s)$。式(6-102)就是对输入的误差全补偿条件。这一原理称为不变性原理。

式(6-102)是实现无误差控制的理想条件，通常 $G_2(s)$ 的分母阶次大于分子阶次，则 $G_c(s)$ 分子的阶次就大于分母的阶次，这不便于物理实现。所以多半只能做到近似的全补偿。

6.6.2 按扰动补偿的复合控制系统

图 6-37(b)是按扰动补偿的复合控制系统。可导出系统的误差传递函数为

$$\frac{E(s)}{N(s)} = -\frac{1 + G_2(s)G_c(s)}{1 + G_1(s)G_2(s)} \tag{6-103}$$

全补偿的条件为

$$G_c(s) = -\frac{1}{G_2(s)} \tag{6-104}$$

满足式(6-104)，就能完全消除扰动对输出的影响。要准确实现对扰动的全补偿，除了受到物理条件的限制外，还必须要求扰动是可检测的。

从以上分析看出，前馈补偿能预先产生一个补偿信号，以抵消由原信号通道产生的误差，实现消除系统稳态误差的目的。从理论上讲，它能完全消除系统自身及外来扰动产生的误差，但在实际上，只能做到近似的全补偿。另外根据式(6-102)和式(6-104)设计系统是一种零点和极点相互抵消的技术，尽管借助偶极子的说法，在近似抵消时，误差不会很大，但必须保证相互抵消的部分是稳定的。

小结

本章讨论了线性控制系统的设计问题——在已知基本控制系统的条件下，通过引入一种或几种校正装置，使系统满足要求的性能（稳态性能和动态性能）指标。主要校正方法有串联校正、反馈校正、PID 控制和前馈补偿等。

1. 串联校正

设计串联校正常用的是伯德图法或根轨迹法。不论哪种方法都按"先稳态后动态"的顺

序,即先计算满足稳态要求的系统增益,画出在此增益下的伯德图或根轨迹图,然后考虑满足动态性能的补偿问题。

(1) 超前校正部分

伯德图法:按照相位裕度的要求,求出超前校正必须提供的超前相位量,据此求取超前校正的参数 α 和 T。

根轨迹法:按主导极点的要求,计算欲使根轨迹能通过主导极点,超前校正必须提供的超前相位 ϕ,然后根据根轨迹的幅值条件和相位条件确定超前校正的参数。

(2) 滞后校正部分

伯德图法:应遵循尽量使滞后校正参数 $1/\beta T$ 和 $1/T$ 置于伯德图远离校正后增益剪切角频率的低频段的原则确定 β 和 T。

根轨迹法:在 s 平面上滞后校正的零、极点,相对于主导极点应构成一对偶极子,使滞后校正对系统的动态性能影响可以忽略不计。据此条件计算校正参数。

2. 反馈校正

反馈校正是对系统的局部环节引入反馈,常用的局部反馈校正有速度反馈和速度微分反馈,它们对系统的动态性能都有良好的改善作用。速度反馈等效于一个串联超前校正,速度微分反馈等效于一个串联超前-滞后校正。速度反馈在改善动态性能的同时,会降低系统的增益,而速度微分反馈不存在这一缺点。

根据前面的分析,我们不难看出:

(1) 校正装置的选择不是唯一的。本章介绍了校正装置的分类:超前与滞后、有源与无源、串联与反馈等。不同类型的校正装置(如超前校正与超前-滞后校正)可能都能满足同一系统校正的要求。

(2) 校正装置的设计方法与步骤不是唯一的。人们可以根据需要采取不同的方法或步骤去完成系统的设计,这在很多的教材中都有介绍。如滞后-超前校正中,可以先确定校正装置的超前部分,也可以先确定校正装置的滞后部分,没有统一的规定。

必须指出,基于根轨迹法和频率法的系统校正,都不是建立在严格的数学分析基础上的,它们是一种"试探法",在实施校正过程中需要以理论为指导,进行反复比较、调整、修改以及实验验证,以获得预期的结果。这就要求领会系统校正的基本思想,灵活运用,不可生搬硬套。

本章介绍的只是几种具有代表性的校正装置及其设计方法。

本章讨论的串联校正装置设计方法叫作系统校正法(简称分析法),这种方法是根据给定系统 $L_0(\omega)$ 的稳态性能和动态性能的要求,选择并设计一种校正装置 $L_c(\omega)$,使得校正后的系统 $L_1(\omega)$

$$L_1(\omega) = L_0(\omega) + L_c(\omega) \tag{6-105}$$

达到性能指标的要求。

在用伯德图设计系统中,还有一种设计方法叫作系统校正的综合法(简称综合法)。它是按照给定的系统稳态性能和动态性能的要求,画出系统期望的伯德图 $L_{qw}(\omega)$,将它与原系统的伯德图 $L_0(\omega)$ 比较,求得二者之差 $L_c(\omega)$。

$$L_c(\omega) = L_{qw}(\omega) - L_0(\omega) \tag{6-106}$$

$L_c(\omega)$ 就是校正装置的对数幅频特性,再根据 $L_c(\omega)$ 来设计校正装置。

本章还介绍了其他一些改善系统性能的方法，如零、极点对消法，用 PID 控制的方法，以及前馈补偿方法等，这些方法都是改善系统性能有效的方法，可以在系统设计中灵活应用。

数字通信时代的引路人——哈里·奈奎斯特

哈里·奈奎斯特（Harry Nyquist，1889 年 2 月 7 日—1976 年 4 月 4 日），美国物理学家，通信工程师。生于瑞典尼尔斯比，1907 年移居美国。

1914 年在北达科他大学电气工程系毕业获理学学士学位，1915 年获理学硕士学位，1917 年在耶鲁大学物理系获哲学博士学位。1917—1934 年在 AT&T 公司工作，后进入贝尔电话实验室工作，1954 年从贝尔实验室退休，1976 年在美国得克萨斯州逝世。

奈奎斯特在 20 世纪 20 年代以研究电话传输问题闻名，1927 年他研究热噪声问题时提出的偏差理论，可用于设计接收微弱信号的通信系统。1928 年发现信道带宽和传输速率间的关系，提出著名的奈奎斯特定理，在现代通信工程中得到广泛的应用。他发明的残留边带传输原理迄今仍用在电视广播中。1932 年他发现了负反馈放大器的稳定性条件，即著名的奈奎斯特判据，可用于各种线性反馈系统的设计。此外，奈奎斯特还是卓越的发明家，在美国有 138 项专利，涉及电话、电报、图像传输系统、电测量、传输线均衡、回波抑制、保密通信等方面。

奈奎斯特的贡献是现代信息论诞生必不可少的知识基础，他的工作将工程技术推向了数字通信的新领域，并为后来香农的信息论奠定了坚实的基础。由于他的突出贡献，他获得了美国无线电工程师学会、富兰克林学会、电气和电子工程师学会、美国工程科学院、美国机械工程师学会的多项奖章。

知识点自测

本节通过判断题、单选题和多选题来检测读者对本章知识点的掌握程度，为了便于自我检测，本章末尾给出了解答。

判断题（判断下列说法是否正确）

6-1　前馈补偿是为了消除或减小系统的稳态误差。
6-2　前馈补偿产生的补偿控制信号只能取自输入信号。
6-3　反馈系统中引入前馈补偿，可以提高控制精度，但不影响系统的稳定性。
6-4　串联超前校正可使校正后系统的快速性提高，使高频抗干扰能力增强。
6-5　相位超前校正网络在提供最大相位超前量的同时，其幅频特性的幅值会下降。
6-6　串联滞后校正可使校正后系统的快速性下降，高频抗干扰能力减弱。
6-7　相位滞后校正网络高频段的幅值有所衰减，但相频变化很小。
6-8　相位超前-滞后校正网络在低频段是一个滞后环节，在高频段是一个超前环节，但这两个环节的参数是有制约的。

6-9 相位超前-滞后校正利用滞后部分提高系统的稳态性能。

6-10 相位超前-滞后校正利用超前部分改善系统的动态性能。

6-11 在 PID 控制中,适当的比例控制可以改善系统的快速性,减小系统的稳态误差。

6-12 PD 控制可改善系统的动态特性及高频抗干扰能力。

6-13 PI 控制能提高系统的动态性能。

6-14 PD 控制器是低通滤波器,它属于相位滞后校正。

单项选择题(每小题列出的选项中只有一个选项是符合题目要求的)

6-15 关于串联相位超前校正,下列说法中**正确**的是(　　)。
  A. 相位超前校正使得对数幅频曲线在 $\omega=\omega_c$ 处变陡
  B. 如相频曲线在 $\omega=\omega_c$ 处衰减很快,则采用相位超前校正是无效的
  C. 如对数幅频曲线在 $\omega=\omega_c$ 处很陡,则可采用单个相位超前校正
  D. 如果期望的带宽比未校正系统的带宽窄,则应采用相位超前校正

6-16 在频率法校正中,串联超前校正的实质是利用校正装置的(　　)。
  A. 相位超前特性　　　　　　　　B. 相位滞后特性
  C. 低频衰减特性　　　　　　　　D. 高频衰减特性

6-17 若要求在不降低原系统带宽的前提下,增大系统的稳定裕度,则可采用(　　)。
  A. 相位滞后校正　　　　　　　　B. 相位超前校正
  C. 相位超前-滞后校正　　　　　　D. 顺馈校正

6-18 采用串联超前校正,通常可使校正后系统的增益剪切频率 ω_c(　　)。
  A. 减小　　　　　　　　　　　　B. 不变
  C. 增大　　　　　　　　　　　　D. 增大或减小

6-19 在频率法校正中,串联滞后校正的实质是利用校正装置的(　　)。
  A. 相位超前特性　　　　　　　　B. 相位滞后特性
  C. 低频幅值衰减特性　　　　　　D. 高频幅值衰减特性

6-20 采用串联滞后校正,通常可使校正后系统的增益剪切频率 ω_c(　　)。
  A. 减小　　　　　　　　　　　　B. 不变
  C. 增大　　　　　　　　　　　　D. 增大或减小

6-21 下列校正环节中属于超前-滞后校正的是(　　)。
  A. $(s+1)(0.1s+1)/(5s+1)(0.02s+1)$
  B. $(s+1)(0.02s+1)/(5s+1)(0.1s+1)$
  C. $(5s+1)(0.1s+1)/(s+1)(0.02s+1)$
  D. $(s+1)(5s+1)/(0.02s+1)(0.1s+1)$

6-22 比例微分串联校正的主要作用是改善系统的(　　)。
  A. 稳定性　　　　　　　　　　　B. 稳态性能
  C. 高频抗干扰能力　　　　　　　D. 稳态性和快速性

6-23 只改变信号的增益而不影响其相角的控制器是(　　)控制器。
  A. 比例　　　　　　　　　　　　B. 比例-积分
  C. 比例-微分　　　　　　　　　　D. 比例-积分-微分

6-24 已知单位负反馈系统的开环传递函数为 $4/s(s+2)$，则其幅值裕度等于(　　)。
  A. 0 B. ∞ C. 4 D. 2

6-25 在设计控制系统时，一般应使系统幅频特性 $L(\omega)$ 穿越 0dB 线的斜率为(　　)。
  A. $-20\mathrm{dB/dec}$ B. $-40\mathrm{dB/dec}$
  C. $-60\mathrm{dB/dec}$ D. $-80\mathrm{dB/dec}$

多项选择题（每小题列出的选项中有两个或两个以上选项是符合题目要求的）

6-26 串联校正一般包括(　　)。
  A. 超前校正 B. 滞后校正
  C. 超前-滞后校正 D. 反馈校正
  E. T 形网络校正

6-27 控制系统的时域指标有(　　)。
  A. 最大超调量 M_p B. 调整时间 t_s
  C. 峰值时间 t_p D. 增益剪切频率 ω_c
  E. 相位裕量 γ

6-28 系统中引入串联超前校正装置后，系统的(　　)。
  A. 增益剪切频率减小 B. 抗干扰能力增强
  C. 相对稳定性提高 D. 最大超调量增加
  E. 响应速度加快

6-29 PID 控制器的特点是(　　)。
  A. 对被控对象的模型要求低 B. 参数调节方便
  C. 适应能力强 D. 控制精度不高
  E. 响应速度慢

自测参考答案

判断题：(1) T；(2) F；(3) T；(4) F；(5) F；(6) F；(7) T；(8) T；(9) T；(10) T；(11) T；(12) F；(13) F；(14) F

单项选择题：(15) B；(16) A；(17) B；(18) C；(19) D；(20) A；(21) A；(22) A；(23) A；(24) B；(25) A

多项选择题：(26) ABCE；(27) ABC；(28) CE；(29) ABC

习题

A 基本题

A6-1 设单位负反馈系统的开环传递函数为

$$G(s) = \frac{K_1}{s+5}$$

为使系统对单位阶跃输入响应的稳态误差为零，超调量 $M_\mathrm{p} \leqslant 5\%$，按 2% 准则的调整时间为 $t_\mathrm{s} \leqslant 1\mathrm{s}$，引入串联校正装置

$$G_\mathrm{c}(s) = \frac{s+a}{s}$$

试确定 a 和 K_1 的取值。

A6-2 某控制系统如图 A6-1 所示，欲使系统的速度误差系数 $K_v=10$，超调量 $M_p\leqslant 4.5\%$，采用 PI 控制。试确定控制器的参数 K_P 和 K_I；并求系统的单位阶跃响应，验证性能指标。

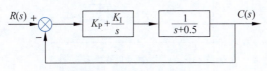

图 A6-1 题 A6-2 系统图

A6-3 设单位负反馈系统的开环传递函数为

$$G(s) = \frac{3}{s(0.2s+1)}$$

引入校正网络为

$$G_c(s) = \frac{(1+0.25s)}{s(1+0.05s)}$$

试分别用伯德图和尼氏图确定谐振峰值 M_r 和带宽 ω_b。

A6-4 设单位负反馈系统的开环传递函数为

$$G(s) = \frac{40}{s(s+4)}$$

要求系统对速度输入 $u(t)=At$ 的稳态误差小于 $0.1A$，相位裕度不小于 $45°$，剪切角频率 $\omega_c=10\text{rad/s}$ 及 $\omega_c=4\text{rad/s}$。试判别应当分别采用哪种串联校正装置来校正。

A6-5 对题 A6-4，若采用反馈校正装置能否达到要求？若能，应当采用哪种反馈校正装置？

A6-6 用伯德图法完成题 A6-4 所要求的串联校正装置的设计。

A6-7 用伯德图法完成题 A6-5 所要求的反馈校正装置的设计。

A6-8 对题 A6-4 的系统，稳态误差要求不变，系统动态性能要求为超调量 $M_p\leqslant 4.5\%$，$t_s\leqslant 4s$。用根轨迹法为其设计校正装置。

A6-9 题 A6-4 的系统，若其相位裕度已经满足要求，而要将稳态误差要求提高到 $0.01A$，为其设计校正装置。

A6-10 单位负反馈系统的开环传递函数为

$$G(s) = \frac{4}{s(s+2)(s+4)}$$

(1) 今欲使系统的速度误差系数提高到 5.0，不改变原系统的动态性能，用根轨迹法为其设计一个滞后校正装置；

(2) 比较校正前后系统的瞬态响应指标。

A6-11 如图 A6-2 的系统。

试求：

(1) 当内反馈断开时

① 系统对单位阶跃输入的超调量和调整时间；

② 系统对单位阶跃扰动的超调量和调整时间。

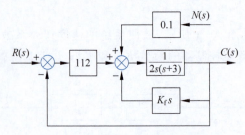

图 A6-2 题 A6-11 系统方框图

（2）当接入内反馈时

① 欲使系统对单位阶跃输入的超调量降为 20%，反馈系数 K_f 的值应调到什么值？

② 在上述 K_f 值下，系统对单位阶跃扰动的超调量和调整时间。

A6-12 上题的系统，设计一个按扰动补偿的复合控制，消除扰动对输出的影响。

B 深入题

B6-1 对题 A6-4，若对稳态性能要求提高为：稳态误差小于 0.01A，应当采用怎样的串联校正装置才能达到要求？并为它设计校正装置，画出校正网络的线路图，并选择元件参数。

B6-2 如图 B6-1 所示的系统，若 $G_c(s)=K$，$\tau=0.1s$，试绘制系统的伯德图，并确定使相位裕度为 55° 的 K 值。

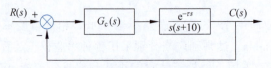

图 B6-1 题 B6-2 系统图

B6-3 设单位负反馈系统的开环传递函数为

$$G(s)=\frac{K_r}{s(s+3)(s+9)}$$

（1）若要求系统的超调量 $M_p=20\%$，试确定 K_r 值；

（2）在上述 K_r 值下，求系统的速度误差系数 K_v 和按 2% 及 5% 准则的调整时间 t_s；

（3）设计一个校正装置，使系统的 $K_v=20$，$M_p=15\%$，t_s 减小 2.5 倍。

B6-4 如图 B6-2(a) 的系统，K 为增益可调的放大器，$G(s)$ 的对数幅频特性如图 B6-2(b) 所示。试问选用哪种校正装置，能满足系统如下要求：

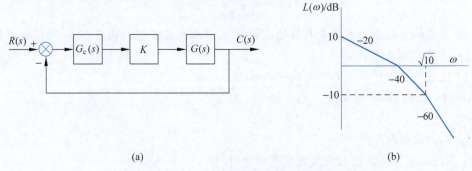

图 B6-2 题 B6-4 系统方框图和对数幅频特性图

(1) 速度误差系数 $K_v = 10$；
(2) 剪切角频率 $\omega_c \geqslant 1 \text{rad/s}$；
(3) 相位裕度 $\gamma \geqslant 45°$；
(4) 设计选定的校正装置 $G_c(s)$，并调节放大器的增益 K。

B6-5 如图 B6-3(a) 的系统，图 B6-3(b) 是 $G(s)$ 的对数幅频特性，系统期望的对数幅频特性如图 B6-3(c) 所示。
(1) 写出系统期望开环传递函数；
(2) 令 $F(s) = 0$，设计一个串联校正装置 $G_c(s)$，使系统满足期望特性要求；
(3) 令 $G_c(s) = 1$，设计一个反馈校正装置 $F(s)$，使系统满足期望特性要求。

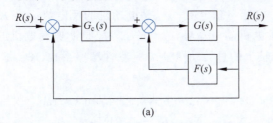

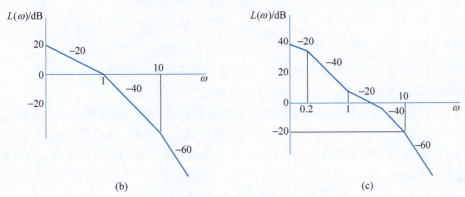

图 B6-3 题 B6-5 系统方框图和伯德图

B6-6 某单位负反馈系统的开环传递函数为

$$G(s) = \frac{300}{s(s+5)(s+6)}$$

(1) 用根轨迹法设计一个合适的串联校正装置，使系统的速度误差系数 $K_v = 20$，超调量 $M_p = 16\%$，按 2% 准则的调整时间 $t_s = 1.65\text{s}$；
(2) 按相同的性能指标要求，用频率响应法设计串联校正装置；
(3) 分别求 (1) 和 (2) 校正后系统的单位阶跃响应，验证设计结果，二者之间是否有区别，分析原因。

B6-7 某单位负反馈系统的开环传递函数为

$$G(s) = \frac{0.005}{s(0.1s+1)(0.05s+1)}$$

(1) 试设计一个 PI 控制器，使系统对速度输入的稳态误差为零，主导极点对应的阻尼比 $\zeta = 0.707$，$\omega_n = 1\text{rad/s}$；
(2) 计算系统的调节时间和峰值时间；

(3) 求系统的单位速度输入响应,与(2)的结果作比较。

B6-8 某单位负反馈系统的开环传递函数为

$$G(s) = \frac{K(s+4)}{s(s+1)(s+3)(s^2+4s+8)}$$

试设计一个校正网络,满足下列要求:

(1) 稳态速度误差小于 5%;

(2) 超调量 $M_p \leqslant 10\%$,按 5% 准则的调节时间 $t_s \leqslant 10s$。

C 实际题

C6-1 继续 C5-2 的设计。图中 K_p 是放大器的增益,K_s 是触发器与可控硅的增益,L_d 与 R_d 为电动机回路的总电感与总电阻。e_d 是电动机的反电势 $e_d = K_e\omega$,K_e 是电动机的反电势常数,e_s 是测速发电机的电动势,$e_s = K_f\omega$,K_f 是测速发电机的电势常数,K_{fs} 是电位器的增益,J 为电动机轴上的总转动惯量,b 是黏性摩擦系数,K_m 是电动机的转矩系数。系统参数如下:

$$J = 11 \times 10^{-3} \text{kg} \cdot \text{m}^2 \quad b = 0.27 \text{N} \cdot \text{m} \cdot \text{s/rad}$$

$$K_m = 0.84 \text{N} \cdot \text{m/A} \quad K_e = 0.84 \text{V} \cdot \text{s/rad}$$

$$R_d = 1.36 \Omega \quad L_d = 3.6 \text{mH}$$

$$K_p = 10 \quad K_s = 5 \quad K_f = 0.2 \text{V} \cdot \text{s/rad} \quad K_{fs} = 0.1$$

试设计一个 PI 控制器,使系统的单位阶跃响应的稳态误差为零,速度误差系数 $K_v \geqslant 0.5 \text{s}^{-1}$,超调量 $M_p \leqslant 5\%$,调整时间 $t_s \leqslant 0.1 \text{s}$(按 2% 准则)。

C6-2 图 C6-1 是汽轮发电机组的调速系统方框图,控制目标是发电机的转速 n,调速器的阀门控制进入汽轮机的蒸汽量来调节汽轮发电机组的转速,调速器的阀门由电信号 u 控制。已知调速器的增益为 $K = 1000 \text{rad/s}$,发电机的额定转速为 $n = 1200 \text{r/min}$,机组的转动惯量 $J = 100 \text{kg} \cdot \text{m}^2$。

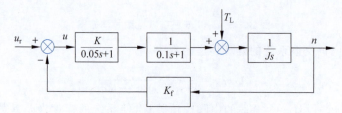

图 C6-1 汽轮发电机组调速系统

(1) 绘制系统以 K_f 为参变量的根轨迹,并确定使系统的阻尼比 $\zeta = 0.707$ 时闭环极点及对应的 K_f 值;

(2) 在负载 $T_L = 0$ 及由(1)确定的 K_f 值下,使发电机达到额定转速 $n = 1200 \text{r/min}$ 所需要的输入电压 u_r 的数值;

(3) 当负载出现一恒定变化量,求发电机转速变化的百分比 ν;

(4) 设计一个串联校正装置,使发电机转速变化的百分比 $\nu \leqslant \pm 0.1\%$,系统的主导极点参数为:$\zeta = 0.707, \omega_n = 3.5 \text{rad/s}$;

(5) 求系统在校正前后的单位阶跃响应,检验设计结果。

C6-3 某单位负反馈系统的开环传递函数为

$$G(s) = \frac{20}{s(s+20)(s+15)}$$

要求系统的速度误差系数 $K_v=30$,超调量 $M_p \leqslant 10\%$,调整时间(按 2%准则)$t_s \leqslant 0.5$s。为系统设计一个串联校正装置。

D MATLAB 题

D6-1 用 MATLAB 绘制题 C6-2 校正前后的伯德图,并计算系统的相位裕度。

D6-2 用 MATLAB 验证题 A6-1 的计算结果。

D6-3 某单位负反馈控制系统的传递函数为

$$G(s) = \frac{s+10}{s^2+2s+20}$$

设计要求:阶跃响应的稳态误差 $\leqslant 10\%$;调整时间 $\leqslant 5$s;相位裕度 $45°$。

(1) 用 MATLAB 程序,按根轨迹法设计一个串联滞后校正网络,使满足上述要求;

(2) 求系统的单位阶跃响应,验证(1)的结果;

(3) 用 margin 命令计算系统的相位裕度。

D6-4 已知最小相位系统的对数幅频特性如图 D6-1(a)所示。为提高系统的相位裕度,采用串联超前校正网络,其伯德图如图 D6-1(b)所示。请用 MATLAB 程序求使系统达到相位裕度为最大的 T_1 与 T_2。

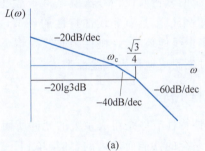

(a)

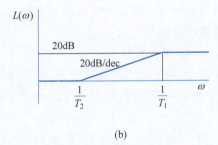

(b)

图 D6-1 题 D6-4 伯德图

第7章 非线性反馈控制系统

7.1 非线性控制系统概述

前几章讨论了线性系统的分析与设计。事实上,一个实际的控制系统都不同程度地存在非线性持性,只有在一定工作范围内,在某些限制条件下,才可以近似为线性定常系统。对于非线性程度比较严重,输入信号变化范围较大的系统,某些元件将明显地工作在非线性范围。此时如果仍用线性理论进行分析与设计,会产生很大的误差,甚至会得出错误的结论,因而,学习非线性控制系统的分析及设计方法就显得非常重要。

如果系统中包含一个或一个以上具有非线性特性的环节,或只能用非线性方程来描述的环节,那么无论它还包含多少线性环节,一概称为非线性系统。对于那些不能线性化的系统称为本质非线性系统,有时也简单地称为非线性系统。

7.1.1 典型非线性特性

控制系统中常见的非线性特性有些是组成系统的元件所固有的,如饱和、死区、齿隙、摩擦、滞环等,有些是为了改善系统的性能而加入的,如继电器、变增益放大器等,在系统中加入这类非线性持性可能使系统具有比线性系统更好的动态性能,或者更经济。下面简要介绍控制系统中常见的典型非线性特性。

1. 饱和特性

饱和非线性的静特性如图 7-1 所示,图中 $m(t)$ 为非线性元件的输入信号,$n(t)$ 为非线性元件的输出信号,其数学表达式为

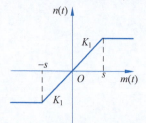

图 7-1 饱和非线性特性

$$n(t)=\begin{cases} -K_1 s & m(t)<-s \\ K_1 m(t) & |m(t)|\leqslant s \\ K_1 s & m(t)>s \end{cases}$$

式中,s 为线性区宽度,K_1 为线性区的斜率。

2. 死区特性

死区非线性的静特性如图 7-2 所示,其数学表达式为

$$n(t)=\begin{cases} 0 & |m(t)|\leqslant D \\ K_1[m(t)-D\cdot \mathrm{sgn}m(t)] & |m(t)|>D \end{cases}$$

式中,D 为死区宽度,K_1 为线性输出特性的斜率。

$$\text{sgn}m(t) = \begin{cases} -1 & m(t) < 0 \\ 1 & m(t) > 0 \end{cases}$$

3. 齿隙特性

齿隙非线性特性如图 7-3 所示,其数学表达式为

$$n(t) = \begin{cases} K_1[m(t)+b] & \dot{n}(t) < 0 \\ a\,\text{sgn}m(t) & \dot{n}(t) = 0 \\ K_1[m(t)-b] & \dot{n}(t) > 0 \end{cases}$$

式中,$2b$ 为齿隙宽度,K_1 为输出特性斜率。

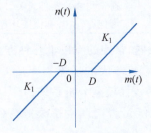
图 7-2 死区非线性特性

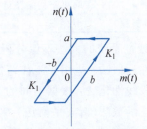
图 7-3 齿隙非线性特性

4. 继电器特性

继电器非线性特性如图 7-4(a)所示,其数学表达式为

$$n(t) = \begin{cases} 0 & -ca < m(t) < a, & \dot{m}(t) > 0 \\ 0 & -a < m(t) < ca, & \dot{m}(t) < 0 \\ b\,\text{sgn}m(t) & |m(t)| \geqslant a \\ b & m(t) \geqslant ca, & \dot{m}(t) < 0 \\ -b & m(t) \leqslant -ca, & \dot{m}(t) > 0 \end{cases}$$

式中,a 为继电器吸合电压,ca 为释放电压,b 为饱和输出。

若图 7-4(a)中 $a=0$,即继电器吸合电压和释放电压均为零的零值切换,称这种特性为理想继电器特性,其特性如图 7-4(b)所示。

若图 7-4(a)中 $c=1$,即继电器吸合电压和释放电压相等,则称这种特性为具有死区的单值继电器特性,其特性如图 7-4(c)所示。

若图 7-4(a)中 $c=-1$,即继电器的正向释放电压等于反向吸合电压,称这种特性为具有滞环的继电器特性,其特性如图 7-4(d)所示。

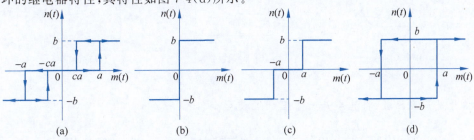
图 7-4 继电器特性

7.1.2 非线性系统的特点

非线性系统与线性系统相比有许多不同的特点,它们的主要区别见表 7-1。

表 7-1 线性与非线性系统的特点与性能

特点及性能	线 性 系 统	非 线 性 系 统
叠加原理	满足	不满足
稳定性	与初始条件、输入信号无关	与初始条件、输入信号有关
正弦信号输入	稳态输出信号与输入信号频率相同	稳态输出信号含非输入的频率分量
串联部件互换	不影响系统性能	影响系统性能
振荡器幅值	取决于初始条件	通常与初始条件无关
极限环(持续振荡)	不存在	可能存在,并有极限环稳定性问题

分析非线性系统的方法不像分析线性系统那样成熟,常用的有以下几种方法。

(1) 线性近似法:适用于工作范围或系统非线性程度不大的系统。

(2) 分段线性化法:根据不同的工作点,以不同的线性模型分析系统。

(3) 描述函数法(谐波平衡法):主要用于分析系统是否会产生持续振荡(极限环),分析其振荡频率及幅值,它适用于任意阶系统。

(4) 相平面法:一种分析系统动态及静态性能的有效的图解方法,它主要适用于二阶系统。

20 世纪 70 年代后,对非线性控制系统逐步深入,提出了微分几何方法、零动态设计方法、反步法等,感兴趣的读者可以参阅非线性控制系统的相应教材。

7.2 描述函数法

7.2.1 描述函数的基本概念

首先看下面这个例子。

例 7-1 若对理想继电特性的非线性元件,输入一正弦信号(图 7-5),其输出如图 7-5(c)所示。

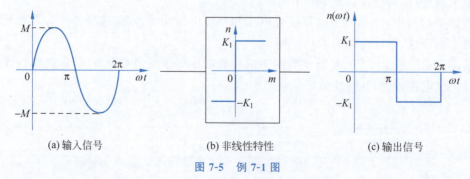

(a) 输入信号　　(b) 非线性特性　　(c) 输出信号

图 7-5 例 7-1 图

输出信号是周期函数,将其展开为傅里叶级数

$$n(\omega t) = \frac{4K_1}{\pi}\left(\sin\omega t + \frac{1}{3}\sin3\omega t + \frac{1}{5}\sin5\omega t + \frac{1}{7}\sin7\omega t + \cdots\right)$$

可看到基波分量的振幅最大,高次谐波的振幅随角频率的增大而衰减。

描述函数法是频率特性法在非线性系统中的推广应用,所以有时也称为谐波线性法。假如非线性元件输入一个正弦信号,将输出信号展开成傅里叶级数,则其输出含有与输入信号同频率的基波分量、高次谐波分量及直流分量。根据黎曼定理,傅里叶级数的系数趋于零,这相当于系统对高次谐波起滤波作用。假如非线性特性呈奇函数特性,则输出不产生直流分量。所以,在很多情况下,在非线性元件的输出中,仅考虑基波分量是有意义的。

非线性元件的描述函数是非线性元件输出的基波分量与正弦输入信号的复数比,即

$$N(M,\omega) = \frac{M_1}{M} \angle \Phi_1 \tag{7-1}$$

式中,$N(M,\omega)$ 为非线性元件的描述函数;M 和 M_1 分别为正弦输入和输出基波分量的振幅;Φ_1 为输出基波分量的相位移。从式(7-1)可以看出,描述函数的定义与频率特性完全一致。它与频率特性的区别在于:频率特性中的输出取的是稳态分量,而描述函数取的是一阶谐波。

如果在非线性元件中不包含储能元件,N 只是输入振幅的函数;若包含储能元件,那么 N 就可能是输入的振幅与频率的函数。

求描述函数最普通的方法是按照定义进行,即将非线性元件的输出波形展开成傅里叶级数,然后由它的基波分量推得描述函数。

图 7-6 为非线性控制系统的典型结构,前向通道上有一个非线性元件 N,后串联一个线性对象 $G(s)$。若非线性元件的输入为

$$m(\omega t) = M\sin\omega t \tag{7-2}$$

其输出波形可以用傅里叶级数表示,即

$$n(\omega t) = \frac{A_0}{2} + \sum_{k=1}^{\infty} A_k \cos k\omega t + \sum_{k=1}^{\infty} B_k \sin k\omega t \tag{7-3}$$

式中

$$A_k = \frac{2}{T}\int_{-T/2}^{T/2} n(\omega t)\cos k\omega t \, \mathrm{d}(\omega t) \quad k=0,1,2,\cdots \tag{7-4}$$

$$B_k = \frac{2}{T}\int_{-T/2}^{T/2} n(\omega t)\sin k\omega t \, \mathrm{d}(\omega t) \quad k=1,2,3,\cdots \tag{7-5}$$

其中,T 为周期。由于我们关心的仅是输出的基波分量,要求的仅是 A_1 和 B_1。

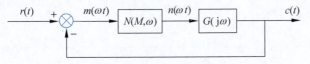

图 7-6 非线性系统方框图

描述函数表达式为

$$N(M,\omega) = \frac{B_1}{M} + \mathrm{j}\frac{A_1}{M} = \left[\left(\frac{B_1}{M}\right)^2 + \left(\frac{A_1}{M}\right)^2\right]^{1/2} \angle \arctan\frac{A_1}{B_1} \tag{7-6}$$

假如 $n(\omega t)$ 为奇函数,则 $A_1 = 0$,

$$B_1 = \frac{4}{T}\int_0^{T/2} n(\omega t)\sin\omega t \, \mathrm{d}(\omega t) \tag{7-7}$$

假如 $n(\omega t)$ 为偶函数，则 $B_1 = 0$，

$$A_1 = \frac{4}{T}\int_0^{T/2} n(\omega t)\cos\omega t\, d(\omega t) \tag{7-8}$$

如果在系统中有 n 个非线性元件串联，总的描述函数不等于各个描述函数之积，而必须把它们的非线性特性综合考虑，得到一个等价非线性元件，而后求这个等价元件的描述函数。7.2.3 节将详细讨论这一问题。

7.2.2 典型非线性特性的描述函数

表 7-2 给出了常见非线性的描述函数。下面以饱和非线性特性为例，详细介绍描述函数的求取方法。

表 7-2 典型非线性特性

名 称	静 特 性	描述函数 $N(M,\omega)$	负倒描述函数图
1. 理想继电特性		$\dfrac{4b}{\pi M}$	
2. 死区特性		$K_1 - \dfrac{2K_1}{\pi}\arcsin\dfrac{D}{M}$ $- \dfrac{2K_1 D}{\pi M}\sqrt{1-\left(\dfrac{D}{M}\right)^2}\quad (M\geqslant D)$	
3. 饱和特性		$\dfrac{2K_1}{\pi}\left(\arcsin\dfrac{s}{M}\right.$ $\left.+\dfrac{s}{M}\sqrt{1-\left(\dfrac{s}{M}\right)^2}\right)\quad (M\geqslant s)$	
4. 齿隙特性		$\dfrac{K_1}{\pi}\left(\dfrac{\pi}{2}+\arcsin\left(1-\dfrac{2b}{M}\right)\right.$ $\left.+2\left(1-\dfrac{2b}{M}\right)\sqrt{\dfrac{b}{M}\left(1-\dfrac{b}{M}\right)}\right)$ $+j\dfrac{4K_1 b}{\pi M}\left(\dfrac{b}{M}-1\right)\quad (M\geqslant b)$	

续表

名称	静特性	描述函数 $N(M,\omega)$	负倒描述函数图
5. 有死区的继电特性	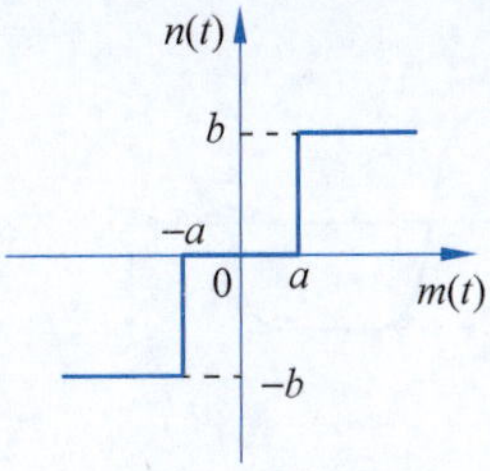	$\dfrac{4b}{\pi M}\sqrt{1-\left(\dfrac{a}{M}\right)^2}$ $(M\geqslant a)$	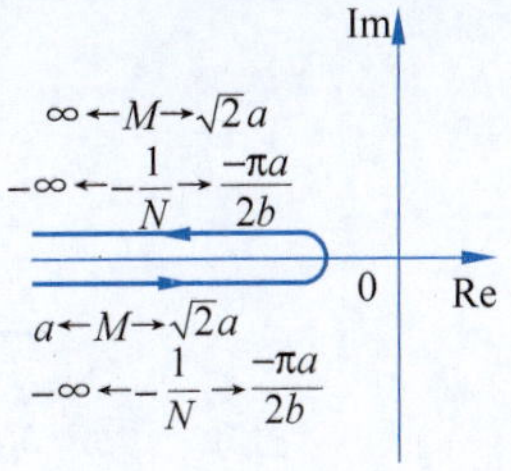
6. 具有磁滞的继电特性	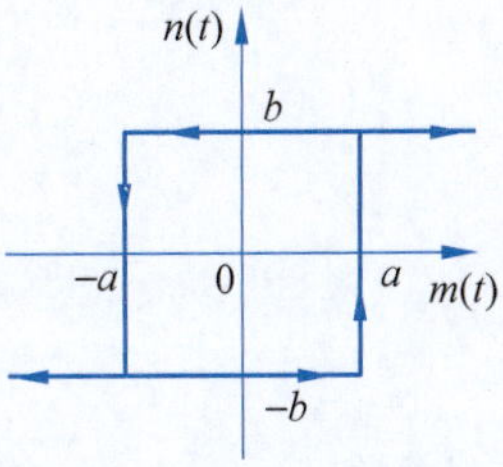	$\dfrac{4b}{\pi M}\sqrt{1-\left(\dfrac{a}{M}\right)^2}-\mathrm{j}\dfrac{4ba}{\pi M^2}$ $(M\geqslant a)$	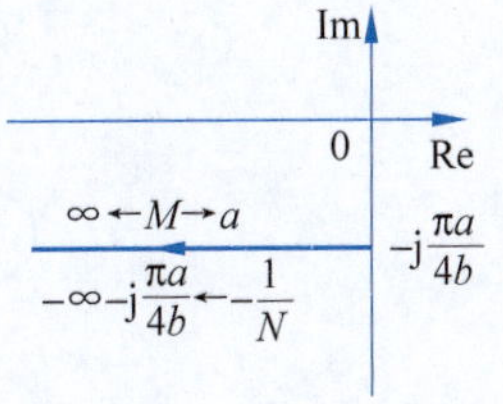
7. 死区特性	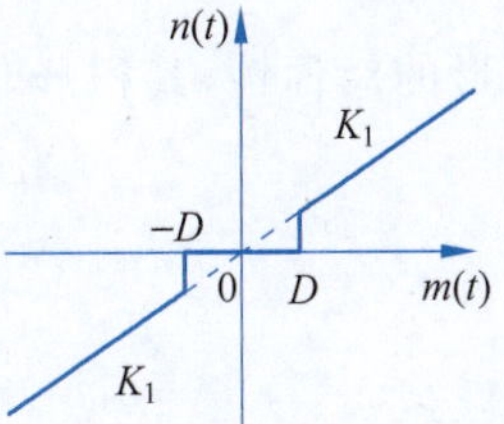	$K_1-\dfrac{2K_1}{\pi}\arcsin\dfrac{D}{M}$ $+\dfrac{2K_1 D}{\pi M}\sqrt{1-\left(\dfrac{D}{M}\right)^2}$ $(M\geqslant D)$	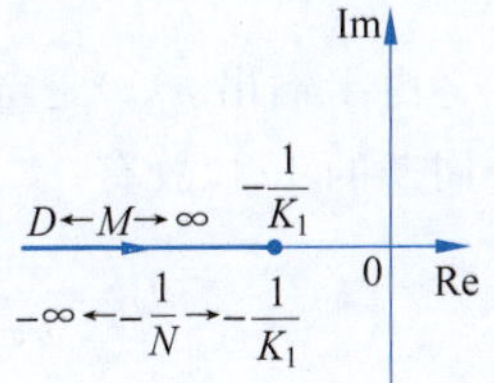
8. 分段非线性特性	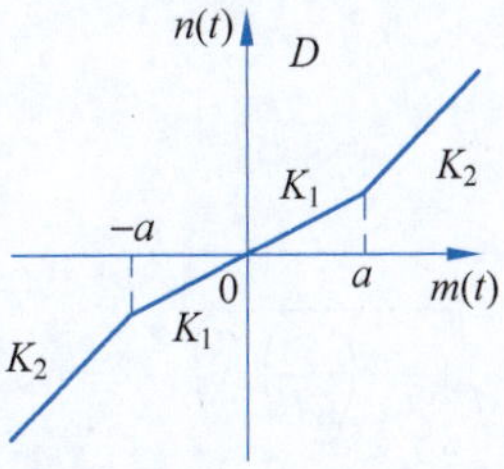	$K_2+\dfrac{2(K_1-K_2)}{\pi}\cdot\left(\arcsin\dfrac{a}{M}\right.$ $\left.+\dfrac{a}{M}\sqrt{1-\left(\dfrac{a}{M}\right)^2}\right)$ $(M\geqslant a)$	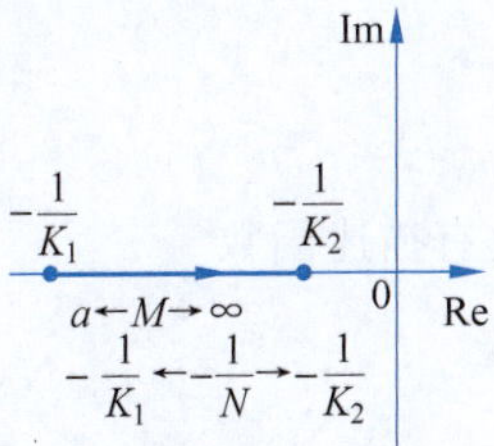
9. 具有死区及磁滞的继电特性	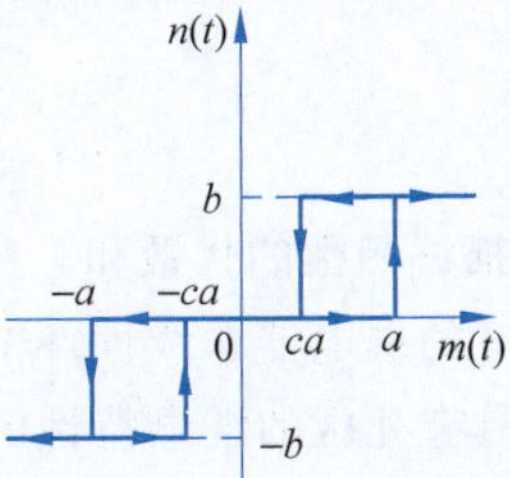	$\dfrac{2b}{\pi M}\left[\sqrt{1-\left(\dfrac{a}{M}\right)^2}+\right.$ $\left.\sqrt{1-\left(\dfrac{ca}{M}\right)^2}+\mathrm{j}\dfrac{a(c-1)}{M}\right]$ $(M\geqslant a)$	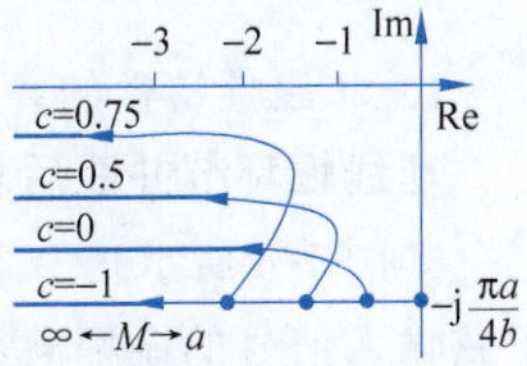

饱和特性在输入正弦信号 $m(t)=M\sin\omega t$ 时的输入输出波形如图 7-7 所示,在区间 $\left[0,\dfrac{\pi}{2}\right]$ 上,输出信号 $n(t)$ 的数学表达式为

$$n(t)=\begin{cases} K_1 M\sin\omega t & 0\leqslant \omega t\leqslant \theta_1 \\ K_1 s & \theta_1\leqslant \omega t\leqslant \dfrac{\pi}{2} \end{cases} \quad (7\text{-}9)$$

式中，$\theta_1 = \arcsin\dfrac{s}{M}$。当 $\omega t > \dfrac{\pi}{2}$ 时，输出波形 $n(t)$ 将重复出现。

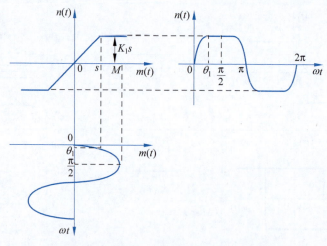

图 7-7　饱和非线性特性及输入输出波形

由于输出 $n(t)$ 是奇函数，因此 $A_1 = 0$。由于输出波形的对称性，其积分时间可以取一个周期的 $1/4$，故有

$$B_1 = \dfrac{4}{\pi}\int_0^{\pi/2} n(t)\sin\omega t\,\mathrm{d}(\omega t)$$

$$= \dfrac{4}{\pi}\left(\int_0^{\theta_1} K_1 M\sin\omega t\sin\omega t\,\mathrm{d}(\omega t) + \int_{\theta_1}^{\pi/2} K_1 s\sin\omega t\,\mathrm{d}(\omega t)\right)$$

$$= \dfrac{2K_1 M}{\pi}\left(\arcsin\dfrac{s}{M} + \dfrac{s}{M}\sqrt{1 - \left(\dfrac{s}{M}\right)^2}\right)$$

故有描述函数

$$N(M) = \dfrac{B_1}{M} = \dfrac{2K_1}{\pi}\left(\arcsin\dfrac{s}{M} + \dfrac{s}{M}\sqrt{1 - \left(\dfrac{s}{M}\right)^2}\right) \tag{7-10}$$

7.2.3　组合非线性特性的描述函数

1. 非线性特性的并联

非线性环节并联后总的描述函数等于各非线性环节描述函数的代数和。

如图 7-8 所示是一个死区非线性环节与一个具有死区的继电器非线性环节相并联。当正弦输入信号的振幅满足 $M \geqslant D$ 时，图中的死区特性和具有死区的继电特性的描述函数分别为

$$N_1(M, w) = \dfrac{2K}{\pi}\left[\dfrac{\pi}{2} - \arcsin\dfrac{D}{M} - \dfrac{D}{M}\sqrt{1 - \left(\dfrac{D}{M}\right)^2}\right]$$

$$N_2(M, w) = \dfrac{4b}{\pi M}\sqrt{1 - \left(\dfrac{D}{M}\right)^2}$$

两者并联后等效的描述函数为

$$N(M, w) = N_1(M, w) + N_2(M, w)$$

$$= K - \frac{2K}{\pi}\arcsin\frac{D}{M} + \frac{4b-2KD}{\pi M}\sqrt{1-\left(\frac{D}{M}\right)^2}$$

当描述函数不依赖于 ω 时，常将 $N(M,\omega)$ 简写成 $N(M)$。

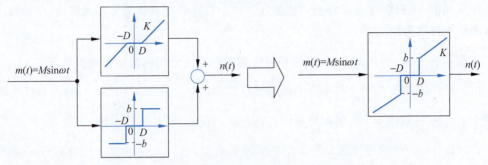

图 7-8　两个非线性特性并联及其等效的非线性特性

2. 非线性特性的串联

当两个非线性环节串联时，其总的描述函数不等于两个非线性环节描述函数的乘积，而是需要另行求取。首先要求出这两个非线性环节的等效非线性特性，然后根据等效的非线性特性求总的描述函数。应该注意的是，如果两个非线性环节的前后次序调换，等效的非线性特性并不相同，所得的描述函数也不一样，这一点与线性环节串联的化简规则明显不同。

图 7-9 所示为一个死区非线性环节与一个饱和非线性环节相串联，对于这个串联结构，其等效的非线性环节为一个既有死区又有饱和的非线性特性，总的描述函数为

$$N(M) = \frac{4}{\pi}\left\{\arcsin\frac{2}{M} - \arcsin\frac{1}{M} + \frac{2}{M}\sqrt{1-\left(\frac{2}{M}\right)^2} - \frac{1}{M}\sqrt{1-\left(\frac{1}{M}\right)^2}\right\} \quad (M \geqslant 2)$$

图 7-9　两个非线性特性串联及其等效非线性特性

7.2.4　非线性系统的描述函数分析

利用描述函数法可近似决定一个非线性控制系统是否存在极限环（持续振荡），如产生持续振荡，怎样求得其参数 M 和 ω，并寻求克服持续振荡的方法。设有图 7-6 所示系统，假如非线性描述函数是 $N(M,\omega)$，$r(t)=0$，则有

$$m(\omega t) = -G(j\omega)N(M,\omega)m(\omega t)$$

由于 $m(\omega t) \neq 0$，所以

$$1 + N(M,\omega)G(j\omega) = 0 \tag{7-11}$$

当满足

$$G(j\omega) = -\frac{1}{N(M,\omega)} \tag{7-12}$$

则可能产生一极限环。

当利用描述函数法进行稳定性分析时,奈氏图是最方便的工具。我们可把负倒描述函数(或称负倒幅特性)$-1/N(M,\omega)$和$G(j\omega)$轨迹画在一张图上。一般,$-1/N(M,\omega)$对不同的输入幅值M和角频率ω将是一簇曲线。两个轨迹的交点则是方程式(7-11)的解,也就是可能出现持续振荡的点。

依据$-\dfrac{1}{N(M,\omega)}$与$G(j\omega)$轨线的相对位置进行系统分析的稳定性判据如下:

(1) 若$G(j\omega)$有P个s右半开平面的极点,当ω从$-\infty$到∞变化时,$G(j\omega)$轨线逆时针包围$-\dfrac{1}{N(M,\omega)}$轨线P圈,则闭环系统是稳定的。反之,则是不稳定的。

(2) 若$G(j\omega)$的极点全部位于s的左半闭平面上,当ω从$-\infty$到∞变化时,$G(j\omega)$轨线不包围$-\dfrac{1}{N(M,\omega)}$轨线,则闭环系统是稳定的。反之,则是不稳定的。

(3) 若$-\dfrac{1}{N(M,\omega)}$轨线与$G(j\omega)$轨线相交,仅当振幅M增大时,$-\dfrac{1}{N(M,\omega)}$轨线由$G(j\omega)$轨线的包围区域穿出的交点处才存在自振荡(即极限环),反之,则是不稳定的自振荡点(不存在持续振荡)。

当系统存在稳定自振荡,且N仅是M的函数时,可用下面方法计算自振荡的角频率和振幅。稳定自振荡的角频率ω等于$G(j\omega)$轨线在交点处的ω值。稳定自振荡的幅值M等于$-\dfrac{1}{N(M,\omega)}$轨线在交点处的M值。

(4) 若$-\dfrac{1}{N(M,\omega)}$轨线与$G(j\omega)$轨线相切,则表示存在一个半稳定的极限环。

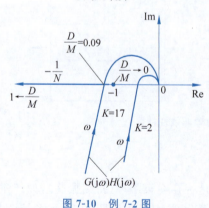

图 7-10 例 7-2 图

例 7-2 设有一包含死区的非线性系统,非线性元件的线性段增益$K_1=1$,系统线性部分的频率特性为

$$G(j\omega)H(j\omega)=\dfrac{K}{j\omega(0.5j\omega+1)(0.1j\omega+1)} \tag{7-13}$$

试分析系统的稳定性。

解 图 7-10 画出了死区特性的$-1/N$轨线和$K=2$及$K=17$的$G(j\omega)H(j\omega)$轨线。由图可见,$K=2$时,$-1/N$轨线没被$G(j\omega)H(j\omega)$轨线包围,系统是稳定的。而$K=17$时,$-1/N$轨线与$G(j\omega)H(j\omega)$轨线有一交点,用稳定性判据可判断该点为不稳定的自振荡点。当扰动较小($D/M>0.09$)时,系统趋于稳定,不产生振荡。当扰动较大($D/M<0.09$)时,系统的振荡幅值将趋于无穷大。当然,实际系统往往不可能使振荡幅值为无穷大,当振荡幅值超过一定限度时,其他非线性因素(例如饱和)将会起作用。

例 7-3 设非线性系统如图 7-11(a)所示,试确定其自激振荡的振幅和角频率。

解 理想继电器的描述函数为

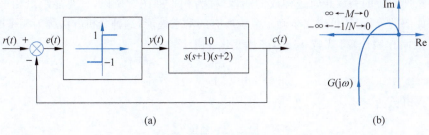

图 7-11　例 7-3 图

$$N(M) = \frac{4}{\pi M}$$

线性部分的频率特性为

$$G(j\omega) = \frac{10}{j\omega(j\omega+1)(j\omega+2)} = \frac{-30}{\omega^4+5\omega^2+4} - j\frac{10(2-\omega^2)}{\omega(\omega^4+5\omega^2+4)}$$

在复平面上绘出非线性环节的负倒幅特性 $-1/N(M)$ 和线性环节的频率特性 $G(j\omega)$（如图 7-11(b)），可见它们的交点为稳定的自激振荡点。

由 $\mathrm{Im}[G(j\omega)]=0$ 得 $\omega=\sqrt{2}$，可见 $G(j\omega)$ 与 $-1/N(M)$ 交点处的角频率为 $\sqrt{2}\,\mathrm{rad/s}$，此即自激振荡的角频率。

将 $\omega=\sqrt{2}$ 代入 $\mathrm{Re}[G(j\omega)]$ 得

$$\mathrm{Re}[G(j\omega)]\big|_{\omega=\sqrt{2}} = -1.66$$

因为在交点处有

$$-\frac{1}{N(M)} = \mathrm{Re}[G(j\omega)]\big|_{\omega=\sqrt{2}}$$

即 $-\dfrac{\pi M}{4}=-1.66$，由此可以解得自激振荡的振幅为 $M=2.1$。∎

7.3　相平面法

7.3.1　相轨迹的基本概念

相平面法是微分方程定性分析的一种方法，被应用到非线性系统设计，对二阶系统来说它十分有效。这种方法的实质是将系统的运动过程形象地转换为相平面上一个点的移动，通过研究这个点移动的轨迹，就能获得系统运动规律的全部信息。由于它能比较直观、全面地表征系统的运动状态，因而得到广泛应用。

设有一个二阶系统可用下列微分方程来描述：

$$\ddot{c} + f(c,\dot{c}) = 0 \tag{7-14}$$

式中，$f(c,\dot{c})$ 是 c 和 $\dot{c}$ 的线性或非线性函数，该系统的时间响应一般可以用两种方法来表示。一种是分别用 $c(t)$ 和 $\dot{c}(t)$ 与 t 的关系图来表示，另一种是在 $c(t)$ 和 $\dot{c}(t)$ 中消去 t，得到 $\dot{c}=f(c)$，这时 t 成为参变量。用 c 和 $\dot{c}$ 分别作为横坐标和纵坐标的直角坐标平面称为相平面。该系统在每一时刻的运动状态都对应相平面上的一个点。当时间 t 变化时，该点在 $c-\dot{c}$ 平面上便描绘出一条表征系统状态变化过程的轨迹，称为相轨迹。在相平面上，由不同初始条件对应的一簇相轨迹构成的图像,称为相平面图。所以,只要能绘出相平面图,通过对相平面图的分析,就可以完全确定系统所有的动态性能,这种分析方法称为相平面法。

为了绘制相轨迹,将式(7-14)稍进行变化:由于

$$\frac{d^2c}{dt^2} = \frac{d\dot{c}}{dt} = \frac{d\dot{c}}{dc} \cdot \frac{dc}{dt} = \dot{c}\frac{d\dot{c}}{dc} \tag{7-15}$$

则式(7-14)可以改写为

$$\frac{d\dot{c}}{dc} = -\frac{f(c,\dot{c})}{\dot{c}} \tag{7-16}$$

$\frac{d\dot{c}}{dc}$ 是相轨迹在点 $(c,\dot{c})$ 处的斜率,因此式(7-16)称为相轨迹的斜率方程。

7.3.2 奇点和极限环

1. 奇点

对于二阶系统(7-14),在相平面上同时满足 $\dot{c}=0$ 和 $f(c,\dot{c})=0$ 的特殊点称为**奇点**,在奇点处 c 为常数。奇点处相轨迹的斜率 $\frac{d\dot{c}}{dc}$ 不确定,这说明可以有无穷多条相轨迹以不同的斜率进入、离开或包围该点。在奇点处,$\dot{c}=0,\ddot{c}=0$,即速度和加速度同时为零,这表示系统不再运动,处于平衡状态,所以奇点也称为平衡点。因为奇点处 $\dot{c}=0$,所以奇点只能出现在 c 轴上。令 $\dot{c}=0,\ddot{c}=0$ 即可确定奇点的坐标。

不同时满足 $\dot{c}=0$ 和 $f(c,\dot{c})=0$ 的点称为**普通点**,在任一普通点上的斜率都为一确定值,因而通过普通点的相轨迹只有一条,即相轨迹不会在普通点相交。

若 $f(c,\dot{c})$ 是 c 和 $\dot{c}$ 的线性函数,则二阶线性微分方程可表示为

$$\ddot{c} + 2\zeta\omega_n\dot{c} + \omega_n^2 c = 0$$

对应的相轨迹斜率方程为

$$\frac{d\dot{c}}{dc} = -\frac{2\zeta\omega_n\dot{c} + \omega_n^2 c}{\dot{c}}$$

可见相平面的原点(0,0)是该二阶系统的奇点。

$$\lambda^2 + 2\zeta\omega_n\lambda + \omega_n^2 = 0 \tag{7-17}$$

称为该二阶系统的特征方程。

方程式(7-17)的两个根分别记为 λ_1 和 λ_2,根据 λ_1 和 λ_2 在复平面上的位置,奇点的特性可分为六种情况。表 7-3 列出了各情况下奇点的名称、根分布图、相平面图与动态响应,由此可看出它们之间的关系。

表 7-3 奇点的分类

奇点类型	特征根分布	相平面图	动态响应
(a) 稳定焦点			

续表

奇点类型	特征根分布	相平面图	动态响应
(b) 稳定节点	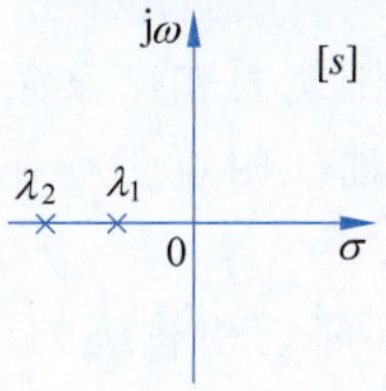	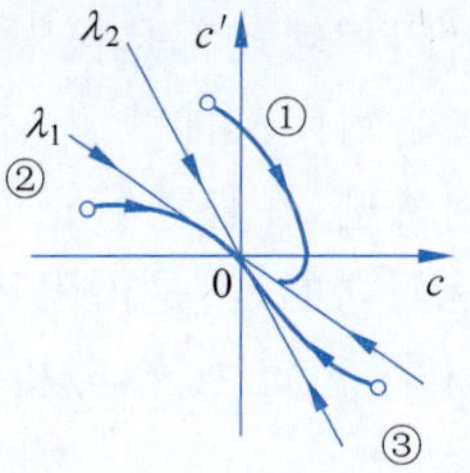	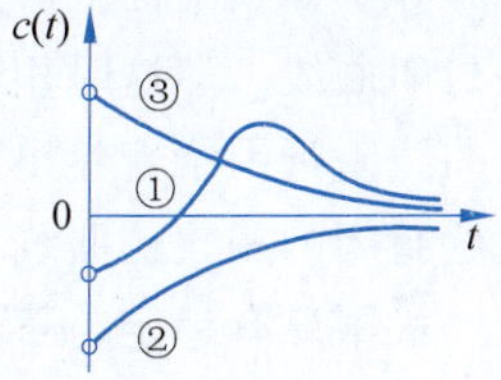
(c) 中心点（漩涡）	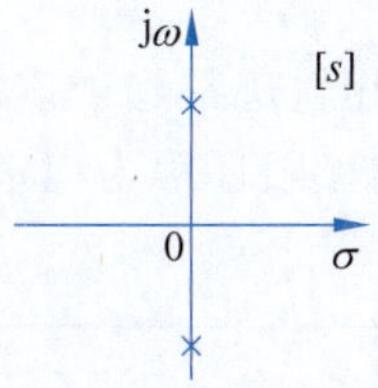	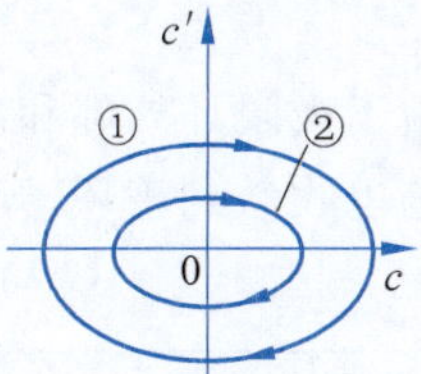	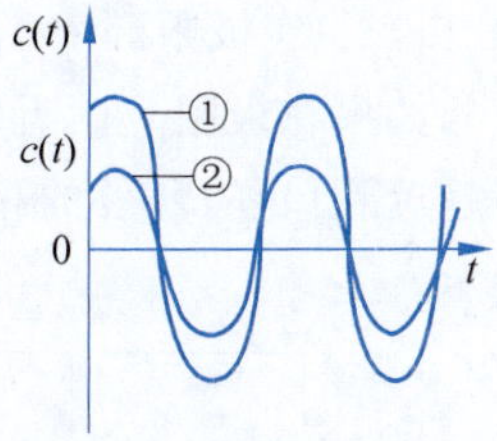
(d) 不稳定焦点	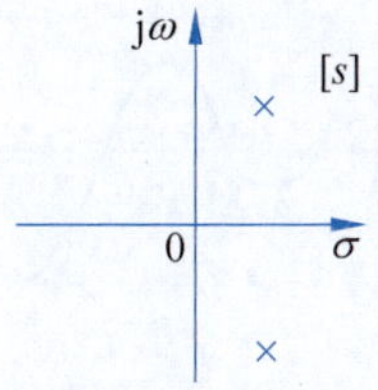	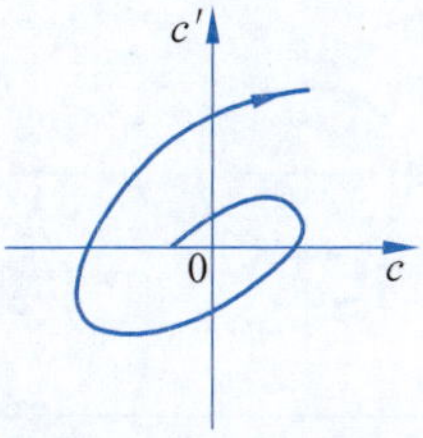	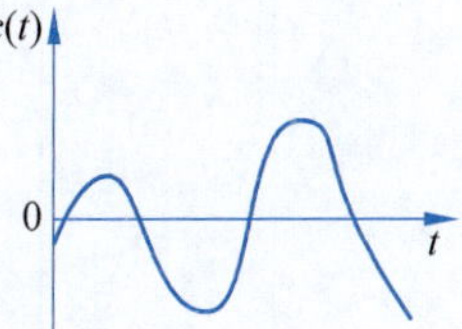
(e) 不稳定节点	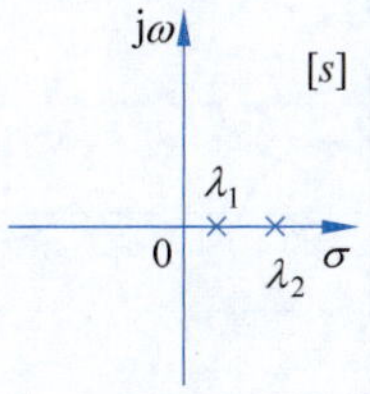	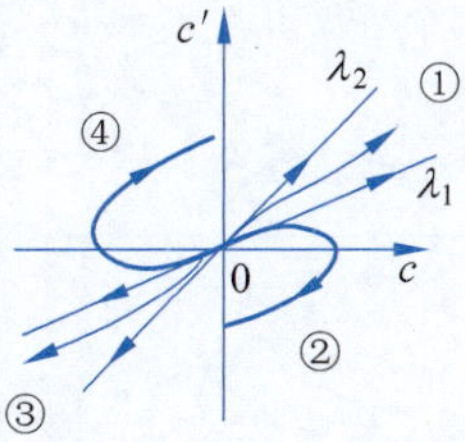	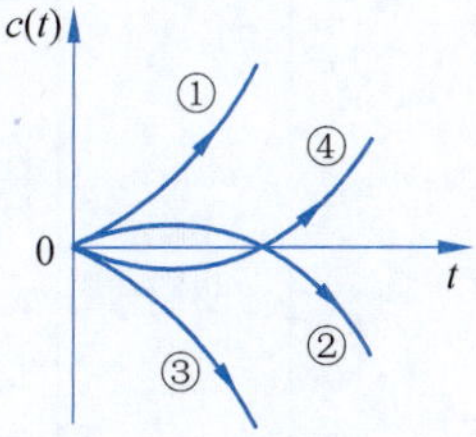
(f) 鞍点	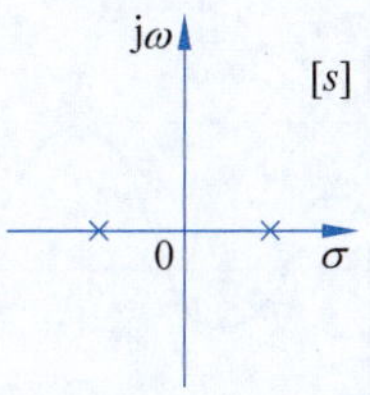	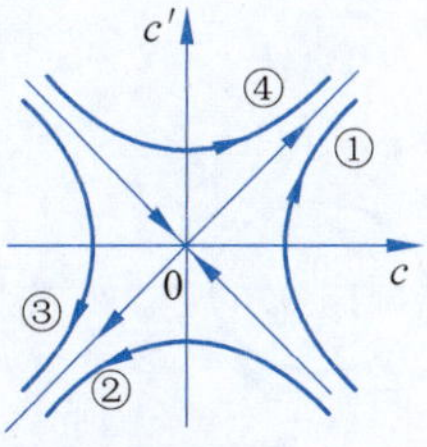	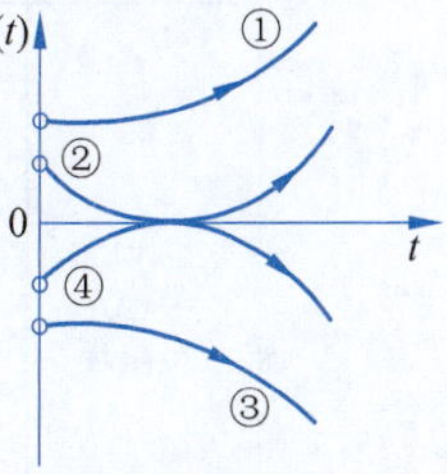

线性系统只有一个奇点，它的类型确定了系统性能（见表 7-3），但对于非线性系统可以有一个以上的奇点。对于可分段线性化的非线性系统，可把相平面划分成若干区域，每一区域相应于一线性工作状态。某些非线性系统可以有无数的平衡状态（如死区），则就可能出现**奇线**。

2．极限环

极限环是指相平面图中存在的孤立的封闭相轨迹。所谓孤立的封闭相轨迹是指在这类封闭曲线的邻近区域内只存在着围绕着趋向它或背离它的相轨迹。系统中可能有两个或两个以上极限环,有大环套小环的情况。一个极限环把相平面分为内部平面和外部平面。相轨迹不能从环内穿越极限环进入环外,也不能从环外进入环内。

并不是相平面上所有封闭相轨迹都是极限环,奇点的性质是中心点时,对应的相轨迹也是封闭曲线。但这时相轨迹是封闭的曲线簇,不存在围绕着趋向某条封闭曲线或由某条封闭曲线附近围绕着卷出的相轨迹,在任何特定的封闭曲线附近仍存在着封闭的曲线。所以这些封闭的相轨迹曲线不是孤立的,不是极限环。

极限环有稳定、不稳定和半稳定之分,分析极限环邻近相轨迹的运动特点,可以判断极限环的类型。

1)稳定极限环

如果在极限环附近,起始于极限环外部和内部的相轨迹都趋于该极限环,即环内的相轨迹趋近到该环,环外的相轨迹也收敛到该环,则这样的极限环称为稳定极限环,如图 7-12(a) 所示。

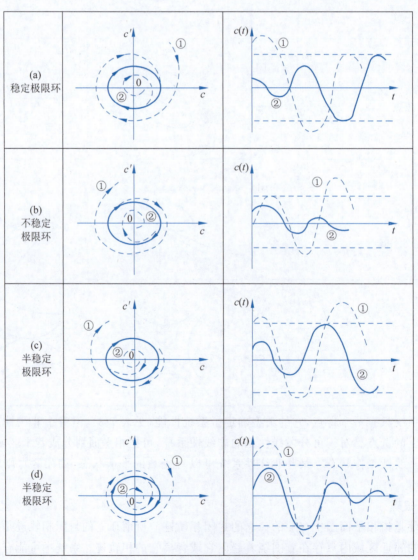

图 7-12 极限环类型

2) 不稳定极限环

如果在极限环附近，起始于极限环内部的相轨迹离开该极限环，而起始于极限环外部的相轨迹离开该极限环而发散，则该极限环称为不稳定极限环，如图 7-12(b)所示。

3) 半稳定极限环

半稳定极限环如图 7-12(c)、(d)所示，有两种不同的情况。一种是起始于极限环外部的相轨迹从极限环发散出去，而起始于极限环内部的相轨迹趋近到极限环。另一种情况相反，起始于极限环外的相轨迹收敛于极限环，起始于极限环内的相轨迹却不收敛该极限环。

7.3.3 相轨迹的绘制

1. 解析法

解析法只适用于系统的微分方程较为简单、便于求解的情况。用解析法求解系统相轨迹时，通常对相轨迹斜率方程进行积分求得相轨迹方程。

例 7-4 设二阶线性微分方程为

$$\frac{d^2\theta(t)}{dt^2} + \omega_n^2 \theta(t) = 0$$

试绘制其相轨迹。

解 斜率方程为

$$\frac{d\dot\theta}{d\theta} = -\frac{\omega_n^2 \theta}{\dot\theta}$$

也可以写成

$$\dot\theta d\dot\theta = -\omega_n^2 \theta d\theta$$

对上式两端进行积分，得

$$\dot\theta^2 + \omega_n^2 \theta^2 = c \qquad (7-18)$$

式中，c 是由初始条件决定的常数。

从式(7-18)可直接画出相平面图。它在 $\dot\theta$ 和 $\omega_n\theta$ 平面上是一簇以原点为圆心，半径为 $\sqrt{c}$ 的圆，如图 7-13 所示。

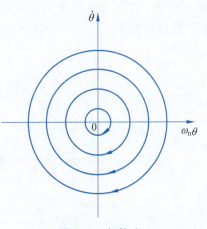

图 7-13 相轨迹

2. 等倾线法

等倾线法是一种不必求解微分方程，通过作图求取相轨迹的方法。这是用相平面法分析非线性系统的主要方法。

对于二阶系统式(7-14)，其斜率方程为

$$\frac{d\dot c}{dc} = -\frac{f(c,\dot c)}{\dot c}$$

令 $\sigma = \dfrac{d\dot c}{dc}$，即用 σ 表示相轨迹的斜率，则对于给定的斜率 σ，根据上式可以在相平面 c-$\dot c$ 上画出一条曲线(在特殊情况下为直线)，在该曲线各点上的相轨迹具有相同的斜率 σ，这条曲线称为 σ-**等倾线**。当 σ 取不同值时，可以在相平面上画出许多等倾线。在每条等倾线上画出斜率等于该等倾线所对应 σ 值的短线段，它表示了相轨迹通过该等倾线时的方向。任意

给定一个初始条件,根据等倾线上表示相轨迹方向的短线段就可以近似画出系统的相轨迹。

例 7-5 设一单位负反馈控制系统的开环传递函数为

$$G(s) = \frac{C(s)}{E(s)} = \frac{K}{s(Ts+1)}$$

利用等倾线法绘制系统的相轨迹。

解 系统的闭环传递函数为

$$\frac{C(s)}{R(s)} = \frac{K}{Ts^2 + s + K}$$

其对应的微分方程描述为

$$T\ddot{c} + \dot{c} + Kc = Kr$$

斜率方程为

$$\sigma = \frac{\mathrm{d}\dot{c}}{\mathrm{d}c} = \frac{Kr - \dot{c} - Kc}{T\dot{c}} = -\frac{1}{T} + \frac{K(r-c)}{T\dot{c}}$$

简化上式得等倾线方程

$$\dot{c} = \frac{K(r-c)}{T\sigma + 1} \tag{7-19}$$

图 7-14 画出了几个不同 σ 值的等倾线,以及初始条件为 $c(0)=0, \dot{c}(0)=0$,输入为单位阶跃函数的相轨迹。∎

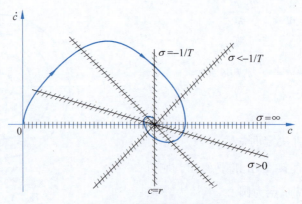

图 7-14 等倾线与相轨迹

7.3.4 非线性系统的相平面分析

在非线性控制系统中,大多数非线性环节都具有分段线性的特性,或近似分段线性的特性。这样,就可以用几个分段线性的系统来描述或者近似描述一个非线性系统。在用相平面法分析时,首先要根据非线性特性的分段情况,将相平面分成若干区域,并列写出每个区域的线性微分方程。然后确定各个区域奇点的位置和类型,并利用奇点的性质勾画出各区的相轨迹。最后根据系统状态变化的连续性,在各区的分界线上,将相轨迹彼此衔接成连续曲线。通常将各区域的分界线称为切换线,在切换线上相轨迹的衔接点称为切换点。

在分区绘制相轨迹时,每个区域都可能具有奇点,奇点的位置可以在本区域之内,也可以在本区域之外。如果奇点的位置在本区域之内,称为实奇点,该区的相轨迹可以汇集或背离这个实奇点,如果奇点的位置在本区之外,则称为虚奇点,该区的相轨迹不可能汇集于虚奇点。在二阶非线性控制系统中,只能有一个实奇点,而其他区域的奇点都是虚奇点。

用相平面法分析非线性系统的一般步骤如下:

(1) 将非线性特性用分段线性特性来表示,写出相应各段的数学表达式。
(2) 选择合适的坐标,并根据非线性特性的分段情况将相平面分成若干区域。
(3) 确定每个区域奇点的类型和在相平面上的位置。
(4) 画出各区的相轨迹。
(5) 在切换点上将相邻区域的相轨迹连接起来。
(6) 由相轨迹图分析系统的运动特性。

例 7-6 非线性系统的结构图如图 7-15 所示,系统开始是静止的,输入为阶跃信号 $r(t) = R \cdot 1(t)$,试绘制系统的相平面图,并分析系统运动的特点。

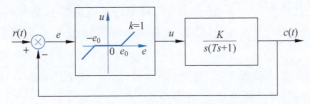

图 7-15 非线性系统结构图

解 死区特性的数学表达式为

$$\begin{cases} u(t) = e - e_0 & e > e_0 \\ u(t) = 0 & |e| \leqslant e_0 \\ u(t) = e + e_0 & e < -e_0 \end{cases} \qquad (7\text{-}20)$$

线性部分的微分方程为

$$T\ddot{c}(t) + \dot{c}(t) = Ku(t) \qquad (7\text{-}21)$$

将 $e(t) = r(t) - c(t)$ 代入方程式(7-21),并考虑到 $\ddot{r}(t) = \dot{r}(t) = 0$,得

$$T\ddot{e}(t) + \dot{e}(t) + Ku(t) = 0 \qquad (7\text{-}22)$$

考虑到式(7-20),方程式(7-22)可以改写为

$$\begin{cases} T\ddot{e}(t) + \dot{e}(t) = 0 & |e| \leqslant e_0 & \text{I 区} \\ T\ddot{e}(t) + \dot{e}(t) + K(e - e_0) = 0 & e > e_0 & \text{II 区} \\ T\ddot{e}(t) + \dot{e}(t) + K(e + e_0) = 0 & e < -e_0 & \text{III 区} \end{cases}$$

上式即为系统的分段线性方程。

I 区的微分方程为

$$T\ddot{e}(t) + \dot{e}(t) = 0 \qquad (7\text{-}23)$$

由此式可知,$\dot{e} = 0$ 线为奇线。

$\dot{e} \neq 0$ 时由式(7-23)解得相轨迹的斜率方程为

$$\frac{d\dot{e}}{de} = -\frac{1}{T}$$

可见相轨迹的斜率与 e 和 $\dot{e}$ 无关,恒等于 $-1/T$。这表明整个 I 区为等倾面,相轨迹是一组斜率为 $-1/T$ 的直线(如图 7-16 所示)。

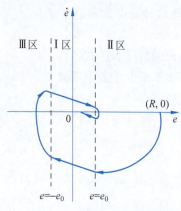

图 7-16 系统的相轨迹图

Ⅱ区的微分方程为

$$T\ddot{e}(t)+\dot{e}(t)+K(e-e_0)=0$$

奇点坐标为$(e_0,0)$,奇点可能为稳定焦点或稳定节点。设奇点为稳定焦点,这时的相轨迹如图 7-16 所示。

Ⅲ区的微分方程为

$$T\ddot{e}(t)+\dot{e}(t)+K(e+e_0)=0$$

奇点坐标为$(-e_0,0)$,奇点可能为稳定焦点或稳定节点。设奇点为稳定焦点,这时的相轨迹如图 7-16 所示。

由于输入信号为$r(t)=R \cdot 1(t)$,所以误差$e(t)$的初始条件为$e(0)=R, \dot{e}(0)=0$。系统的相轨迹如图 7-16 所示。由图可见该系统的特点是所有相轨迹只要进入由$-e_0 \leqslant e \leqslant e_0$表征的死区,且$\dot{e}=0$,便停止运动,而达到平衡。系统的最大稳态误差为$e_{\max}=e_0$。∎

例 7-7 设非线性系统如图 7-17 所示,如初始时$c(0)=\dot{c}(0)=0, r(t)=R \cdot 1(t)$,试在$e$-$\dot{e}$平面上作出相轨迹,并分析系统运动的特点。

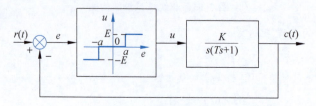

图 7-17 系统结构图

解 死区继电器特性的数学表达式为

$$u(t)=\begin{cases} E & e \geqslant a \\ 0 & |e|<a \\ -E & e \leqslant -a \end{cases} \tag{7-24}$$

描述线性部分的微分方程为

$$T\ddot{c}(t)+\dot{c}(t)=Ku(t)$$

将$e(t)=r(t)-c(t)$代入上式,并考虑到$\ddot{r}(t)=\dot{r}(t)=0$,得

$$T\ddot{e}(t)+\dot{e}(t)+Ku(t)=0 \tag{7-25}$$

考虑到式(7-24),方程式(7-25)可以改写为

$$\begin{cases} T\ddot{e}(t)+\dot{e}(t)=0 & |e|<a \quad \text{Ⅰ 区} \\ T\ddot{e}(t)+\dot{e}(t)+KE=0 & e>a \quad \text{Ⅱ 区} \\ T\ddot{e}(t)+\dot{e}(t)-KE=0 & e<-a \quad \text{Ⅲ 区} \end{cases}$$

上式即为系统的分段线性方程。

Ⅰ区的微分方程为

$$T\ddot{e}(t)+\dot{e}(t)=0$$

由此式可知,$\dot{e}=0$线为奇线,$\dot{e} \neq 0$时相轨迹的斜率方程为

$$\frac{\mathrm{d}\dot{e}}{\mathrm{d}e}=-\frac{1}{T}$$

可见相轨迹的斜率与 e 和 $\dot{e}$ 无关,恒等于 $-1/T$。这表明整个Ⅰ区为等倾面,相轨迹是一组斜率为 $-1/T$ 的直线(如图 7-18 所示)。

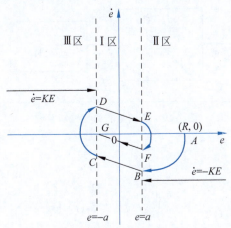

图 7-18 系统的相轨迹图

Ⅱ区的微分方程为

$$T\ddot{e}(t) + \dot{e}(t) + KE = 0$$

可见系统没有奇点,但有渐近线。

相轨迹的斜率方程为

$$\frac{d\dot{e}}{de} = -\frac{\dot{e} + KE}{T\dot{e}}$$

令 $\sigma = \dfrac{d\dot{e}}{de}$,得等倾线方程

$$\dot{e} = \frac{-KE}{T\sigma + 1}$$

这表明相轨迹等倾线为一簇平行于 e 轴的直线。当 $\sigma=0$ 时,直线 $\dot{e}=-KE$ 为相轨迹在Ⅱ区的渐近线。同理,直线 $\dot{e}=KE$ 为相轨迹在Ⅲ区的渐近线。

在阶跃信号作用下,系统由初始点 $A(e(0)=R,\dot{e}(0)=0)$ 出发,经 B、C、D、E、F 等切换点,最后收敛到奇线上的 G 点,$\overline{OG}$ 代表系统的稳态误差。

7.4 利用非线性特性优化系统的性能

控制系统中存在的非线性特性,例如死区、滞环等特性,可能对系统的性能产生不利影响。但在某些情况下,在系统中引入合适的非线性特性能使系统的性能得到优化,取得比线性控制系统更好的效果。例如在实际的控制系统中,为了避免执行机构不必要的频繁动作,可以在系统前向通道中加入死区特性;为了保护系统,可以增加饱和环节;等等。

一般来说,理想的过渡过程是响应速度既快又平稳,没有超调和振荡。但是实际上,对于一个线性控制系统要达到这个要求是困难的。一个二阶线性系统如果工作在欠阻尼状态,其响应速度快,但可能有超调和振荡,如果工作在过阻尼状态,响应过程平稳,没有超调和振荡,但响应速度慢。此时,引入非线性特性——变增益特性,能很好地解决这个问题。

例 7-8 二阶系统的框图如图 7-19 所示，输入 $r(t)$ 为阶跃信号，讨论如何选择增益 k_1 和 k_2 才能兼顾系统的快速性与稳定性。

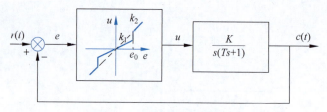

图 7-19 变增益非线性控制系统

解 系统的微分方程为

$$T\ddot{c}+\dot{c}=Ku$$

变增益放大器的数学表达式为

$$u(t)=\begin{cases}k_1e(t) & |e(t)|<e_0 \\ k_2e(t) & |e(t)|\geqslant e_0\end{cases}$$

考虑到 $e=r-c,\dot{r}=\ddot{r}=0$，得

$$\begin{cases}T\ddot{e}+\dot{e}+Kk_1e=0 & |e(t)|<e_0 \\ T\ddot{e}+\dot{e}+Kk_2e=0 & |e(t)|\geqslant e_0\end{cases}$$

$|e(t)|<e_0$ 时系统处于小偏差阶段，重点是保证响应平稳，因此选择 k_1 使系统处于过阻尼状态，即

$$k_1<\frac{1}{4TK}$$

$|e(t)|\geqslant e_0$ 时系统处于大偏差阶段，应重点保证响应速度，因此选择 k_2 使系统处于欠阻尼状态，即

$$k_2>\frac{1}{4TK}$$

因此选择 $k_1<\frac{1}{4TK}<k_2$ 可使得系统既兼顾了快速响应要求，又保证系统超调小，使系统获得理想的过渡过程。

7.5 MATLAB 在非线性控制系统中的应用

MATLAB 中的 Simulink 提供了一些常用的非线性仿真模块（如图 7-20 所示），利用这些模块可以方便地对非线性系统进行仿真研究。本节举例说明如何利用 Simulink 来绘制非线性系统的相轨迹。

图 7-20 非线性仿真模块

例 7-9 具有继电器特性的非线性系统如图 7-21 所示,输入为阶跃信号,试利用 Simulink 在 e-$\dot{e}$ 平面上作出相轨迹。

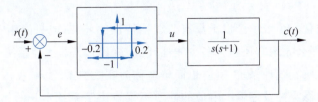

图 7-21 非线性系统

解 图 7-22 为图 7-21 所示系统的 Simulink 仿真模型,仿真时间取 10s。启动仿真,X-Y 绘图仪将显示出系统在 e-$\dot{e}$ 平面的相轨迹。图 7-23(a)是输入信号为 $r(t)=1(t)$ 时的相轨迹,图 7-23(b)是输入信号为 $r(t)=0.1\times1(t)$ 时的相轨迹。

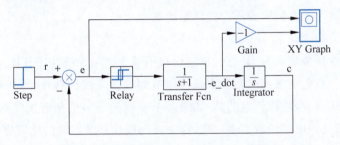

图 7-22 非线性系统的 Simulink 仿真模型

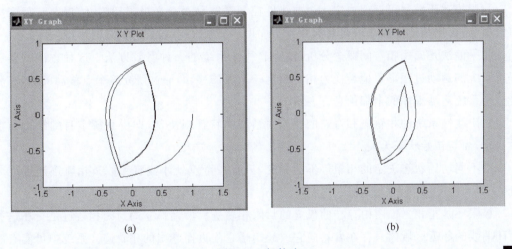

(a)   (b)

图 7-23 相轨迹

从图中可以看出,初始状态较大的相轨迹有向内收敛的趋势,而初始状态较小的相轨迹有向外发散的趋势。因此介于从内向外发散的相轨迹和从外向内收敛的相轨迹之间,存在一个极限环。由于在它外面和里面的相轨迹都逐渐趋近它,所以是一个稳定的极限环,它对应一个自持振荡。不论初始条件如何,该系统都产生自持振荡,振荡的周期和振幅仅取决于系统的参数,而与初始条件无关。

小结

如果系统中包含一个或一个以上具有非线性特性的环节,或只能用非线性方程来描述动态过程的环节,那么无论它还包含多少线性环节,就称它为非线性系统。对于那些不能线性化的系统称为本质非线性系统,有时也简单地称为非线性系统。

非线性系统的稳定性及零输入响应的性质不仅取决于系统本身的结构和参量,而且还与系统的初始状态有关。

在非线性系统中,输入是正弦函数时,输出则是包含有高次谐波分量的非正弦周期函数,不能用频率特性、传递函数等线性系统常用的方法来研究非线性系统。

描述函数法的基本思想是用输出信号中的基波分量来代替非线性元件在正弦输入信号作用下的实际输出。主要用来分析非线性系统的稳定性,以及确定非线性系统在正弦函数作用下的输出响应特性。

当两个非线性环节串联时,其总的描述函数不等于两个非线性环节描述函数的乘积,而是需要通过折算。首先要求出这两个非线性环节的等效非线性特性,然后根据等效的非线性特性求总的描述函数,应该注意的是,如果两个非线性环节的前后次序调换,等效的非线性特性并不相同,总的描述函数也不一样,这一点与线性环节串联的化简规则明显不同。非线性环节并联后总的描述函数等于各非线性环节描述函数的代数和。

利用描述函数法可近似决定一个非线性控制系统是否存在极限环(持续振荡),如产生持续振荡,可用描述函数法求得其参数 M,ω,并寻求克服持续振荡的方法。

相平面法是应用相空间概念分析、设计非线性系统的一种有效方法。这种方法的实质是将系统的运动过程形象地转换为相平面上一个点的移动,通过研究这个点移动的轨迹,就能获得系统运动规律的全部信息。

二阶线性系统的相轨迹和奇点的性质由系统的特征根决定,即由系统本身的结构与参数决定,而与初始状态无关。

由不同初始状态决定的相轨迹不会相交,只有在奇点处才能有无数条相轨迹逼近或离开它。

极限环是指相平面图中存在的孤立的封闭相轨迹。所谓孤立的封闭相轨迹是指在这类封闭曲线的邻近区域内只存在着卷向它或起始于它附近而卷出的相轨迹。系统中可能有两个或两个以上极限环,有大环套小环的情况,但在相邻的两个极限环之间存在着卷向某个极限环,或从某个极限环卷出的相轨迹。极限环把相平面分为内部平面和外部平面。相轨迹不能从环内穿越极限环进入环外,也不能从环外进入环内。

某些情况下可以有目的地在线性系统中加入某些非线性环节,使系统的性能大幅度地提高,以达到单纯线性系统根本无法实现的效果。

控制论创始人——诺伯特·维纳

诺伯特·维纳(Norbert Wiener,1894年11月26日—1964年3月18日),生于美国密苏里州哥伦比亚,应用数学家,控制论创始人,美国艺术与科学院院士,美国国家科学院院士,美国国家科学奖章获得者。

1909年,15岁的维纳获塔夫茨学院数学学士学位,1913年获哈佛大学哲学博士学位。1919年开始就职于麻省理工学院,直至1960年退休,1964年在瑞典斯德哥尔摩去世。在五十多年的科学生涯中,维纳先后涉足哲学、数学、物理学、工程学和生物学,在各个领域中都取得了丰硕成果,成为学识渊博、多才多艺的科学巨匠。

维纳在战争期间所形成的构想逐渐成为一个涉及通信、计算和自动化控制的全新跨学科科学,跨越了工程学、生物学和社会科学的前沿领域。维纳将这门新科学命名为"控制论"(Cybernetics),这是维纳对科学发展所作出的最大贡献。1948年维纳在《控制论——或关于在动物和机器中控制和通信的科学》中提出了控制论中的几个最基本的概念和方法,如反馈、稳定和镇定,并倡导了对机器和社会之间的通信与控制的研究。这本书标志了现代意义下的控制科学理论的诞生,它的出版引发了一场科学和技术的革命,衍生出多个变革性子领域,如人工智能、计算机视觉、机器人学、神经科学等。维纳是第一个理解"信息"这种新鲜事物本质的人,他和著名的生物学家和神经生理学家一起,破解了人类神经系统的通信密码,然后又和工程师合作,将这些通信密码整合到第一台由程序控制的"电子大脑"的电路中。他领导了一个医疗小组,成功地制造出第一个通过使用者自己的意念控制的仿生手臂。

1954年,维纳又出版了另一本书《人有人的用处:控制论与社会》。书中维纳对控制论的基本描述是:现代的自动机和人都是由感觉装置、动作装置和信息传递系统所组成的一个复合的机械或生物系统。自动机和人同样都在接收、处理、传递和存储信息,并利用信息去完成动作,以实现与外界的联系和交互。在一个系统的工作过程中,信息传递机制发出控制信号命令动作装置进行工作。动作的结果由感觉装置检测出来,并反馈回去与给定信号进行比较;如果有偏差,则偏差信号会控制动作装置进行调节,然后继续工作,直到偏差信号消失为止。维纳描述的这个过程正是人们熟知的负反馈自动控制原理。

尽管维纳开创了控制论,到1945年美国往日本投放了原子弹之后,他却对利用科学技术制作大规模杀伤武器的军事行动深表厌恶,并拒绝了参与曼哈顿计划的邀请以及军方提供的各种研究资助。1947年1月,维纳在 The Atlantic Monthly 上正式发表署名文章 A Scientist Rebels,呼吁科学家注重科学研究道德,并仔细考量自己的科学研究将可能带来的社会后果。

知识点自测

本节通过判断题、单选题和多选题来检测读者对本章知识点的掌握程度,为了便于自我检测,本章末尾给出了解答。

判断题(判断下列说法是否正确)

7-1 非线性系统至少包含一个具有非线性特性的环节。
7-2 系统中的非线性元件会使系统的性能显著下降。
7-3 描述函数法是频率特性法在非线性系统中的推广应用。
7-4 描述函数法仅适用于二阶系统。
7-5 非线性元件的描述函数是非线性元件输出的基波分量与正弦输入信号的复数比。
7-6 饱和特性的描述函数是输入幅值和频率的函数。
7-7 当两个非线性环节串联时,其总的描述函数等于两个非线性环节描述函数的乘积。
7-8 极限环是指相平面图中存在的封闭相轨迹。
7-9 当系统线性部分的奈氏图与非线性部分的负倒描述函数曲线相交时,就会出现极限环。
7-10 奇点处只有一条相轨迹。
7-11 奇点处相轨迹的斜率不确定。
7-12 相轨迹不会在普通点相交。
7-13 相轨迹上任一普通点的斜率都为一确定值。
7-14 非线性系统可以有一个以上的奇点。

单项选择题(每小题列出的选项中只有一个选项是符合题目要求的)

7-15 如果非线性元件中不包含储能元件,则其描述函数是(　　)的函数。
  A. 输入幅值   B. 输入频率
  C. 时间   D. 输入幅值与频率

7-16 相平面法主要适用于(　　)阶系统。
  A. 2   B. 3   C. 4   D. 高

7-17 相平面中通过普通点的相轨迹可以有(　　)条。
  A. 1   B. 2   C. 3   D. 无穷多

7-18 相平面中的奇点也称为(　　)。
  A. 零点   B. 极点   C. 原点   D. 平衡点

7-19 线性系统最多有(　　)个奇点。
  A. 1   B. 2   C. 3   D. 无穷多

7-20 在相平面分析中,若已知二阶线性系统的奇点为中心点,则相应的特征根为(　　)。
  A. 一对实部小于零的复根   B. 两个负实根
  C. 一对纯虚根   D. 两个正实根

7-21 在相平面分析中,若已知二阶线性系统的特征根为两个负实根,则相应的奇点为(　　)。
  A. 稳定焦点   B. 稳定节点   C. 中心点   D. 鞍点

7-22 如果在极限环附近,起始于极限环外部的相轨迹从极限环发散出去,而起始于极限环内部的相轨迹趋近到极限环,则该极限环是( )。

  A. 稳定的   B. 不稳定的

  C. 半稳定的   D. 无法确定其稳定性

多项选择题(每小题列出的选项中有两个或两个以上选项是符合题目要求的)

7-23 典型非线性特性包括( )。

  A. 饱和特性   B. 死区特性   C. 齿隙特性   D. 继电特性

  E. 放大特性

7-24 下列关于非线性系统的说法中,**正确**的是( )。

  A. 非线性系统不满足叠加原理

  B. 非线性系统一定存在极限环

  C. 非线性系统的稳定性与初始条件无关

  D. 非线性环节的前后次序调换不会影响系统性能

  E. 非线性系统在正弦输入信号作用下的稳态输出总含有非输入频率分量

7-25 下列关于描述函数的说法中,**正确**的是( )。

  A. 描述函数法仅适用于二阶系统

  B. 描述函数仅是输入幅值的函数,与频率无关

  C. 两个非线性环节的前后次序调换后,总的描述函数不一样

  D. 非线性环节并联后总的描述函数等于各非线性环节的描述函数的代数和

  E. 非线性环节串联后总的描述函数等于各非线性环节的描述函数的乘积

7-26 下列关于相轨迹的说法中,**正确**的是( )。

  A. 奇点处只有一条相轨迹

  B. 相轨迹不会在奇点处相交

  C. 通过普通点的相轨迹只有一条

  D. 相平面上所有封闭相轨迹都是极限环

  E. 任一普通点处相轨迹的斜率为确定值

7-27 奇点的类型可以是( )。

  A. 焦点   B. 节点   C. 中心点   D. 鞍点

  E. 平衡点

自测参考答案

判断题:(1) T;(2) F;(3) T;(4) F;(5) T;(6) F;(7) F;(8) F;(9) F;(10) F;(11) T;(12) T;(13) T;(14) T

单项选择题:(15) A;(16) A;(17) A;(18) D;(19) A;(20) C;(21) B;(22) C

多项选择题:(23) ABCD;(24) AE;(25) CD;(26) CE;(27) ABCD

习题

A 基本题

A7-1 试推导图 A7-1 所示各非线性部件的描述函数。

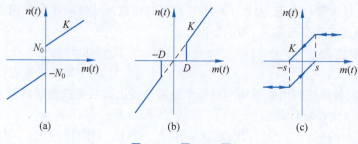

图 A7-1　题 A7-1 图

A7-2　非线性系统如图 A7-2 所示，求自振荡的频率和振幅。

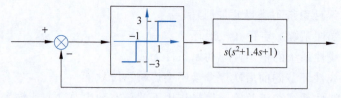

图 A7-2　题 A7-2 图

A7-3　已知系统的 $G(j\omega)$ 与 $-\dfrac{1}{N(A)}$ 图如图 A7-3 所示，试判断系统稳定性。

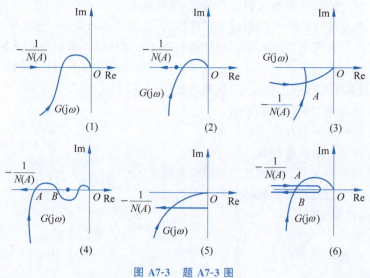

图 A7-3　题 A7-3 图

A7-4　具有继电特性的非线性系统如图 A7-4 所示。试画出相轨迹图，分析系统在初始条件作用下的运动规律。

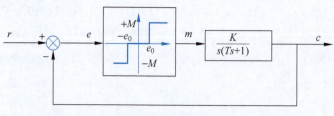

图 A7-4　题 A7-4 图

A7-5 已知非线性系统如图 A7-5 所示,系统开始是静止的,输入信号 $r(t)=4 \cdot 1(t)$,试画出系统的相轨迹,并分析系统的运动特点。

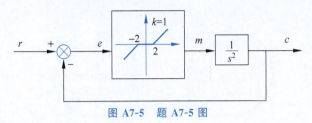

图 A7-5　题 A7-5 图

B　深入题

B7-1　非线性系统如图 B7-1 所示,$K=100,\alpha=1$。
(1) 分析 $K'=0.1$ 时系统的稳定性。
(2) 确定不存在极限环时 K' 的最大值。

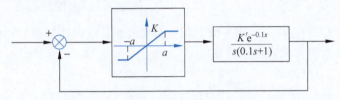

图 B7-1　题 B7-1 图

B7-2　一非线性系统方框图如图 B7-2(a)所示。已知线性部分的单位阶跃响应为
$$c(t)=1+0.2\mathrm{e}^{-60t}-1.2\mathrm{e}^{-10t}$$
非线性部分单独测量时,在正弦输入下的稳态输出波形如图 B7-2(b)所示。
(1) 画出非线性部分输入输出特性曲线,并写出描述函数。
(2) 判断系统是否存在自振荡。

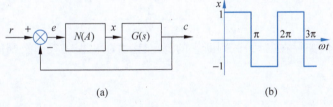

图 B7-2　题 B7-2 图

B7-3　已知非线性系统如图 B7-3 所示,$r(t)=1(t)$。试用相平面法分析:
(1) $T_\mathrm{d}=0$ 时系统的运动。
(2) $T_\mathrm{d}=0.5$ 时系统的运动,并分析比例微分控制对改善系统性能的影响。

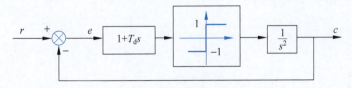

图 B7-3　题 B7-3 图

B7-4 在图 B7-4(a)的相平面中,a 和 b 哪个相轨迹的振荡周期短？在图 B7-4(b)中,c 和 d 哪个相轨迹的振荡周期短？

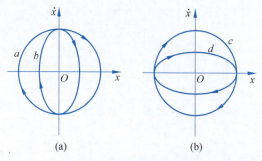

图 B7-4 题 B7-4 图

C 实际题

C7-1 设恒温箱温度控制系统结构如图 C7-1 所示,若要求保持温度 $T_c = 200\,℃$,恒温箱由常温 20 ℃ 启动,试在 T_c-$\dot{T}_c$ 相平面上画出温度控制系统的相轨迹,并计算温度由 20 ℃ 升到 200 ℃ 的升温时间和保持温度的精度。

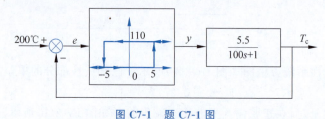

图 C7-1 题 C7-1 图

C7-2 一单位负反馈伺服系统中的放大器在马达额定电压 E_0 的 70% 后达到饱和,假设放大器非饱和区的增益为 40,线性部件的传递函数为

$$G(s) = \frac{10}{s(0.1s+1)(0.5s+1)}$$

问是否存在极限环,如存在的话,试判断它的稳定性,并求出振荡频率及幅值。

第 8 章 计算机控制系统

CHAPTER 8

8.1 概述

计算机控制系统(computer control system,CCS)是以数字处理芯片为核心部件的自动控制系统或过程控制系统;作为当今工业控制的主流系统,它以数字技术取代常规的模拟检测、调节、显示、记录等仪器设备和大部分操作管理的职能,并具有较高级的计算方法和处理方法,使受控对象的动态过程按规定方式和技术要求运行,以完成各种过程控制、操作管理等任务。计算机控制系统广泛应用于生产现场,并深入各行业的许多领域。进入 21 世纪,数字控制技术几乎无处不在,计算机控制几乎代替了所有的经典控制技术。

20 世纪 70 年代中期到 80 年代初,计算机控制系统的应用出现了前所未有的高潮,世界上几个主要计算机和仪表制造厂于 1975 年几乎同时生产出分散控制系统(DCS),如美国 Honeywell 公司的 TDCS-2000 和日本横河公司的 CENTUM 等。80 年代末又推出具有计算机辅助设计(CAD)、专家系统、控制和管理融为一体的新型分散型控制系统。国内在 70 年代末和 80 年代初开始引进和研究计算机控制系统,研制出一些有一定影响的计算机控制系统。图 8-1 即为一计算机分散控制系统的组成框图。

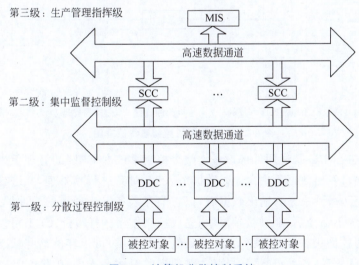

图 8-1 计算机分散控制系统

分散控制系统把过程控制与企业管理结合了起来,结构上变成多级控制。第一级叫分散过程控制级,通常采用直接数字控制(direct digital control,DDC),一般采用微型工业控制机;第二级叫集中监督控制级,一般采用监督计算机控制(supervisory computer control,SCC),其主要任务是协调各机组的工作,根据生产工艺信息,自动改变第一级计算机的给定值,从而达到动态过程最优化;第三级叫生产管理指挥级,又称为管理信息系统(management information system,MIS),主要任务是对有关数据进行及时处理,为各级决策者提供有用的信息,如产品、财务、人事、工艺流程的管理,生产计划的制定与修改,以及产品的预测等,以便实现生产过程的静态优化。

本章将详细讨论 DDC 中所遇到的基础理论和实际问题。

8.2 计算机控制系统的硬件组成

计算机控制系统的硬件由计算机主机、被控对象、输入通道、输出通道四部分组成。它们之间的关系如图 8-2 所示。

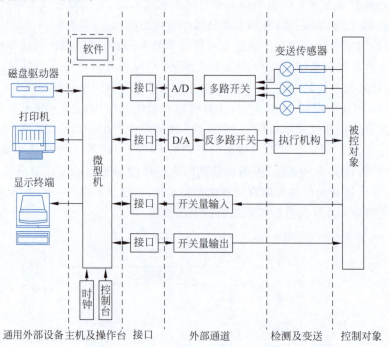

图 8-2 典型微型机控制系统原理图

主机——包括 CPU 及通用外部设备。整个控制系统在 CPU 的管理下进行工作,分别向输入通道各端口发出数据采集命令。数据采入后,对其进行预处理,并进行控制量计算、逻辑判断、报警等,得到一系列输出数据后,把它们存入各输出通道的缓冲器。输出端口接到 CPU 发来的输出命令后,驱动被控对象,完成控制作用。打印机、CRT 可以记录、显示控制过程中发生的各种状态。磁盘驱动器(或其他存储介质)可以存储这些状态的数据,供日后检索。它还可以存放各种控制用的软件,在适当的时候调入内存,供 CPU 使用。通过键盘或触摸屏可以对控制过程进行人工干预,改变系统的工作方式,调整参数等。

被控对象——它是一个具体的物理系统,内部存在着许多连续的模拟信号点(例如温度、流量、速度、位置等)和用开关量表示的开关信号点(例如,阀门的开与闭)。

输入通道——这是计算机从被控对象处获取信息的通道。输入通道又可分为模拟量输入通道和开关量输入通道。对于被控对象中的模拟量要用 A/D 转换器转换成数字量后,再送入计算机。对于被控对象中的开关量,只要把它转换成计算机所要求的电平(例如,ON 用+5V 表示,OFF 用 0V 表示),即可直接送入计算机。

输出通道——这是计算机驱动被控对象的通道。输出通道也可以分为模拟量输出通道和开关量输出通道。模拟量输出可由 D/A 转换器把数字量转换成电压量或电流量。开关量输出可由电平信号直接带动有触点或无触点开关。

A/D、D/A 转换是计算机控制系统极其重要的组成部分,常用的 A/D 转换器有逐次比较型和双积分型两种。前者转换速度较快,但字长大于 10 位的逐次比较型 A/D 芯片价格昂贵。后者转换速度较慢,但价格便宜,抗干扰能力强。

A/D 芯片从开始转换到在数据线上给出稳定的数据,其时间间隔称为转换时间。为了保证 A/D 转换的精度,我们希望 A/D 转换器的模拟输入电压在转换时间内保持不变。在输入模拟信号的变化速率远远大于 A/D 转换速度的情况下,就必须在 A/D 转换器前加采样保持器,这一点对逐次比较型 A/D 转换器而言更为重要。

应该指出,作为微型计算机另一个发展分支的单片微型计算机(简称单片机),以其小巧、多功能、廉价等优点,在 20 世纪后期于控制领域中得到普遍应用。随着芯片制作技术的不断提升,单片机逐步被数字信号处理(DSP)替代,DSP 可以直接嵌入到控制板中,提高了系统的功效,改变了传统的控制系统设计思想和设计方法。

8.3 采样与恢复

图 8-3 为一典型的计算机控制系统。系统每隔一定的时间进行一次控制循环,在每一次循环中,偏差信号 $\varepsilon(t)=r(t)-c(t)$ 经采样保持电路后变成 $\bar{\varepsilon}(t)$,其波形如图 8-4 所示。$\bar{\varepsilon}(t)$ 经 A/D 转换为数字量 $\varepsilon(kT)$,简记为 $\varepsilon(k)$,$\varepsilon(k)$ 作为 CPU 的输入数据,经过一个预先设定的控制算法计算后得到结果 $m(k)$,这个 $m(k)$ 送到 D/A,被转换成模拟量 $\bar{m}(t)$,然后输出。计算机不断重复上述循环。可见,计算机每隔一定的时间间隔 T 逐点地采入模拟信号的瞬时值,这个过程就是采样,该时间间隔 T 称为采样周期。

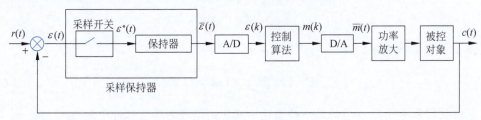

图 8-3 典型的计算机控制系统

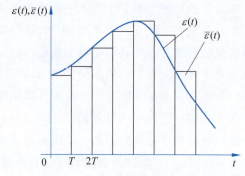

图 8-4 采样保持器输入输出波形

8.3.1 采样过程

采样过程是由采样开关实现的,如图 8-5 所示。采样开关每隔一定时间 T 闭合一次,于是原来在时间上连续的信号 $\varepsilon(t)$ 就变成了时间上离散的采样信号 $\varepsilon^*(t)$。$\varepsilon^*(t)$ 是周期为 T,持续时间为 τ(非常短)的脉冲式时间序列(简称脉冲序列)。这种把连续信号变成脉冲序列的过程称为采样过程。

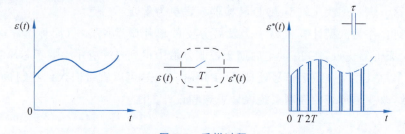

图 8-5 采样过程

脉冲序列 $\varepsilon^*(t)$ 可以看作是单位脉冲序列

$$\delta_T(t) = \sum_{n=-\infty}^{\infty} \delta(t-nT)$$

被 $\varepsilon(t)$ 调幅的结果(如图 8-6 所示),所以 $\varepsilon^*(t)$ 又可表达为

$$\varepsilon^*(t) = \varepsilon(t)\delta_T(t) = \sum_{n=-\infty}^{\infty} \varepsilon(nT)\delta(t-nT)$$

由于 $t<0$ 时,$\varepsilon(t)=0$,所以采样信号 $\varepsilon^*(t)$ 的一般表达式为

$$\varepsilon^*(t) = \sum_{n=0}^{\infty} \varepsilon(nT)\delta(t-nT) \tag{8-1}$$

对式(8-1)进行拉氏变换,得

$$E^*(s) = \sum_{n=0}^{\infty} \varepsilon(nT)e^{-nTs} \tag{8-2}$$

下面我们来推导 $E^*(s)$ 的另一种表达形式。由于理想单位脉冲序列 $\delta_T(t)$ 是一个以 T 为周期的函数,可以展开为傅里叶级数,其复数形式为

$$\delta_T(t) = \sum_{n=-\infty}^{\infty} A_n e^{jn\omega_s t} \tag{8-3}$$

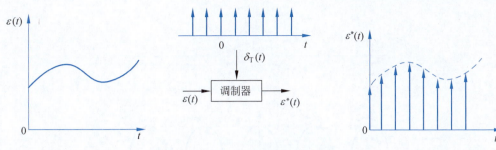

图 8-6 ε(t)对单位脉冲序列的调制作用

式中,$\omega_s = 2\pi/T = 2\pi f_s$ 称为采样角频率;$f_s = 1/T$ 称为采样频率;$A_n = \dfrac{1}{T}\int_{-T/2}^{T/2}\delta_T(t)e^{-jn\omega_s t}dt = \dfrac{1}{T}$ 称为傅里叶系数。

由式(8-1)和式(8-3)可得

$$\varepsilon^*(t) = \frac{1}{T}\sum_{n=-\infty}^{\infty}\varepsilon(t)e^{jn\omega_s t}$$

上式的拉氏变换式为

$$E^*(s) = \frac{1}{T}\sum_{n=-\infty}^{\infty}E(s - jn\omega_s) \tag{8-4}$$

8.3.2 采样定理

设连续信号 $\varepsilon(t)$ 的频谱为 $E(j\omega)$,则将 $s = j\omega$ 代入式(8-4)可得采样信号 $\varepsilon^*(t)$ 的频谱

$$E^*(j\omega) = \frac{1}{T}\sum_{n=-\infty}^{+\infty}E(j\omega - jn\omega_s) \tag{8-5}$$

根据式(8-5)可以绘制采样信号 $\varepsilon^*(t)$ 的频谱 $|E^*(j\omega)|$。一般说来,连续函数 $\varepsilon(t)$ 的频谱是孤立的,其带宽是有限的,即上限角频率为有限值 ω_m。而采样信号 $\varepsilon^*(t)$ 的频谱则具有以采样角频率 ω_s 为周期的无穷多个频谱分量,如图 8-7 所示。从图 8-7(b)可见,当采样角频率 ω_s 大于连续频谱最高角频率 ω_m 的 2 倍,即 $\omega_s > 2\omega_m$ 时,采样信号 $\varepsilon^*(t)$ 的频谱 $|E^*(j\omega)|$ 是由无穷多个孤立频谱组成的离散频谱,其中与 $n=0$ 对应的便是采样前原连续信号 $\varepsilon(t)$ 的频谱,只是幅度为原来的 $\dfrac{1}{T}$,其他与 $|n|\geqslant 1$ 对应的各项频谱,都是由于采样而产生的高频频谱。对于图 8-7(c)中 $\omega_s < 2\omega_m$ 的情况来说,采样信号 $\varepsilon^*(t)$ 的频谱 $|E^*(j\omega)|$ 不再由孤立谱构成,而是一种与原连续函数 $\varepsilon(t)$ 的频谱 $|E(j\omega)|$ 毫不相似的连续谱。从图 8-7 可以明显地看到,为使与 $n=0$ 项对应的原连续信号频谱不发生畸变,须使采样角频率 ω_s 足够高,以拉开各项频谱之间的距离,使彼此之间不相互重叠。由图 8-7(b)看到,相邻两频谱不相互重叠的条件是

$$\omega_s \geqslant 2\omega_m \tag{8-6}$$

如果采样角频率 ω_s 满足式(8-6),则当把采样后的信号 $\varepsilon^*(t)$ 加至具有如图 8-8 所示理想滤波特性的低通滤波器时,在滤波器输出端得到的频谱将准确地等于连续信号的频谱 $|E(j\omega)|$。在这种情况下便可无失真地将原连续信号 $\varepsilon(t)$ 完整地提取出来。而对于 $\omega_s <$

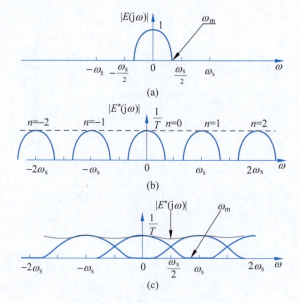

图 8-7 $E(s)$ 和 $E^*(s)$ 的频谱

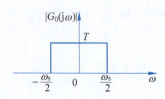

图 8-8 理想滤波器的幅频特性

$2\omega_m$，任何滤波器都不能从 $|E^*(j\omega)|$ 中滤得 $\varepsilon(t)$ 的频谱 $|E(j\omega)|$，即经采样后的信号 $\varepsilon^*(t)$ 已不能无失真地保留原信号 $\varepsilon(t)$ 的信息了。

对于以上这种现象，香农 (Shannon) 采样定理叙述为：若信号 $\varepsilon(t)$ 所含的最高频率成分为 ω_m，只要采样角频率满足

$$\omega_s \geq 2\omega_m$$

即可从采样后的信号 $\varepsilon^*(t)$ 中不失真地复现原信号 $\varepsilon(t)$。

应该指出，香农定理给出的是最低容许的采样角频率。在实际应用中采样角频率 ω_s 应比 $2\omega_m$ 大，一般至少取 $\omega_s = (5 \sim 10)\omega_m$。

工业自动控制系统中的采样角频率可以用估算的方法得到。设被控对象的传递函数为

$$G_p(s) = \frac{N(s)}{s^N(T_1 s + 1)(T_2 s + 1)\cdots[(s + \alpha_1)^2 + \beta_1^2][(s + \alpha_2)^2 + \beta_2^2]}$$

其响应的过渡过程中必包含 $e^{-\frac{t}{T_1}}, e^{-\frac{t}{T_2}}, \cdots, e^{-\alpha_1 t}\sin\beta_1 t, e^{-\alpha_2 t}\sin\beta_2 t$ 等分量。其中 T_1, T_2, $\frac{1}{\alpha_1}, \frac{1}{\alpha_2}$ 为衰减项的时间常数。

采样角频率可选择为

$$\omega_s \approx (5 \sim 10) \max\left\{\frac{2\pi}{T_1}, \frac{2\pi}{T_2}, \cdots, 2\alpha_1\pi, 2\alpha_2\pi, \beta_1, \beta_2\right\}$$

这样可以基本保证在输入信号的每个变化周期内至少有 5~10 次的采样过程。从另一方面看，过高的采样频率也会带来一些问题。如果采用的微计算机字长较短，一旦采样频率过高，前后两次采样的值基本上一样。它们之间的差值由于 CPU 字长的截断误差而被舍去，就会使控制作用减弱。

8.3.3 信号恢复

为了不失真地从 $\varepsilon^*(t)$ 中取出 $\varepsilon(t)$ 的原有信息,在采样开关后面应接一个频率特性如图 8-8 所示的带通滤波器,但是这种理想的滤波器实际上是不存在的。在工业控制系统中采样开关后面跟的一般是一个零阶保持器(见图 8-3)。

零阶保持器是一种按常值规律外推的保持器。它把前一个采样时刻 nT 的采样值 $\varepsilon(nT)$ 不增不减地保持到下一个采样时刻 $(n+1)T$。当下一个采样时刻 $(n+1)T$ 到来时应换成新的采样值 $\varepsilon((n+1)T)$ 继续外推。因此,零阶保持器的时域特性 $g_{ho}(t)$ 如图 8-9(a) 所示。它是高度为 1、宽度为 T 的方波。高度等于 1 说明采样值经过保持器既不放大也不衰减;宽度等于 T 说明零阶保持器对采样值只能不增不减地保存一个采样周期。

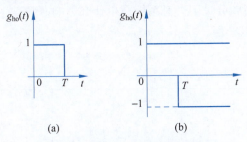

图 8-9 零阶保持器的时域特性

如图 8-9(a)所示 $g_{ho}(t)$ 可以分解为两个阶跃函数之和(见图 8-9(b))。根据图 8-9(b) 写出零阶保持器的数学模型如下:

$$g_{ho}(t) = u(t) - u(t-T)$$

由此可得零阶保持器的传递函数为

$$G_{ho}(s) = \frac{1 - e^{-Ts}}{s} \tag{8-7}$$

因为

$$G_{ho}(j\omega) = \frac{1 - e^{-j\omega T}}{j\omega} \cdot e^{j\frac{\omega T}{2}} e^{-j\frac{\omega T}{2}} = \frac{2e^{-j\frac{\omega T}{2}}}{\omega} \cdot \frac{e^{j\frac{\omega T}{2}} - e^{-j\frac{\omega T}{2}}}{2j} = T \frac{\sin(\omega T/2)}{\omega T/2} e^{-j\frac{\omega T}{2}}$$

又因为

$$\frac{\omega T}{2} = \frac{\omega}{2}\left(\frac{2\pi}{\omega_s}\right) = \frac{\pi\omega}{\omega_s}$$

所以

$$G_{ho}(j\omega) = T \frac{\sin(\pi\omega/\omega_s)}{\pi\omega/\omega_s} e^{-j(\pi\omega/\omega_s)}$$

其幅频特性

$$|G_{ho}(j\omega)| = T \left| \frac{\sin(\pi\omega/\omega_s)}{\pi\omega/\omega_s} \right|$$

相频特性

$$\angle G_{ho}(j\omega) = -\frac{\pi\omega}{\omega_s} + \theta$$

其中,

$$\theta = \begin{cases} 0 & \sin\dfrac{\pi\omega}{\omega_s} > 0 \\ \pi & \sin\dfrac{\pi\omega}{\omega_s} < 0 \end{cases}$$

零阶保持器的幅频曲线见图 8-10(c)。在图 8-10(c)中，尽管零阶保持器不具有图 8-8 的理想幅频特性，但只要 ω_s 充分大，仍可相当准确地重现 $\varepsilon(t)$ 的频谱。图 8-10(a)为采样输入信号 $\varepsilon(t)$ 的频谱，$\varepsilon(t)$ 经采样开关后的信号 $\varepsilon^*(t)$ 的频谱如图 8-10(b)所示。$\varepsilon^*(t)$ 经保持器后的信号 $\bar{\varepsilon}(t)$ 的频谱如图 8-10(d)所示。$|\bar{E}(j\omega)|$ 在 $\omega=0$ 处主瓣的形状和幅度与 $|E(j\omega)|$ 的基本一样，只是三角形的两条腰略有下弯，在 $\omega=\pm k\omega_s$ 处出现了少量的频率泄漏。这都是保持器频率特性的不理想化造成的。一般来说，控制对象都是一个低通滤波器，在 $\omega=\pm k\omega_s$ 处泄漏的高频分量不会对系统产生什么影响。频谱主瓣上的频率畸变必要时可以用适当的滤波器加以补偿。

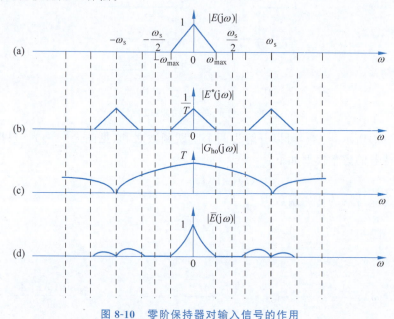

图 8-10　零阶保持器对输入信号的作用

(a) 输入信号 $\varepsilon(t)$ 的频谱 $|E(j\omega)|$；

(b) $\varepsilon(t)$ 经理想采样开关后，$\varepsilon^*(t)$ 的频谱 $|E^*(j\omega)|$；

(c) 零阶保持器 $G_{ho}(s)$ 的幅频特性曲线 $|G_{ho}(j\omega)|$；

(d) $E^*(j\omega)$ 经零阶保持器后的频谱 $|\bar{E}(j\omega)| = |E^*(j\omega)| \cdot |G_{ho}(j\omega)| \approx |E(j\omega)|$

当然我们还可以设计其他采样保持器，例如

$$\bar{\varepsilon}(t) = \varepsilon(kT) + \varepsilon'(kT)(t-kT) \quad t \in [kT, (k+1)T]$$

图 8-11 中的细实线表示采样保持器的输出。由于输出与输入信号的一阶微分有关，故也可称为一阶采样保持器。同样我们可以定义 m 阶采样保持器，它的输出为

$$\bar{\varepsilon}(t) = \varepsilon(kT) + \varepsilon'(kT)(t-kT) + \frac{\varepsilon''(kT)}{2!}(t-kT)^2 + \cdots + \frac{\varepsilon^{(m)}(kT)}{m!}(t-kT)^m$$

$$t \in [kT, (k+1)T]$$

高阶保持器具有比较接近图 8-8 的幅频特性,但其相位滞后大大增加。由于零阶保持器结构简单,价格低廉,有较小的相位滞后,所以在工业控制场合,几乎全部采用零阶保持器。

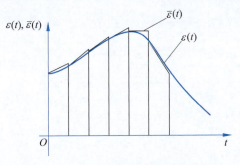

图 8-11　一阶采样保持器输入输出波形

8.4　z 变换

8.4.1　z 变换的定义

由 8.3 节可知,连续信号 $\varepsilon(t)$ 经采样开关后成为脉冲函数序列 $\varepsilon^*(t)$。$\varepsilon^*(t)$ 的拉氏变换为

$$E^*(s) = \mathcal{L}[\varepsilon^*(t)] = \sum_{n=0}^{\infty} \varepsilon(nT) e^{-nTs}$$

为了便于分析计算,引入新变量 $z = e^{Ts}$,那么

$$E(z) = E^*(s)\Big|_{e^{Ts}=z} = \sum_{n=0}^{\infty} \varepsilon(nT) z^{-n} \tag{8-8}$$

若式(8-8)所示的级数收敛,则称 $E(z)$ 为 $\varepsilon(t)$ 的 z 变换,记为

$$E(z) = \mathcal{Z}[\varepsilon(t)] \stackrel{\text{def}}{=} \sum_{n=0}^{\infty} \varepsilon(nT) z^{-n} \tag{8-9}$$

关于 z 变换有下列注记。

(1) 只有采样函数 $\varepsilon^*(t)$ 才能定义 z 变换。有的资料上说"对连续函数 $\varepsilon(t)$ 作 z 变换",这是指对 $\varepsilon(t)$ 的采样函数 $\varepsilon^*(t)$ 作 z 变换。再进一步,因为 $\varepsilon(t)$ 与其拉氏变换 $E(s)$ 是一一对应的,所以也常说"对 $E(s)$ 作 z 变换"。这时,仍是指对其原函数 $\varepsilon(t)$ 的采样函数 $\varepsilon^*(t)$ 作 z 变换。明确了这一点,今后我们可以统一写成下式,而不至引起混淆:

$$\mathcal{Z}[E(s)] = \mathcal{Z}[\varepsilon(t)] = \mathcal{Z}[\varepsilon^*(t)] = E(z) = \sum_{n=0}^{\infty} \varepsilon(nT) z^{-n} \tag{8-10}$$

(2) 从式(8-8)可以看出,不同连续信号,甚至断续信号,只要它们在各采样时刻的值相等,就可以有相同的 z 变换式。在图 8-12 中 $f_1(t) \neq f_2(t) \neq f_3(t)$,但它们在各采样时刻的值相等;所以它们的 z 变换也相等,即

$$\mathcal{Z}[f_1(t)] = \mathcal{Z}[f_2(t)] = \mathcal{Z}[f_3(t)]$$

这个事实说明尽管对每个 $\varepsilon(t)$ 有唯一确定的 z 变换 $E(z)$,但对一个 $E(z)$ 却可能有无穷多个 $\varepsilon(t)$,它们的 z 变换都是 $E(z)$,但这些 $\varepsilon(t)$ 在 nT 上的取值必相等。

(3) $E(s)$ 是 $\varepsilon(t)$ 的拉氏变换,$E(z)$ 是 $\varepsilon(t)$ 的 z 变换,但是 $E(z) \neq E(s)\big|_{s=z}$。

例 8-1 已知 $\varepsilon(t)=e^{-at}$, 求 $E(z)=\mathcal{Z}[\varepsilon(t)]$.

解

$$\mathcal{Z}[\varepsilon(t)] = \sum_{n=0}^{\infty}\varepsilon(nT)z^{-n} = \varepsilon(0)+\varepsilon(T)z^{-1}+\varepsilon(2T)z^{-2}+\cdots$$
$$=1+e^{-aT}z^{-1}+e^{-2aT}z^{-2}+\cdots$$
$$=\frac{1}{1-e^{-aT}z^{-1}}=\frac{z}{z-e^{-aT}}, \quad |e^{-aT}z^{-1}|<1$$

例 8-2 若已知 $\varepsilon(t)$ 的 z 变换式为

$$E(z)=1+3z^{-1}-2z^{-2}+z^{-4}+\cdots$$

试写出 $\varepsilon(t)$ 在各采样时刻的值。

解

$$\varepsilon(0)=1 \quad \varepsilon(1)=3 \quad \varepsilon(2)=-2 \quad \varepsilon(3)=0 \quad \varepsilon(4)=1 \quad \cdots$$

图 8-13 中的 $\varepsilon_1(t)$、$\varepsilon_2(t)$ 都可以有本例的 z 变换式。

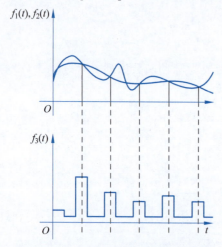

图 8-12 f_1、f_2、f_3 具有相同的 z 变换

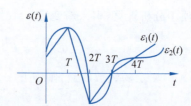

图 8-13 例 8-2 $E(z)$ 所对应的 $\varepsilon(t)$

8.4.2 z 变换的基本性质

1. 线性定理

$$\mathcal{Z}[\alpha\{\varepsilon_1(k)\}\pm\beta\{\varepsilon_2(k)\}]=\alpha\,\mathcal{Z}[\{\varepsilon_1(k)\}]\pm\beta\,\mathcal{Z}[\{\varepsilon_2(k)\}]$$
$$=\alpha E_1(z)\pm\beta E_2(z)$$

证明

$$\mathcal{Z}[\alpha\{\varepsilon_1(k)\}\pm\beta\{\varepsilon_2(k)\}]=\sum_{k=0}^{\infty}[\alpha\varepsilon_1(kT)\pm\beta\varepsilon_2(kT)]z^{-k}$$
$$=\alpha\sum_{k=0}^{\infty}\varepsilon_1(kT)z^{-k}\pm\beta\sum_{k=0}^{\infty}\varepsilon_2(kT)z^{-k}$$
$$=\alpha E_1(z)\pm\beta E_2(z)$$

2. 实位移定理

设 n 为一个正整数,当 $k<0$ 时,$\varepsilon(kT)=0$,且 $\mathcal{Z}[\{\varepsilon(k)\}]=E(z)$,则

$$\mathcal{Z}[\{\varepsilon(k-n)\}] = z^{-n}E(z) \qquad \text{(滞后定理)}$$

$$\mathcal{Z}[\{\varepsilon(k+n)\}] = z^n\left[E(z) - \sum_{k=0}^{n-1}\varepsilon(k)z^{-k}\right] \qquad \text{(超前定理)}$$

若 $\varepsilon(0) = \varepsilon(1) = \cdots = \varepsilon(n-1) = 0$,则超前定理有如下简单形式

$$\mathcal{Z}[\{\varepsilon(k+n)\}] = z^n E(z)$$

证明 由 z 变换的定义

$$\mathcal{Z}[\{\varepsilon(k)\}] = \sum_{k=0}^{\infty}\varepsilon(kT)z^{-k}$$

$$\begin{aligned}
\mathcal{Z}[\{\varepsilon(k-n)\}] &= \varepsilon(-n)z^0 + \varepsilon(1-n)z^{-1} + \cdots + \varepsilon(0)z^{-n} + \varepsilon(1)z^{-(n+1)} + \cdots \\
&= \varepsilon(0)z^{-n} + \varepsilon(1)z^{-(n+1)} + \cdots \\
&= z^{-n}[\varepsilon(0) + \varepsilon(1)z^{-1} + \cdots] = z^{-n}E(z)
\end{aligned}$$

其中,
$$\varepsilon(-n) = \varepsilon(1-n) = \cdots = \varepsilon(-1) = 0$$

$$\begin{aligned}
\mathcal{Z}[\{\varepsilon(k+n)\}] &= \varepsilon(n)z^0 + \varepsilon(1+n)z^{-1} + \varepsilon(2+n)z^{-2} + \cdots \\
&= z^n[\varepsilon(0) + \varepsilon(1)z^{-1} + \cdots + \varepsilon(n-1)z^{-(n-1)} + \varepsilon(n)z^{-n} + \\
&\quad \varepsilon(1+n)z^{-(n+1)} + \varepsilon(2+n)z^{-(n+2)} + \cdots - \\
&\quad \varepsilon(0) - \varepsilon(1)z^{-1} - \cdots - \\
&\quad \varepsilon(n-1)z^{-(n-1)}] \\
&= z^n\left[E(z) - \sum_{k=0}^{n-1}\varepsilon(k)z^{-k}\right]
\end{aligned}$$

例 8-3 已知 $\mathcal{Z}[\{\mathrm{e}^{-\alpha kT}\}] = \dfrac{z}{z - \mathrm{e}^{-\alpha T}}$,求 $\mathcal{Z}[\{\mathrm{e}^{-\alpha(k-3)T}\}]$ 及 $\mathcal{Z}[\{\mathrm{e}^{-\alpha(k+2)T}\}]$。

解 由实位移定理可得

$$\mathcal{Z}[\{\mathrm{e}^{-\alpha(k-3)T}\}] = z^{-3}\left[\frac{z}{z - \mathrm{e}^{-\alpha T}}\right] = \frac{1}{z^2(z - \mathrm{e}^{-\alpha T})}$$

$$\mathcal{Z}[\{\mathrm{e}^{-\alpha(k+2)T}\}] = z^2 \frac{z}{z - \mathrm{e}^{-\alpha T}} - z^2 - z\mathrm{e}^{-\alpha T}$$

$$= z^2\left[\frac{z}{z - \mathrm{e}^{-\alpha T}} - 1 - \mathrm{e}^{-\alpha T}z^{-1}\right]$$

3. 复位移定理

设 $\{\varepsilon(kT)\}$ 的 z 变换为 $E(z)$,那么

$$\mathcal{Z}[\{\mathrm{e}^{\alpha kT}\varepsilon(kT)\}] = E(z\mathrm{e}^{-\alpha T})$$

证明 由 z 变换定义

$$\begin{aligned}
\mathcal{Z}[\{\mathrm{e}^{\alpha kT}\varepsilon(kT)\}] &= \varepsilon(0) + \mathrm{e}^{\alpha T}\varepsilon(T)z^{-1} + \mathrm{e}^{2\alpha T}\varepsilon(2T)z^{-2} + \cdots \\
&= \varepsilon(0) + \varepsilon(T)(z\mathrm{e}^{-\alpha T})^{-1} + \varepsilon(2T)(z\mathrm{e}^{-\alpha T})^{-2} + \cdots
\end{aligned}$$

而

$$\mathcal{Z}[\{\varepsilon(kT)\}] = \varepsilon(0) + \varepsilon(T)z^{-1} + \varepsilon(2T)z^{-2} + \cdots = E(z)$$

即有

$$\mathcal{Z}[\{e^{\alpha kT}\varepsilon(kT)\}] = E(ze^{-\alpha T})$$

例 8-4 设 $\{\varepsilon(kT)\} = \{kT\}$ 的 z 变换为 $E(z) = \dfrac{Tz}{(z-1)^2}$，求 $\{kTe^{\alpha kT}\}$ 的 z 变换。

解

$$\mathcal{Z}[\{kTe^{\alpha kT}\}] = E(ze^{-\alpha T}) = \dfrac{Tze^{-\alpha T}}{(ze^{-\alpha T}-1)^2} = \dfrac{Te^{\alpha T}z}{(z-e^{\alpha T})^2}$$

4. 初值定理

设 $\{\varepsilon(k)\}$ 的 z 变换为 $E(z)$，那么

$$\varepsilon(0) = \lim_{z \to \infty} E(z)$$

证明 因为 $E(z) = \varepsilon(0) + \varepsilon(1)z^{-1} + \varepsilon(2)z^{-2} + \cdots$，所以

$$\varepsilon(0) = \lim_{z \to \infty} E(z)$$

5. 终值定理

设 $\{\varepsilon(k)\}$ 的 z 变换为 $E(z)$，若极限 $\lim\limits_{n \to \infty}\varepsilon(n)$ 存在，则

$$\lim_{n \to \infty}\varepsilon(n) = \lim_{z \to 1}(z-1)E(z)$$

证明 因为

$$\mathcal{Z}[\{\varepsilon(k+1)\} - \{\varepsilon(k)\}] = \lim_{n \to \infty}\left[\sum_{k=0}^{n}\varepsilon(k+1)z^{-k} - \sum_{k=0}^{n}\varepsilon(k)z^{-k}\right]$$

$$= \lim_{n \to \infty}[-\varepsilon(0) + \varepsilon(1)(1-z^{-1}) + \varepsilon(2)(z^{-1}-z^{-2}) + \cdots +$$

$$\varepsilon(n)(z^{-n+1}-z^{-n}) + \varepsilon(n+1)z^{-n}]$$

在上式中取 $z \to 1$，即

$$\lim_{z \to 1}\mathcal{Z}[\{\varepsilon(k+1)\} - \{\varepsilon(k)\}] = \lim_{n \to \infty}[\varepsilon(n+1) - \varepsilon(0)] \tag{8-11}$$

由实位移定理

$$\mathcal{Z}[\{\varepsilon(k+1)\} - \varepsilon(k)] = z[E(z) - \varepsilon(0)] - E(z)$$

$$= (z-1)E(z) - z\varepsilon(0) \tag{8-12}$$

把式(8-12)代入式(8-11)，得

$$\lim_{z \to 1}[(z-1)E(z) - z\varepsilon(0)] = \lim_{n \to \infty}[\varepsilon(n+1) - \varepsilon(0)]$$

即

$$\lim_{n \to \infty}\varepsilon(n) = \lim_{z \to 1}(z-1)E(z)$$

例 8-5 已知信号序列 $\{\varepsilon(k)\} = \{1\}$，即

$$\varepsilon(k) = 1, \quad k = 0, 1, 2\cdots$$

分别利用初值定理和终值定理求 $\varepsilon(0)$ 和 $\varepsilon(\infty)$。

解

$$E(z) = \mathcal{Z}[\{1\}] = \dfrac{z}{z-1}$$

应用初值定理，可得

$$\varepsilon(0) = \lim_{z \to \infty}\dfrac{z}{z-1} = 1$$

应用终值定理，可得
$$\lim_{k\to\infty}\varepsilon(k)=\lim_{z\to 1}(z-1)E(z)=\lim_{z\to 1}z=1$$

8.4.3 z 变换的求法

1. 级数求和法

对于已知各采样点值的函数 $\varepsilon(t)$，可以按式(8-9)z 变换的定义，直接写出 z 变换的表达式。当信号序列 $\{\varepsilon(k)\}$ 不能用解析式表示时，就可以用这种方法求取它的 z 变换。但是直接由定义出发求 z 变换不易得到闭式结果。

2. 留数计算法

设连续函数 $\varepsilon(t)$ 的拉普拉斯变换式 $E(s)$ 及其全部极点 p_i 为已知，则可用留数计算法求其 z 变换，即有

$$E(z)=\mathcal{Z}[\varepsilon^*(t)]=\sum_i \mathrm{Res}\left[E(p_i)\frac{z}{z-\mathrm{e}^{p_i T}}\right]$$

式中，$R_i=\mathrm{Res}\left[E(p_i)\dfrac{z}{z-\mathrm{e}^{p_i T}}\right]$ 为 $E(s)$ 在 $s=p_i$ 时的留数。

当 $E(s)$ 具有一阶极点 $s=p_i$ 时，其留数为

$$R_i=\lim_{s\to p_i}(s-p_i)\left[E(s)\frac{z}{z-\mathrm{e}^{p_i T}}\right]$$

当 $E(s)$ 在 $s=p_i$ 处具有 q 阶重极点时，则其相应的留数为

$$R_i=\frac{1}{(q-1)!}\lim_{s\to p_i}\frac{\mathrm{d}^{q-1}}{\mathrm{d}s^{q-1}}\left[(s-p_i)^q E(s)\frac{z}{z-\mathrm{e}^{sT}}\right]$$

例 8-6 已知 $\varepsilon(t)$ 的拉氏变换式为

$$E(s)=\frac{s+3}{(s+1)(s+2)}$$

试求 $\varepsilon(t)$ 的 z 变换式 $E(z)=\mathcal{Z}[\varepsilon(t)]$。

解

$$E(z)=\lim_{s\to -1}\left\{(s+1)\frac{s+3}{(s+1)(s+2)}\times\frac{z}{z-\mathrm{e}^{-T}}\right\}+$$
$$\lim_{s\to -2}\left\{(s+2)\frac{s+3}{(s+1)(s+2)}\times\frac{z}{z-\mathrm{e}^{-2T}}\right\}$$
$$=\frac{2z}{z-\mathrm{e}^{-T}}-\frac{z}{z-\mathrm{e}^{-2T}}=\frac{z[z+(\mathrm{e}^{-T}-2\mathrm{e}^{-2T})]}{z^2-(\mathrm{e}^{-T}+\mathrm{e}^{-2T})z+\mathrm{e}^{-3T}}$$

例 8-7 试求取连续时间函数 $\varepsilon(t)$ 的 z 变换

$$\varepsilon(t)=\begin{cases}0 & (t<0)\\ t\mathrm{e}^{-\alpha t} & (t\geqslant 0)\end{cases}$$

解 因为

$$E(s)=\mathcal{L}[\varepsilon(t)]=\frac{1}{(s+\alpha)^2}$$

所以
$$E(z) = \frac{1}{(2-1)!} \lim_{s \to -\alpha} \left\{ \frac{\mathrm{d}}{\mathrm{d}s} \left[(s+\alpha)^2 \frac{1}{(s+\alpha)^2} \times \frac{z}{z-\mathrm{e}^{sT}} \right] \right\} = \frac{Tz\mathrm{e}^{-\alpha T}}{(z-\mathrm{e}^{-\alpha T})^2}$$

表 8-1 为常用函数的 z 变换表，它们都可以用留数法求得。

3. 部分分式法

设连续函数 $\varepsilon(t)$ 的拉氏变换 $E(s)$ 为有理函数，则其必可写成部分分式和的形式，即

$$E(s) = \sum_{i=1}^{n} \frac{A_i}{s+s_i}$$

由表 8-1 可知 $\dfrac{A_i}{s+s_i}$ 项对应的时间函数为 $A_i \mathrm{e}^{-s_i t}$，它所对应的 z 变换为 $A_i \dfrac{z}{z-\mathrm{e}^{-s_i T}}$，因此，$E(z) = \sum\limits_{i=1}^{n} A_i \dfrac{z}{z-\mathrm{e}^{-s_i T}}$。当然，在许多情况下，$E(s)$ 不必分解为一次部分分式的和，只要把 $E(s)$ 写成适当的部分分式，能与表 8-1 中的项对上号，即可查表写出它的 z 变换式。

表 8-1　常用函数的变换

拉式变换式	时域函数	z 变换式
$\dfrac{1}{s}$	$u(t)$	$\dfrac{z}{z-1}$
$\dfrac{1}{s^2}$	t	$\dfrac{Tz}{(z-1)^2}$
$\dfrac{1}{s+\alpha}$	$\mathrm{e}^{-\alpha t}$	$\dfrac{z}{z-\mathrm{e}^{-\alpha T}}$
$\dfrac{\alpha}{s(s+\alpha)}$	$1-\mathrm{e}^{-\alpha t}$	$\dfrac{z(1-\mathrm{e}^{-\alpha T})}{(z-1)(z-\mathrm{e}^{-\alpha T})}$
$\dfrac{1}{(s+\alpha)^2}$	$t\mathrm{e}^{-\alpha t}$	$\dfrac{Tz\mathrm{e}^{-\alpha T}}{(z-\mathrm{e}^{-\alpha T})^2}$
$\dfrac{\alpha}{s^2(s+\alpha)}$	$t-\dfrac{1-\mathrm{e}^{-\alpha t}}{\alpha}$	$\dfrac{Tz}{(z-1)^2} - \dfrac{(1-\mathrm{e}^{-\alpha T})z}{\alpha(z-1)(z-\mathrm{e}^{-\alpha T})}$
$\dfrac{\alpha}{s^2+\alpha^2}$	$\sin(\alpha t)$	$\dfrac{z\sin(\alpha T)}{z^2-2z\cos(\alpha T)+1}$
$\dfrac{s}{s^2+\alpha^2}$	$\cos(\alpha t)$	$\dfrac{z(z-\cos(\alpha T))}{z^2-2z\cos\alpha T+1}$
$\dfrac{1}{(s+\alpha)^2+b^2}$	$\dfrac{1}{b}\mathrm{e}^{-\alpha t}\sin bt$	$\dfrac{1}{b}\left[\dfrac{z\mathrm{e}^{-\alpha T}\sin bT}{z^2-2z\mathrm{e}^{-\alpha T}\cos(bT)+\mathrm{e}^{-2\alpha T}}\right]$
$\dfrac{s+\alpha}{(s+\alpha)^2+b^2}$	$\mathrm{e}^{-\alpha t}\cos bt$	$\dfrac{z^2-z\mathrm{e}^{-\alpha T}\cos bT}{z^2-2z\mathrm{e}^{-\alpha T}\cos bT+\mathrm{e}^{-2\alpha T}}$

例 8-8　已知 $\varepsilon(t)$ 的拉氏变换为 $E(s) = \dfrac{\alpha}{s(s+\alpha)}$，求其 z 变换。

解　$E(s) = \dfrac{\alpha}{s(s+\alpha)} = \dfrac{1}{s} - \dfrac{1}{s+\alpha}$，查表 8-1 得

$$E(z) = \frac{z}{z-1} - \frac{z}{z-\mathrm{e}^{-\alpha T}} = \frac{z(1-\mathrm{e}^{-\alpha T})}{z^2-(1+\mathrm{e}^{-\alpha T})z+\mathrm{e}^{-\alpha T}}$$

8.4.4 z 反变换的求法

由于 z 反变换结果仅指出原函数在采样时刻的值,所以反变换的结果一般以信号序列 $\{\varepsilon(k)\}$ 表示,而不以连续函数 $\varepsilon(t)$ 的形式表示。

1. 长除法

这种方法可以将两个多项式的商表示的 z 变换式变成幂级数的形式,即

$$E(z) = \varepsilon_0 + \varepsilon_1 z^{-1} + \varepsilon_2 z^{-2} + \cdots$$

幂级数的各系数就是 $\varepsilon(t)$ 在各采样时刻的值,即 $\varepsilon(0)=\varepsilon_0, \varepsilon(T)=\varepsilon_1, \varepsilon(2T)=\varepsilon_2, \cdots$。这种方法简单易行,但要得到 $\{\varepsilon(k)\}$ 的闭式结果较为困难。

例 8-9 设 $E(z) = \dfrac{z}{z^2 - 3z + 2}$,求 $\{\varepsilon(k)\}$。

解

$$\begin{array}{r}
z^{-1} + 3z^{-2} + 7z^{-3} + 15z^{-4} \\
z^2 - 3z + 2 \overline{)\, z } \\
\underline{-)\, z - 3 + 2z^{-1}} \\
3 - 2z^{-1} \\
\underline{-)\, 3 - 9z^{-1} + 6z^{-2}} \\
7z^{-1} - 6z^{-2} \\
\underline{-)\, 7z^{-1} - 21z^{-2} + 14z^{-3}} \\
15z^{-2} - 14z^{-3}
\end{array}$$

即

$$E(z) = \frac{z}{z^2 - 3z + 2} \approx z^{-1} + 3z^{-2} + 7z^{-3} + 15z^{-4} + \cdots$$

所以

$$\varepsilon(0) = 0 \quad \varepsilon(1) = 1 \quad \varepsilon(2) = 3 \quad \varepsilon(3) = 7 \quad \varepsilon(4) = 15$$

故有

$$\varepsilon(k) = 2^k - 1$$

2. 部分分式法

首先将 z 变换式写成部分分式的形式,然后与表 8-1 对照,写出每一项对应的信号序列。从表 8-1 可见,变换式的每一个单项的分子都含有 z 的因子。所以在写 $E(z)$ 的部分分式时,应先把 z 提出,即写成 $E(z) = zE_1(z)$ 的形式,然后再把 $E_1(z)$ 写成部分分式。

例 8-10 已知 $E(z) = \dfrac{z}{(z-1)(z-2)}$,求 $\{\varepsilon(k)\}$。

解

$$E(z) = z\left(\frac{-1}{z-1} + \frac{1}{z-2}\right)$$

$$\{\varepsilon(k)\} = -\mathscr{Z}^{-1}\left[\frac{z}{z-1}\right] + \mathscr{Z}^{-1}\left[\frac{z}{z-2}\right] = -1 + 2^k$$

3. 留数法

由复变函数理论,可以得到 $E(z)$ 的反变换式

$$\{\varepsilon(k)\} = \sum \{\text{Res}[E(z)z^{k-1}]\}$$

例 8-11 已知 $E(z) = \dfrac{z}{(z-1)(z-2)}$,求 $\{\varepsilon(k)\}$。

解

$$\{\varepsilon(k)\} = \sum \text{Res}\left[\dfrac{z}{(z-1)(z-2)} \times z^{k-1}\right]$$

$$= \dfrac{z^k}{z-2}\bigg|_{z=1} + \dfrac{z^k}{z-1}\bigg|_{z=2} = -1 + 2^k$$

例 8-12 已知 $E(z) = \dfrac{z}{(z-1)^2}$,求 $\{\varepsilon(k)\}$。

解

$$\{\varepsilon(k)\} = \dfrac{1}{(2-1)!} \dfrac{\mathrm{d}^{2-1}}{\mathrm{d}z^{2-1}}\left[(z-1)^2 \dfrac{z}{(z-1)^2} z^{k-1}\right]_{z=1}$$

$$= \dfrac{\mathrm{d}}{\mathrm{d}z}(z^k)\bigg|_{z=1} = kz^{k-1}\bigg|_{z=1} = k$$

8.5 脉冲传递函数

分析线性离散系统时,脉冲传递函数是很重要的概念。正如线性连续系统的特性是由传递函数来描述一样,线性离散系统的特性将由脉冲传递函数来描述。仿照连续系统,线性离散系统的脉冲传递函数定义为:零初始条件下,系统或环节的输出采样函数的 z 变换和输入采样函数的 z 变换之比。

图 8-3 所示的典型的计算机控制系统可等效为图 8-14 所示的系统。从图中可以看到,整个回路包含着两类信号:采样信号和连续信号。相应地,计算机控制系统由数字部分和连续部分所组成。为此我们分别研究数字和连续两部分的脉冲传递函数的求取。

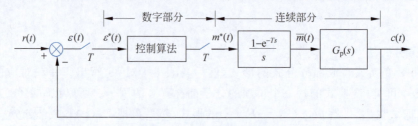

图 8-14 典型的计算机控制系统

8.5.1 数字部分的脉冲传递函数

在图 8-14 中,数字控制器的控制算式可以用一个 n 阶的线性差分方程来描述,其一般形式为

$$m(k) + \beta_{n-1} m(k-1) + \cdots + \beta_0 m(k-n)$$
$$= \alpha_n \varepsilon(k) + \alpha_{n-1} \varepsilon(k-1) + \cdots + \alpha_0 \varepsilon(k-n) \tag{8-13}$$

两边取 z 变换得

$$M(z) + \beta_{n-1}z^{-1}M(z) + \cdots + \beta_0 z^{-n}M(z) = \alpha_n E(z) + \alpha_{n-1}z^{-1}E(z) + \cdots + \alpha_0 z^{-n}E(z)$$

这样就可以写出数字控制器的脉冲传递函数,即

$$D(z) = \frac{M(z)}{E(z)} = \frac{\alpha_n + \alpha_{n-1}z^{-1} + \cdots + \alpha_0 z^{-n}}{1 + \beta_{n-1}z^{-1} + \cdots + \beta_0 z^{-n}} \tag{8-14}$$

8.5.2 连续部分的脉冲传递函数

在图 8-14 所示的典型的计算机控制系统中,计算机输出的控制信号 $m^*(t)$ 经零阶保持器后作用到被控对象上。因此,零阶保持器和被控对象一起构成这个系统的连续部分,其传递函数为

$$G(s) = \frac{1 - e^{-Ts}}{s} G_p(s) \tag{8-15}$$

其中,$G_p(s)$ 是被控对象的传递函数,$\frac{1 - e^{-Ts}}{s}$ 是零阶保持器的传递函数。

由于连续输出量 $c(t)$ 在反馈至计算机时,要经过 A/D 转换的采样过程,因此我们感兴趣的是 $c(t)$ 在采样瞬间的值,即 $c^*(t)$。因此可以假设在输出端有一采样开关,如图 8-15 所示。所谓连续部分的脉冲传递函数,显然是零初始条件下,连续部分的输出与输入的采样信号的 z 变换之比,即

$$G(z) = \frac{C(z)}{M(z)} \tag{8-16}$$

由图 8-15 可知

$$C(s) = G(s) M^*(s) \tag{8-17}$$

由式(8-4)得

$$C^*(s) = \frac{1}{T}\sum_{n=-\infty}^{\infty} C(s - jn\omega_s) = \frac{1}{T}\sum_{n=-\infty}^{\infty} G(s - jn\omega_s) M^*(s - jn\omega_s) \tag{8-18}$$

根据 $M^*(s)$ 的定义,有

$$M^*(s) = \sum_{n=0}^{\infty} m(nT) e^{-nTs}$$

则

$$M^*(s - jl\omega_s) = \sum_{n=0}^{\infty} m(nT) e^{-nT(s - jl\omega_s)}$$

$$= \sum_{n=0}^{\infty} m(nT) e^{-nTs} \cdot e^{jnlT\frac{2\pi}{T}} = \sum_{n=0}^{\infty} m(nT) e^{-nTs}$$

故

$$M^*(s - jl\omega_s) = M^*(s) \tag{8-19}$$

将式(8-19)代入式(8-18),得

$$C^*(s) = M^*(s) \cdot \frac{1}{T}\sum_{n=-\infty}^{\infty} G(s - jn\omega_s) = M^*(s) G^*(s) \tag{8-20}$$

综上所述,若

$$A(s) = B(s) F^*(s)$$

则
$$A^*(s) = [B(s)F^*(s)]^* = B^*(s)F^*(s) \tag{8-21}$$

这是采样变换,简称 * 变换的一条重要性质。由式(8-2)可见,在 s 域内带 * 的函数,其中 s 必定是以 e^{Ts} 的形式出现。

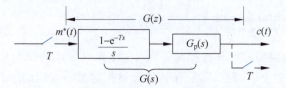

图 8-15　连续部分方框图

我们来分析一下 z 变换和 * 变换的关系。由式(8-8)可知,z 变换只是 * 变换的简化形式。前者以 z 代换了后者中的 e^{Ts} 项。因而,8.4 节中所述的 z 变换的一切性质,对 * 变换来说都是适用的。

对式(8-20)作 $z = e^{Ts}$ 代换后,得
$$C(z) = G(z)M(z)$$
即
$$G(z) = \frac{C(z)}{M(z)}$$

称 $G(z)$ 为从 $m^*(t)$ 到 $c^*(t)$ 的脉冲传递函数。表示了 $c(t)$ 与 $m(t)$ 两者 z 变换之比。

由此可知,求连续部分的脉冲传递函数 $G(z)$ 的步骤如下:

(1) 求得连续部分的传递函数 $G(s)$;

(2) 求得连续部分的脉冲响应 $h(t) = \mathcal{L}^{-1}[G(s)]$;

(3) 求得脉冲响应 $h(t)$ 的采样函数 $h^*(t)$ 的 z 变换,即 $G(z)$。

例 8-13　求图 8-16 所示系统输入至输出的脉冲传递函数。若已知输入 $\varepsilon(t)$ 是单位阶跃函数,求输出信号序列 $\{c(k)\}$。

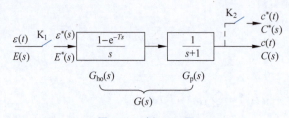

图 8-16　例 8-13 图

解　在解这个问题之前,首先要给出带零阶保持器的开环系统脉冲传递函数的具体求法。

$$G(z) = \frac{C(z)}{E(z)} = \mathcal{Z}[G_{ho}(s)G_p(s)] = \mathcal{Z}\left[\frac{1-e^{-Ts}}{s}G_p(s)\right]$$
$$= \mathcal{Z}\left[\frac{G_p(s)}{s}\right] - \mathcal{Z}\left[\frac{e^{-Ts}G_p(s)}{s}\right]$$

设

$$\frac{G_p(s)}{s} = G_0(s)$$

若

$$G_0(s) \xrightarrow{\mathcal{L}^{-1}} g_0(t) \xrightarrow{\mathcal{Z}} G_0(z)$$

则

$$e^{-Ts}G_0(s) \xrightarrow{\mathcal{L}^{-1}} g_0(t-T) \xrightarrow{\mathcal{Z}} z^{-1}G_0(z)$$

那么

$$G(z) = G_0(z) - z^{-1}G_0(z) = (1 - z^{-1})G_0(z) = \frac{z-1}{z}\mathcal{Z}\left[\frac{G_p(s)}{s}\right]$$

在本例中

$$G(z) = \frac{z-1}{z}\mathcal{Z}\left[\frac{G_p(s)}{s}\right] = \frac{z-1}{z}\mathcal{Z}\left[\frac{1}{s(s+1)}\right]$$

$$= \frac{z-1}{z} \times \frac{z(1-e^{-T})}{(z-1)(z-e^{-T})} = \frac{1-e^{-T}}{z-e^{-T}}$$

输出信号序列

$$c(k) = \mathcal{Z}^{-1}[C(z)] = \mathcal{Z}^{-1}[G(z)E(z)]$$

$$= \mathcal{Z}^{-1}\left[\frac{1-e^{-T}}{z-e^{-T}} \times \frac{z}{z-1}\right] = \mathcal{Z}^{-1}\left[\frac{z}{z-1} - \frac{z}{z-e^{-T}}\right] = 1 - e^{-kT}$$

8.5.3 采样器位置的重要性

为了说明采样器亦即采样开关位置的重要性,让我们来分析图 8-17 所示的串联元件的三种情况。

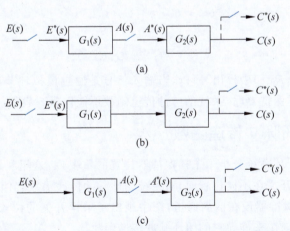

图 8-17 采样开关的位置对开环脉冲传递函数的影响

在图 8-17(a)中

$$C(s) = G_2(s)A^*(s)$$

由式(8-21)可知

$$C^*(s) = G_2^*(s)A^*(s)$$

所以
$$C(z) = G_2(z)A(z)$$

又
$$A(s) = G_1(s)E^*(s)$$
$$A(z) = G_1(z)E(z)$$

所以
$$C(z) = G_1(z)G_2(z)E(z)$$

脉冲传递函数
$$G(z) = \frac{C(z)}{E(z)} = G_1(z)G_2(z)$$

在图 8-17(b)中
$$C(s) = G_1(s)G_2(s)E^*(s)$$
$$C^*(s) = [G_1(s)G_2(s)]^* E^*(s)$$
$$C(z) = \overline{G_1G_2}(z)E(z)$$

所以
$$G(z) = \overline{G_1G_2}(z)$$

上式中,$\overline{G_1G_2}(z)$ 表示将 $G_1(s)$、$G_2(s)$ 相乘后再求 z 变换。显然它与 $G_1(s)$、$G_2(s)$ 分别求 z 变换后再相乘是不同的,即
$$\overline{G_1G_2}(z) \neq G_1(z)G_2(z)$$

在图 8-17(c)中
$$C(s) = G_2(s)A^*(s) = G_2(s)[G_1(s)E(s)]^*$$

因为
$$C^*(s) = G_2^*(s)[G_1(s)E(s)]^*$$

所以
$$C(z) = G_2(z)\overline{G_1E}(z)$$

由于 $E(z)$ 不能从 $\overline{G_1E}(z)$ 中提出,所以,当输入信号是通过模拟环节后再送入采样保持器而不是直接送到采样保持器时,系统的脉冲传递函数不能以显式表示。

8.5.4 闭环脉冲传递函数

上面我们通过开环系统分析了采样保持器位置的重要性,这里我们首先分析两个闭环离散系统,看看采样开关在不同位置时,对系统闭环脉冲传递函数有什么影响。

图 8-18 中采样保持器设在前向通道,图中画出了采样开关的位置,保持器的传递函数已包含在 $G(s)$ 中。现在来推导它的闭环脉冲传递函数。

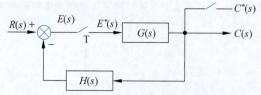

图 8-18　采样开关在前向通道的闭环系统

因为
$$C(s) = G(s)E^*(s) \tag{8-22}$$
$$E(s) = R(s) - H(s)C(s) \tag{8-23}$$

把式(8-22)代入式(8-23)
$$E(s) = R(s) - G(s)H(s)E^*(s)$$

两边取采样变换
$$E^*(s) = R^*(s) - \overline{GH}^*(s)E^*(s)$$
$$E^*(s) = \frac{R^*(s)}{1+\overline{GH}^*(s)} \tag{8-24}$$

把式(8-24)代入式(8-22)
$$C(s) = G(s)\frac{R^*(s)}{1+\overline{GH}^*(s)}$$

两边再取采样变换
$$C^*(s) = G^*(s)\frac{R^*(s)}{1+\overline{GH}^*(s)}$$

由于 $C^*(s)$、$G^*(s)$ 等函数中的变量以 e^{Ts} 形式出现,得图 8-18 的闭环传递函数
$$\Phi(z) = \frac{C(z)}{R(z)} = \frac{G(z)}{1+\overline{GH}(z)}$$

图 8-19 表示的是另一种闭环系统,它的采样开关在反馈通道,给定信号以连续量的形式进入系统。由图 8-19 知,
$$C(s) = G(s)E(s) = G(s)[R(s) - H(s)C^*(s)]$$
$$C^*(s) = \overline{GR}^*(s) - \overline{GH}^*(s)C^*(s)$$
$$C^*(s) = \frac{\overline{GR}^*(s)}{1+\overline{GH}^*(s)}$$

即
$$C(z) = \frac{\overline{GR}(z)}{1+\overline{GH}(z)}$$

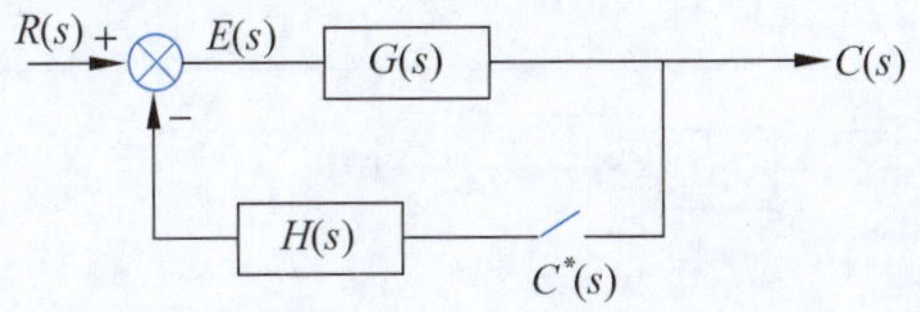

图 8-19 采样开关在反馈通道,给定信号 $R(s)$ 为连续量的闭环系统

同开环脉冲传递函数的情况一样,由于 $R(z)$ 不能从 $\overline{GR}(z)$ 中分离出来,所以这种系统也只能写出输出量 $C(z)$ 的表达式,而不能写出闭环脉冲传递函数。

对于单环反馈离散控制系统,可以用观察法直接写出输出 $C(z)$ 的表达式。

(1) $C(z)$ 的分母多项式。$C(z)$ 的分母多项式具有 $1+F(z)$ 的形式。取反馈环中任一个采样开关,以它的一端为起点,沿环绕行。对于中间无采样开关相隔的环节,将它们的传递

函数相乘后一起取 z 变换；中间有采样开关的环节，分别取 z 变换后再相乘，直到那个取定的采样开关另一端为止，从而形成 $F(z)$。

（2）$C(z)$ 的分子多项式。若给定输入信号是连续量且与前向通道之间无采样开关相隔时，将输入信号与环节传递函数相乘后一起取 z 变换。遇这种情况不能写出系统的闭环脉冲传递函数。输入信号与前向通道之间有采样开关相隔的，将输入量与环节传递函数分别取 z 变换后再相乘。表 8-2 为一些典型单环反馈系统的闭环脉冲传递函数。

表 8-2 典型单环反馈系统的闭环脉冲传递函数

系统方框图	输出的 z 变换 $Y(z)$
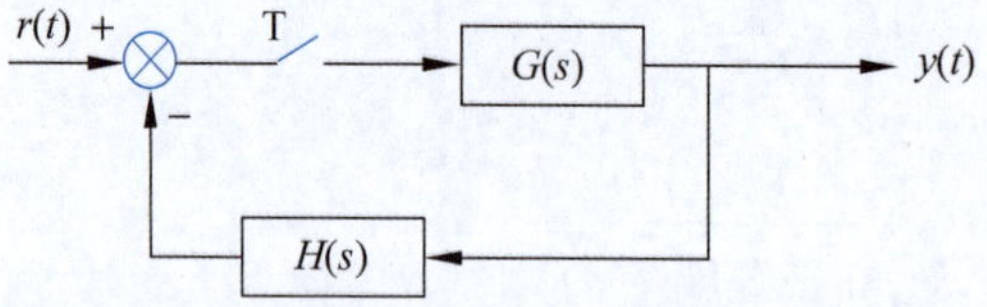 （框图1）	$\dfrac{G(z)R(z)}{1+\overline{GH}(z)}$
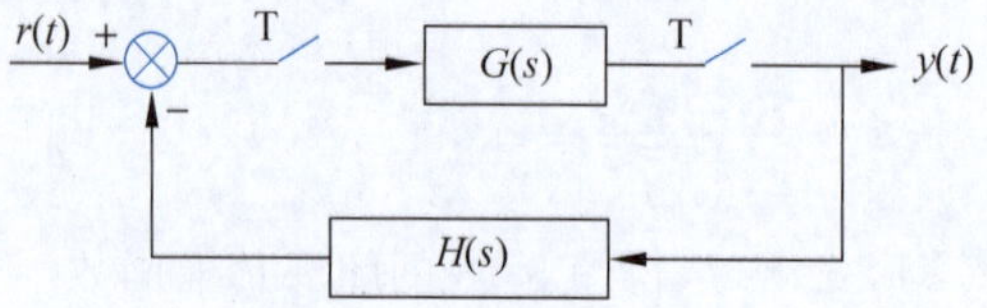 （框图2）	$\dfrac{G(z)R(z)}{1+G(z)H(z)}$
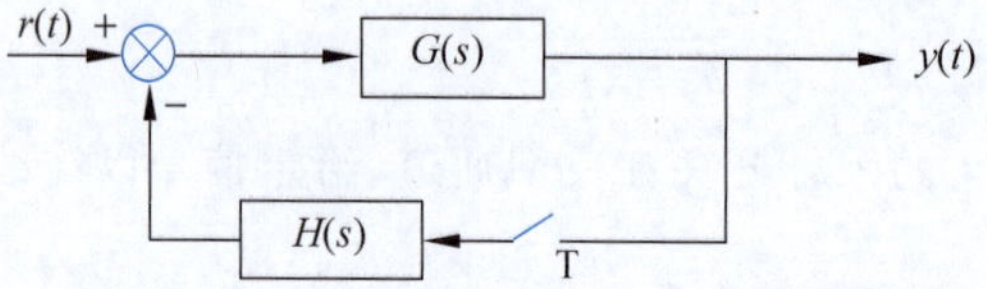 （框图3）	$\dfrac{\overline{GR}(z)}{1+\overline{GH}(z)}$
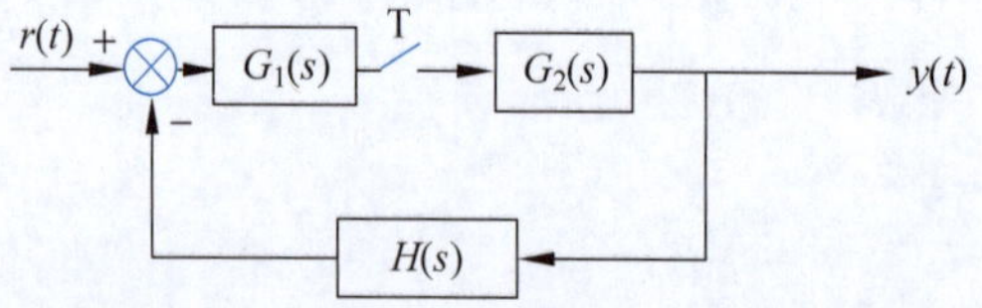 （框图4）	$\dfrac{G_2(z)\overline{G_1R}(z)}{1+\overline{G_1G_2H}(z)}$
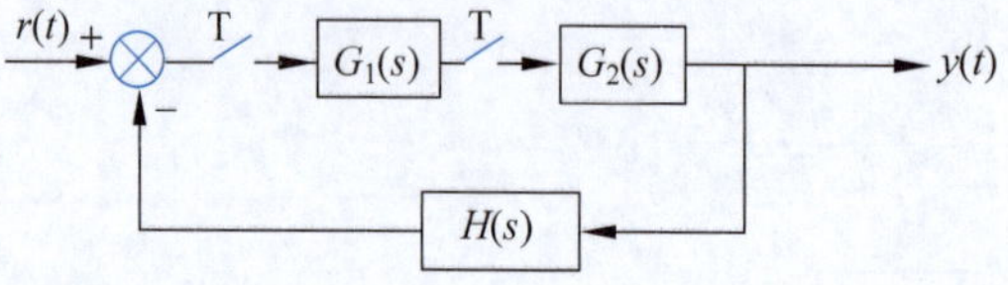 （框图5）	$\dfrac{G_1(z)G_2(z)R(z)}{1+G_1(z)\overline{G_2H}(z)}$
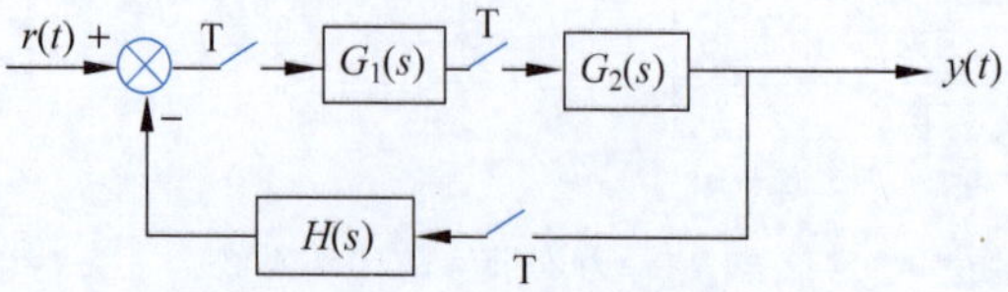 （框图6）	$\dfrac{G_1(z)G_2(z)R(z)}{1+G_1(z)G_2(z)H(z)}$
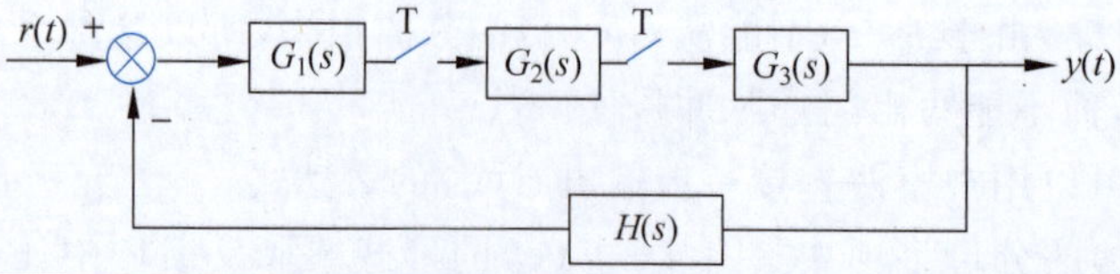 （框图7）	$\dfrac{G_2(z)G_3(z)\overline{G_1R}(z)}{1+G_2(z)\overline{G_1G_3H}(z)}$

当系统较为复杂时,可以按以下步骤来求取离散系统的闭环脉冲传递函数。

(1) 给每一个采样开关的输入端设定一个变量,如 $E(s)$,那么这个采样开关的输出就是这个变量的采样变换 $E^*(s)$。

(2) 把每个采样开关的输入端变量和系统的输出变量分别写成系统的输入变量和各采样开关输出变量的表达式。

(3) 对上述表达式两边按式(8-21)取采样变换。

(4) 消去各中间变量,把系统的输出变量写成系统输入变量和各环节脉冲传递函数的表达式。

例 8-14 求图 8-20 所示系统的闭环脉冲传递函数。

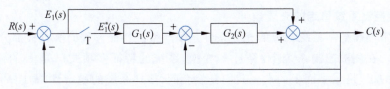

图 8-20 例 8-14 图

解

(1) 把 $E_1(s)$、$C(s)$ 写成系统输入和采样开关输出的表达式

$$E_1(s) = R(s) - C(s)$$

$$C(s) = R(s) - C(s) + G_1(s)G_2(s)E_1^*(s) - G_2(s)C(s)$$

整理后

$$C(s) = \frac{R(s)}{2+G_2(s)} + \frac{G_1(s)G_2(s)}{2+G_2(s)}E_1^*(s)$$

$$E_1(s) = \frac{[1+G_2(s)]R(s)}{2+G_2(s)} - \frac{G_1(s)G_2(s)}{2+G_2(s)}E_1^*(s)$$

(2) 对上述二式取采样变换

$$C^*(s) = \left[\frac{R(s)}{2+G_2(s)}\right]^* + \left[\frac{G_1(s)G_2(s)}{2+G_2(s)}\right]^* E_1^*(s) \qquad (8\text{-}25)$$

$$E_1^*(s) = \left[\frac{(1+G_2(s))}{2+G_2(s)}R(s)\right]^* - \left[\frac{G_1(s)G_2(s)}{2+G_2(s)}\right]^* E_1^*(s) \qquad (8\text{-}26)$$

由式(8-26)解出 $E_1^*(s)$ 代入式(8-25)得

$$C^*(s) = \left[\frac{R(s)}{2+G_2(s)}\right]^* + \frac{\left[\frac{(1+G_2(s))}{2+G_2(s)}R(s)\right]^*}{1+\left[\frac{G_1(s)G_2(s)}{2+G_2(s)}\right]^*}\left[\frac{G_1(s)G_2(s)}{2+G_2(s)}\right]^*$$

即

$$C(z) = \left[\frac{R}{2+G_2}\right](z) + \frac{\left[\frac{G_1 G_2}{2+G_2}\right](z)}{1+\left[\frac{G_1 G_2}{2+G_2}\right](z)}\left[\frac{(1+G_2)R}{2+G_2}\right](z)$$

式中,[•]表示先进行方括号内运算然后再求 z 变换。

在本例中,由于输出与未采样的模拟量信号有关。所以,输入信号 $R(s)$ 的 z 变换不能作为因子从[•]提出。像这样的系统只能写出 $C(z)$ 表达式,而不能写出它的闭环传递函数 $\Phi(z) = \dfrac{C(z)}{R(z)}$ 的形式。

8.6 离散控制系统的性能分析

8.6.1 离散控制系统的稳定性分析

1. 离散控制系统稳定的充要条件

线性定常连续控制系统稳定的充要条件是闭环系统特征方程的所有根都分布在 s 平面的左半平面。在离散控制系统中,经过 z 变换,系统的特征多项式已是 z 的代数多项式。特征方程式的根,是 z 平面上的点。我们自然会问,闭环系统的稳定性,与闭环特征方程的根在 z 平面上的分布之间是否也存在着某种关系?下面分析 z 平面和 s 平面的关系。

复变量 s 到复变量 z 的变换关系为

$$z = e^{Ts}$$

式中,T 为采样周期。对于 s 平面内虚轴上的一点 $s=j\omega$,相应的 $z = e^{j\omega T}$,模 $|z|=1$,幅角 $\angle z = \omega T$。当 ω 从 $0 \to \omega_s/4$ ($\omega_s = 2\pi/T$,称为采样角频率) $\to \omega_s/2 \to 3\omega_s/4 \to \omega_s$ 变化时,幅角相应地从 $0 \to \pi/2 \to \pi \to 3\pi/2 \to 2\pi$ 变化,而模始终为 1。所以 s 平面从 $\omega=0$ 到 ω_s 的一段虚轴,映射在 z 平面内是单位圆(图 8-21)。同样地,s 平面从 ω_s 到 $2\omega_s$ 的一段虚轴,映射在 z 平面内,则是重复绕一周单位圆。而 $\omega=0$ 到 $-\omega_s$ 的一段虚轴,映射在 z 平面内,则是相反方向绕单位圆一周。依此类推。总之,s 平面内的虚轴映射在 z 平面内就是单位圆。s 平面左半平面的点,$\sigma<0$,故 $|z|<1$,映射在 z 平面的单位圆内;而右半平面的点,映射在 z 平面的单位圆外。

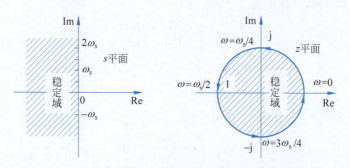

图 8-21 s、z 平面的对应关系

既然 z 平面与 s 平面存在上述对应关系,所以线性定常离散控制系统稳定的充要条件是:闭环系统特征方程的所有根(即闭环脉冲传递函数的所有极点)都分布在 z 平面的单位圆内,单位圆是稳定边界。

2. 离散控制系统的特征多项式

对于闭环脉冲传递函数可以用显式表示的离散控制系统,和连续系统一样,闭环脉冲传递函数的分母多项式就是系统的特征多项式。在 8.5 节中我们已遇见一类不能以显式表示闭环脉冲传递函数的系统。对于这类系统,我们可以先写出系统的 z 变换式,然后取出 $C(z)$ 分母中与输入信号无关的那部分作为系统的特征方程。

在 8.5 节的例 8-14 中,输出序列的 z 变换为

$$C(z) = \left[\frac{R}{2+G_2}\right](z) + \frac{\left[\dfrac{G_1G_2}{2+G_2}\right](z)}{1+\left[\dfrac{G_1G_2}{2+G_2}\right](z)}\left[\frac{(1+G_2)R}{2+G_2}\right](z)$$

这个系统的特征方程为

$$1 + \left[\frac{G_1G_2}{2+G_2}\right](z) = 0$$

3. 判断离散系统稳定性的方法

通过求解系统特征方程的根,当然可以判定系统是否稳定。但是若系统阶次较高,求根就不那么容易。为了像连续系统一样,能够应用劳斯判据分析系统的稳定性,引入下面的变换

$$z = \frac{1+\dfrac{T}{2}w}{1-\dfrac{T}{2}w} \quad 或 \quad w = \frac{2}{T}\left(\frac{z-1}{z+1}\right) \tag{8-27}$$

这个变换最大的特点是把 z 平面的单位圆内映射到 w 平面的左半平面。尽管 $z = e^{sT}$ 这个 z 变换的原始定义也是把 z 平面上的单位圆内映射到 s 左半平面,但对离散系统的特征多项式作式(8-27)变换后,得到的是一个关于 w 的多项式。因而可以直接使用我们在连续系统熟知的劳斯判据。

现在来分析一下 z 平面与 w 平面的映射关系。由 z 的定义可得

$$z = e^{sT} = e^{(\sigma+j\omega)T} = e^{\sigma T}e^{j\omega T}$$

那么在 z 平面上的单位圆 $z = e^{j\omega T}$ 在 w 平面上的映像是

$$w = \frac{2}{T}\frac{z-1}{z+1}\bigg|_{z=e^{j\omega T}} = \frac{2}{T}\frac{e^{j\omega T}-1}{e^{j\omega T}+1}$$

$$= \frac{2}{T}\frac{e^{j\omega T/2}-e^{-j\omega T/2}}{e^{j\omega T/2}+e^{-j\omega T/2}} = j\frac{2}{T}\tan\left(\frac{\omega T}{2}\right) \tag{8-28}$$

从式(8-28)可见,z 平面上的单位圆在 w 平面的映像是虚轴。还可方便地证明,z 平面单位圆内的映像是 w 的左半平面,z 平面单位圆外的映像是 w 的右半平面。图 8-22 表示 z 平面和 w 平面之间的映射关系。在 w 平面上用 $j\omega_w$ 表示虚轴,用 σ_w 表示实轴。

对离散系统用劳斯判据进行稳定性分析时,首先要基于式(8-27),从 z 平面变换到 w 平面。下面举例加以说明。

例 8-15 在图 8-23(a)中,设被控对象的传递函数为 $G_p(s) = \dfrac{k}{s(s+1)}$,采样周期 $T = 0.1\text{s}$,并选用零阶采样保持器。试分析该闭环系统的稳定性。

解

$$G(z) = \mathcal{Z}\left[\frac{1-e^{-Ts}}{s}\frac{k}{s(s+1)}\right] = \frac{z-1}{z}\mathcal{Z}\left[\frac{k}{s^2(s+1)}\right]$$

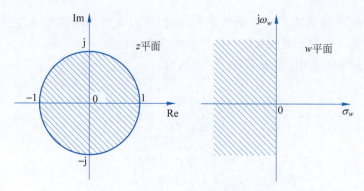

图 8-22 z 平面到 w 平面的映射关系

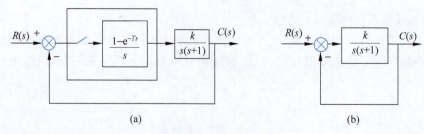

图 8-23 例 8-15 图

$$= k\frac{z-1}{z} \mathcal{Z}\left[\frac{1}{s^2} + \frac{-1}{s} + \frac{1}{s+1}\right]$$

$$= \frac{z-1}{z} \cdot \frac{(e^{-T}+T-1)z^2 + (1-e^{-T}-Te^{-T})z}{(z-1)^2(z-e^{-T})} \cdot k$$

$$= \frac{(0.00484z - 0.00486)}{(z-1)(z-0.905)} \cdot k$$

对系统的特征多项式作代换

$$1 + G(z)\bigg|_{z=\frac{1+0.05w}{1-0.05w}} = \frac{(-0.00016w^2 - 0.1872w + 3.81)k}{3.81w^2 + 3.80w} + 1$$

系统在 w 域内的特征方程为

$$(3.81 - 0.00016k)w^2 + (3.80 - 0.1872k)w + 3.81k = 0$$

列出劳斯阵列如下：

w^2	$3.81 - 0.00016k$	$3.81k$
w^1	$3.80 - 0.1872k$	
w^0	$3.81k$	

为使劳斯阵列第一列不变号，必须有 $0 < k < 20.3$，这是使系统稳定的 k 的范围。 ■

图 8-23(b) 是图 8-23(a) 去掉采样保持器后的连续系统，一个二阶连续系统不论 k 取什么数值总是稳定的。采样保持器有可能使一个稳定的连续系统变成一个条件稳定系统，而且采样周期越长，这种可能性越大。在本例中，可以由计算得到，当 $T=0.5\text{s}$ 时，k 的稳定范围将更小。

8.6.2 离散控制系统的动态性能分析

在连续系统中，s 平面上极点的位置与系统的瞬态响应有着密切的联系，那么对离散系统来说，z 平面上极点的分布位置对系统的瞬态响应有什么影响呢？为了回答这个问题，我们首先分析一下 z 平面与 s 平面上闭环极点的映射关系。

由 z 变换的定义知

$$z = \mathrm{e}^{Ts}\big|_{s=\sigma\pm\mathrm{j}\omega} = \mathrm{e}^{\sigma T}\mathrm{e}^{\pm\mathrm{j}\omega T} = \mathrm{e}^{\sigma T} \angle \pm\omega T = r\angle\pm\theta \tag{8-29}$$

由式(8-29)可以建立 z、s 平面上极点的映射关系(如图 8-24 所示)。由经典控制理论知，若在 s 平面上有一对 $s_{1,2} = \sigma_0 \pm \mathrm{j}\omega_0$ 的闭环主导极点，那么这个系统的输出就会含有

$$c_0(t) = k_0 \mathrm{e}^{\sigma_0 t} \cos(\omega_0 t + \varphi_0)$$

的瞬态分量，由于采样开关并不改变采样时刻输出量的值，所以

$$c_0(nT) = k_0 \mathrm{e}^{\sigma_0 nT} \cos(\omega_0 nT + \varphi_0) \tag{8-30}$$

考虑式(8-29)，在 z 平面上位于 $r_0 \angle \pm\theta_0$ 的一对主导极点就会产生如式(8-31)的瞬态分量，即

$$c_0(nT) = k_0 (r_0)^n \cos(n\theta_0 + \varphi_0) \tag{8-31}$$

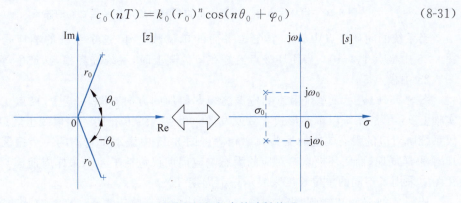

图 8-24　z、s 平面上闭环极点的映射关系

图 8-25 表示 z 平面上不同极点位置所对应的瞬态分量的形式。

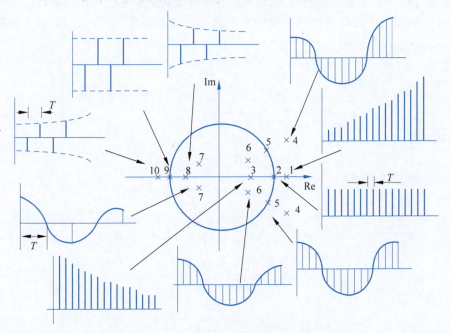

图 8-25　z 平面上极点的位置与瞬态响应的关系

图 8-26(a)表示了极点所对应的瞬态分量收敛增快的方向。平面上的极点越靠近原点，其对应的瞬态分量收敛得越快，即系统的稳定性越好。可以想象，当系统的全部闭环极点都在 z 平面的原点时，系统具有无限大的稳定度，可以证明这种系统具有最短的瞬态过程，即具有最快的时间响应。但是，在这种系统中要求有幅度很大的控制量，这样会使系统进入严重的非线性区域。所以在工程中，这种系统事实上达不到"最快时间响应"的效果。

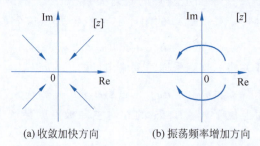

(a) 收敛加快方向　　　　　(b) 振荡频率增加方向

图 8-26　闭环极点在 z 平面上的位置与时域响应特性之间的关系

当系统的闭环极点中有一个在 z 平面的单位圆之外，这个系统的响应是发散的。如图 8-25 中极点 1、4、10。当闭环极点恰好在单位圆上时，系统临界稳定，产生等幅振荡。如图 8-25 中极点 5。

图 8-26(b)表示了系统瞬态响应振荡频率增加的方向。图 8-25 中，极点 1、2、3 都在正实轴上 $\theta=0$，故系统以单调形式收敛或发散。极点 4、5、6 在同一根射线上，具有相同的 θ，故系统所对应的瞬态响应的振荡频率相等。图 8-25 中表示了它们的一个振荡周期包括了 16 个采样周期，而闭环极点 7 对应的瞬态响应周期仅包括了 4 个采样周期(为了便于画图，在图中采用了不同的单位长度来表示一个周期 T)。

从图 8-25 还可以看到，极点 8、9、10 所对应的瞬态响应是正负交替的脉冲序列。

在连续系统中，我们用系统闭环主极点的 ζ 和 ω_n 来估算系统的性能指标，如 t_s、t_r、M_p 等。根据主导极点在 z 平面上的位置，也可以直接算出离散系统所具有的 ζ 和 ω_n。

设 $z_{1,2}=r\angle\pm\theta$ 是离散控制系统在 z 平面上的主导极点，它们在 s 平面上的映射为 $s_{1,2}=-\zeta\omega_n\pm j\omega_n\sqrt{1-\zeta^2}$。

因为

$$e^{-\zeta\omega_n T}=r \tag{8-32a}$$

$$\omega_n T\sqrt{1-\zeta^2}=\theta \tag{8-32b}$$

由式(8-32a)得

$$\zeta\omega_n T=-\ln r \tag{8-33}$$

由式(8-32b)和式(8-33)得

$$\frac{\zeta}{\sqrt{1-\zeta^2}}=\frac{-\ln r}{\theta}$$

所以

$$\begin{cases}\zeta=\dfrac{-\ln r}{\sqrt{(\ln r)^2+\theta^2}}\\ \omega_n=\dfrac{1}{T}\sqrt{(\ln r)^2+\theta^2}\end{cases} \tag{8-34}$$

而这个离散系统的时间常数

$$\tau = \frac{1}{\zeta \omega_n} = -\frac{T}{\ln r} \tag{8-35}$$

这样我们可以直接从 z 域中闭环主导极点的位置,得出系统的阻尼比 ζ、自然振荡角频率 ω_n 和时间常数 τ,进而分析系统响应变化的大致情况。

例 8-16 离散控制系统如图 8-27 所示,取采样周期 $T=0.02\text{s}$,试求系统的阻尼比 ζ、自然振荡角频率 ω_n 和时间常数 τ,并分析采样保持器对系统性能的影响。

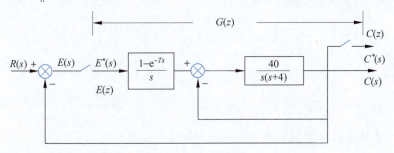

图 8-27 例 8-16 图

解

$$G(z) = \mathcal{Z}\left[\frac{40(1-e^{-Ts})}{s(s^2+4s+40)}\right] = \frac{z-1}{z}\mathcal{Z}\left[\frac{1}{s} - \frac{s+4}{s^2+4s+40}\right]$$

$$= \frac{z-1}{z}\mathcal{Z}\left[\frac{1}{s} - \frac{s+2}{(s+2)^2+6^2} - \frac{1}{3}\frac{6}{(s+2)^2+6^2}\right]$$

查表 8-1 得

$$G(z) = \frac{z-1}{z}\left[\frac{z}{z-1} - \frac{z^2 - ze^{-2T}\cos 6T + \frac{1}{3}ze^{-2T}\sin 6T}{z^2 - 2ze^{-2T}\cos 6T + e^{-4T}}\right]$$

代入 $T=0.02$

$$2e^{-0.04}\cos 0.12 = 1.907760$$

$$\frac{1}{3}e^{-0.04}\sin 0.12 = 0.038339$$

$$e^{-0.08} = 0.923116$$

因而

$$G(z) = \left(\frac{z-1}{z}\right)\left[\frac{z}{z-1} - \frac{z^2 - 0.91554z}{z^2 - 1.90776z + 0.92312}\right]$$

$$= \frac{0.00778z + 0.00758}{z^2 - 1.90776z + 0.92312}$$

闭环传递函数为

$$\frac{G(z)}{1+G(z)} = \frac{0.00778z + 0.00758}{z^2 - 1.90z + 0.9307}$$

对于单位阶跃输入

$$R(z) = \frac{z}{z-1}$$

$$C(z) = \frac{G(z)}{1+G(z)}R(z) = \frac{0.00778z^2 + 0.00758z}{z^3 - 2.90z^2 + 2.83z - 0.9307}$$

$$= 0.00778z^{-1} + 0.030z^{-2} + 0.0654z^{-3} + 0.1112z^{-4} + \cdots$$

系统的特征方程为

$$z^2 - 1.90z + 0.9307 = 0$$

闭环极点 $z_{1,2} = 0.95 \pm j0.168 = 0.965\angle\pm10.03° = 0.965\angle\pm0.175\text{rad}$。其中，$r = 0.965$，$\theta = 0.175$。由式(8-34)和式(8-35)得

$$\zeta = \frac{-\ln(0.965)}{[\ln^2(0.965)+(0.175^2)]^{1/2}} \approx 0.199$$

$$\omega_n = \frac{1}{0.02}[\ln^2(0.965)+(0.175^2)]^{1/2} \approx 8.93$$

$$\tau = \frac{-0.02}{\ln(0.965)} \approx 0.56\text{s}$$

在图 8-27 中，去掉采样保持器的连续系统的闭环传递函数为

$$\phi_c(s) = \frac{40}{s^2+4s+80}$$

它所对应的 $\zeta_c = 0.22$，$\omega_{nc} = 8.94$，$\tau_c = 0.5\text{s}$。可以看出采样保持器对系统性能的影响。■

8.6.3 离散控制系统的稳态性能分析

在连续系统中，开环传递函数的一般形式如式(8-36)所示，即

$$G(s)H(s) = \frac{K_1\prod(s+s_i)}{s^N\prod(s+s_j)} = \frac{G_1(s)}{s^N} \quad (s_j \neq 0) \tag{8-36}$$

系统的型号 N 为开环传递函数在 $s=0$ 处的极点个数，系统的开环增益为

$$K = \lim_{s\to 0}G_1(s) = \frac{K_1\prod s_i}{\prod s_j}$$

如图 8-28 所示的离散控制系统，其开环传递函数的一般形式为

$$\mathcal{Z}[G(s)H(s)] = \overline{GH}(z) = \frac{K_1\prod(z-z_i)}{(z-1)^N\prod(z-z_j)} = \frac{\overline{GH_1}(z)}{(z-1)^N} \quad (z_j \neq 1)$$

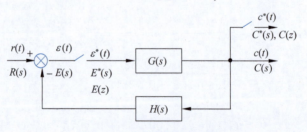

图 8-28 典型离散闭环系统

由 $z = e^{Ts}$ 可知，s 平面上 $s=0$ 的点与 z 平面 $z=1$ 的点成映射关系。所以，类似地定义离散系统的类型 N 为开环脉冲传递函数 $\overline{GH}(z)$ 在 $z=1$ 处的极点个数。系统的开环增益为

$$K = \lim_{z \to 1} \overline{GH}_1(z) = \lim_{z \to 1} \frac{K_1 \prod(z - z_i)}{\prod(z - z_j)}$$

在图 8-28 中,因为

$$E(s) = R(s) - H(s)G(s)E^*(s)$$

$$E^*(s) = R^*(s) - \overline{GH}^*(s)E^*(s)$$

所以

$$E^*(s) = \frac{R^*(s)}{1 + \overline{GH}^*(s)}$$

即

$$E(z) = \frac{R(z)}{1 + \overline{GH}(z)}$$

由终值定理,离散系统的稳态误差为

$$\varepsilon_{ss} = \lim_{z \to 1}(z - 1)E(z) = \lim_{z \to 1} \frac{(z-1)R(z)}{1 + \overline{GH}(z)}$$

1. 当系统输入为单位阶跃函数时

$$R(z) = \frac{z}{z-1}$$

$$\varepsilon_{ss} = \lim_{z \to 1} \frac{(z-1)}{1 + \overline{GH}(z)} \frac{z}{z-1} = \frac{1}{1 + \lim_{z \to 1} \overline{GH}(z)}$$

定义离散系统的稳态位置误差系数为

$$K_p = \lim_{z \to 1} \overline{GH}(z)$$

0 型系统的稳态误差为

$$\varepsilon_{ssp} = \frac{1}{1 + K_p} = \frac{1}{1 + K}$$

2. 当系统输入为单位速度函数时

$$R(z) = \frac{Tz}{(z-1)^2}$$

$$\varepsilon_{ss} = \lim_{z \to 1} \frac{(z-1)}{1 + \overline{GH}(z)} \times \frac{Tz}{(z-1)^2}$$

$$= \lim_{z \to 1} \frac{Tz}{(z-1) + (z-1)\overline{GH}(z)}$$

$$= \frac{T}{\lim_{z \to 1}(z-1)\overline{GH}(z)}$$

定义离散系统的稳态速度误差系数

$$K_v = \lim_{z \to 1} \frac{1}{T}(z-1)\overline{GH}(z)$$

1 型系统的稳态速度误差为

$$\varepsilon_{ssv} = \frac{1}{K_v} = \frac{T}{K}$$

3. 当系统的输入为单位加速度函数时

$$R(z) = \frac{T^2 z(z+1)}{2(z-1)^3}$$

$$\varepsilon_{ssa} = \lim_{z \to 1} \frac{z-1}{1+\overline{GH}(z)} \frac{T^2 z(z+1)}{2(z-1)^3} = \frac{T^2}{\lim_{z \to 1}(z-1)^2 \overline{GH}(z)}$$

定义离散系统的稳态加速度误差系数

$$K_a = \lim_{z \to 1} \frac{1}{T^2}(z-1)^2 \overline{GH}(z)$$

2 型系统的稳态加速度误差为

$$\varepsilon_{ssa} = \frac{1}{K_a} = \frac{T^2}{K}$$

表 8-3 给出了不同类型离散系统采样时刻的稳态误差。

表 8-3 采样时刻的稳态误差

系 统	阶跃输入 $r(t)=1(t)$	斜坡输入 $r(t)=t$	加速度输入 $r(t)=\frac{1}{2}t^2$
0 型	$\frac{1}{1+K_p}$	∞	∞
1 型	0	$\frac{1}{K_v}$	∞
2 型	0	0	$\frac{1}{K_a}$

可以看出,增加系统在 $z=1$ 处的开环极点,可以减少或消除系统的稳态误差。增加系统的开环增益可以减小系统的稳态误差。但是,这两种方法都会影响甚至破坏系统的稳定性。所以,我们只能在满足稳定性要求的前提下,提高系统的稳态精度。为了做到这一点,就要引入数字控制器 $D(z)$ 对原系统进行校正。这个问题将在下一节进行讨论。

例 8-17 求图 8-23(a)所示离散系统的稳态误差。

解 开环脉冲传递函数

$$G(z) = k \mathcal{Z}\left[\frac{1-e^{-Ts}}{s^2(s+1)}\right] = k \frac{z-1}{z} \mathcal{Z}\left[\frac{1}{s^2} + \frac{-1}{s} + \frac{1}{s+1}\right]$$

$$= \frac{k(z-1)}{z}\left[\frac{Tz}{(z-1)^2} + \frac{-z}{z-1} + \frac{z}{z-e^{-T}}\right]$$

$$= \frac{k[(e^{-T}+T-1)z + (1-e^{-T}-Te^{-T})]}{(z-1)(z-e^{-T})}$$

由于 $G(z)$ 有一个极点在 $z=1$,所以是 1 型系统。速度稳态误差系数

$$K_v = \frac{K}{T} = \frac{k[(e^{-T}+T-1) + (1-e^{-T}-Te^{-T})]}{T(1-e^{-T})} = k$$

系统对单位斜坡输入的速度稳态误差

$$\varepsilon_{ssv} = \frac{1}{K_v} = \frac{1}{k}$$

对单位阶跃输入的稳态误差为零，对单位加速度输入的稳态误差为无穷大。

例 8-18 如图 8-29 所示系统，当 $D(z)=1$，未加入数字控制器时

$$G(z) = \mathcal{Z}\left[\frac{1-e^{-Ts}}{s(s+1)}\right] = \frac{1-e^{-T}}{z-e^{-T}}$$

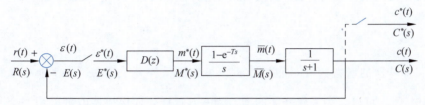

图 8-29　例 8-18 图

现要求系统对单位斜坡输入的稳态误差 $\varepsilon_{ssv} < 0.01$，那么在开环脉冲传递函数 $G(z)$ 中必须有一个 $z=1$ 的极点。由于原系统不具备这一条件，我们接入一个数字控制器 $D(z)$：

$$D(z) = \frac{K_1 z}{z-1} + K_p$$

试确定 K_1 的取值范围。

解 增加了 $D(z)$ 后系统开环脉冲传递函数为

$$G(z)D(z) = \frac{(1-e^{-T})[K_1 z + K_p(z-1)]}{(z-e^{-T})(z-1)}$$

稳态速度误差系数为

$$K_v = \lim_{z \to 1}(z-1)\left[\frac{(K_1+K_p)z - K_p}{T(z-1)}\right]\left(\frac{1-e^{-T}}{z-e^{-T}}\right) = \frac{K_1}{T}$$

在单位斜坡函数作用下系统的稳态误差为

$$\varepsilon_{ssv} = \frac{1}{K_v} = \frac{T}{K_1} \leqslant 0.01$$

从稳态误差要求的角度讲 $K_1 > 100T$。

最后还要进行验证，使各参数的取值确保系统的稳定性。

8.7　数字控制器的设计

8.7.1　数字控制器的模拟化设计

计算机控制系统中数字控制器由数字计算机来实现，而大多数情况下的被控对象是连续的，设计一个模拟调节器对原系统的性能进行校正，已为广大工程技术人员所熟知，并积累了许多经验。当采样频率相对于系统的工作频率足够高时，一般认为可以先按照连续系统的设计方法来设计一个满足要求的模拟校正装置，然后采用适当的离散化方法将连续的模拟校正装置"离散"处理为数字校正装置。

模拟化设计方法的步骤如下：

(1) 根据性能指标的要求用连续系统的理论设计校正环节 $D(s)$，零阶保持器对系统的

影响应折算到被控对象中去。

(2) 选择合适的离散化方法,由 $D(s)$ 求出离散形式的数字校正装置脉冲传递函数 $D(z)$。

(3) 检查离散控制系统的性能是否满足设计的要求。

(4) 将 $D(z)$ 变为差分方程形式,并编制计算机程序来实现其控制规律。

1. 采样保持器的处理

工业控制的绝大多数场合都采用零阶采样保持器,对保持器的传递函数作如下简化,即

$$\frac{1-e^{-Ts}}{s} \approx \frac{1-\frac{1}{1+Ts}}{s} = \frac{T}{1+Ts}$$

由上式可见保持器的增益为 T,而由式(8-4)可知经采样开关后,$E^*(s)$ 的主频谱幅值为 $E(s)$ 的 $\frac{1}{T}$ 倍,所以可以认为采样开关的增益为 $\frac{1}{T}$。这样采样保持器就可以用一个一阶惯性环节来近似(见图 8-30)。$\varepsilon^*(t)$ 和 $E^*(s)$ 是采样保持器的内部量,不表现在这个惯性环节的输入输出端。

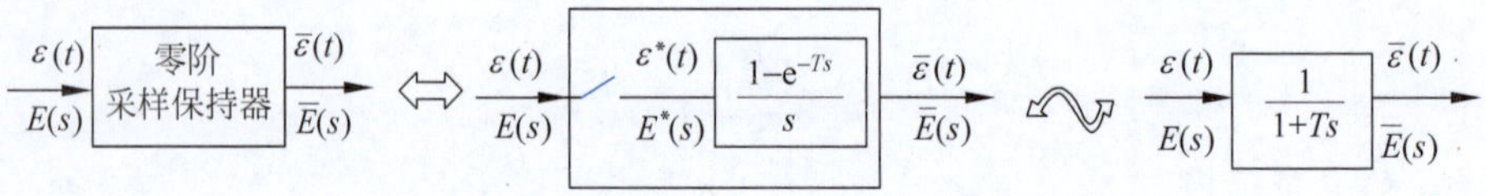

图 8-30 零阶采样保持器用一阶惯性环节近似

2. 模拟调节器 $D(s)$ 的离散化方法

模拟调节器的离散化方法很多,常用的有差分变换法、双线性变换法、脉冲响应不变变换法、阶跃响应不变变换法和匹配 z 变换法,在此详细讨论前两种变换法。

1) 差分变换法

① 后向差分变换法。

在后向差分法中,微分项用一阶差分表示,如图 8-31(a) 所示。

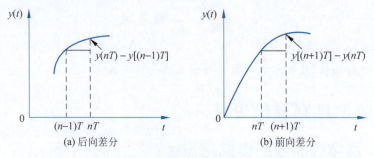

图 8-31 用差分近似微分

$$\frac{dy(t)}{dt} = \frac{y(t)-y(t-T)}{T} \tag{8-37}$$

两边取拉氏变换

$$sY(s) = \frac{Y(s)-e^{-Ts}Y(s)}{T}$$

即

$$s = \frac{1-\mathrm{e}^{-Ts}}{T} = \frac{1-z^{-1}}{T}$$

因而

$$D(z) = D(s)\Big|_{s=\frac{1-z^{-1}}{T}}$$

例 8-19 已知 $D(s) = \dfrac{1+25s}{1+62.5s}$，且 $T=1\text{s}$，试用后向差分法求取 $D(z)$。

解 根据后向差分法可得

$$D(z) = D(s)\Big|_{s=\frac{1-z^{-1}}{T}} = \frac{1+25\dfrac{1-z^{-1}}{1}}{1+62.5\dfrac{1-z^{-1}}{1}} = \frac{26-25z^{-1}}{63.5-62.5z^{-1}}$$

后向差分法 z 平面和 s 平面的变换关系如图 8-32 所示。

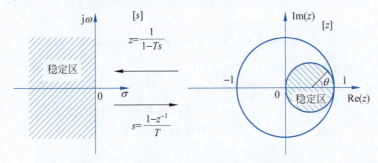

图 8-32　后向差分法 z 平面与 s 平面间的映射

由图 8-32 可见 s 域中的稳定区必定映射到 z 域中的稳定区。有一部分 s 域上的不稳定区也可映射到 z 域中的单位圆内，即有些不稳定的模拟调节器 $D(s)$ 经过后向差分后可能得到稳定的数字控制器 $D(z)$。

后向差分变换法的特点是：

- 稳定的模拟调节器 $D(s)$ 经变换后得到的数字控制器 $D(z)$ 必定是稳定的。
- 存在严重的频率畸变。若 ω_z 为 z 域中的角频率值，ω 为 s 域中的角频率值，则它们之间满足

$$\omega_z = \frac{2}{T}\arctan\omega T$$

- 变换式较为简单，便于应用。

② 前向差分变换法。

在前向差分变换法中，微分项用以下一阶差分来表示（见图 8-31(b)）。

$$\frac{\mathrm{d}y(t)}{\mathrm{d}t} = \frac{y(t+T)-y(t)}{T}$$

两边取拉氏变换

$$sY(s) = \frac{\mathrm{e}^{Ts}Y(s)-Y(s)}{T}$$

$$s = \frac{\mathrm{e}^{Ts}-1}{T} = \frac{z-1}{T}$$

因而
$$D(z) = D(s)\Big|_{s=\frac{z-1}{T}}$$

前向差分法有一个严重的缺点：一个在 s 域稳定的模拟调节器 $D(s)$，经前向差分变换后可能会得到一个在 z 域不稳定的数字控制器 $D(z)$。因为 $s = \dfrac{z-1}{T}$，即 $z = 1 + Ts$。由此式可见，s 域中的稳定边界 $s = j\omega$，在 z 域中已在单位圆外（见图 8-33），所以前向差分法一般是不宜采用的。

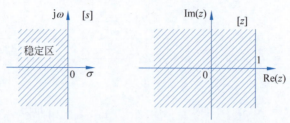

图 8-33 前向差分法不保持调节器的稳定性

2) 双线性变换法

双线性变换法又名 Tustin 变换或梯形变换，是模拟化设计中用得最广泛的一种变换方法。它的几何意义是用梯形面积之和代替积分。

考查积分（如图 8-34 所示）：

$$y(t) = \int_0^t x(\tau) d\tau$$

$$Y(s) = \frac{1}{s} X(s)$$

即

$$D(s) = \frac{Y(s)}{X(s)} = \frac{1}{s} \tag{8-38}$$

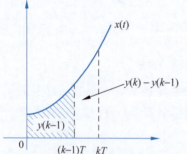

图 8-34 用梯形面积之和代替积分

用梯形法来代替积分，即

$$y(k) = y(k-1) + \frac{T}{2}[x(k) + x(k-1)]$$

两边取 z 变换

$$Y(z) = z^{-1} Y(z) + \frac{T}{2}[X(z) + z^{-1} X(z)]$$

经整理得

$$Y(z) = \frac{1}{\dfrac{2}{T} \dfrac{1 - z^{-1}}{1 + z^{-1}}} X(z)$$

即

$$D(z) = \frac{Y(z)}{X(z)} = \frac{1}{\dfrac{2}{T} \dfrac{z-1}{z+1}} \tag{8-39}$$

比较式 (8-38) 和式 (8-39)，有

由 $D(z) = D(s)\Big|_{s=\frac{2}{T}\frac{z-1}{z+1}}$ 可从模拟调节器得到相应的数字控制器。

由 8.6 节关于双线性变换的讨论可知,双线性变换把 s 域的左半平面映射到 z 域的单位圆内。所以,一个稳定的模拟调节器 $D(s)$,经这种变换后,得到的数字控制器 $D(z)$ 仍是稳定的。

例 8-20 设按连续系统的方法设计的模拟调节器的传递函数为 $D(s) = \dfrac{s+a}{s+b}$。试用双线性变换法,求取 $D(s)$ 对应的数字控制器 $D(z)$。

解

$$D(z) = D(s)\Big|_{s=\frac{2}{T}\frac{z-1}{z+1}} = \frac{\dfrac{2}{T}\dfrac{z-1}{z+1}+a}{\dfrac{2}{T}\dfrac{z-1}{z+1}+b} = \frac{(aT+2)z+(aT-2)}{(bT+2)z+(bT-2)}$$

3. 模拟化设计举例

例 8-21 采用模拟化设计方法,给一个位置伺服机构设计一个数字控制器 $D(z)$,如图 8-35 所示。要求速度稳态误差 $\varepsilon_{ssv} \leqslant 0.1$,相位稳定裕度 $\gamma > 30°$。

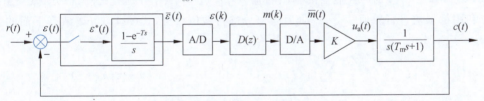

图 8-35 例 8-21 图

解 设控制对象的时间常数 $T_m = 200\text{ms}$,取采样周期为系统中最小时间常数的 $\dfrac{1}{10}$,即 $T=0.02\text{s}$。采样保持器用一阶惯性环节 $\dfrac{1}{1+0.02s}$ 代替。为使系统达到速度稳态误差的要求取 $K=10$,此时系统的开环传递函数为

$$G(s) = \frac{10}{s(0.2s+1)(0.02s+1)}$$

绘制原系统 $G(s)$ 的伯德图,设计 $D(s)$ 使系统的相位裕度 $\gamma > 30°$(具体设计过程请参考本书第 6 章有关内容),所设计的模拟控制器为

$$D(s) = \frac{0.25s+1}{0.1s+1}$$

利用双线性变换得

$$D(z) = \frac{M(z)}{E(z)} = D(s)\Big|_{s=\frac{2}{T}\frac{z-1}{z+1}} = \frac{0.25\dfrac{2}{0.02}\dfrac{z-1}{z+1}+1}{0.1\dfrac{2}{0.02}\dfrac{z-1}{z+1}+1} = \frac{26z-24}{11z-9} = 2.36\frac{z-0.923}{z-0.818}$$

由上式直接得到控制算法

$$m(k+1) - 0.818m(k) = 2.36[\varepsilon(k+1) - 0.923\varepsilon(k)]$$

即

$$m(k) = 0.818m(k-1) + 2.36\varepsilon(k) - 2.178\varepsilon(k-1)$$

若计算机采用定点小数运算,就要求各系数的绝对值小于 1。设 $m'(k) = \frac{1}{4}m(k)$,得

$$\begin{cases} m'(k) = 0.818m'(k-1) + \frac{1}{4} \times 2.36\varepsilon(k) - \frac{1}{4} \times 2.178\varepsilon(k-1) \\ m(k) = 4m'(k) \end{cases} \quad (8\text{-}40)$$

编程时,先按式(8-40)算出 $m'(k)$,然后把 $m'(k)$ 左移二位得 $m(k)$ 再送 D/A 转换成模拟量;或直接把 $m'(k)$ 送 D/A,在 D/A 后面再加一个增益 $K_0 = 4$ 的预置放大器。∎

4. 数字 PID 调节器

PID 控制是过程控制中广泛采用的一种控制技术。它的结构简单、参数易于调整,在长期的工程实践中,已经积累了丰富的经验。随着计算机技术的发展,数字 PID 控制器也得到了广泛的应用。

在模拟调节系统中,PID 控制算法的表达式为

$$m(t) = K_P\varepsilon(t) + K_I \int_0^t \varepsilon(t)dt + K_D \frac{d\varepsilon(t)}{dt} \quad (8\text{-}41)$$

式中,$m(t)$ 和 $\varepsilon(t)$ 分别为控制器的输出与输入;K_P、K_I、K_D 分别为比例、积分、微分系数。

利用梯形法进行数值积分,一阶后向差分进行数值微分,式(8-41)可离散为下面的差分方程

$$m(k) = K_P\varepsilon(k) + \frac{K_I T}{2}\sum_{i=1}^{k}[\varepsilon(i) + \varepsilon(i-1)] + \frac{K_D}{T}[\varepsilon(k) - \varepsilon(k-1)] \quad (8\text{-}42)$$

式中,T 表示采样周期;$m(k)$ 表示时刻 $t=kT$ 时控制器输出;$\varepsilon(k)$、$\varepsilon(k-1)$ 表示第 k 拍、第 $k-1$ 拍时系统的误差。

式(8-42)表示的控制算法提供了控制器输出 $m(k)$,该式称为位置式 PID 算法或全量式 PID 算法。

当执行机构需要的不是控制量的绝对数值,而是其增量(例如去驱动步进电机)时,通常采用增量式 PID 算式。增量式 PID 控制器输出的控制量是增量 $\Delta m(k)$,即

$$\Delta m(k) = m(k) - m(k-1)$$

$$= K_P[\varepsilon(k) - \varepsilon(k-1)] + \frac{K_I T}{2}[\varepsilon(k) + \varepsilon(k-1)]$$

$$+ \frac{K_D}{T}[\varepsilon(k) - 2\varepsilon(k-1) + \varepsilon(k-2)] \quad (8\text{-}43)$$

增量算式(8-43)的输出需要累加才能得到全量,这项任务通常可由步进电机的积分功能来完成。

位置式数字 PID 控制器控制精度较高,常应用在晶闸管电路为后续部件的系统中。由于位置 PID 的每一次输出都是全量输出,所以计算机一旦出问题,就会引起输出 $m(k)$ 的大幅度变化,容易损坏生产设备。增量式 PID 控制器每次输出的是 $m(k)$ 的增量,使控制作用比较平稳可靠。当控制对象是步进电机、阀门等积分元件时可采用增量式算法。

8.7.2 数字控制器的直接设计

1. 直接设计方法的基本思想

数字控制器的直接设计方法是根据离散系统的特点,利用离散控制理论直接在 z 域内进行数字控制器设计与综合,是一种基于 z 变换的解析设计方法。

假设离散系统的方框图如图 8-36 所示,$D(z)$ 是数字控制器的脉冲传递函数,$G_0(s)$ 是被控对象的传递函数,$G_{ho}(s)$ 为零阶保持器。考虑到零阶保持器的存在,广义被控对象的脉冲传递函数为

$$G(z) = \mathcal{Z}\left[\frac{1-\mathrm{e}^{-Ts}}{s} \cdot G_0(s)\right]$$

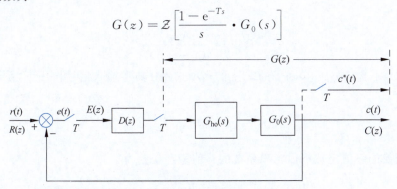

图 8-36 离散系统

系统的闭环脉冲传递函数为

$$\Phi(z) = \frac{C(z)}{R(z)} = \frac{D(z)G(z)}{1+D(z)G(z)} \tag{8-44}$$

闭环误差脉冲传递函数为

$$\Phi_e(z) = \frac{E(z)}{R(z)} = \frac{1}{1+D(z)G(z)} \tag{8-45}$$

因为是单位反馈系统,所以有

$$\Phi(z) = 1-\Phi_e(z) \qquad \Phi_e(z) = 1-\Phi(z)$$

采用直接设计方法时,闭环系统的性能指标由闭环脉冲传递函数 $\Phi(z)$ 或闭环误差脉冲传递函数 $\Phi_e(z)$ 给定,对于一个具体的系统,广义被控对象的脉冲传递函数也是已知的,由此推出数字控制器的脉冲传递函数 $D(z)$。由式(8-44)、式(8-45)可求得

$$D(z) = \frac{\Phi(z)}{G(z)[1-\Phi(z)]} \tag{8-46}$$

或

$$D(z) = \frac{1-\Phi_e(z)}{G(z)\Phi_e(z)} \tag{8-47}$$

2. 最少拍无差系统

在离散系统中,一个采样周期也称为一拍。最少拍无差系统也称最小调整时间系统或最快响应系统。该系统对于典型输入信号,如单位阶跃信号、单位速度信号、单位加速度信号,具有最快的响应速度,能在有限的几个采样周期(几拍)之内结束过渡过程,在采样点上无稳态误差,完全跟踪输入信号。

典型输入信号 $1(t)$、t 和 $\frac{1}{2}t^2$ 的 z 变换为

$$\mathcal{Z}[1(t)] = \frac{1}{1-z^{-1}}$$

$$\mathcal{Z}[t] = \frac{Tz^{-1}}{(1-z^{-1})^2}$$

$$\mathcal{Z}\left[\frac{1}{2}t^2\right] = \frac{T^2 z^{-1}(1+z^{-1})}{2(1-z^{-1})^3}$$

其一般形式为

$$R(z) = \frac{A(z)}{(1-z^{-1})^\nu}$$

其中,$A(z)$ 是不含 $(1-z^{-1})$ 因子的 z^{-1} 的多项式。在典型输入信号作用下,系统误差信号的 z 变换为

$$E(z) = \Phi_e(z) R(z) = \Phi_e(z) \frac{A(z)}{(1-z^{-1})^\nu}$$

由 z 变换的终值定理可以求出系统的终值稳态误差为

$$e_{ss}^*(\infty) = \lim_{z \to 1}(z-1)E(z) = \lim_{z \to 1}(z-1)\frac{A(z)}{(1-z^{-1})^\nu}\Phi_e(z)$$

由上式可以看出,为满足稳态误差为零的要求,$\Phi_e(z)$ 必须具有 $(1-z^{-1})^\nu$ 的因子,即

$$\Phi_e(z) = (1-z^{-1})^\nu F(z)$$

其中,$F(z)$ 是不含 $(1-z^{-1})$ 因子的 z^{-1} 的多项式。于是

$$E(z) = \Phi_e(z) R(z) = (1-z^{-1})^\nu F(z) \frac{A(z)}{(1-z^{-1})^\nu} = F(z) A(z)$$

$$C(z) = \Phi(z) R(z) = [1 - \Phi_e(z)] R(z) = R(z) - F(z) A(z)$$

为满足在最少的几拍内结束过渡过程,在采样点上无稳态误差,则要求误差信号的脉冲序列 $e^*(t)$ 只含有最少的几项,即要求 $E(z)$ 展开成 z^{-1} 的多项式中只含最少的几项,或者说 $E(z)$ 的多项式中 z^{-1} 的幂次应尽可能低。如果经过 N 拍过渡过程结束,在采样点上无稳态误差,则误差的脉冲序列为

$$e^*(t) = e(0) \cdot \delta(t) + e(T) \cdot \delta(t-T) + \cdots + e(NT) \cdot \delta(t-NT)$$

误差信号的 z 变换为

$$E(z) = e(0) + e(T) z^{-1} + \cdots + e(NT) z^{-N}$$

因为 $E(z) = F(z)A(z)$,$A(z)$ 中只含 z^{-1} 的有限幂次,由输入信号决定,为满足最少拍无差的要求,就要选择合适的 $F(z)$,使 $E(z)$ 的多项式中含 z^{-1} 的幂次尽可能低。如果 $G(z)$ 不含纯延迟环节 z^{-1} 及单位圆外或圆上的零、极点,则可以取 $F(z)=1$。于是有

$$\Phi_e(z) = (1-z^{-1})^\nu$$

$$\Phi(z) = 1 - (1-z^{-1})^\nu$$

其中的幂指数 ν 与系统响应控制输入的类型有关,响应阶跃、匀速和匀加速信号时,ν 分别取 1、2 和 3。

下面分析最少拍无差系统响应阶跃、匀速和匀加速等典型控制输入的情况。

当输入为单位阶跃 $r(t)=1(t)$ 时，

$$R(z)=\frac{1}{1-z^{-1}}=1+z^{-1}+z^{-2}+\cdots+z^{-k}+\cdots$$

其中，$\nu=1, A(z)=1$。若取 $F(z)=1$，则有

$$\Phi_e(z)=1-z^{-1}, \quad \Phi(z)=z^{-1}$$

$$C(z)=\Phi(z)R(z)=z^{-1}+z^{-2}+\cdots+z^{-k}+\cdots$$

$$E(z)=\Phi_e(z)R(z)=1$$

系统的过渡过程如图 8-37(a)所示，经过一拍之后完全跟踪输入信号。

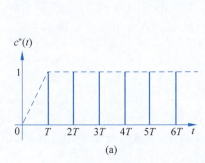
(a)

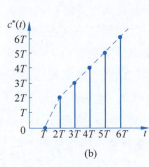
(b)

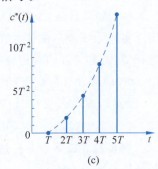
(c)

图 8-37　最少拍无差系统的响应

当输入为单位速度信号 $r(t)=t$ 时，

$$R(z)=\frac{Tz^{-1}}{(1-z^{-1})^2}=Tz^{-1}+2Tz^{-2}+\cdots+kTz^{-k}+\cdots$$

其中，$\nu=2, A(z)=Tz^{-1}$。若取 $F(z)=1$，则有

$$\Phi_e(z)=(1-z^{-1})^2=1-2z^{-1}+z^{-2}$$

$$\Phi(z)=2z^{-1}-z^{-2}$$

$$C(z)=\Phi(z)R(z)=2Tz^{-2}+3Tz^{-3}+\cdots+kTz^{-k}+\cdots$$

$$E(z)=\Phi_e(z)R(z)=Tz^{-1}$$

系统的过渡过程如图 8-37(b)所示，经过二拍之后完全跟踪输入信号。

当输入为单位加速度信号 $r(t)=\frac{1}{2}t^2$ 时，

$$R(z)=\frac{T^2z^{-1}(1+z^{-1})}{2(1-z^{-1})^3}=0.5T^2z^{-1}+2T^2z^{-2}+4.5T^2z^{-3}+\cdots+\frac{k^2}{2}T^2z^{-k}+\cdots$$

其中，$\nu=3, A(z)=0.5T^2z^{-1}+0.5T^2z^{-2}$。若取 $F(z)=1$，则有

$$\Phi_e(z)=(1-z^{-1})^3=1-3z^{-1}+3z^{-2}-z^{-3}$$

$$\Phi(z)=3z^{-1}-3z^{-2}+z^{-3}$$

$$E(z)=\Phi_e(z)R(z)=0.5T^2z^{-1}+0.5T^2z^{-2}$$

$$C(z)=R(z)-E(z)=1.5T^2z^{-2}+4.5T^2z^{-3}+\cdots+\frac{k^2}{2}T^2z^{-k}+\cdots$$

系统的过渡过程如图 8-37(c) 所示，经过三拍之后完全跟踪输入。

具有最少拍无差性能的 $\Phi(z)$ 和 $\Phi_e(z)$ 确定后，根据式(8-46)或式(8-47)就可以确定数字控制器的脉冲传递函数。

最少拍无差系统的设计应考虑数字控制器 $D(z)$ 的可实现性以及实际系统存在参数漂移时，闭环系统的稳定性。因此，对 $D(z)$ 及 $\Phi(z)$、$\Phi_e(z)$ 的选择还应附加一些限制条件。

(1) $D(z)$ 应是物理上可实现的，即极点的个数应大于或等于零点的个数。

(2) 如果广义对象 $G(z)$ 含有纯延迟因子 z^{-L} ($L \geqslant 1$ 的正整数)，那么，$\Phi(z)$ 至少应含有相同的延迟因子 z^{-L}。

(3) 如果 $G(z)$ 含有单位圆上及圆外的零点或极点，不要试图用 $D(z)$ 的极点或零点对消。实际系统都存在着参数漂移，因而达不到准确地对消，反而会造成闭环系统的不稳定。

选择 $\Phi(z)$ 和 $\Phi_e(z)$ 时还应考虑以下原则：

$\Phi(z)$ 应含有与 $G(z)$ 单位圆上、圆外零点相同的零点；

$\Phi_e(z)$ 应含有与 $G(z)$ 单位圆上、圆外极点相同的零点。

(4) 考虑到 $\Phi(z)=1-\Phi_e(z)$，$\Phi(z)$ 应与 $\Phi_e(z)$ 是阶次相同的 z^{-1} 的多项式。

例 8-22 设单位负反馈线性离散系统的结构如图 8-36 所示，其被控对象和零阶保持器的传递函数分别为

$$G_0(s) = \frac{10}{s(s+1)(0.1s+1)} \qquad G_{ho}(s) = \frac{1-e^{Ts}}{s}$$

采样周期为 $T=0.5\text{s}$，试设计单位阶跃输入时最少拍无差系统的数字控制器 $D(z)$。

解 广义被控对象的脉冲传递函数为

$$G(z) = \mathcal{Z}\left[\frac{10}{s(s+1)(0.1s+1)} \cdot \frac{1-e^{-Ts}}{s}\right]$$

$$= \frac{0.7385z^{-1}(1+1.4815z^{-1})(1+0.5355z^{-1})}{(1-z^{-1})(1-0.6065z^{-1})(1-0.0067z^{-1})}$$

$G(z)$ 中含有 z^{-1} 因子及单位圆外 $z=-1.4815$ 的零点，$\Phi(z)$ 中也应含有 z^{-1} 因子及 $z=-1.4815$ 的零点，设 $\Phi(z)$ 有如下形式

$$\Phi(z) = az^{-1}(1+1.4815z^{-1})$$

其中，a 为待定系数。

$G(z)$ 中含有单位圆上 $z=1$ 的极点，$\Phi_e(z)$ 中应含有 $z=1$ 的零点，并考虑到 $\Phi_e(z)$ 应是与 $\Phi(z)$ 同阶的 z^{-1} 的多项式，故设

$$\Phi_e(z) = (1-z^{-1})(1+bz^{-1})$$

其中，b 为待定系数。

因为 $\Phi(z)=1-\Phi_e(z)$，所以有 $az^{-1}(1+1.4815z^{-1})=(1-b)z^{-1}+bz^{-2}$。

由此可以解得 $a=0.403$，$b=0.597$，于是有

$$\Phi(z) = 0.403z^{-1}(1+1.4815z^{-1})$$

$$\Phi_e(z) = (1-z^{-1})(1+0.597z^{-1})$$

数字控制器的脉冲传递函数为

$$D(z) = \frac{\Phi(z)}{\Phi_e(z)G(z)} = \frac{0.5457(1-0.6065z^{-1})(1-0.0067z^{-1})}{(1+0.597z^{-1})(1+0.05355z^{-1})}$$

输入为单位阶跃时输出的 z 变换为

$$C(z) = \Phi(z)R(z) = 0.403z^{-1}(1+1.4815z^{-1})\frac{1}{1-z^{-1}}$$

$$= 0.403z^{-1} + z^{-2} + z^{-3} + \cdots$$

可见系统经过二拍之后完全跟踪输入信号。

最小拍系统设计方法比较简便,系统结构也比较简单,是一种时间最优系统。但在实际应用中存在一定的局限性,首先最小拍系统对于不同输入信号的适应性较差,其次最小拍系统对于参数的变化也比较敏感,当系统参数受各种因素的影响发生变化时,会导致瞬态响应时间的延长。另外,上述最小拍系统只能保证在采样点无稳态误差,而在采样点之间系统的输出可能会出现波动,因而这种系统称为有波纹系统。

8.8 MATLAB 在离散控制系统中的应用

MATLAB 在离散控制系统的分析和设计中起着重要作用,无论是连续系统的离散化、离散系统的分析等,都可以借助 MATLAB 软件来实现。本节简要介绍 MATLAB 在离散控制系统的分析和设计中的应用。

1. 连续系统的离散化

在 MATLAB 软件中对连续系统的离散化是应用 c2dm() 函数实现的,c2dm() 函数的一般格式为

[NUMd,DENd]=C2DM(NUM,DEN,Ts,'method')

其中:

NUM	连续系统传递函数分子多项式系数
DEN	连续系统传递函数分母多项式系数
NUMd	离散系统传递函数分子多项式系数
DENd	离散系统传递函数分母多项式系数
Ts	采样周期
'method'	离散化所采用的方法,有下列五种方法可供选用
'zoh'	零阶保持器法,即在输入端带有零阶保持器,此为默认值
'foh'	一阶保持器法,即在输入端带有一阶保持器
'tustin'	双线性变换法
'prewarp'	带有频率畸变补偿的双线性变换法
'matched'	匹配零极点法

例 8-23 利用 MATLAB 求图 8-16 所示系统的开环脉冲传递函数 $G(z)$(设采样周期 $T=0.01\text{s}$)。

解 MATLAB 程序如下:

```
num=[0 1];                          % 连续部分传递函数分子多项式系数
den=[1 1];                          % 连续部分传递函数分母多项式系数
T=0.01;                             % 采样周期
[numd,dend]=c2dm(num,den,T,'zoh');  % 离散化
printsys(numd,dend,'z')             % 输出结果
```

在 MATLAB 环境下运行上述程序,输出的结果为

$$\frac{0.0099502}{z-0.99005}$$

2. 求离散系统的响应

在 MATLAB 软件中,求离散系统的响应可运用 dstep()、dimpulse()、dlsim()函数实现。它们分别用于求离散系统的阶跃、脉冲及任意输入时的响应。其一般格式为

[Y,X]=DSTEP(NUM,DEN,N)　　或　DSTEP(NUM,DEN,N)
[Y,X]=DIMPULSE(NUM,DEN,N)　或　DIMPULSE(NUM,DEN,N)
[Y,X]=DLSIM(NUM,DEN,U,X0)　或　DLSIM(NUM,DEN,U,X0)

其中:

    NUM   离散系统传递函数分子多项式系数
    DEN   离散系统传递函数分母多项式系数
    N   采样点数
    U   输入信号序列,其行数等于采样点数
    X0   初始状态
    Y   系统输出
    X   系统状态

当采用不带输出参数的格式(后一种)时,将直接在屏幕上画出系统的响应曲线。

例 8-24　利用 MATLAB 求例 8-16 中离散系统的单位阶跃响应。

解　MATLAB 程序如下:

```
num=40;                              % 连续部分分子多项式系数
den=[1 4 40];                        % 连续部分分母多项式系数
Ts=0.02;                             % 系统的采样周期
Tf=2;                                % 仿真总时间
N=Tf/Ts;                             % 采样点数
t=[0:Ts:Tf-Ts];                      % 与各采样点对应的时刻,即 k*Ts
[numd,dend]=c2dm(num,den,Ts,'zoh');  % 连续系统的离散化
[numc,denc]=feedback(numd,dend,1,1); % 求闭环传递函数
[y,x]=dstep(numc,denc,N);            % 求离散系统的单位阶跃响应
stairs(t,y)                          % 绘制响应曲线
xlabel('Time(sec)')
ylabel('Amplitude')
title('step response')
```

单位阶跃响应曲线如图 8-38 所示。

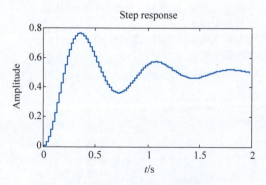

图 8-38　离散系统的单位阶跃响应

小结

离散控制系统中至少有一个在时间上是离散的信号,本章首先讨论了离散信号的数学描述,介绍了信号的采样与保持。引入采样系统的采样定理(香农定理),即为了保证信号的恢复,其采样频率必须大于或等于原连续信号所含最高频率的两倍。

为了建立线性离散控制系统的数学模型,引进了 z 变换理论。z 变换在线性离散控制系统中所起的作用与拉普拉斯变换在线性连续控制系统中所起的作用十分类似,对分析线性离散系统的性能十分重要。

由于系统采样开关配置的多样性,系统的脉冲传递函数无统一结构形式。在离散控制系统中,某些采样开关的配置可使系统不存在闭环脉冲传递函数,但若已知外输入信号,可得输出信号的 z 变换表达式。

离散控制系统的稳定性除与系统固有结构和参数有关外,还与系统的采样周期有关,这是与连续控制系统相区别的重要一点。系统稳定的充分必要条件是:离散特征方程的全部特征根均位于 z 平面上以原点为圆心的单位圆内。闭环脉冲传递函数极点在单位圆内,对应的瞬态分量均为收敛的,故系统是稳定的。当闭环极点位于单位圆上或单位圆外,对应的瞬态分量均不收敛,产生持续等幅脉冲或发散脉冲,系统不稳定。通过双线性变换将 z 平面映射到 w 平面,然后利用劳斯判据进行稳定性判别。本章还分析了离散系统的稳态性能和动态性能。

介绍了数字控制器的模拟化设计方法和直接数字设计方法,所谓模拟化设计方法就是在连续域内进行控制器设计,然后采用适当的离散化方法对控制器进行离散化。数字 PID 控制器设计就是典型的模拟化设计方法。在直接数字设计方法中,主要介绍了最少拍系统设计。最少拍系统设计方法是离散系统校正和设计中一种比较简便实用的方法,即是在典型输入信号的作用下,经过最少采样周期,系统采样误差信号减少到零,实现完全跟踪。

结合实例介绍了 MATLAB 在离散控制系统中的应用。

信息论之父——克劳德·艾尔伍德·香农

克劳德·艾尔伍德·香农(Claude Elwood Shannon,1916 年 4 月 30 日—2001 年 2 月 24 日),美国数学家,电气工程师和密码学家,现代数字通信和信息理论之父,美国国家工程

院院士,美国国家科学院院士,英国皇家学会外籍院士,美国哲学学会会士。出生于美国密歇根州佩托斯基,1936 年获密歇根大学数学和电子工程学士学位,1940 年获麻省理工学院电子工程硕士和数学博士学位,1940 年任普林斯顿高等研究院研究员,1941—1972 年任职于贝尔实验室,1956 年成为麻省理工学院的客座教授,1958 年成为麻省理工学院的 Donnor 科学教授,1978 年从麻省理工学院退休,成为麻省理工学院名誉教授,2001 年在美国马萨诸塞州辞世。

1932 年香农进入了密歇根大学,在那里他接触到了乔治·布尔(George Boole)的工作,为他后来的研究工作奠定了基础。1936 年香农进入麻省理工学院开始了研究生学习。在此期间,他有幸参与了万尼瓦尔·布什(Vannevar Bush)的微分分析仪相关工作。微分分析仪是一种早期的模拟计算机,香农在研究分析仪的复杂专用电路时,根据布尔的理念设计了开关电路,并撰写了硕士学位论文《继电器和开关电路的符号分析》。香农的这一工作奠定了数字电路的理论基础,哈佛大学的霍华德·加德纳(Howard Gardner)称香农的论文"可能是 20 世纪最重要,也是最著名的硕士论文",香农也因这一成果在 1940 年获得了美国工程师学会 Alfred Noble 奖。

第二次世界大战期间香农加入了贝尔实验室,从事火控系统和密码学的研究。为国防密码分析领域作出了贡献,包括密码破解和安全通信方面的基础性工作。1942 年他在研究模拟计算机的函数运算时发现了拓扑增益公式,并发明了信号流图。

1948 年香农在《贝尔系统技术》杂志上发表了具有深远影响的论文《通信的数学理论》。1949 年,又在该杂志上发表了另一篇著名论文《噪声下的通信》。这两篇论文奠定了信息论的基础,对学术界造成了巨大的震动。在这两篇论文中,香农阐明了通信的基本问题,给出了通信系统的模型,提出了信息熵的概念及数学表达式,并解决了信道容量、信源统计特性、信源编码、信道编码等一系列基本技术问题。大名鼎鼎的香农采样定理也出自其中。

香农兴趣广泛,除了给数学、通信领域带来丰硕成果,在计算机、密码学、人工智能等领域,皆产生了深远影响。1949 年,他发表了论文《编程实现计算机下棋》,这是人工智能的一个先驱工作。1950 年,他发明了会自我学习走迷宫的机械老鼠 Theseus,它成为第一台人工智能装置的雏形。1951 年,他发表了论文《一个走迷宫机器的介绍》,这是一篇机器学习的先驱著作。

香农一生获得众多奖项,包括美国国家科学奖章、电气与电子工程师学会荣誉奖章和京都基础科学奖等。为了纪念这位科学伟人,电气与电子工程师学会设立了香农奖,该奖是 IEEE 信息论学会颁发的信息论领域最高荣誉,旨在表彰对信息理论领域作出持续而深远贡献的人。

知识点自测

本节通过判断题、单选题和多选题来检测读者对本章知识点的掌握程度,为了便于自我检测,本章末尾给出了解答。

判断题(判断下列说法是否正确)

8-1 一般来说,连续信号的频谱是孤立的,而采样信号的频谱有无穷多个频谱分量。

8-2 计算机控制系统中,采样频率越高越好。

8-3 在工业控制系统中,采样开关后面一般要加一个保持器。
8-4 只有采样函数才能作 z 变换。
8-5 每个 $e(t)$ 有唯一确定的 z 变换 $E(z)$;反之,每个 $E(z)$ 也有唯一确定的 $e(t)$。
8-6 已知 $e(t)$ 的拉氏变换为 $E(s)$,若将 s 用 z 替换,可得其 z 变换 $E(z)$。
8-7 线性离散系统的脉冲传递函数定义为系统输出与输入的采样信号的 z 变换之比。
8-8 z 变换是采样变换的简化形式。
8-9 采样保持器有可能使一个稳定的连续系统变成一个条件稳定系统。采样周期越长,这种可能性越大。
8-10 z 平面上的极点越靠近原点,其对应的瞬态分量收敛得越快,系统的稳定性越好。
8-11 若系统的闭环极点中有一个在 z 平面的单位圆之外,则系统的响应是发散的。
8-12 离散系统的类型号为开环脉冲传递函数在 $z=0$ 处的极点个数。
8-13 一个在 s 域稳定的模拟控制器 $D(s)$,经前向差分变换后可能会得到一个在 z 域不稳定的数字控制器 $D(z)$。
8-14 最少拍系统是一种时间最优系统。
8-15 最少拍无差系统的稳态误差为零,输出信号完全跟踪输入信号。

单项选择题(每小题列出的选项中只有一个选项是符合题目要求的)

8-16 在离散控制系统中,采样误差信号是通过( )对连续误差信号采样后得到的。
A. 采样开关 B. 运算放大器 C. 低通滤波器 D. 测量元件

8-17 按照一定的时间间隔对连续信号进行采样,将其变换成在时间上离散的脉冲序列的过程称为( )过程。
A. 采样 B. 调节 C. 过渡 D. 瞬态

8-18 若连续信号所含的最高频率成分为 ω_m,要能从其采样信号中不失真地复现原信号,采样角频率 ω_s 需满足( )。
A. $\omega_s < \omega_m$ B. $\omega_s \leq 2\omega_m$ C. $\omega_s > \omega_m$ D. $\omega_s \geq 2\omega_m$

8-19 零阶保持器是一种按( )规律外推的保持器。
A. 直线 B. 指数 C. 常值 D. 二次函数

8-20 设 n 为正整数,$k<0$ 时,$e(kT)=0$,且 $\{e(kT)\}$ 的 z 变换为 $E(z)$,则 $\{e((k-n)T)\}$ 的 z 变换为( )。
A. $E(z^n)$ B. $E(z^{-n})$ C. $z^n E(z)$ D. $z^{-n} E(z)$

8-21 已知 $\{e(kT)\}$ 的 z 变换为 $E(z)=\dfrac{z}{z-1}$,则 $e(\infty)$ 为( )。
A. 0 B. 1 C. ∞ B. 无法确定

8-22 闭环脉冲传递函数的一个极点为 p,若 $0<p<1$,则其所对应的瞬态分量( )。
A. 单调发散 B. 单调收敛 C. 衰减振荡 D. 发散振荡

8-23 闭环脉冲传递函数的一个极点为 p,若 $-1<p<0$,则其所对应的瞬态分量( )。
A. 单调发散 B. 单调收敛 C. 正负交替收敛 D. 衰减振荡

8-24 在离散系统中,一般采用 z 变换的( )来确定系统的稳态误差。
A. 滞后定理 B. 超前定理 C. 初值定理 D. 终值定理

8-25 若信号 $e_1(t)$ 和 $e_2(t)$ 在各采样时刻的值都相等,则它们的 z 变换 $E_1(z)$ 和 $E_2(z)$ 满足(　　)。

  A. $E_1(z)=E_2(z)$ B. $E_1(z)\neq E_2(z)$

  C. $E_1(z)>E_2(z)$ D. $E_1(z)<E_2(z)$

8-26 s 平面开左半平面的点通过 $z=e^{Ts}$ 映射到 z 平面内的(　　)。

  A. 单位圆   B. 虚轴

  C. 单位圆内部   D. 单位圆外部

8-27 线性定常离散控制系统稳定的充要条件是闭环系统特征方程的所有根均位于 z 平面的(　　)。

  A. 虚轴左侧   B. 虚轴右侧

  C. 单位圆内部   D. 单位圆外部

多项选择题(每小题列出的选项中有两个或两个以上选项是符合题目要求的)

8-28 z 变换方法有(　　)。

  A. 级数求和法   B. 留数计算法   C. 部分分式法   D. 长除法

8-29 离散化方法包括(　　)。

  A. 差分变换法   B. 双线性变换法

  C. 脉冲响应不变变换法   D. 阶跃响应不变变换法

  E. 匹配 z 变换法

8-30 下列关于后向差分离散化方法的叙述中**正确**的是(　　)。

  A. s 域中的稳定区必定映射到 z 域中的稳定区

  B. s 域中的不稳定区必定映射到 z 域中的不稳定区

  C. 有一部分 s 域中的不稳定区可映射到 z 域中的单位圆内

  D. 后向差分法存在严重的频率畸变

8-31 双线性变换又称为(　　)。

  A. 线性变换   B. Tustin 变换   C. 等价变化   D. 梯形变换

8-32 最少拍系统的特点是(　　)。

  A. 对不同输入信号的适应性较差

  B. 对参数变化比较敏感

  C. 只能保证在采样点无稳态误差

  D. 最少拍系统也称无波纹系统

8-33 线性离散控制系统的稳定性取决于系统的(　　)。

  A. 输入信号   B. 固有结构和参数   C. 初始条件   D. 采样周期

自测参考答案

判断题：(1) T；(2) F；(3) T；(4) T；(5) F；(6) F；(7) F；(8) T；(9) T；(10) T；(11) T；(12) F；(13) T；(14) T；.(15) F

单项选择题：(16) A；(17) A；(18) D；(19) C；(20) D；(21) B；(22) B；(23) C；(24) D；(25) A；(26) C；(27) C

多项选择题：(28) ABC；(29) ABCDE；(30) ACD；(31) BD；(32) ABC；(33) BD

习题

A 基本题

A8-1 利用 z 变换表,求下列函数的 z 变换。

(1) $E(s) = \dfrac{1}{s(s+1)^2}$
(2) $E(s) = \dfrac{s}{(s+1)(s+2)}$

(3) $E(s) = \dfrac{s+1}{s(s+2)}$
(4) $E(s) = \dfrac{s^2}{(s+1)^2(s+2)}$

(5) $E(s) = \dfrac{s+1}{s^2+25}$
(6) $E(s) = \dfrac{s+1}{s^2+2s+26}$

A8-2 利用 z 变换的定义,求下列函数的 z 变换,并写出闭式结果。

(1) $\varepsilon(t) = e^{-at}$
(2) $\varepsilon(t) = e^{-(t-T)}u(t-T)$
(3) $\varepsilon(t) = e^{-(t-5T)}u(t-5T)$

A8-3 试求下列函数的 z 反变换。

(1) $X(z) = \dfrac{z}{(z-e^{-aT})(z-e^{-bT})}$
(2) $X(z) = \dfrac{z}{(z-1)^2(z-2)}$

(3) $X(z) = \dfrac{(1-e^{-aT})z}{(z-1)(z-e^{-aT})}$
(4) $X(z) = \dfrac{0.5z}{(z-1)(z-0.5)}$

A8-4 在矩形法数值积分中,用矩形面积的和来近似 $x(t)$ 积分的 $y(t) = \int_0^t x(\tau)\mathrm{d}\tau$,见图 A8-1。

(1) 写出这一方法中联系 $y(k+1)$, $y(k)$, $x(k+1)$ 的差分方程;

(2) 证明 $\dfrac{y(z)}{x(z)} = \dfrac{Tz}{z-1}$。

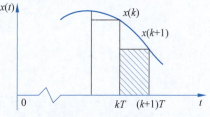

图 A8-1 题 A8-4 图

A8-5 在图 A8-2 中,数字控制器的差分方程为

$$m(k+1) = 0.5\varepsilon(k+1) - 0.5 \times 0.99\varepsilon(k) + 0.995m(k)$$

设采样频率为 25Hz。

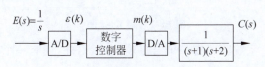

图 A8-2 题 A8-5 图

(1) 求 $C(z)$;

(2) 求 $c(0)$ 及 $\lim\limits_{k\to\infty} c(kT)$。

A8-6 写出以下各图所示系统的 $C(z)$ 表达式(见图 A8-3)。

A8-7 设离散系统的特征方程式为

$$z^3 - 1.5z^2 - 0.25z + 0.4 = 0$$

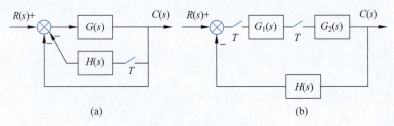

图 A8-3 题 A8-6 图

试用劳斯判据分析该系统的稳定性,并指明分布在单位圆外闭环极点的个数。

B 深入题

B8-1 试证明下列关系成立:
$$\mathcal{Z}[t\varepsilon(t)] = -Tz\frac{\mathrm{d}}{\mathrm{d}z}E(z)$$

B8-2 用留数法求下列各式的采样变换 $E^*(s)$。

(1) $E(s) = \dfrac{s+2}{(s-1)(s+1)}$

(2) $E(s) = \dfrac{(s+2)\mathrm{e}^{-2Ts}}{(s-1)(s+1)}$

(3) $E(s) = \dfrac{1}{s^2}$

(4) $\varepsilon(t) = (t-T)u(t-T)$

B8-3 给出以下差分方程:
$$x(k+2) + 3x(k+1) + 2x(k) = \varepsilon(k)$$

其中:
$$\varepsilon(k) = \begin{cases} 1 & k=0 \\ 0 & k=\text{其余} \end{cases}$$
$$x(0) = 1 \quad x(1) = -1$$

解出 $x(k)$ 的表达式。

B8-4 设系统的输入为单位阶跃函数,见图 B8-1。求输出 $c(k)$ 在各采样时刻的值,画出 $c(k)$ 的大致波形。

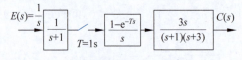

图 B8-1 题 B8-4 图

B8-5 图 B8-2 所示系统除了有一个给定输入 $R(s)$ 外,还有一个扰动输入 $U(s)$。

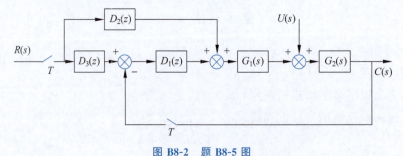

图 B8-2 题 B8-5 图

(1) 写出在 $R(s)$,$U(s)$ 作用下 $C(z)$ 的表达式；
(2) 如果选择 $D_2(z)$,$D_3(z)$ 满足 $D_3(z)=D_2(z)\overline{G_1G_2(z)}$，写出 $C(z)$ 表达式；
(3) 像(2)这样选择有什么好处？是否能减小扰动 $U(s)$ 到对 $C(z)$ 影响？

B8-6 已知系统的方框图，如图 B8-3 所示。

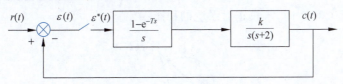

图 B8-3 题 B8-6 图

(1) 当 $k=8$ 时，分析系统的稳定性；
(2) 求 k 的临界放大倍数。

C 实际题

C8-1 已知系统方框图如图 C8-1 所示。
(1) 求系统的开环脉冲传递函数 $G(z)$；
(2) 求系统的闭环脉冲传递函数 $\phi(z)=\dfrac{C(z)}{R(z)}$；
(3) 当 $r(t)=2u(t)$，$T=1$s 时，求系统的输出响应 $c(k)$，并画出大致波形。

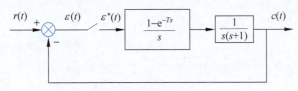

图 C8-1 题 C8-1 图

C8-2 某雷达天线方向角控制系统的方框图如图 C8-2 所示。试设计数字控制器，使系统的相位裕度 $\gamma\geqslant 55°$。

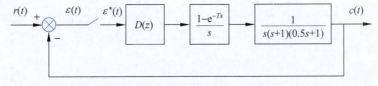

图 C8-2 题 C8-2 图

C8-3 图 C8-3 为一太阳方向跟随系统。在太阳能收集器的轴线上放一个 x-y 二维传感器。x 方向放两个光敏二极管，控制跟踪系统的方向角；y 方向放两个光敏二极管，控制跟踪系统的仰俯角。以方向角跟踪为例，当太阳偏离收集器的轴线时，x 方向安装的两个光敏二极管受光不一样，其电阻也不一样，致使电桥输出一个信号推动收集器转动，直到电桥平衡为止。0.5°的跟踪误差就可造成约 5% 的能量损失。当云层遮住太阳，收集器暂时失去跟踪目标时，由主计算机发出指令，推动收集器转动进行目标搜索，然后再进入跟踪状态。

(1) 当云层遮住太阳时，电桥输出为 0，主计算机发出相当于 10°的阶跃控制信号，求收集器方向角的响应；
(2) 设 $D(z)=1$，太阳在匀速运动，即太阳角的输入为 $0.004t$，主计算机无信号输出，求方向角的稳态误差；

（3）要使系统对斜坡输入的稳态误差为 0，在 $D(z)$ 中应增加一个怎么样的极点，这样处理后系统的稳定性如何？

C8-4　在图 C8-3 中，设 $T=1s$，设计一个 PI 控制器，使相位稳定裕度为 $50°$；当太阳角输入为斜坡信号 $0.004t$ 时，求校正后系统的稳态误差。

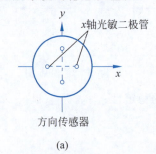

(a)

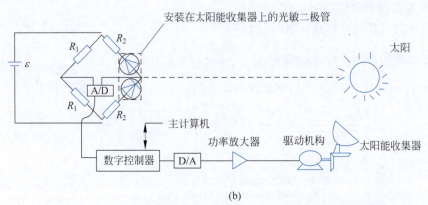

(b)

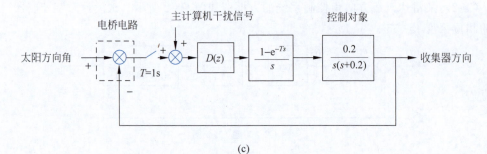

(c)

图 C8-3　题 C8-3 图

附录 1　常见系统的根轨迹

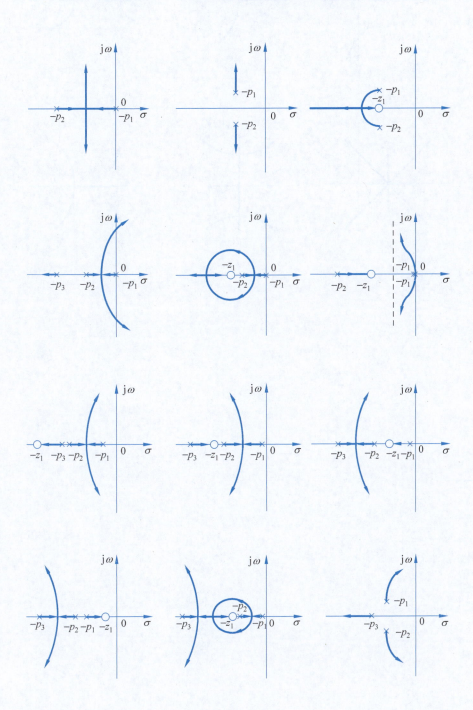

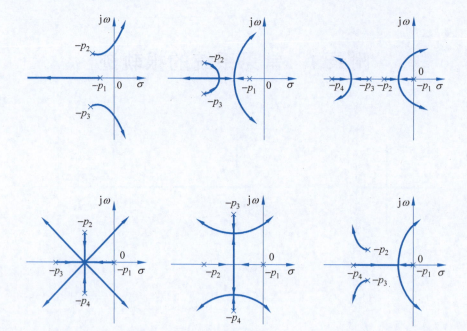

附录2 拉氏变换及 z 变换表

拉氏变换 $F(s)$	时间函数 $f(t)$ $t>0$	z 变换 $F(z)$
1	$\delta(t)$	1
e^{-kTs}	$\delta(t-kT)$	z^{-k}
$\dfrac{1}{s}$	$u(t)$	$\dfrac{z}{z-1}$
$\dfrac{1}{s^2}$	t	$\dfrac{Tz}{(z-1)^2}$
$\dfrac{2}{s^3}$	t^2	$\dfrac{T^2 z(z+1)}{(z-1)^3}$
$\dfrac{1}{s+a}$	e^{-at}	$\dfrac{z}{z-e^{-aT}}$
$\dfrac{1}{(s+a)^2}$	te^{-at}	$\dfrac{Tze^{-aT}}{(z-e^{-aT})^2}$
$\dfrac{a}{s(s+a)}$	$1-e^{-at}$	$\dfrac{z(1-e^{-aT})}{(z-1)(z-e^{-aT})}$
$\dfrac{\omega}{s^2+\omega^2}$	$\sin\omega t$	$\dfrac{z\sin\omega T}{z^2-2z\cos\omega T+1}$
$\dfrac{s}{s^2+\omega^2}$	$\cos\omega t$	$\dfrac{z(z-\cos\omega T)}{z^2-2z\cos\omega T+1}$
$\dfrac{\omega}{(s+a)^2+\omega^2}$	$e^{-at}\sin\omega t$	$\dfrac{ze^{-aT}\sin\omega T}{z^2-2ze^{-aT}\cos\omega T+e^{-2aT}}$
$\dfrac{a^2+\omega^2}{s[(s+a)^2+\omega^2]}$	$1-e^{-at}\sec\phi\cos(\omega t+\phi)$ $\phi=\arctan(-a/\omega)$	$\dfrac{z}{z-1}-\dfrac{z^2-ze^{-aT}\sec\phi\cos(\omega T-\phi)}{z^2-2ze^{-aT}\cos\omega T+e^{-2aT}}$
$\dfrac{s+a}{(s+a)^2+\omega^2}$	$e^{-at}\cos\omega t$	$\dfrac{z^2-ze^{-aT}\cos\omega T}{z^2-2ze^{-aT}\cos\omega T+e^{-2aT}}$
$\dfrac{1}{(s+a)(s+b)}$	$\dfrac{1}{(b-a)}(e^{-at}-e^{-bt})$	$\dfrac{1}{(b-a)}\left[\dfrac{z}{z-e^{-aT}}-\dfrac{z}{z-e^{-bT}}\right]$
$\dfrac{a}{s^2(s+a)}$	$t-\dfrac{1}{a}(1-e^{-at})$	$\dfrac{Tz}{(z-1)^2}-\dfrac{(1-e^{-aT})z}{a(z-1)(z-e^{-aT})}$
$\dfrac{a}{s^3(s+a)}$	$\dfrac{1}{2}\left(t^2-\dfrac{2}{a}t+\dfrac{2}{a^2}u(t)-\dfrac{2}{a^2}e^{-at}\right)$	$\dfrac{T^2 z}{(z-1)^3}+\dfrac{(aT-2)Tz}{2a(z-1)^2}+\dfrac{z}{a^2(z-1)}-\dfrac{z}{a^2(z-e^{-aT})}$
$\dfrac{a^2}{s(s+a)^2}$	$u(t)-(1+at)e^{-at}$	$\dfrac{z}{z-1}-\dfrac{z}{z-e^{-aT}}-\dfrac{aTe^{-aT}z}{(z-e^{-aT})^2}$

附录3 常用校正装置

序号	校正装置	对数幅频渐近特性	传递函数
1	(RC电路图，C串联，R并联)	斜率+20，转折频率 $\frac{1}{T}$	$G_c(s) = \dfrac{Ts}{Ts+1}$ $T = RC$
2	(C_1, C_2, R_1, R_2 电路)	斜率+40，+20，转折频率 $\frac{1}{T_1}, \frac{1}{T_2}$	$G_c(s) = \dfrac{T_1 T_3 s^2}{T_1 T_2 s^2 + (T_1+T_2+R_1 C_2)s + 1}$ $\approx \dfrac{T_1 T_2 s^2}{(T_1 s+1)(T_2 s+1)}$ ($R_1 C_2$ 可忽略时) $T_1 = R_1 C_1 \quad T_2 = R_2 C_2$
3	(R_1, R_2, C_1, C_2 电路)	斜率 $-20, -40$，转折频率 $\frac{1}{T_1}, \frac{1}{T_2}$	$G_c(s) = \dfrac{1}{T_1 T_2 s^2 + \left[T_2\left(1+\dfrac{R_1}{R_2}\right)+T_1\right]s + 1}$ $T_1 = R_1 C_1 \quad T_2 = R_2 C_2$ ($R_1 C_2$ 可忽略时)
4	(R_1, C, R_2 电路)	斜率 -20，转折频率 $\frac{1}{T_1}$，$20\lg\dfrac{1}{1+\dfrac{R_1}{R_2}}$	$G_c(s) = \dfrac{T_2 s}{T_1 s + 1}$ $T_1 = (R_1+R_2)C \quad T_2 = R_1 C$
5	(R_1, R_2, R_3, C 电路)	转折频率 $\frac{1}{T_1}, \frac{1}{T_2}$，$20\lg K$，$-20$	$G_c(s) = K\dfrac{T_2 s + 1}{T_1 s + 1}$ $K = R_3/(R_1+R_3) \quad T_2 = R_2 C$ $T_1 = \left(R_2 + \dfrac{R_1 R_3}{R_1+R_3}\right)C$
6	(R_1, C, R_2, R_3 电路)	转折频率 $\frac{1}{T_1}, \frac{1}{T_2}$，$20\lg K$，$-20$，$20\lg\dfrac{R_3}{R_3+R_1}$	$G_c(s) = K\dfrac{T_1 s + 1}{T_2 s + 1}$ $T_2 = \dfrac{(R_1+R_3)R_2 C}{R_1+R_2+R_3}$ $K = R_3/(R_1+R_2+R_3) \quad T_1 = R_2 C$
7	(C, R_2, R_4, R_1, R_3 电路)	转折频率 $\frac{1}{T_1}, \frac{1}{T_2}$，$20\lg K_p$，+20，$20\lg\dfrac{R_3}{R_3+R_4+R_1/\!/R_2}$	$G_c(s) = \dfrac{K_p(T_1 s + 1)}{T_2 s + 1}$ $K_p = \dfrac{R_3}{R_1+R_3+R_4}$ $T = (R_1+R_2)C_1$ $T_2 = \left(\dfrac{R_3+R_4+R_1/\!/R_2}{R_1+R_3+R_4}\right)T_1$

续表

序号	校正装置	对数幅频渐近特性	传递函数
8	(电路: C_1, R_1, C_2; $u_i(t)$, $u_o(t)$)	折线: $20\lg K_p$, 转折频率 $\frac{1}{T_1}$, 斜率 -20	$G_c(s)=\dfrac{K_p}{T_1 s+1}$ $T_1=R_1\dfrac{C_1 C_2}{C_1+C_2}$ $K_p=\dfrac{C_1}{C_1+C_2}$
9	(电路: C_1, R_1, C_2; $u_i(t)$, $u_o(t)$)	转折频率 $\frac{1}{T_1}$, $\frac{1}{T_2}$, 中段 -20	$G_c(s)=\dfrac{T_1 s+1}{T_2 s+1}$ $T_1=R_1 C_1$ $T_2=R_1(C_1+C_2)$
10	(运放电路: R_1, R_2, C_2, R_3)	斜率 -20, 转折频率 $\frac{1}{\tau}$, $20\lg K_v$	$G_c(s)=\dfrac{-(\tau s+1)}{Ts}$ $=-K_v\left(1+\dfrac{1}{T_1 s}\right)$ $\tau=R_3 C_2 \quad T_1=R_3 C_2$ $T=\dfrac{R_1 R_3}{R_2}C_2 \quad K_v=\dfrac{R_2}{R_1}$
11	(运放电路: R_0, R_1, C_1, R_2)	斜率 -20 过渡到平段, 转折 $\frac{1}{\tau}$	$G_c(s)=\dfrac{-K_v(\tau s+1)}{s}$ $\tau=R_1 C_1 \quad K_v=\dfrac{R_1}{R_0}$
12	(运放电路: R_0, R_1, R_2, R_3)	$20\lg K_p$, 斜率 -20, 转折 $\frac{1}{\alpha\tau}$, $\frac{1}{\tau}$	$G_c(s)=-K_p\dfrac{\tau s+1}{\alpha\tau s+1}$ $K_p=\dfrac{R_1+R_2}{R_0} \quad \tau=\dfrac{R_1 R_2}{R_1+R_2}C_1$ $\alpha=1+\dfrac{R_2}{R_1} \quad \alpha\tau=R_2 C_1$
13	(运放电路: R_1, R_2, C_1)	$20\lg K_p$, -20dB/dec, 转折 $\frac{1}{T}$	$G_c(s)=\dfrac{-K_p}{Ts+1}$ $T=R_2 C_1 \quad K_p=\dfrac{R_2}{R_1}$
14	(运放电路: R_1, R_2, C_1, R_3, C_2, R_4)	-20, $20\lg K_v$, $+20$, 转折 $\frac{1}{\tau_1}$, $\frac{1}{\tau_2}$	$G_c(s)=-\dfrac{(\tau_1 s+1)(\tau_2 s+1)}{Ts}$ $\tau_1=R_2 C_1 \quad \tau_2=R_3 C_2$ $R_2\gg R_3 \quad T=R_1 C_1$ $K_v=\dfrac{1}{T}$

续表

序号	校正装置	对数幅频渐近特性	传递函数
15	(电路图: $u_i(t)$, R_0, R_1, R_2, C, R_3, $u_o(t)$)	(折线: 0 dB 起点 $20\lg K_p$, 转折点 $\frac{1}{\tau}$, 斜率 $+20$)	$G_c(s) = -K_p(\tau s + 1)$ $K_p = \dfrac{R_1 + R_2}{R_0}$ $\tau = \dfrac{R_1 R_2}{R_1 + R_2} C$
16	(电路图: $u_i(t)$, R_1, R_2, R_3, C, R_4, R_5, $u_o(t)$)	(折线: 起点 $20\lg K_p$, 转折点 $\frac{1}{\tau}$ 斜率 $+20$, 转折点 $\frac{1}{T}$ 水平)	$G_c = -K_p \dfrac{T_1 s + 1}{T_2 s + 1}$ $T_1 = (R_3 + R_4) C$ $T_2 = R_4 C$ $K_p = \dfrac{R_1 + R_2 + R_3}{R_1}$
17	(电路图: $u_i(t)$, C_1, R_1, R_2, R_3, $u_o(t)$)	(折线: 起点 $20\lg K_p$, 转折点 $\frac{1}{\tau}$, 斜率 $+20$)	$G_c(s) = -K_p(\tau s + 1)$ $\tau = R_1 C_1 \quad K_p = \dfrac{R_2}{R_1}$
18	(电路图: $u_i(t)$, C_1, R_1, R_2, C_2, R_3, $u_o(t)$)	(折线: 斜率 -20, 谷底 $20\lg K_v$ 位于 $\frac{1}{\tau_1}$ 与 $\frac{1}{\tau_2}$ 之间, 后 $+20$)	$G_c = -K_v \dfrac{(\tau_1 s + 1)(\tau_2 s + 1)}{s}$ $\tau_1 = R_1 C_1 \quad \tau_2 = R_2 C_2$ $K_v = R_1 C_2$
19	(电路图: $u_i(t)$, R_1, R_2, C_1, R_3, C_2, R_4, R_5, $u_o(t)$)	(折线: 起点 $20\lg K_p$ 水平, 经 $\frac{1}{T_1}$ 下降 -20, $\frac{1}{\tau_1}$ 水平, $\frac{1}{\tau_2}$ 上升 $+20$, $\frac{1}{T_2}$ 水平)	$G_c(s) = -\dfrac{K_p(\tau_1 s + 1)(\tau_2 s + 1)}{(T_1 s + 1)(T_2 s + 1)}$ $K_p = \dfrac{R_2 + R_3}{R_1} \quad R_1 \gg R_3$ $\tau_1 = \dfrac{R_2 R_3}{R_2 + R_3} C_1 \quad \tau_2 = (R_2 + R_4) C_2$ $T_1 = R_2 C_1 \quad T_2 = R_4 C_2$
20	(电路图: $u_i(t)$, R_1, R_2, C_1, R_3, C_2, R_4, $u_o(t)$)	(折线: 斜率 -20 下降, 谷底 $20\lg K_v$, 再 $+20$ 上升, 转折点 $\frac{1}{\tau_1}, \frac{1}{\tau_2}, \frac{\alpha}{\tau_2}$)	$G_c(s) = \dfrac{-K_v(\tau_1 s + 1)(\tau_2 s + 1)}{s\left(\dfrac{\tau_2}{\alpha} s + 1\right)}$ $K_v = \dfrac{R_1}{R_0 \tau_1}, \quad \tau_1 = R_1 C_1$ $\tau_2 = (R_2 + R_3) C_2, \quad \alpha = 1 + \dfrac{R_2}{R_3}$ $\dfrac{\tau_2}{\alpha} = R_3 C_2 \quad (R_2 \ll R_1)$

参 考 文 献

[1] Dorf R C,Bishop R H. Modern Control Systems[M]. 14th ed. 北京：电子工业出版社,2023.
[2] Ogata K. 现代控制工程[M]. 卢伯英,王海勋,等译. 3版. 北京：电子工业出版社,2000.
[3] Kuo B C. Automatic Control Systems[M]. 北京：高等教育出版社,2004.
[4] Driels M. Linear Control Systems Engineering[M]. 北京：清华大学出版社,2007.
[5] 徐薇莉,曹柱中,田作华. 自动控制理论与设计(新世纪版)[M]. 上海：上海交通大学出版社,2001.
[6] 田作华,柴国芬,陆中群. 工程控制理论[M]. 上海：上海交通大学出版社,1991.
[7] 胡寿松. 自动控制原理[M]. 7版. 北京：科学出版社,2019.
[8] Kuo B C. 自动控制系统[M]. 王炎,赵昌颖,等译. 4版. 北京：北京科学技术出版社,1987.
[9] 俞金寿. 过程自动化及仪表[M]. 北京：化学工业出版社,2003.
[10] 潘晓辉,陈强. MATLAB 5.1全攻略宝典[M]. 北京：中国水利水电出版社,2000.
[11] 魏克新,王云亮,陈志敏,等. MATLAB语言与自动控制系统设计[M]. 3版. 北京：机械工业出版社,2004.
[12] 楼顺天,于卫. 基于MATLAB的系统分析与设计：控制系统[M]. 西安：西安电子科技大学出版社,2000.
[13] 余成波,张莲,胡晓倩,等. 自动控制原理[M]. 北京：清华大学出版社,2006.
[14] 鄢景华. 自动控制原理[M]. 哈尔滨：哈尔滨工业大学出版社,2000.
[15] 蔡尚峰. 自动控制理论[M]. 北京：机械工业出版社,1980.
[16] 李友善. 自动控制原理[M]. 修订版. 北京：国防工业出版社,1989.
[17] 吴麒,王诗宓. 自动控制原理[M]. 2版. 北京：清华大学出版社,2006.
[18] 王显正,陈正航,王永昶. 控制理论基础[M]. 北京：科学出版社,2000.
[19] 杨自厚. 自动控制原理[M]. 北京：冶金工业出版社,1980.
[20] 卢京潮. 自动控制原理[M]. 西安：西北工业大学出版社,2006.
[21] 孙优贤,王慧,宋春跃. 自动控制原理[M]. 2版. 北京：化学工业出版社,2023.
[22] 宋建梅. 自动控制原理[M]. 北京：北京理工大学出版社,2020.
[23] 翟光. 自动控制原理[M]. 北京：北京理工大学出版社,2020.